민 족 전 통 식 물 학

민족전통식물학

Ethnobotany

저자 김 현 송미장

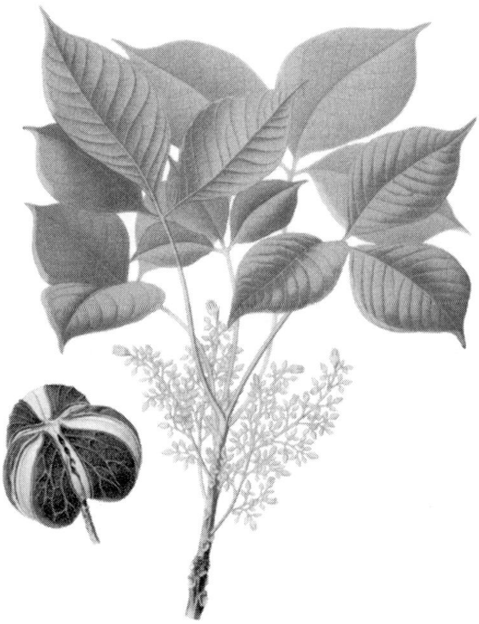

월드사이언스
www.worldscience.co.kr

민족전통식물학

2008년 08월 20일 인쇄
2008년 08월 30일 발행
저　　자 / 김 현 송미장
북디자인 / 김영욱
편　　집 / 장부례
발 행 인 / 박 선 진
발 행 처 / 도서출판 월드사이언스
등록번호 / 3-136
등록일자 / 1987년 12월 14일
주　　소 / 서울특별시 동작구 사당5동 240-15
전　　화 / (02) 581-5811~3
FAX / (02) 521-6418
E-mail / worldscience@hanmail.net
URL / http://www.worldscience.co.kr
정가 / 20,000원
ISBN / 978-89-5881-119-0

이 도서의 국립중앙도서관 출판시도서목록(CIP)은 e-CIP 홈페이지
(http://www.nl.go.kr/cip.php)에서 이용하실 수 있습니다.(CIP제어번호: CIP2008002613)

머 리 말

이 책은 지금부터 10년 전 서양 생물학만을 생명과학의 전부로 이해하고 가르치며 배웠으며, 그러했기에 외국 유학하여 학문의 뿌리나 철학이 없어도 새로운 실험 기법을 익혀와 소개하면 전문가가 되는 것이 학문하는 목표요 전부가 되었던 그 시절에 한국 사람에게 한국 생물학을 가르쳐야한다는 신념으로 우리나라의 생물학계에 민족전통생물학(Ethnobiology)라는 학문을 저서와 함께 소개한지 10년 만에 출간되는 것입니다.

생각해 보면, 우리나라에서는 처음으로 민족전통생물학이라는 학문을 소개할 때, Ethnobiology에서 Ethno-를 번역하는데, 민속이냐 혹은 민족이냐를 놓고 학회에서 논란이 있는 등 많은 이야기 거리들을 만들어 왔습니다.

그러나 미국 식물학회에서는 벌써 1990년 초반에 민족전통식물학 영역을 학회의 주요 분과로 인정하여 많은 민족전통식물학자들이 열심히 활동하여 많은 다학문적인 국제적 연구들을 통해 다양한 결과들을 발표해 온 것에 비하면, 아직도 저자들을 포함한 민족전통식물학적인 연구를 하는 학자들이 국내에는 발표할 수 있는 학회나 학술지가 없어 Journal of Ethnopharmacology와 같은 국제 학술지에만 연구 결과들을 발표할 수밖에 없는 우리나라의 현실은 참담할 정도라는 것을 생각하면 안타까운 마음이 그지없습니다.

이런 상황에서, 학문의 소개는 물론이고, 연구방법론, 국내·외의 연구 동향까지를 망라하여 정리한 내용으로 민족전통식물학(Ethnobotany)을 출간하게 되어, 참으로 감회가 새로우며, 기쁜 마음도 또한 더 큰 것이 사실입니다.

민족전통식물학의 내용을 보면, 전체가 6부 23장으로 구성되어, 500페이지가 넘은 방대한 분량으로 완성된 것입니다. 내용을 자세히 보면, 제1부는 민족전통식물학의 정의, 연구 대상, 현황 등의 4장으로 구성되어 있습니다. 제2부는 전통 식물학 지식에 대한 소개, 자료, 이해 그리고 서양 과학 지식과의 관계 등이 3장으로 나누어 정리되어 있습니다. 제3부는 다학문적이고, 학제적인 성격의 민족전통식물학에 대한 학문

분야별 다양한 연구 방법들이 7장에 걸쳐 정리되고 있습니다. 제4부는 대륙별 특성에 따라 민족전통식물학의 역사가 설명되어 있습니다. 제5부는 우리 한민족의 전통식물학에 대한 규정, 역사 그리고 미래에 대한 전망에 대해 설명이 되고 있습니다. 제6부는 최근 민족전통식물학에 대한 연구 경향과 현황에 대해서 나라별, 대륙별 그리고 학문분야별로 정리되어 있습니다.

아무쪼록, 본서의 출간을 계기로 그 경제적인 가치 때문에 미국과 유럽에서는 일찍부터 연구에 열을 올려온 민족전통식물학은 다학문적인 연구 분야로써 많은 산업 분야에 직접 기여할 수 있는 기초학문이자 응용학문이고, 세계로 나아가는 우리의 생명산업을 개척하는데 필수적임이 일깨워져서 우리나라에도 우리 전통의 민족전통생물학과 민족전통식물학이 발전되었으면 합니다.

이 책의 원고는 저자 중 김 현이 2003년 미국 UC davis에 연구교수로 있을 때 집필하기 시작하였지만, 이후 송미장과 함께 초고를 수차례 보완하여 공동으로 만 5년 만에 출판하는 것으로 시간은 많이 투자되었지만, 막상 세상에 내놓는다고 하니 아직도 미진한 부분이 적지 않게 보입니다. 선후배님들의 관심으로 보완되리라 생각하며 용기를 내어 출간하오니 많은 지도를 기다리겠습니다.

장시간 동안 초고의 완성을 위해 도움을 주신 많은 분들에게 감사드립니다.

그리고 느슨한 원고를 바로잡아 이처럼 아름다운 책으로 생명을 넣어 주신 월드사이언스 박선진사장님을 비롯하여 편집진들에게 감사드립니다.

2008년 7월

연구실에서

차 례

제 I 부 민족전통식물학의 소개

제 1 장 민족전통식물학의 정의

"민족전통식물학(ethnobotany)"이란 용어는 1896년에 발표된 John W. Harshberger(그림 1.1)의 "민족전통식물학의 목적(The purposes of ethnobotany)"이라는 논문과 Jesse W. Fewkes(그림 1.2)의 "민족전통식물학에의 기여(A contribution to ethnobotany)"라는 논문에서 처음으로 사용되었다(김 현, 1998). Harshberger는 민족전통식물학에 대하여 "토착민들에 의한 식물들 이용에 관한 학문"이라고 간단하게 정리하였으나, 민족전통식물학의 범주는 시간이 지남에 따라 식물의 이용에 대한 것뿐만 아니라 토착민들이 식물들을 어떻게 인지하며 어떻게 관리하는지에 대한 것까지 포함하게 되었으며, 더 나아가서는 인류 집단과 이들이 의존하고 있는 식물들에 대한 상호 연관성도 다루게 되었다. 이렇게 연구의 영역과 대상이 점차 넓어짐에 따라 민족전통식물학에 대한 정의도 시대적인 조류에 발맞추어 변화와 논란을 거듭해왔다.

그림 1.1 John W. Harshberger (1869~1929).

사실, 민족전통식물학의 정의에 대한 여러 가지 논란은 이 분야의 범주가 광범위하기도 하지만, 오랜 기간 동안 여러 다른 학문분야에서 공부를 한 이후, 민족전통식물학 분야에 대한 연구에 임하는 전문인들의 각기 다른 관심분야의 차이에서 기인한다고 볼 수 있다. 즉, 민족전통식물학 분야에서 초기의 식물학자들은 토착 지역민 사회에서 이용되는 식물들의 잠재적인 경제성에 초점을 맞추어 접근하였지만, 인류학자들은 자연계에 대한 인류 집단 간의 서로 다른 인식이 그들의 생존 양식에 어떻게 영향을 미치는지에 대한 탐구를 치열하게 하였다. 이와 비슷하게, 일부 학자들이 선사시대의 인류 집단에 대한 연구에 매달릴 때, 다른 학자들은 그들의 연구 영역을 '미국 중류 계급'에서 많은 관심을 가지고 개척에 나섰던 민속 지식(folk knowledge)에 까지 확장시켰다(Ford, 1978).

그림 1.2 Jesse W. Fewkes (1850-1930).

이러한 논란들은 1990년대에 들어서면서 C. M. Cotton(1996), Gary J. Martin(1995), Richard Evans Schultes와 Siri von Reis(1995) 그리고 Alexiades(1996) 등이 민족전통식물학에 대한 분야별 연구 현황과 연구 방법론 등에 대한 개론서들을 발간함에 따라 자연스럽게 정리되었다. 이들이 각자의 저서에 정의한 바와 같이 민족전통식물학의 영역은 식물들과 전통적으로 이를 이용해온 인류 집단과의 상호 관계에 대한 모든 연구들을 포괄하며, 이에 따라 민족전통식물학이란 지구상의 어떤 곳이던지 원주민들이 전통적으로 이용하는 식물들과 이용방법 그리고 그들이 인식하고 있는 생태계에 대한 여러 가지 지식들에 대해 연구를 하는 학문 분야로 정의할 수 있게 되었다.

제 2 장 민족전통식물학의 연구 대상과 연구 방법

민족전통식물학의 연구 대상과 연구 방법 그리고 연구 목적과 결과들은 그림 1.3과 같이 서로 유기적인 관계를 다양하게 형성하고 있다.

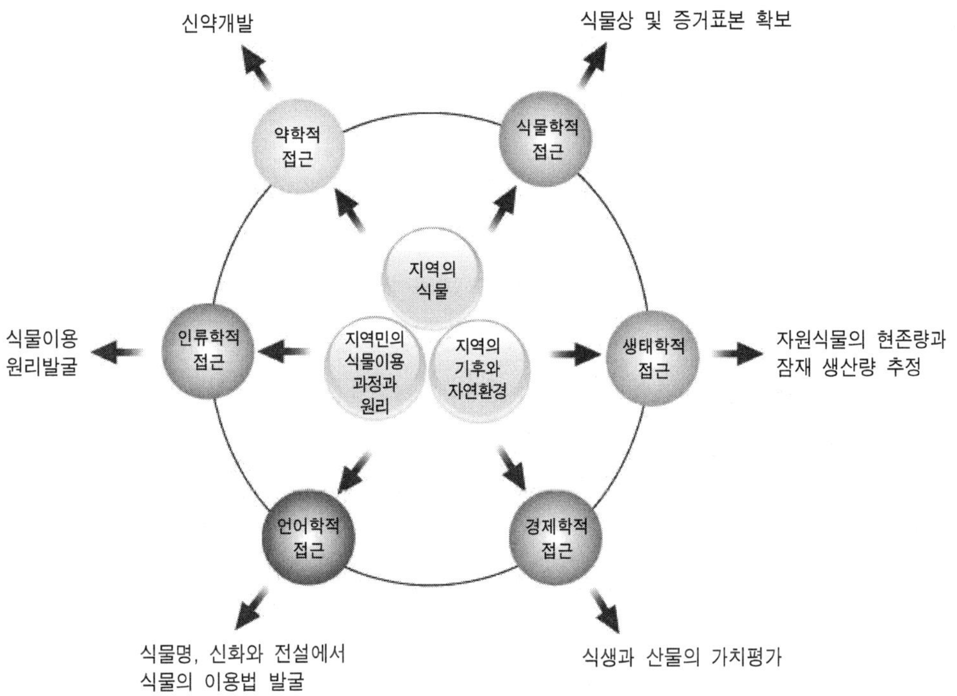

그림 1.3 민족전통식물학의 연구 대상과 연구 방법을 통해 얻어지는 연구 결과들의 상호 관계.

1. 민족전통식물학의 연구 대상

민족전통식물학의 연구 대상은 지역의 식물, 지역민의 식물이용 과정과 원리, 지역의 기후와 자연환경 등 크게 3가지로 나누어진다.

첫째, 지역의 식물에는 이용성의 측면에서 볼 때, 지역에서 과거에서부터 현재까지 식용, 약용, 관상용, 건축용 그리고 연료용 등을 포함하는 현재의 유용식물을 비롯하여 앞으로 자원식물로써 이용될 수 있는 잠재적인 유용식물을 포함하므로 결국 그 지역의 전체 식물들이 해당된다(Schultes, 1982; Gbile and Adesina, 1987). 식물상으로 보면, 양치류를 포함하는 관속식물을 중심으로 이끼류, 지의류 그리고 해조류까지를 포함하는데, 호수가 발달된 지역에서는 담수성 식물조류가 조사되기도 하며, 토양의 분석과 대기조사에서 미생물들이 조사되기도 한다 (Kim *et al.*, 2006).

둘째, 지역민들이 식물을 이용하는 원리에는 주로 유용식물들의 전처리 과정과 이용과정 그리고 이를 통해 적용되는 원리가 포함된다. 전처리 과정에는 식용과 약용식물을 비롯하여 염료, 직물이나 공예용 식물들이 중요하다. 이 식물들의 이용은 사람과 직접적으로 관계가 있으므로 이용 과정상의 절차나 방법은 민족전통식물학자들이 중요하게 생각하는 부분이다. 특히, 민족전통약학자들에게 있어서 환자에게 제공되는 약용식물의 제조 방법, 투여시기와 투여량은 환자의 상태를 좌우하는 것이므로 대단히 중요한 자료이다(Shah, 1990). 식물이용의 원리를 파악하는 데에는 다소 어려움이 따르지만, 해당 지역민들이 이용하는 식물들을 전체적으로 파악할 수 있게 함은 물론이고 그들이 가지고 있는 자연관을 파악할 수 있는 중요한 자료이다. 예를 들면, 남아메리카의 북부 안데스에 거주하는 원주민들은 식물을 이용할 때, 냉온[음(陰), 양(陽)]의 개념을 가지고 식용과 약용의 많은 식물들을 나누어서 이용하고 있어 이들이 가지고 있는 자연관의 단초를 제공해 주고 있다(De Feo, 2003). 이러한 식물이용의 원리는 극동 아시아의 경우, 본초학에서의 기본적인 개념을 이루고 있으면서, 자연철학의 기초를 형성하고 있다.

셋째, 지역의 기후와 자연환경은 그 지역에 거주하는 사람들과 지역의 식물상에 커다란 영향을 주고 있다. 지역민들은 기후와 자연환경의 영향 속에서 식물을 이용하거나 관리를 함은 물론이고 이러한 생활이 오랜 세월 동안 반복됨으로써 식물을 이용하는 방법이나 원리가 형성되게 된다. 또한, 지역의 기후와 환경은 지역 생태계를 형성하게 하여 지역마다의 독특한 식생들의 성장에 밑거름이 된다. 지역의 식물들은 이러한 식생의 구성원으로서 나름대로의 영역을 차지하고 있다. 즉, 자연환경은 지역 식물이 성장하고 번식할 수 있는 토대를 형성하고 있어서, 기후와 함께 지역 식물상의 형성에 절대적인 영향을 끼치고 있으므로 민족전통식물학자들이 관심을 가질 수밖에 없다(Henman, 1982).

2. 민족전통식물학의 연구 방법 및 결과

민족전통식물학의 연구 방법은 다른 학문분야들과 마찬가지로 과학의 발전과 사회의 요구에 부응하여 다양하게 변화되어왔다. 특히, 다학문적 통합학문인 민족전통식물학의 성격상 한 시대의 과학을 이끌어가는 실험 방법들이나 사회분석 방법들은 거의 이용된다고 해도 틀리지 않을 정도의 여러 가지 접근 방법들이 개발되어 왔으며, 현재도 다양한 학문분야에서 접근이 이루어지고 있기 때문에 미래에도 새로운 연구 방법들이 더욱 더 다양하게 개발될 것이다(Cotton, 1996).

지금까지 민족전통식물학 영역에 대한 연구 방법으로 널리 알려진 접근들을 보면, 먼저 이 분야가 탄생되는 시점부터 이용되어서 가장 기본적인 틀을 형성하고 있는 식물학적 연구를 들 수 있다. 식물학적 연구의 결과로 지역의 식물상도 밝혀지지만 다른 연구들의 기초가 되는 증거 표본의 수집도 중요한 결과이다. 그리고 19세기 말부터 화학적 분석 방법이 발전됨에 따라 지역민들이 약용으로 이용하는 식물에서 생약 성분을 추출하면서 민족전통식물학의 연구 방법으로 자리매김을 한 약학적 접근은 민족전통식물학의 경제성을 널리 알리게 하여 여러 분야 학자들의 참여를 유도하게 하는 역할을 하여 다양한 신약의 개발이 이루어지기도 하였다. 활발한 약학적인 접근은 새로운 지역에서 이용되는 다양한 자원 식물들에 대한 연구에 촉매제가 되었고, 보다 정확하고 확실한 자원식물들의 이용 방법이나 원리를 파악하기 위하여 그 지역민들의 문화를 원활하고 정확하게 조사하기 위한 인류학적 연구 기법이 절실하게 필요하게 되었다. 아울러서, 식물자원의 소중함이 인식되어감에 따라 식물자원을 보존하고 자원식물의 끊임없는 생산을 위해서는 지역민과 개별 식물들과의 관계뿐만 아니라 식생과의 관계 더 나아가서는 지역민과 생태계와의 관계에 대한 이해가 필수적으로 필요하게 되어 이제는 민족전통식물학 조사 항목들에 생태학적인 항목들이 기본적으로 들어가 있다. 생태학적 접근의 결과로 중요한 부분은 자원 식물들에 대한 현존량과 잠재적인 생산량의 추정과 이에 대한 대책을 마련하는 것이다. 20세기 중엽부터는 국가와 인종을 불문하고 식생과 생태계를 경제적 자원으로 평가하여 부가 가치의 창출을 위한 노력을 경주하면서, 여기서 산출되어 시장에 출하되는 다양한 산물들의 정확한 경제적 가치의 평가는 대단히 중요한 문제가 되어 다양한 경제학적인 가치 평가 기법이 민족전통식물학 관련 산물들에 대한 가치 평가에 이용하게 되었다. 마지막으로 세계 각처에 산재한 지역민들은 그들만의 다양한 언어를 가지고 있고, 이 언어들에는 그들의 문화가 녹아 있어 언어학적인 연구를 하면, 지역민들이 가지고 있는 신화나 종교 의식 등을 보다 심층적으로 분석할 수 있어서 정확한 민족전통식물학적인 자료들을 수집할 수 있어 현재는 많은 민족전통식물학자들이 언어학적 분석에 힘써 노력하고 있다(Martin, 1995).

제 3 장 민족전통식물학의 발전

Powers(1873)가 토속식물학(aboriginal botany)을 토속 지역민들이 의약, 음식, 직물 그리고 장식과 같은 상품에 이용하였던 식생을 구성하는 모든 요소들에 대한 연구로 정의한 바와 같이 민족전통식물학이라는 용어가 소개된 1896년 이전의 전통 식물학에 대한 연구들은 전적으로 원주민들이 이용하는 식물들의 경제적인 잠재 가치와 그 응용에 집중되었다.

그러나 이후 약 50년 동안은 유용식물 자원의 발굴에 있어서 인류 집단과 생태계의 중요성이 인식됨으로써 인류학적인 연구와 생태학적인 연구가 활발하게 이루어지게 되었다. 즉, 1916년에는 W. W. Robbins 등이 미국 민족학 회보지에 "Tewa 인디언의 민족전통식물학(The Ethnobotany of the Tewa Indians)" 이라는 논문을 발표하였으며(Robbins, 1916), H. H. Smith는 1923년부터 1933년까지 미국 밀워키시의 박물관 회보에 Menomini 인디언, Meskwaki 인디언 그리고 Ojibwa 인디언 등에 대한 민족전통생물학적 연구 결과들을 발표하였다(Smith, 1923, 1928, 1933). 이들의 활동은 인류 집단의 식물 이용에 대한 기록뿐만 아니라 전통이나 의식을 통해 나타난 환경 전체에 대한 전통적인 인식도 민족전통식물학 범주에 포함되게 하는 결과를 낳았다. 이어, Gilmore(1932)는 인류 집단들에 의한 경제 식물학(economic botany)뿐만 아니라 식물과 식물 생활에 대한 전통적인 지식의 전체를 민족전통식물학 범주에 포함시켰고, Schultes는 인류와 그들을 둘러싼 식생과의 관련성에 대한 연구를 하였으며, Jones는 원시 인류와 식물과의 관계에 대한 연구를 함으로써 민족전통식물학 영역이 보다 다양하게 되는 계기를 만들었다(Castetter, 1944).

이러한 연구들에 힘입어, 1947년에는 Edmund J. Fulling 박사의 주도로 경제식물학회(the Society for Economic Botany)가 창립되고, 경제식물학회지(Journal of Economic Botany)가 발간하게 되어 민족전통식물학적인 연구 결과들이 더욱 많이 발표되게 되었다. 이어 다양한 학문 분야에서 민족전통식물학에 대한 연구들이 지속적으로 발표되다가, 민족전통생물학회(the Society of Ethnobiology)의 출범과 민족전통생물학회지(Journal of Ethnobiology)의 발간이 시작되었고, 1989년에 이르러 인도의 럭노우에서 민족전통식물학회(the Society of Ethnobotany, Lucknow in India)가 결성되었다. 1990년에는 유럽 프랑스의 스트라스부르에서 제1차 국제 민족전통약학회의(the First International Congress on Ethnopharmacology, Strasbourg in France)가 개최되었고, 스페인 코르도바에서 민족전통식물학 92'(Ethnobotanica 92', Cordoba in Spain)가 개최되었다. 이러한 국제적인 행사 이외에도 민족전통식물학 발달에 중요한 기여를 한 연구들이 줄을 이었다. 즉, Ford(1978)는 인간과 식물과의 직접적인 연관성에 대한 연구를 하였으며, Wickens(1990)는 상업화와 육종 이전의 유용식물들에 대한 연구를 하였고, 특히, FEB(the Foundation for Ethnobiology: 민족전통생물학 재단)은 수천 년 동안 다른 문화에 축적된 주위 환경에 대한 지식들의 평가와 기록의 중요성을 강조하기도 하였다(FEB, 1993).

이러한 노력들에 힘입어, 영국의 KEW 식물원과 UNESCO의 야외조사 관리자(Field Coordinator)인 Gary J. Martin(1995)은 민족전통식물학의 연구 방법론에 대한 개론서를 출판하였고, 미국 하버드대학의 식물학 박물관장인 Richard Evans Schultes와 New York 식물원의 민족전통식물학 부문의 관리자(Ethnobotanical Curator)인 Siris von Reis(1995)는 민족전통식물학의 관련분야 전문가들의 논문들을 모아서 민족전통식물학에 대한 개괄서를 발간하였다. 1996년에는 Cotton(1996), Alexiades(1996) 등이 민족전통식물학에 대한 원리와 응용 그리고 야외 연구 등에 대한 저서들을 발표하고 1998년에는 미국식물학회 연례 회의에서 경제식물학과 민족전통식물학이라는 주제로 심포지움을 여는 등 민족전통식물학 연구는 생물학 분야의 주류로써 본궤도에 오르게 되었다. 이어 2000년대 들어서면서는 WWW(World Wide Fund for Nature)와 UNESCO를 중심으로 인간, 식물 그리고 보호라는 주제가 중심 연구 과제로 떠오르며 이에 대한 본격적인 조사와 접근이 시작되었고 이는 국제적인 다양한 회의들이 개최되는 토대가 마련되었다. 특히, 2004년에는 브라질의 Porto Alegre에서 제3차 국제 민족전통식물학 심포지움(3rd International Ethnobotany Symposium in Porto Alegre of Brazil)이 열리는 등 세계 각처에서 민족전통식물학 관련 회의들이 연이어 개최되었다. 특히, 같은 해에 주목할 만한 학술회의로 세계 각처의 토속 원주민과 지역민들이 이용하는 그 지역이나 특정 인류 집단들에 의해서 개발된 다양한 생물 이용 원리들이 발표되는 세계 민족전통요법 회의(World Conference Ethnotherapies in University of Munich of Germany)가 독일에서 개최되어 민족전통식물학의 한 분야로써 발돋움하게 되었다는 것이다. 이러한 민족전통식물학의 시대적인 발전은 '표 1.1 민족전통식물학의 발달사 개요'와 같다.

표 1.1 민족전통식물학의 발달사 개요

연 대	역사적 사실	참고자료
1873년	▸ Powers는 토속 식물학(aboriginal botany)이란 의약, 음식, 직물 그리고 장식과 같은 상품에 토속민들이 이용하였던 식생의 모든 형태들에 대한 연구로 정의함.	Castetter(1944)
1896년	▸ 민족전통식물학(ethnobotany)을 토속민들에 의한 식물들의 이용에 관한 학문이라고 함.	Harshberger(1896) Fewkes(1896)
1916년	▸ 인류 집단의 식물의 이용에 대한 기록뿐만 아니라 전통이나 의식을 통해 나타난 환경 전체에 대한 전통적인 인식도 민족전통식물학 범주에 포함됨.	Robbins *et al.*(1916) Smith(1923,1928,1933) Castetter and Underhill (1935)
1932년	▸ 인류 집단들에 의한 경제 식물학(economic botany) 뿐만 아니라 식물과 식물 생활에 대한 전통적인 지식의 전체가 민족전통식물학 범주에 포함됨.	Gimore(1932)
1941년	▸ Schultes는 인류와 그들을 둘러싼 식생과의 관련성에 대한 연구를 하였으며, Jones는 원시 인류와 식물과의 관계에 대한 연구를 함.	Castetter(1944)
1947년	▸ 경제식물학회(international society of economic botany)의 출범과 경제식물학회지의 발간이 시작됨.	

1980년	▸ 민족전통생물학회(society of ethnobiology)의 출범과 민족전통생물학회지의 발간이 시작됨.	
1981년	▸ 인간과 식물과의 직접적인 연관성에 대한 연구를 함.	Ford(1978)
1988년	▸ 남미 브라질의 벨렘에서 제1차 국제 민족전통생물학회(the First International Congress of Ethnobiology, Belem in Brazil)가 개최됨.	
1989년	▸ 인도의 럭노우에서 민족전통식물학회(the Society of Ethnobotany, Lucknow in India)가 출범됨.	
1990년	▸ 유럽 프랑스의 스트라스부르에서 제1차 국제 민족전통약학회의(the First International Congress on Ethnopharmacology, Strasbourg in France)가 개최됨.	
	▸ 상업성과 재배 목적이 배제된 유용식물에 대한 연구를 함.	Wickens(1990)
1992년	▸ 스페인 코르도바에서 민족전통식물학 92' (Ethnobotanica 92', Cordoba in Spain)가 개최됨.	
1993년	▸ 수천 년 동안 다른 문화에 축적된 주위 환경에 대한 지식들의 평가와 기록의 중요성을 강조함.	FEB(1993)
1994년	▸ 자연환경과 상호 작용하는 해당 지역 주민들에 대한 모든 연구의 필요성을 강조함.	Martin(1995)
1996년	▸ 민족전통식물학에 대한 원리와 응용 및 야외 연구 방법론에 대한 저서를 발간함.	Cotton(1996) Alexiades(1996)
1998년	▸ 미국식물학회 주최 경제식물학과 민족전통식물학에 대한 심포지움(symposium for economic botany and ethnobotany)을 개최함.	
	▸ 민족생물학(한글판)에 대한 개론서를 발간함.	Kim(1998)
2001년	▸ 인간, 식물 그리고 보호가 핵심 주제로 부각됨.	Cunningham(2001)
2004년	▸ 제3차 국제 민족전통식물학 심포지움(3rd international ethnobotany symposium in Porto Alegre of Brazil)을 개최함.	

	▸ 세계 민족전통요법 회의(world conference ethnotherapies in university of Munich of Germany)를 개최함.	
2006년	▸ 제29차 국제 민족전통생물학회 연례회의(29th annual conference of society of ethnobiology)를 개최함.	

이렇듯, 과거 20세기 후반의 민족전통식물학의 연구는 다른 분야들에 비해서 활성화가 될 된 편이었으나 21세기에 들어서면서 경제 식물학의 개념이 유용 작물에서 야생 식물 전체로 변함에 따라서, 세계적으로 많은 국가들이 자국의 식물 자원의 보호와 개발의 차원에서 관심을 보이면서 다양한 다학문적인 연구의 기회들을 제공하고 있으며, 이에 여러 학문분야의 전문가들이 민족전통식물학의 연구에 참여함으로써 급격히 활성화되고 있다. 즉, 인도를 필두로 동남아시아 등 아시아 국가들은 그들의 전통적인 약용식물들에 대한 지식들을 정리하기 위하여 국가적인 사업으로 다양한 연구과제들을 수행하고 있다. 아프리카의 국가들도 서구 과학자들에 의해 수행되던 연구의 틀을 벗어나 능동적으로 연구들에 참여하기 시작했으며 특히, 그동안 비과학적으로 치부되던 그들의 전통적인 농업에 대한 지식을 새롭게 인식하여 농촌 지역의 개발을 위한 지렛대로 활용하고 있다. 오스트레일리아에서는 식생을 조절하는데 있어서 전통적인 방법들이 생태계의 유지에 커다란 효과가 있음을 파악하고 이를 활용하는데 힘쓰고 있다(Cotton, 1996).

민족전통식물학의 연구 동향을 살펴보기 위하여 표 1.2는 민족전통식물학의 연구 논문이 주로 발표되는 국제적인 학술 잡지인 국제 경제식물학회지(Journal of Economic Botany)와 국제 민족전통약학회지(Journal of Ethnopharmacology)에 1992년과 1993년 사이에 발표된 논문의 수와 2002년과 2003년 사이에 발표된 논문의 수를 대륙 별로 비교해본 것이다. 이를 자세히 보면, 1990년대 초반까지만 하여도 아메리카와 유럽에서 많은 논문이 발표되고 있는 반면에 아시아와 아프리카는 상대적으로 적은 논문들이 발표되고 있음을 알 수 있다. 이는 당시에 민족전통식물학의 연구를 수행할 수 있는 경제력과 인력이 충분한 미국과 유럽의 학자들이 중심에 서서 많은 논문을 발표한 것으로 판단되는데, 이 시기에 북미의 학자들은 미국의 스미소니언 연구소와 뉴욕 식물원의 학자들을 중심으로 아마존을 비롯한 아메리카의 열대림과 마야 및 잉카 문화의 식물 이용에 대한 활발한 연구 결과들을 내놓았고, 유럽 학자들의 경우는 아프리카와 아시아에서 채집하여온 유용식물에 대한 분석의 결과들을 주로 많이 발표하였다.

그러나 10년이 지난 2000년대 초반에 들어서는 민족전통식물학의 주요 연구 대상지역이 아메리카와 유럽 지역에서 아시아와 아프리카로 급격히 확대되고 있는 것을 알 수 있다. 이러한 경향의 원인은 두 가지로 나누어 볼 수 있다. 즉, 우선 아메리카와 유럽 지역의 논문이 꾸준하게 유지된 것은 이 지역의 학자들이 계속적으로 민족전통식물학에 대한 연구를 수행하고 있는 증거이며, 다른 한편으로 아시아와 아프리카에 대한 논문의 증가는 이 지역에서 민족전통식물학적 연구가 활발히 진행되었음을 보여준다. 아시아와 아프리카 지역에 대한 민족전통식물학적 연구 논문 수의 증가는 이 지역에 민족전통식물학적 연구를 수행할 수 있는 관심이 높아졌고, 연구를 수행할 연구 인력도 풍부해졌음을 의미한다고 볼 수 있다. 그러나 무엇보다도 이러한 결과로부터 해석할 수 있는 사실은 이들 지역에서 거주하는 지역민들이 자신들이 가지고 있는 자연 환경과 전통적인 식물학적 지식에 대한 관심이 높아졌고 학술적인 조사활동에 노력을 하고 있다는 것이다.

이와 달리 세계적으로도 식물 자원의 고유성이 높고 토속 문화가 보존된 지역이 많은 오스트레일리아의 경우는 오스트레일리아, 뉴질랜드 그리고 남태평양 열도 등을 포괄하는 지역으로 자원식물이 풍부한 열대림을 포함하고 있어 그 동안 학술대회를 통해 다양한 연구 결과들이 발표되었지만, 오히려 발표된 논문의 수가 줄어든 것은 이들 지역에 대한 연구자들이 미국이나 유럽의 학자들이 주류를 형성하고 있어 논문의 발표가 기존의 생물과학, 화학 그리고 인류학 관련 학술지에 발표된 것으로 추정된다.

표 1.2 민족전통식물학 연구의 대륙별 발표 논문 수의 비교현황*

연도	아메리카	아시아	아프리카	유럽	오스트레일리아
1992 - 1993	51	18	9	22	4
2002 - 2003	55	46	33	21	1

*Journal of economic botany, Journal of ethnopharmacology에 발표된 논문들을 대상으로 얻은 자료임.

제 4 장 민족전통식물학의 현황과 응용

민족전통식물학의 현황을 보기 위해서는 그림 1.4와 그림 1.5 같이 민족전통과학(ethnoscience) 분야와 민족전통생물학(ethnobiology) 분야를 대별하여 우선 민족전통과학(ethnoscience)분야에서 유래된 민족전통생물학 분야 중 어떤 분야가 활성화되었는지를 살펴보고, 이어 민족전통생물학 내에서 민족전통식물학의 위치를 찾는 것이 지름길일 것이다. 이는 민족전통생물학의 영역이 통상 민족전통과학이 생활화되어 있는 지역의 전통 사회와 자연 환경과의 상호 관계를 조사하는 것을 포함하고 있고, 전통적인 생물학적 지식과 생물 환경에 대한 인간의 영향을 평가하는 것을 포괄하고 있기 때문이다. 현재의 민족전통생물학은 그림 1.5와 같이 민족전통동물학(ethnozoology), 민족전통곤충학(ethnoentomology), 민족전통균학(ethnomycology) 그리고 민족전통식물학(ethnobotany)으로 구성되어 있다(Kim, 1998). 이중에서 민족전통식물학은 원주민들의 식물에 대한 명명, 분류, 이용, 관리 그리고 원주민들의 채취가 식물의 변화에 미치는 영향 등에 대한 연구들을 포함하는데, 초기의 연구들은 토속적인 지역 식물들의 이용에 한정되어 있었으나 이러한 영역은 다양한 민족전통과학 분야(ethnoscientific fields)들 중 민족전통의학(ethnomedicine), 민족전통분류학(ethnotaxonomy), 그리고 민족전통생태학(ethnoecology)을 비롯하여, 지역 원주민들의 생존양식과 물질문화에 대한 인류학적인 연구와 식물학적인 연구를 포함하는 식물과 관련된 전 분야를 포괄할 정도로 넓어졌다. 특히, 민족전통식물학은 1990년대에 들어서면서부터 민족전통의료식물학(medical ethnobotany), 민족전통치의료식물학(dental ethnobotany), 민족전통사회식물학(socioethnobotany) 그리고 민족전통고고식물학(archaeoethnobotany) 등의 분야로 세분되어 발전되고 있다(Schultes와 Reis, 1995).

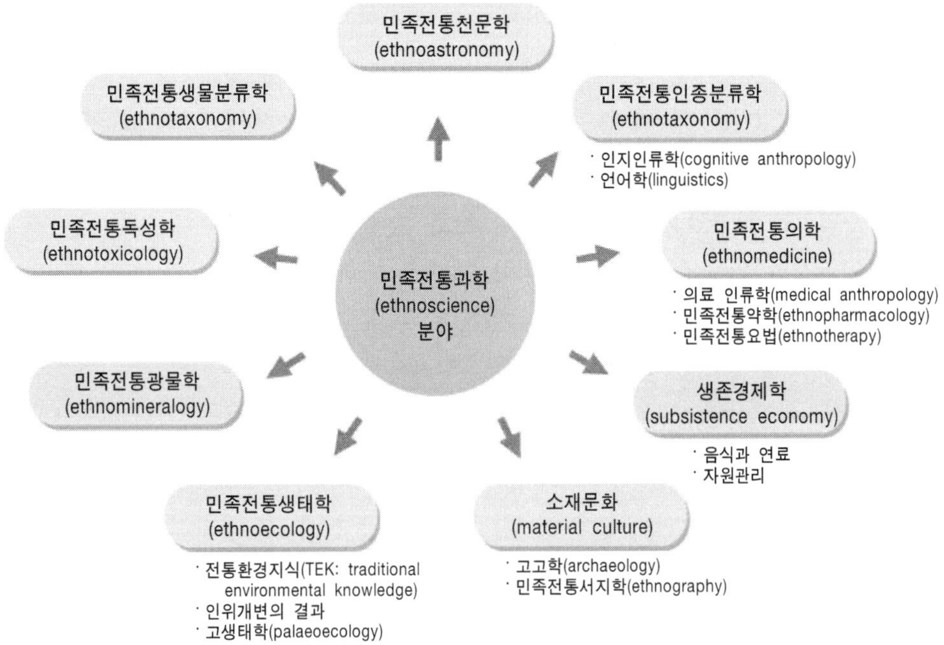

그림 1.4 민족전통과학의 연구 분야(Cotton, 1996; Kim, 1998).

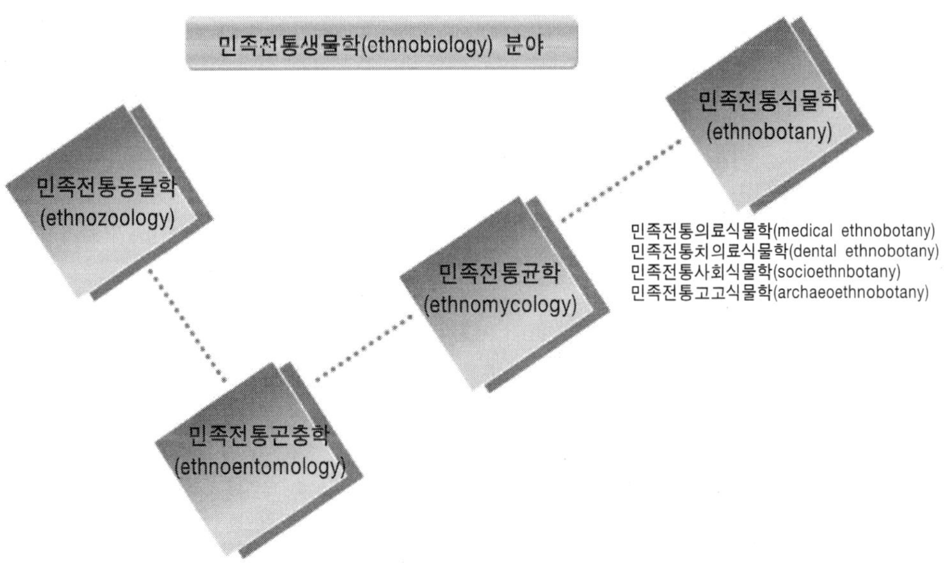

그림 1.5 민족전통생물학 연구 분야(Cotton, 1996; Kim, 1998).

민족전통식물학 분야에 대한 보다 명확한 정리를 위하여, 비교적 연구가 활발히 수행되고 있는 분야들을 중심으로 표 1.3과 같이 8개 부문으로 나누어 볼 수 있다. 이들의 분야들 각각 독자적인 이론과 연구 방법을 가지고 있지만, 때로는 한 분야의 연구에 함께 유기적으로 이용되어 보다 나은 결과를 도출할 수도 있다. 예를 들면, 전통적인 약전에 대한 민족전통약학적인 연구에는 민족전통의학 체계에 대한 인류학적 평가와 의학적 평가, 식물학자들의 분류학적 기술, 민족전통분류학자들과 어원학자들의 언어학적인 기술 그리고 식물화학자들과 생약학자들의 분석적 기술 등이 종합적으로 적용될 때 완벽한 연구 결과를 얻을 수 있다.

표 1.3 현대 민족전통식물학의 연구 분야(Cotton, 1996; Kim, 1998).

분　야	연구영역
민족전통생태학	식물 토양학, 식물과 다른 생물과의 상호관계와 적응에 대한 전통적인 지식, 전통적인 식생 관리에 대한 자연환경의 영향 등을 연구함.
전통 농업	작물들과 농업 소재에 대한 전통 지식, 작물의 선택과 작물의 관리에 대한 자연환경의 영향 등을 연구함.
민족전통사회식물학	종교의식이나 신화의 분석을 통해 자연세계에 대한 전통적인 인식과 이에 따른 생태학적 결과를 조사함.
민족전통분류학	지역의 전통적인 지식 체계의 조직화에 대한 연구를 함.
민족전통의학	식물을 주로 이용하는 민족전통요법(ethnotherapy)에 대한 탐구를 함.
소재문화	전통예술이나 전통기술에 활용되는 식물이나 식물성 산물의 전통적인 이용과 지식을 탐구함.
민족전통약학	지역 사회에서 전통적으로 이용되는 약용 및 식용식물들을 대상으로 약성 분석과 이의 응용에 대한 연구를 함.
고고민족전통식물학	고고학적인 자료로 과거 인류 집단과 식물과의 상호관계를 분석함.

지난 30년 동안 민족전통식물학의 비약적인 발전은 실로 이 분야가 인류학자들과 고고학자들의 업적과 분자생물학자들과 생태학자들의 노력이 결집된 자연과학의 학제적 연구 분야로 발돋움되도록 하였다. 민족전통식물학에 대한 연구들이 배가되는 주요인은 인간의 인식에 대한 이해를 높이게 해주는 지식 체계를 파악하려는 열망이고, 다른 한편으로는 선사 시대에 있어서 인간과 식물과의 관계를 분석하여 인류의 진화를 조명하려는 의도도 있었다.

최근에는 전통지식의 사회적 가치나 경제적 가치의 상승은 많은 학자들로 하여금 생물 다양성이나 보존생물학(conservative biology)과 같은 분야에서 민족전통식물학 자료의 실질적 응용과 경제적 활용에 힘쓰게 하는 등 여러 분야에서 응용되고 있다.

즉, 민족전통식물학의 발전은 다양한 식물자원들에 대한 경제적인 가치를 재평가하게 하여 1980년대부터는 기존의 자원을 중심으로 한 자원식물학이 경제를 중심으로 한 경제식물학(economic botany)으로 학문의 틀이 바뀌었으며, B. B. Simpson과 M. C. Ogorzaly가 경제식물학에 대한 개론서를 출판하여 이 분야의 발전에 선도적인 역할을 하였다(1986).

전통 지역사회의 농업에서 지역민들이 이용하고 있는 농법들 또한, 20세기 말부터 서구 사회에 불어 닥친 참살이 열풍에 힘입어 친환경적이고 건강 친화적인 대안농법으로 재평가를 받아가면서, 다양한 형태의 유기농법 등으로 발전을 거듭하고 있다.

기존에도 높은 경제적 가치로 인하여 사회적으로나 학문적으로도 관심이 높았던 민족전통약학 분야는 민족전통분류학, 인류학이나 생태학 등 관련 학문 분야의 연구 방법들이 새롭게 적용됨에 따라 예전보다 더욱 정확하고 면밀하게 전통적인 약용식물들이 개발되고 있다. 예를 들면 미국의 샌프란시스코에 있는 Shaman Pharmaceuticals Inc.이라는 제약회사는 이미 강력한 항 바이러스성 약품을 개발하여 상품화에 박차를 가하고 있다(King & Tempesta, 1994).

지역민들이 가지고 있는 전통적인 지식에서 건강에 관련하여 비교적 새롭게 등장한 민족전통의학 분야는 기존의 기질 치료적인 의학체계에서 극복하지 못하는 다양한 질병들의 대안 치료법으로 민족전통요법(ethnotherapy)이 각광을 받게 되면서 기존 의학계는 물론이고 관련 분야의 학자들이 연구에 많은 힘을 쏟고 있는데, 대부분의 민족전통요법들을 식물성 치료제 혹은 이와 관련된 치료 방법과 원리를 이용하므로 민족전통식물학자들도 지대한 관심을 가지고 연구들에 임하고 있다.

민족전통생태학과 관련하여, 전통지역 사회에서 지역 생물자원의 지속 가능한 이용을 위한 방법론의 탐색을 위한 전통적인 식생 관리에 대한 연구가 활발히 진행되고 있고, 지역민들의 전통적인 방식에 의한 생물다양성과 유전자원의 보존 및 개선을 위한 방법론의 탐색들이 강화되고 있으며, 식물 환경에 대한 과거와 현재 인위개변의 영향에 대한 평가의 일환으로 인류생태학의 발전도 괄목할만하다. 이 중에서도 지역의 원주민들에 의한 식생 관리가 식물 유전자원의 다양성과 생육지 보존 등에 얼마나 효과적인가에 대한 다양한 연구 결과들은 큰 결실을 맺고 있다(Rajasekaran & Warren, 1994).

환경의 보존과 환경이 파괴되지 않는 개발을 위한 지역민들의 수입을 보장하는 대안적인 연구로써 지역민들이 전통적으로 간직하고 있는 예술, 공예 그리고 각종 기술들에 의한 상품화에 대한 연구도 활발히 수행되고 있다.

참고문헌

Alexiades, M. N. 1996. Editor of Selected Guidelines for Ethnobotanical Research: A Field Manual. The New York Botanical Garden, New York.

Castetter, E. F. 1944. The domain of ethnobiology. American Naturalist 78: 158-170.

Castetter, E. F. and R. M. Underhill, 1935. Ethnobiological studies in the American Southwest. II. The Ethnobiology of the Papago Indians. University of New Mexico Bulletin 275, biological series, vol.4, no.3.

Cotton, C. M. 1996. Ethnobotany: Principles and Applications. John Wiley and Sons, Chichester.

Cunningham, A. B. 2001. Applied ethnobotany. People, wild plant use and conservation. People and Plants Conservation Manual. Earthscan. p. 300.

De Feo, V. 2003. Ethnomedical field study in northern Peruvian Andes with particular reference to divination practices. Journal of Ethnopharmacology 85: 243-256.

FEB. 1993. The Foundation for Ethnobiology. Media Launch & symposium, 2 February.

Fewkes, J. W. 1896. A contribution to ethnobotany. American Anthropologist old series 9: 14-21.

Ford, R. I. 1978. Ethnobotany: historical diversity and synthesis. *In:* Ford, R. I. (ed) The Nature and Status of Ethnobotany (Anthropological papers, Meseum of Anthropology, University of Michigan No 67). Ann Arbor, Michigan, pp. 33-50.

Gbile, Z. O. and Adesina, S. K. 1987. Nigerian flora and its pharmaceutical potential. Journal of Ethnopharmacology 19:1-16.

Gilmore, M. R. 1932. Importance of ethnobotanical investigation. American Anthropologist 34: 320-327.

Harshberger, J. W. 1896. The purposes of ethnobotany. Botanical Gazett 21: 146-154.

Henman, A. R. 1982. Guaraná (*Paullinia cupana* var. *sorbilis*): Ecological and social perspectives on an economic plant of the central amazon basin. Journal of Ethnopharmacology 6:311-338.

Kim, H. 1998. Ethnobiology (Korean edition). Academic press. Seoul. Korea.

Kim, H., Song, M. J., and Potter, D. 2006. Medicinal efficacy of plants utilized as temple food in traditional Korean Buddhism. Journal of Ethnopharmacology 104: 32-46.

King, S. R. and Tempesta, M. S. 1994. From shaman to human clinical trials: the role of industry in ethnobotany, conservation and community reciprocity. *In:* Chadwick D. J., Marsh, J. Ethnobotany and the search for new drugs (Ciba foundation Symposium 185). Wiely, Chichester, pp. 197-206.

Martin, G. J. 1995. Ethnobotany: A Methods Manual. Chapman & Hall, London.

Powers, S. 1873. Aboriginal Botany. Proc. Calif. Acad. Sci. 5: 373-379.

Rajasekaren, B. and Warren, D. M. 1994. Indigenous knowledge for socioeconomic development and biodiversity conservation: the Kolli hills. Indigenous Knowledge & Development Monitor 2(2): 13-17.

Robbins, W. W., Harrington, J. P., and Freire-Marreco, B. 1916. The Ethnobotany of the Tewa Indians. Bureau of American Ethnology Bulletin no. 55. Washington, DC. pp. 1-124.

Schultes, R. E. 1982. The useful plants of Central America: Louis O. Williams. Ceiba, 24 (1 and 2) (1981) 1-342; Index: 24 (3 and 4) (1985) 345-381. Journal of Ethnopharmacology 6: 253.

Schultes, R. E. and Reis, S. von. 1995. Editors of Ethnobotany: Evolution of a discipline. Dioscorides Press, Portland, Oregon.

Shah, N. C. 1990. Drugs and people: Medications, their history and origins, the way they act: Alfred Burger, University Press, Charlottesville, Virginia, 1986, pp. 176. Journal of Ethnopharmacology 28: 135.

Simpson S. S. and Conner-Ogorzaly M. C. 1986. Economic Botany. McGraw Hill, London.

Smith, H. H. 1923. Ethnobotany of the Menomini Indians. Museum of the City of Milwaukee, Bulletin 4: 1-174.

Smith, H. H. 1928. Ethnobotany of the Meskwaki Indians. Museum of the City of Milwaukee, Bulletin 4: 175-326.

Smith, H. H. 1933. Ethnobotany of the Ojibwa. Indians. Museum of the City of Milwaukee, Bulletin 4: 327-525.

Wickens, G. E. 1990. What is economic botany? Economic Botany 44: 12-28.

제 II 부 전통식물학 지식

제 1 장 전통식물학 지식의 소개

식물들이 물리, 화학적인 변화를 통해 세계적으로 다양한 생육지에 적응해오는 동안, 인류 역시 세대를 거듭하면서 식물을 이용하는 지식을 축적해 오고 있다. 오늘날 세계적으로 전통이 잘 보존된 인류 집단들은 그들 나름대로 자연과의 상호관계 속에서 축적된 훌륭한 지식들은 물론이고, 육체적으로나 정신적으로 사회를 잘 유지시킬 수 있는 지식들 또한 간직하고 있다.

20세기 전반을 통해 생물학자들과 인류학자들은 다양한 관점에서 민족전통과학적인 기술들에 대한 연구들을 시도하였다. 이 결과, 민족전통과학적인 지식은 다양한 용어로 설명되어져, 적용하기에 따라 의미상에 미묘한 차이를 파행시켜 논란거리들을 만들기도 하였다. 이러한 점들을 극복하기 위하여 민족전통과학 지식에 대한 다양한 전문용어들과 이에 따른 생소한 개념들이 만들어졌다. 하지만, 이렇게 만들어진 용어들조차도 대부분이 전통적인 지식에 대한 서구학자들의 이해의 정도에 따라 만들어졌기 때문에 시간이 지남에 따라 용어의 한계가 넓어지거나 줄어들기도 한다(Cotton, 1996).

다음의 용어들과 개념들은 이 책을 이해하는 데는 물론이고, 민족전통식물학이나 민족전통생물학 관련 서적과 학술잡지들을 이해하는데 많은 도움이 될 것이다.

❖ **토착기술지식(土着技術知識, Indigenous technical knowledge: ITK)**: 수익성 작물의 이용, 해충방제에 식물성 독의 이용 그리고 음식 조리에 있어서 다양한 요리 과정의 응용 등과 같이 전통적인 농부가 가지고 있는 실질적인 기술 지식을 폭넓게 의미한다. 이러한 의미에서 ITK는 원주민들의 문화에서 추출하여 현대 기술에 적용할 수 있는 정보의 보고라 할 수 있다(Rocheleau *et al.*, 1989).

❖ **토착농업지식(土着農業知識, Indigenous agricultural knowledge: IAK):** ITK에 관련된 것뿐만 아니라 작물 관리와 가축 생산의 방법, 전통적인 수의학적 치료법 그리고 곡물과 가축의 교배에 대한 방법 등 농업에 속하는 모든 형태의 토착지식을 의미한다. 이 용어의 개념에는 IAK의 지속적인 발전에 원주민들의 실험과 개혁의 역할을 인정하고 있으며, ITK와는 달리 지역지식의 발전에는 그 지역의 우주관의 영향을 고려해야 한다는 점도 포함하고 있다(Scoones and Thompson, 1990).

❖ **전통생태지식(傳統生態知識, Traditional ecological knowledge: TEK):** 원주민과는 다른 전통적인 사람들의 모든 생태학적 지식을 의미한다. IAK와 같이 TEK는 지역 지식의 발전과 성향에 대한 지역 환경 인식의 공식적인 영향을 고려하고 있다(Johnson, 1992).

❖ **전원인지식(田園人知識, Rural people's knowledge: RPK):** 이 용어도 IAK와 같이 전통적인 농부들이 가지고 있는 지식들에 대해서 사용한다. 그러나 이 용어는 원주민과 다른 전통적인 사람들까지 포함하여 적용하며, 주어진 집단 내의 지식의 분포 그리고 세대에 있어서 제도상 조직과 사회 구조의 영향도 고려하고 있다(Scoones and Thompson, 1990; Millar, 1993).

❖ **전통식물학지식(傳統植物學知識, Traditional botanical knowledge: TBK):** 비 산업 집단이 가지고 있는 전체 식물학적인 지식을 의미하고, 식물 이용과 식생 관리에 대한 모든 실용적이고 사회적이며, 생태학적인 관점들을 포괄한다. 그러므로 이 용어는 생존, 소재문화 그리고 의학 등에 이용되는 식물의 관리, 이용방법, 이용원리 그리고 동정 등과 관련된 사항들을 포함한 이 책 내에서 모든 형태의 지식들을 포함한다.

❖ **종합지식체계(綜合知識體系, Integrated knowledge system: IKS):** IAK와 서구과학의 상보적 통합인 농업지식과 정보체계(agricultural knowledge and information system: AKIS)에 대한 Millar의 개념과 같이 IKS는 전통지식과 서구 지식의 상보적 통합을 의미한다(Millar, 1993). 특히, 이 책에서는 자연과학과 사회과학을 배경으로 가진 공식적인 서구지식에 TBK를 통합하는 의미를 가진다.

특히, 민족전통식물학자들은 각기 다른 집단들에서 식물을 인식하고 관리하며 이용하는 등 식물에 관련한 민족전통과학적 지식에 대해서 연구를 하여 왔다. 비록 이러한 연구들이 지금까지는 지역의 전통적인 원주민들이 가지고 있는 식물에 대한 지식들에 초점이 맞추어져 왔지만, 최근의 일부 연구들은 브라질의 Caboclo(백인과 인디오의 혼혈) 농부들과 중앙아메리카의 Mestizo(백인과 동양인, 흑인과 동양인, 인디오와 동양인의 혼혈) 집단 등과 같은 비원주민 즉, 이주민이나 혼혈인 사회에 대한 민족전통식물학적인 연구도 이루어지고 있다. 이러한 집단들은 지역의 전통적인 원주민은 아니지만 그들의 조상이 원주민들과 혼인을 통해 이루어졌으므로, 사실상 수 백 년 동안 원주민들의 문화를 공유하고 있다는 점에서 민족전통식물학적인 연구를 수행할 만한 가치가 있다(Cotton, 1996).

전통적인 지식에 대한 연구에서는 연구자들과 연구에 참여하는 현지인들 사이에 문화와 언어가 다르기 때문에 어려움도 많고 잘못된 결과를 얻는 경우들이 있다. 이러한 점에 비추어, "전통식물학지식(traditional botanical knowledge: TBK)"을 조사하는 현대의 방법들에 대해서 소개를 할 예정이며 특히, 전통적인 지식에 대한 정확하고 폭넓은 이해가 민족전통식물학적 연구 조사에 얼마만큼 중요하고 필수적인지에 대해서도 논의할 것이다.

제 2 장 전통식물학 지식의 자료와 이해

많은 민족전통식물학적인 연구들과 연관된 문제점들 중 하나는 민족전통식물학적인 증거와 전통 지식과의 구별을 잘 못한다는 것이다. 이러한 실패는 전통식물학 지식(TBK)에 대한 유효성과 특성을 이해하지 못해서 파생된다. 특별한 도구의 이용이나 특별한 작물을 파종하는 것과 같은 예에서 관찰된 증거들이 서구과학의 관점에서 보면 간혹 부적절하게 보이는데, 이는 전통 지식에 대한 이해가 충분하지 않음을 의미한다. 실제로 전통을 간직한 사람들은 과학자들이 생각하는 것보다 훨씬 많은 영향들에 근거하여 자연 환경과의 타협에 도달한다. 이 점에 대한 좋은 예는 아프리카 중부의 잠비아(Zambia)에서 이루어진 연구에서 찾을 수 있다. 이곳에서의 정상적인 콩 농사 실험을 보면, 평지에 심은 것이 인위적인 둔덕을 만들어 심은 것보다 수확이 훨씬 많다는 것을 보여준다. Copperbelt 지방의 농부들은 평지에 심지만, 중부 지방의 농부들은 항상 많은 노동이 필요한 전통적 방법인 퇴비를 더한 인위적인 둔덕에 콩을 심는다. 농부들의 행동이 그들의 "지식"을 나타낸다면 이 행동의 "증거"는 중부 지방의 농부들이 평지 농법의 효율성을 몰랐다는 것이다. 그러나 농사에서는 나타나지 않았지만, 실제 둔덕은 생태적으로 많은 독특한 기능을 가지고 있었다. 예를 들면 둔덕은 그곳에서 자라는 곡물이 예측할 수 없는 기후 변동에도 살아남을 수 있게 발아하여 2개월까지 충분한 수분과 열을 제공하는 물리적인 특성을 가지고 있다(Drinkwater, 1994). 실제로 Copperbelt 지방의 농부들은 둔덕에 콩을 심는 것을 선호하기는 하지만, 콩을 심는 시기에 콩 농사에 필요한 많은 노동력을 확보할 수 없기 때문에 둔덕 농사를 하지 못하고 있었다. 이러한 예에서 볼 수 있듯이 어떤 민족전통식물학적인 연구에서든지 채집된 증거들을 특별한 생태적 배경이나 사회문화적인 배경 내에서 정확하게 이해한다는 것은 쉽지 않다는 것을 알 수 있다.

1. 전통식물학 지식의 연구를 위한 기본적인 접근

오늘날 전통식물학 지식의 연구에는 크게 3가지 접근 방법이 있다. 첫째, 경제적 혹은 실용적 연구들은 각각의 식물들의 용도를 기록하고, 과학적인 분석방법을 통해 검증하는데, 이런 접근은 아래와 같은 실용 민족전통식물학의 틀로 구체화된다.

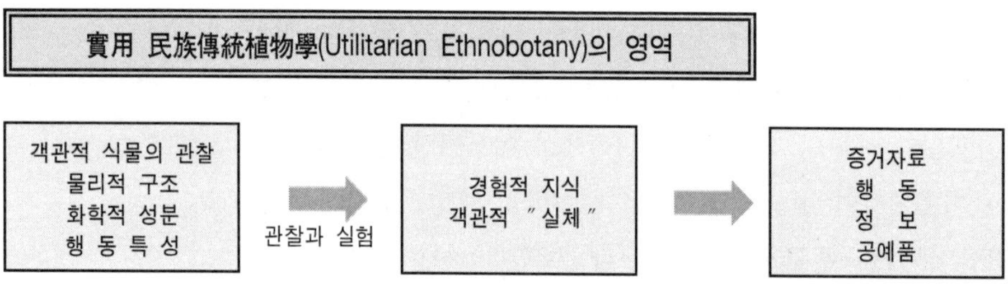

민족전통식물학 연구에서 실용적인 접근은 각기 다른 식물들의 이용과 관리에 대한 정보를 얻는 것과 유용식물을 탐색하고, 이 식물들을 생산하며 가공하는 방법을 밝히는 것을 포함한다. 여기에서의 가정은 "식물의 이용이 객관적인 식물 특징에 근거하여 이루어지며, 여러 세대를 거쳐 관찰하고 실험하여 개발된 것이다"라는 것이다. 이런 가정은 간혹 유효하기도 하지만, 이러한 접근은 다른 문화를 가지는 집단에서는 다른 방법으로 자연 세계를 인식한다는 점을 고려하지 않을 수 있으며, 특히, 특정 식물을 이용하는 방법이 매우 다를 수도 있다는 점을 간과할 수 있다.

둘째, 사회 문화적 분석은 식물들이 다양한 사람들에 의해서 어떻게 인식되고 있는지 그리고 이러한 인식이 정신적인 믿음이나 사회 문화적인 관습에 의해 영향을 어떻게 받았는지에 대한 탐구를 하는데, 이러한 분석은 아래와 같은 사회 문화적 민족전통식물학의 틀로 구체화된다.

社會文化 民族傳統植物學(Sociocultural Ethnobotany)의 영역

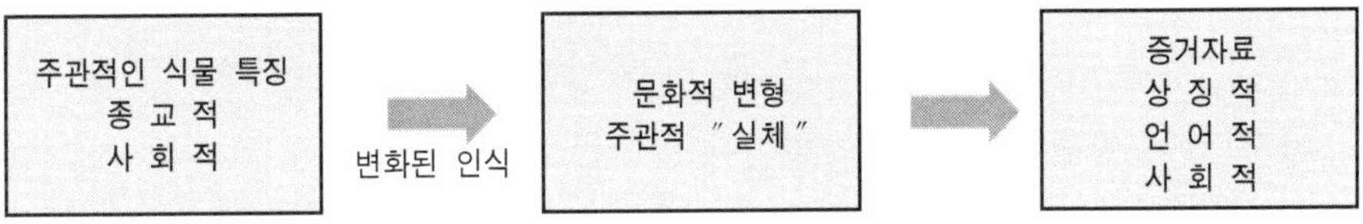

실용 민족전통식물학과 비교해서, 사회 문화 민족전통식물학은 특정 개인이나 집단이 식물들이나 식생형을 인식하는 방법을 조사하기 위하여 사회구조나 문화적 상징물에 대한 연구를 포함한다. 이런 접근은 일부 실용적 자료를 이해하는데 매우 중요하다. 즉, 원주민들이 자연을 보는 관점에 심오한 영향을 끼치는 그 지역의 이데올로기(우주관과 사회)는 원주민들이 그들 주변에 있는 식물들을 이용하거나 관리할 때에도 똑같이 영향을 끼친다.

셋째, 문화 생태적 연구는 식물의 탐색과 관리가 그 지역 환경의 특성과 역동성에 의해서 어떻게 영향을 주고받았는지에 대한 조사를 하는데, 이러한 조사는 아래와 같은 문화생태 민족전통식물학의 틀로 구체화된다.

文化生態 民族傳統植物學(Cultural Ecological Ethnobotany)의 영역

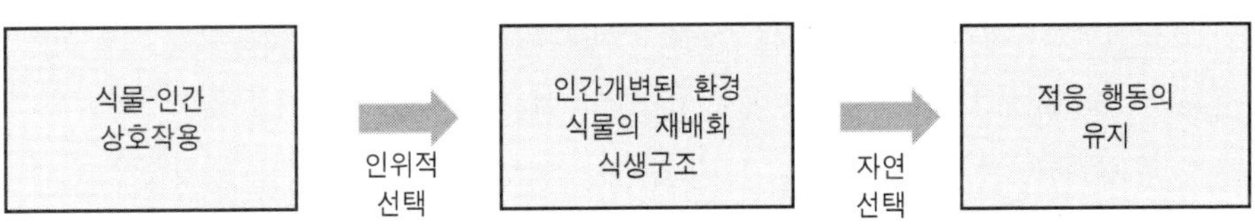

지역 원주민들이 인식하고 있는 특성에 따라 식물이 이용되고 관리되는 동안, 식물에 대한 인위적인 선택과 자원관리는 순차적으로 해당 지역의 환경을 구성하는 식생의 특징에 영향을 준다. 생태학자들은 이러한 환경적인 영향의 정도와 성질에 대해서 조사를 하지만, 문화 생태

학자들은 환경에 지속적으로 영향을 준 문화적 관습들이 생태계를 고착화하는 자연 선택의 압력으로 작용했을 것이라는 점을 입증한다.

20세기 말부터 민족전통식물학자들은 단순한 실용적 연구의 한계를 절감하기 시작하면서, 전통식물학 지식에 대한 좀 더 의미가 있는 이해를 얻으려면, 3가지 접근 방법 모두를 이용하여야 한다는 사실을 인식하기 시작했다. 예를 들면, 종교적인 의식과 밀접한 관계가 있는 식물은 실용적인 가치가 전혀 없어도 보호가 될 것이다. 이러한 문화적인 관습은 해당 식물들의 생존에 커다란 영향을 미칠 것이다. 그러므로 실용적인 접근, 사회문화적인 접근 그리고 문화생태적인 접근 등이 통합된 접근이야말로 중요한 민족전통식물학적인 자료들로부터 좀 더 확실한 연구 결과를 얻을 수 있을 것이다.

(1) 실용적 영역

민족전통식물학에 대한 Harshberger의 실용적인 정의에 따라 판단하면, 초기 민족전통식물학 연구의 대부분은 식물들이 식용이나 약용으로 어떻게 이용될 수 있는가 혹은 그 식물들이 전통적인 소재문화에서 어떻게 이용되었는가를 밝히는데 초점이 모아졌었다(Berlin, 1992). 16세기의 수도사들이나 이들보다 뒤에 등장하는 신세계의 정착민들의 연구들은 대부분 원주민들이 어떤 식물들을 이용하고, 이들을 어떻게 동정하며 관리하는지를 기록한 것들로써 일부는 식용, 약용 그리고 장식용 식물 같은 유용식물에 대한 분류학적인 목록이 있는 것도 있으며, 자생식물과 도입 식물들을 비교한 보고도 있다(Gilmore, 1919). 특히, Densmore는 1928년에 "치피와 인디언의 식물 이용(Uses of Plants by the Chippewa Indians)"이라는 보고에서 68종의 약용식물을 기록하는데 이어 그 당시 미국 약전이나 정부 처방전에서 공식적으로 인정되던 16가지 유용 성분까지 보고하였다(Densmore, 1974).

20세기 후반에 들어, 이러한 약용식물에 대한 민족전통식물학적인 연구는 다양한 신약 개발 프로그램들이 전통적인 식물 치료법의 조사에 집중함으로써 더욱 활성화 되었다. 즉, Cox(1994)는 미국 국립암연구소(National Cancer Institute: NCI)의 협력 하에 남태평양 서사모아에서 민족전통약학적 조사를 한 바가 있다. 이와 같은 연구들의 결과, 아래와 같은 전통 식물들에 대한 약학적인 특성을 비롯하여 방충이나 살충 효과, 영양 성분 등과 같은 다른 특성들도 조사되었다.

약학적 특성

- *Homalanthus nutans* **(대극과)**: 남태평양 사모아 치료사들은 바이러스성 황열병에 처방하였는데, 연구 결과 HIV-1을 포함하여 강력한 항바이러스 효과를 보인다(Cox, 1994).
- *Melaleuca alternifolia* **(도금양과)**: 오스트레일리아 원주민들이 자상의 치료와 비충혈에 이용하였는데, 이 식물에 함유된 기름이 다양한 항균력을 보임에 따라 현재는 화장품, 방부제 그리고 대체의학자들에 의해서 널리 이용되고 있다(Thursday Plantation nd).

방충 효과

- *Azadirachta indica* **(멀구슬나무과)**: 수 세기 동안 인도를 비롯한 아시아 여러 국가들에서 살충제로 이용되어 왔는데, 이 식물은 현재까지 발견된 방충제 중 가장 강력한 효과를 보인다(Isman, 1994; Ley, 1990).
- *Citrullus colocynthis* **(박과)**: 이집트 El dakhla 곡창지대에서 추수하기 전에 방충제로 이용했던 것으로 식물이 함유하고 있는 terpenoid 중에서 가장 쓴 물질로 알려진 triterpenoid cucurbitacin을 함유하고 있어 강력한 방충제로 이용되고 있다(Harborne, 1988; Parrish, 1994).

영양 성분

- *Acasia* spp. **(콩과)**: 오스트레일리아 사막 지방에 사는 원주민들이 이용하는 것으로 현재 밀이나 쌀보다 더 많은 단백질과 지방 그리고 높은 에너지를 낼 수 있는 다양한 성분들을 함유하고 있음이 알려졌다(Brand & Cherikoff, 1985).
- *Lycianthes moziniana* **(가지과)**: 멕시코의 고산지역과 Oaxaca 지방의 원주민들이 전통적으로 재배해 오던 것으로 비타민 C의 함유량은 대단히 높고 탄닌 성분은 낮아 현대인들이 기호에 맞는 영양 성분을 함유하고 있다(Williams, 1993).

때로는 전통적으로 식물을 처리하는 방법도 식물의 이용에 있어서 대단히 중요한 정보를 주기도 한다. 예를 들면, 열대지방의 중요한 식용식물인 카사바(*Manihot esculenta*)는 복잡한 전처리 과정을 거쳐 식용으로 이용하는데 이 과정에서 인체에 치명적인 독이 제거되는 것처럼 특히, 약용식물의 전처리 과정은 약성이나 약효에 커다란 영향을 끼칠 수 있다(Beck, 1992).

그림 2.1 카사바(*Manihot esculenta*).

이와 같이 최근 민족전통식물학 연구들에서 화학적 분석과 생물학적 분석은 매우 중요한 부분이 되었으며, 이는 과학적인 분석 방법으로 전통적인 식물 이용 방법을 더욱 가치 있게 하는 객관적인 증거들을 다양하게 확보할 수 있음을 보여주는 것이다.

지금까지의 대부분의 연구들은 전통 약용식물의 약학적인 분석만을 주로 하였지만, 일부에서는 전통 식품, 전통 음료, 전통 방충제 그리고 전통적으로 사냥에 이용되는 독 등에 대한 화학적인 연구들도 하였다. 이 결과, 곤충, 진드기, 선충 등 최소한 125종류의 해충을 방제할 수 있는 azadirachtin($C_{35}H_{44}O_{16}$)과 같은 효과가 놀라운 유효 성분을 발견하기도 하였으며, HIV에 커다란 효과를 나타내는 prostratin ($C_{22}H_{30}O_6$)은 강력한 항 바이러스성 물질로 미국 국립 암 연구소에서 신약으로 개발하고 있다(Cox, 1994; Hepburn, 1989).

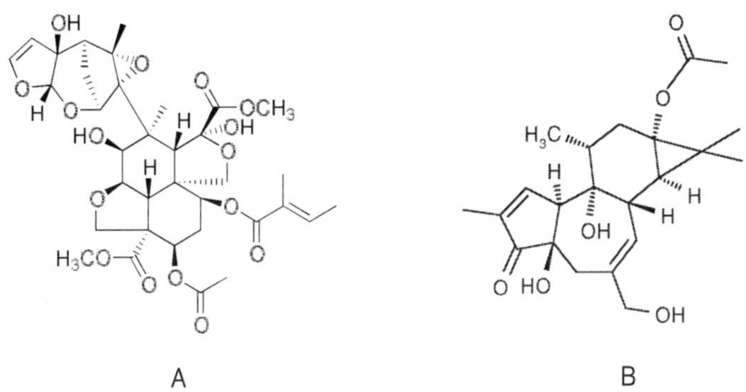

그림 2.2 Azadirachtin ($C_{35}H_{44}O_{16}$)(A)과 Prostratin ($C_{22}H_{30}O_6$)(B)의 분자구조.

20세기 후반부터 대부분의 민족전통식물학적 발견들은 화학적, 물리적 그리고 문화적인 분석을 토대로 조사된 전통식물학 지식에서 나온다. 실제로 1994년에 민족전통식물학 관련 학술 잡지인 Economic Botany에 투고된 논문의 약 70%가 전통적으로 혹은 민속적으로 이용되는 다양한 식물들에 대한 것으로 거의 화학적인 조사와 해당 식물들의 용도와 관련된 다양한 특징들에 대해서 연구를 하였다. 반면에 이러한 연구 분위기와는 달리 아직도 일부 민족전통식물학적인 연구들은 반드시 포함되었어야 할 중요한 내용들이 빠진 것들이 있었다. 일례로 1990년 NAPRALERT database에 의하면 식물을 이용한 전통 피임제에 대한 보고가 1,249편 있었지만, 이들 중 소수만이 식물의 처리, 처방 용량 그리고 심지어는 남성용인지 여성용인지를 정확하게 구별하여 보고하였다(Farnsworth, 1990). 이러한 문제점들 때문에 유용식물들에서 신약으로 개발될 가능성을 평가하는 수리적인 분석과 같은 민족전통식물학적인 방법론들이 필수적이라는 인식이 높아져(Moerman, 1996), 현재는 민족전통식물학 관련 학술지에 투고되는 실용적 성격의 논문들 대부분이 통계적 기법을 이용한 방법론으로 결과를 도출하고 있다.

그림 2.3 NAPRALERT^{sm}의 웹사이트 (http://napralert.org)

(2) 사회문화적 영역

실용 민족전통식물학 영역의 연구들이 많은 식물들의 전통적인 응용에 대한 경험적인 증거들을 많이 제공하기는 하지만, 식물 이용에 대한 이성적 기초를 과학적 기술들로 입증한 사례들은 많지 않다. 예를 들면, 특정 지역의 사람들이 특정 식물을 어떻게 인식하는지에 대한 이해는 비이성적으로 보이는 다른 습성들을 설명하는데 도움이 될 것이다. 1950년대부터, 민족전통식물학의 한 가지로 갈라져 나온 사회문화 민족전통식물학(sociocultural ethnobotany)은 이러한 문제를 다룬다. 사회문화 민족전통식물학은 상징적 분석, 사회문화적 분석 그리고 민족전통분류학적인 분석 등을 이용하여 전통을 유지하고 있는 사람들이 식물을 어떻게 인식하고 있는지에 초점을 두고 탐구한다.

① **상징적 분석(symbolic analysis)**: 기본적으로 예술, 신화 그리고 종교의식 등에서 발견되는 주제를 파악하거나 특정 행동에 대해서 통찰할 수 있는 해석을 가능하게 한다. 예를 들어, 영국의 민속을 보

면 어수리(*Anthriscus sylvestris*)와 쥐똥나무(*Ligustrum ovafolium*)를 줍거나 집안에 들이면 불길하다고 생각해왔는데, 현재까지도 일부 지방에서는 기피를 하고 있다. 반면에, 백합(*Lilium* spp.)과 종려나무(*Trachycarpus excelsa*)는 기독교의 축제에 중요한 상징물이다. 일부 꽃에 대한 이러한 상징성의 기원은 애매모호하거나 심지어는 미신적인 것들이 있다. 예를 들면, 영국의 대부분의 지역에서는 금작화(*Sarothamnus scoparius*)를 집에 들이면 불길하다고 생각하는데 이러한 믿음은 지금까지도 널리 퍼져있다. 이와 반면에, 민속적인 기원이 잘 정리가 되어 있다는 종려나무의 경우를 보면, 12세기 후반부터 그리스도의 승리의 상징으로 기독교회에서 이용되어 왔다(Goody, 1993; Vickery 1985). 이와 같이 전통적인 집단에서 종교적 혹은 정신적인 함의를 가지고 있는 식물들은 그 집단의 문화적인 배경을 이해할 수 있는 의례적인 행동이나 상징적인 행동과 연관이 되어 있다.

② **사회문화적 분석**: 특정 식물이나 식생형에 대한 해당 지역 주민들의 행동 양식은 사회적인 요소들에 의해서 영향을 받는다. 그러므로 사회문화적인 분석은 전통식물 시식을 조사하는데 매우 중요한 역할을 한다. 이러한 연구들에는 부동산 소유권, 성의 제한 그리고 비전의 지식이나 이를 가진 사람들에 대한 접근성과 같은 요소들을 지배하는 법칙을 탐구하는 것까지 포함한다. 이러한 모든 영향들은 지역 환경에 대한 개개인들의 인식에 심오한 영향을 끼친다. 이러한 예는 다른 집단에 의해서 이미 점유된 지역에 새로운 개인이 들어올 때 땅을 분배하는 독특한 원칙이 있는 오스트레일리아 북동부의 Yolngu 지방에서 찾을 수 있다. 즉, 새로 전입한 사람들은 어떠한 자원이던 이용하기 전에 허락을 받아야만 한다. 새로 들어온 사람들이 이러한 허락을 받지 못하면 땅이 그들에게 식물과 동물을 허락하지 않는다고 믿는 것처럼 그들의 새로운 땅에 대한 적응 노력은 실패할 것이다(Williams, 1982). 그러므로 이러한 사회적 원칙은 주어진 환경 내에서 개개인이 행동하는 양식뿐만 아니라 효율적인 자원 관리에도 중요한 역할을 한다.

③ **민족전통분류학적 분석:** 자연 세계에 대한 지역 집단들의 인식에 대한 폭넓은 접근은 민족전통분류학(ethnotaxonomy) 연구 방법이 유용한데, 이는 특정 지역에 거주해 왔던 사람들이 이용하는 전통적인 분류체계에 대해서 연구하는 분야이다. 즉, 민족전통식물학적인 용어로써 민족전통분류학은 특정 지역의 사람들이 그들 주위의 식물들을 어떻게 명명하고 어떻게 구분하는지 그리고 각기 다른 식물들 사이의 관계를 어떻게 나타내는지에 대한 연구를 한다. 예를 들면, 멕시코의 Tzeltal Maya에는 *skelemal tul pimil*이라는 식물과 *yach'ixal tul pimil*이라는 식물의 이름이 있다. 이들이 각각 다른 식물을 지칭하기는 하지만, 이들 두 분류군은 *tul pimil*이라고 간주되는 어떤 관련성을 맺고 있음을 명확하게 알 수 있다. 린네(Linné)의 분류에 따르면, 이 두 식물은 꿀풀과에 속하는 두 종으로 잎에 나는 털의 유무로 구분되는 즉, *Mentha spicata*와 *Mentha citrata*이다(Berlin, 1992).

민족전통분류학 연구의 효시는 Harold Conklin의 유명한 박사학위 논문으로 필리핀 Mindoro의 Philippino섬 주민들의 식물분류에 대한 구조와 내용을 탐구한 "하누누족 문화와 식물 세계와의 관계(The relation of Hanunóo culture to the plant world)"이다. Mindoro의 원주민인 Hanunóo족은 원래 생계를 고산지역에서 화전 농사를 통해

A B

그림 2.4 *Mentha spicata*(A)와 *Mentha citrata*(B).

쌀, 옥수수, 바나나 그리고 다양한 근과류를 재배하며 유지한다. 독립된 집단을 이루며 오지에서 살아가는 많은 집단들과 같이 Hanunóo족도 그들이 거주하는 지역의 특별한 지질학적 형상들에 그들 나름대로의 이름을 붙인다. 이에 따라서, Conklin은 연구의 대상을 Yāgaw산 근처에 사는 Yāgaw Hanunóo족으로 정하였다. 아래에서 보는 것과 같이, 원주민들이 부르는 식물의 이름을 가능하면 간단하게 기록하던 이전의 연구들과 달리, 그의 논문은 Hanunóo족이 사용하고 있는 식물 분류 체계를 전체적으로 자세히 설명하는 등 색채 분류 체계를 따라 쓰여 졌다(Bartlett, 1929).

♣ Hanunóo족의 식물 분류 체제 ♣

가장 높은 단계인 즉, 界(kingdom)는 자체적으로 움직일 수 있는 힘이 없고 단지 위로 자라는 명명되지 않은 생물군이고, 이하 일반적인 범주는 교목, 초본, 덩굴식물 그리고 다른 줄기의 형태를 가진 종류들과 같이 4가지 주요 생활형으로 나누어진다.

식물범주	Hanunóo 명칭	수
界(Kingdom: plants)	명칭이 없음	1
생활형(줄기 형태)		4
목질성 식물; 교목 나무	*kāyu*	38%
초본; 잡초	*ʔilamun*	35%
덩굴성 식물; 덩굴식물	*wākata*	24%
속이 빈 식물(대나무)		3%
중간군	명칭이 없음	NA
Conklin Type 1	기본적인 명칭	571
(민속 屬: folk generic)		
Conklin Type 2	특징을 더한 기본적인 명칭	〉1000
(민속 種: folk specific)		
더 나아간 구분		
(민속 變種: folk varietal)	간혹 명칭이 없음	NA

NA: 유용한 데이터가 아님

Hanunóo족은 가장 낮은 단계로, 서로 배타적인 1,600가지 이상의 분류군을 인식하고 있었다. 이 수준의 범주에서 다른 분류군 간의 구분은 모양, 색깔, 크기, 맛, 냄새 그리고 서식지와 같은 특징들을 이용하였고, 이러한 구분은 식물 명칭으로 그러한 특징들이 반영되었다. 식물 명칭 그 자체는 일반적으로 하나나 혹은 그 이상의 특징을 설명하는 용어를 가끔 동반하기도 하지만, 대부분 하나의 기본적인 식물 명칭으로 구성되어 있다. 일부의 경우에서는 언어학적 인식 없이 훨씬 더 하위 분류군으로 나누어지기도 하지만, 대부분은 범주의 명칭이 없는 중간군에 포함된다(Conklin, 1954, 1974; Berlin, 1992).

Conklin의 또 다른 업적은 아래와 같이, 그의 분석이 개개의 식물에서부터 식물 군집까지 중요한 식물학 지식을 추론해 줄 수 있는 식물학적 용어를 자세하게 밝혔다는 점이다. 즉, Hanunóo족은 특정 식물 구조를 설명하는 용어 147개와 우점 생활형, 위치 그리고 특정한 종류의 우점도 등의 요인들을 가지고 식생형을 구분하였다는 것이다. Hanunóo족 거주지의 식물상은 열린 초지에서부터 극상 우림까지 그리고 화전 농사지에서부터 자연 식생까지 매우 복잡한 양상을 보였다. 그리고 이러한 양상은 당연히 그 지역 농부들이 사용하는 용어에 영향을 명백하게 끼치고 있었다.

Hanunóo족 식물 용어의 예	
♣ 식물 구조	
• 줄기	기근형 괴근(aerial tuber), 지지근(buttress), 덩굴 줄기의 속(central lumen of rattan stem), 내부 수피, 외부 수피 그리고 수액 등과 같은 특정 구조를 표현하는 약 64개의 용어
• 뿌리/지하부	지하경, 직근 그리고 식용근을 갖는 작물의 질을 표현하는 17개 용어
• 잎	엽초와 같은 구조 그리고 잎맥의 형태 등을 표현하는 29개의 용어
• 과일과 꽃	꽃가루와 씨에서부터 옥수수 수염과 과일즙까지를 표현하는 37가지의 용어
♣ 식생형	
• 생태지대	위치에 따라 인식되는 37가지의 용어

baybay	모래 해변을 따라 형성된 식생
dala?agan	조간대 늪 식생(주로 mangrove)
oili	나출된 산지 식생
paŋpaŋ sāpa?	천변 식생
• 관리 수준	초본이 우점하고 잘 관리된 식생의 parāyan에서부터 kapurū?an(1차림), kakugnan(조절이 안 된 초지 식생) 등과 같이 Hanunóo족이 어떻게 관리하는지를 구별할 수 있는 10가지 주요 식생형이 있다. 또한, 선택적인 화전농지에서부터 장기간 화전농지까지 화전농사의 순환에서 특정 단계의 식생을 표현하는 12개의 용어를 이용하였다.
• 2차림	2차림의 최소한 8가지의 아형(亞型)들은 특정 식물과 연관되어서 인식되거나 우점종에 기초하여 명명되었다. 이러한 분리는 숲의 재생에 필요한 시간이 하나의 아형에서 다른 아형으로 변할 때와 같은 농사의 용어로 특히 중요하다.

이제 민족전통분류학적인 연구들이 특정 용어에 내포되어 있는 지식을 파악하는데 이용될 수 있지만, 여러 학자들은 전통식물학 지식에 대한 단순한 증거로써 용어 목록을 이용한다는 것은 위험한 일임을 밝히고 있다(Morris, 1976; Alcorn, 1981; Ellen, 1994). 실제, Conklin의 연구와 이후 연구들은 많은 민속 분류체계들은 많은 전환 분류군(convert taxa) 즉, 인식하고 있지만 특별한 표식을 하지 않는 분류군들을 포함하고 있음을 밝혔다. 더욱이 Ellen(1994)은 공식적인 어휘에 내포된 지식은 주어진 집단의 다양한 구성원들 사이에 공유된 지식에 영향을 주지만, 개인적인 경험을 통해 얻어진 특별한 지식은 사전적인 인식으로 받아드리지 않는 것 같다는 의견을 제시하였다. 쉽게 굴절되지 않는 지식의 존재는 Alcorn의 농업에 대한 논의를 드높였다(Alcorn, 1989). 예를 들면, 멕시코와 중앙아메리카의 많은 전통 농부들은 그들의 농지에 콩과의 나무를 기르고 있는데, 이는 오랜 동안 토양을 비옥하게 유지시킨다. 이는 세대를 거친 실험과 관찰의 결과로써 그 지역 관습의 일부가 되었으며, 그 지역 의식 생활 내에 유지되고 있다. 하지

만, 농부들은 왜 일정한 밀도로 그 나무가 유지되어야 하는지를 확실하게 모른다. 이와 같이, 전통적으로 관습에 내재된 지식은 굴절되기 어렵다(Wilken, 1987). 그러나 일부 전통적인 지식은 사전적 용어에 내재되어 있어 상대적으로 쉽게 파악되지만, 행동에 내재된 다른 지식들은 민족전통식물학적인 자료의 수집에서 간과되기 쉽다.

(3) 문화 생태적 영역

이전에 전통적인 식물의 이용과 관리가 식물 그 자체의 물리, 화학적인 특징에 어떻게 영향을 미치는지는 물론이고, 특정 사회 문화적인 배경 내에서 식물을 인식하는 방법에도 영향을 미친다는 것을 알았다. 그러므로 추수 때의 터부나 혹은 음식을 준비할 때의 의식 등과 같은 특정 관습은 이와 관련된 문화적인 영향을 파악할 때만이 이해할 수 있다는 것이다. 그러므로 특수한 전통 사회임에도 불구하고, 처음 접하게 되는 많은 관습들은 비이성적인 것으로 판단하기가 쉽지만, 사실은 매우 중요한 의미를 갖고 있을 수 있다는 것을 이제는 생각해야 한다. 예를 들면, 아마존의 Ka'apor 인디언들은 습관적으로 시체들을 kağwer-rena라 불리는 오래된 화전지역의 특정 지역에 묻는다. 이는 죽은 자의 영혼이 살아 있는 자들에게 위험하다고 믿는 것으로, Ka'apor 인디언들은 kağwer-rena로 가는 모든 길에 죽은 자의 영혼이 되돌아오는 것을 막기 위하여 가시 종려나무, 덩굴 그리고 가시나무와 같은 방해물들을 심는다. 이러한 관습은 결국, 후일 오래된 화전지에 많은 사냥감이 있음에도 불구하고, 그 지역에서는 사냥을 피하게 되고, 이는 곧 사냥감의 지역적인 밀도가 안정하게 유지될 수 있도록 한다(Balée & Gély, 1989). 1940년대 말, 미국의 인류학자인 Julian Steward는 이와 유사한 관찰을 통해 인간의 행동은 궁극적으로 자연 선택의 산물이라는 "문화 생태적 이론(cultural ecological theory)"을 제안하였다.

그림 2.5
Julian Steward
(1902~1972)

20세기 중반 이래 문화 생태학자들과 생태 인류학자들은 인간의 사회 문화적인 행동이 자연 선택(natural selection)의 압력에 대한 적응(adaptation)으로 설명하는 유물론자들의 설명에 대하여 인류 사회와 그들 자신의 환경관계에 대해서 연구를 해왔다. 이런 생각들의 중심에는 "주어진 환경에서 개체군의 크기를 결정하는 주요 결정요인으로 수용 한계의 개념이 있고 적당한 수준의 개체군을 유지하려는 문화적으로 잘 적응된 관습이 선택될 것이다"라는 생각이 있다(Balée and Gély, 1989; Burch and Ellanna, 1994; Edwards *et al.*, 1994; Keesing, 1981; Orlove, 1980; Seymour-Smith, 1986). 하지만, 인류 집단은 주어진 환경의 수용능력을 변화시킬 수 있으며, 이는 많은 학자들이 결정론자(determinant)들의 설명과 인류 집단이 자연 환경의 구속에 적응하는데 그들의 종교나 사회적인 체제를 수동적으로 조절한다는 생각에 대해 회의를 품고 있다(Keesing, 1981).

표 2.1 문화 생태학 이론의 발달

연대	문화 생태학 이론의 주요 발달 단계
1949	문화생태학의 선구자로서 Julian Steward는 최초로 토양의 특성과 환경적으로 결정된 단백질 수준들은 궁극적으로 사회 문화적 표현을 구속할 수도 있음을 제시하였다(Balée, 1989).

1954 ~ 1980	Megar와 Harris 같은 문화 생태학자들은 개체군 집단의 밀도는 그 지역 환경의 수용 능력에 의해서 생태적으로 결정된다는 한계 요인설(limiting factor theory)을 공식화했다. 한계 요인설에서는 개체군 밀도를 낮게 유지하는 사회 문화적인 결정 요인으로 토양의 한계와 단백질의 한계를 들었다(Balée, 1989).
1973 ~ 1981	동물의 먹이섭취 활동에 대한 경제성에 관심이 있는 경제학자들은 생물체들은 주어진 먹이 량에서 그들이 섭취할 수 있는 평균율을 최대로 한다는 "적정 먹이설(optimal foraging theory)"을 제안했다(Emlen, 1973). "한계 가치설(marginal value theory)"은 목초지의 경우 주어진 환경을 위하여 평균 회귀율(mean return rate)을 떨어드리는 회귀 지점을 확보해 놓아야 한다는 것을 예상하게 했다(Charnov, 1976). 이런 설들은 사냥꾼과 채취자들의 생존 전략에 대한 조사에 응용되고 있다(Balée, 1989; Burch & Ellanna, 1994; Edwards *et al.*, 1994; Ludvico *et al.*, 1991).
1974 ~ 1979	Harris는 개체군 밀도에 작용하는 자연 선택압이 문화적인 변화를 결정하는 주요인이라는 점을 강조하는 "문화 유물론(cultural materialism)"을 제안하였다. "환경 결정론(environmental determinism)"의 이 모델 내에서, 그와 그의 설을 찬성하는 사람들은 상징적이거나 종교적인 표현과 연관이 된 많은 비이성적이거나 이상한 관습들 위에는 생태적 합리성이 숨어 있다는 점을 강조한다(Keesing, 1981; Seymour-Smith, 1986).
1969 ~ 1995	인간 행동에 대한 이런 결정론자들의 설명에 대한 일부 비평은 수용 능력 그 자체는 측정하기 극히 어려울 뿐만 아니라 이는 환경에 대한 세밀한 관리의 결과로써 변화될 수 있다는 점을 지적한다. 또 다른 사람들은 많은 문화적 관습들이 실질적으로는 적응하지 못할 것이라는 점을 제시한다. 더 나아가, 문화 생태학 이론에서 최근 모델들은 환경의 평형이 유지된다는 가정을 제거하였으며, 하나의 집단 내에서 서로 다른 개체들은 그들 자신들이 가지고 있는 지식이나 욕구에 따라 대안적인 전략을 채택한다는 것을 인식하고 있다(Balée, 1989; Keesing 1981; Orlove, 1980; Seymour-Smith, 1986).

그러나 아래와 같이 문화적으로 결정된 관습들이 기능적인 생태학 용어로 이해되는 많은 예가 있지만 이러한 결정론자들의 자세는 자주 비판의 대상이 된다. 일부 학자들은 주어진 관습을 설명하는데 짧은 용어 혹은 공시적인(synchronic) 용어의 설명은 원래 적응된 행동과 연구 당시 존재하였던 행동을 구별하는데 충분하지 않다는 점을 지적한다. 또 다른 사람들은 문화 생태적인 모델들이 인류는 세밀한 환경 관리를 통해 선택압을 변경할 수도 있다는 사실을 간과한다고 지적한다

(Balée, 1989). 그러므로 다수의 연구자들은 인류 지식의 발달에 대한 열쇠는 지속 가능한 행동적 습성들에 대한 수동적인 선택이 아니라 특정 문제를 풀고 해결해가는 인류의 능력이라는 그들의 견해를 견지하고 있다(Alcorn, 1989; Balée, 1989; Keesing, 1981).

♣ **인간 제물(human sacrifice)**: Harner(1977)는 아즈텍 문명에 있었던 인간 제물의 관습은 당시 멕시코 계곡의 인구압의 결과였다는 제안을 하였다. 그는 일반인에게는 금했지만, 제물로 가장한 넓은 의미의 식인주의는 지배 계층을 위한 단백질 공급원이었을 것이라고 설명했다(Keesing, 1981).

♣ **남성 지상주의(male supremacy)**: 여러 연구자들은 인구 밀도, 단백질의 이용 가능성, 정착 양상 그리고 내부 집단 간의 투쟁 등 사이의 상호관계들을 밝혔다(Gross, 1975; Harris, 1974; Siskind, 1973). 그들은 남성 지상주의의 결정체로써 전쟁을 가정했고, 인구의 증가는 유아 살해 혹은 유아 유기를 통해서 여자 어린이에 대한 문화적 선택을 했었다고 제시했다(Keesing, 1981).

♣ **불결 금기(pollution taboo)**: 불결의 공포 예를 들면, 어린이가 젖을 덜 땐 상태의 어머니는 이상적인 출산 조절의 형태로 묘사된다((Keesing, 1981; Lindenbaum, 1972).

♣ **인척 회피(in-law avoidance)**: 오스트레일리아의 서부 사막 지역의 원주민들의 경우, 모임에서 인척들 사이의 상품과 음식의 교환은 계속적으로 이루어지지만, 인척 기피 행동은 엄격하게 이루어지고 있다. Gould(1982)는 이러한 행동은 감정이나 스트레스에 관계없이 음식을 공유할 수 있을 것이라고 제시했다.

♣ **惡靈處(evil spirit homes)**: Mike Balick(1984)은 corozo 야자나무(*Scheelea zonezsis*)를 포함한 일부 야자나무에 악령이 깃들려 있는 것으로 믿고 있는 일부 원주민들은 야자나무를 기피한다고 보고하였다. 그러나 최근 이 야자나무들은 Chagas병의 매개자인 곤충이 서식하는 곳으로 조사되었다(Whitlaw & Chaniotis, 1979). 그러므로 문화적인 회피는 이런 좋지 않은 질병으로부터 개체군을 보호할 수 있다.

♣ **신성한 숲(sacred groves)**: 오스트레일리아에는 화재로부터 보호를 받는 우림 지역의 작은 숲이 있으며 이를 잘 보호하지 못하는 토지 소유자는 눈이 멀게 된다는 전설이 있다. 이는 결과적으로 얌(*Discorea* spp.)과 같은 화재에 민감한 유용자원을 보존하게 한다(Concar, 1994).

♣ **약의 조제**(drug preparation): 전통적인 치료에서 극히 상징적인 의미로 넣는 일부 성분들이 실질적으로는 약학적인 기능을 갖고 있을 수 있다. 예를 들면, 인도네시아의 *jamu* 전통에는 생쥐 집을 태운 것과 달걀 껍질의 가루는 생쥐와 같이 쉬운 출산과 새로 태어난 병아리같이 건강한 아기를 얻을 수 있게 한다고 여겨 이용하고 있다. 실제로, 이러한 성분들은 태아와 모체에 유익한 칼슘과 탄소 같은 필수 영양 성분들이다(Sidik, 1994).

2. 민족전통식물학적 증거의 수집: 전통식물학 지식의 분포와 역동성

전통식물학지식의 연구에는 그 지역의 정신과 정치적 배경 내에서 상징적, 언어적 그리고 행동적인 증거에 대한 이해가 필수적이다. 그러므로 유용한 민족전통식물학적 증거의 수집에는 특정 정보가 세대를 거쳐 전달되는 방법과 지식이 시공간적인 용어에서 어떻게 변하는 지에 대한 것을 포함한 지식 체계의 구조 그 자체를 일차적으로 이해하는 것이 필요하다. 주어진 전통 집단의 지식을 공유된 정보의 정적이고 획일적인 체제로 생각할 수 있지만, 최근의 연구들은 전통 지식이 본질적으로 역동적일 뿐만 아니라 대부분이 특별한 사회적 혹은 개인적인 요인들에 따라 분포된다는 것을 보여주고 있다. 실제, 전통 지식은 이제 지역적인 혁신과 실험뿐만 아니라 환경적 장애 요인에 대한 변화로써 인식되고, 지식의 분포는 나이, 성 그리고 사회적 계급 등과 같은 것을 포함하는 많은 요인들에 의해서 영향을 받을 수 있다는 사실이 밝혀졌다.

(1) 지식의 원천: 전통식물학 지식의 파급

최근까지 대개의 전통 사회들의 경우 신화나 전설과 같이 문자 문화가 거의 없거나 전혀 없어서, 구전 전통이 민족전통식물학적 증거의 주요한 원천으로 생각되었다. 그러나 예술품과 의식에 나타나는 상징적인 표현은 많은 정보를 포함하고 있다는 것이 증명되었다. 예를 들면, 안데스 고산지역의 농부들이 만든 호리병에 새겨진 내용은 어린이들에게 안데스 농업에 대한 지식을 가르치는 것들이었다(Salas, 1994). 중앙아메리카의 *milpa* 농업(이동 재배의 지역 체제)과 관련된 대부분의 생태학적 지식들은 *milpa* 순환의 각 단계를 나타내는 의식 활동에 온전히 기록되어 있다(Alcorn, 1989). 많은 관습적 기술들과 마찬가지로 대부분의 환경 지식은 어린이가 그들의 부모나 형제자매와 함께 일을 하면서 배우듯이 그대로 배우고(Ulluwishewa, 1993), 사냥 기술 또는 음식과 약용식물을 담기 위한 광주리를 만드는 것과 같은 생존을 위한 공통의 일들은 어린 나이에서부터 배운다. 예를 들면, 유목 집단인 Massai족의 사춘기 소년들은 목장 지역의 목초들에 대해서 배우고 어린 소녀들은 주로 그들이 집 주변이나 일하는 곳에서 그들의 어머니, 할머니 그리고 자매들에게서 전통 약용 식물에 대한 성질과 이용 방법 등을 배운다(Sindiga, 1994).

(2) 지식의 원천: 전통식물학 지식의 차별적 분포

초기 민족전통식물학적 연구들에서 지식의 문화 간 차이는 대부분 간과되었다. 그러나 지식은 집단의 생존을 위한 활동과 같은 총체적 문화 요소들에 따라 달라지며, 심지어 한 집단 내에서 서로 다른 개인들은 다른 형식과 수준의 지식을 가진다는 것은 자명한 일이다. 지식의 분포에 있어서 이러한 차이들의 대부분은 나이와 성과 같은 특정 사회 문화적 요인들에 의해서 결정되고, 이는 민족전통식물학적인 조사 기간에 특정 형태의 정보를 알아내는데 중요한 영향을 미칠 것이다.

표 2.2와 같이 어느 집단이든지, 지식이 각 개인들 간에 어떻게 분포하는지에 영향을 미치는 수많은 사회적 요인들이 있다. 이들 중에서 중요한 요인들의 하나는 성으로, 지금까지의 연구들에서는 사냥꾼의 행동과 지식에 대해서만 집중하는 경향이 있었지만, 1970년대 이후, 여성의 역할에 대해서도 관심이 늘어났다. 예를 들면, 페루 Aguaruna족의 경우, 카사바의 변종들에 대한 정보는 여성들에게서 얻어졌고(Boster, 1985), 민족전통조류학(民族傳統 鳥類學)적인 지식은 남성들에게서 더 많이 얻어졌다(Berlin, 1992). Aguaruna족에게 있어서, 지식의 차별적 분포는 분명히 성의 역할에 관련이 있다. 즉, 여성은 식물을 재배하고,

표 2.2 지식의 문화 간 분포에 영향을 주는 사회 문화적 요인

지식 분포에 대한 사회 문화적 영향	
문화 간 영향	
생산의 양식	민족성
생물학적 환경	종교
외부 접촉의 수준(문화교류)	
문화 내 영향	
성	직업
나이	일과 결혼을 위한 이주
계급	결혼 시의 나이
출생 장소	친족 관계와 결혼 관계
교육	자녀의 수
	가정에서 세대의 수
읽고 쓸 수 있는 능력	언어 능력

남성은 사냥을 한다는 것이다. 지식의 분포는 나이, 계급 그리고 사회적 지위와 같은 요인들에 의해서 결정될 수 있으므로, 이는 개별 정보 제공자에게 얻을 수 있는 정보의 성질에도 영향을 줄 수 있으며, 결국에는 특정 연구자들에 의해서 밝혀지는 정보의 형식에 중대한 영향을 준다. 실제, 특정 정보를 여성에게서 얻어 낼 때, 남자들은 대개 자세한 정보를 원하지 않거나 이해하려고 하지 않는다는 가정 하에 남성 연구자들에게는 보다 일반적인 용어로 설명하는 경향이 있다. 이런 현상은 Massai족의 생태학적 지식에 대한 연구에서 명확하게 보여주었다. 즉, Massai족의 목동들은 연구자들이 관련된 생태학적 개념을 토론할 수 있는 지식을 가지고 있다고 판단할 때에야 비로소 그들이 가지고 있는 그들만의 독특한 환경 지식에 대해서 밝히기 시작했다 (Western & Dunne, 1979).

(3) 지식의 역동성: 관찰, 실험 그리고 적응

전통식물학 지식에 공식적인 경험들과 정보교환이 지속적으로 어떻게 기여를 하는지에 대해서도 많은 연구들이 이루어지고 있다. 예를 들면, Rhoades(1989)는 페루의 Tupac Amaru 지방의 산림 지역에서 전적으로 발전된 임간 농법의 새로운 체계에 대해 보고를 하였고, Boster(1984)는 페루령 아마존에 사는 Aguaruna Jíavaro들이 그들에게 주요한 식량 자원인 카사바(*Manioc esculenta*)의 유전적 다양성을 어떻게 계속적으로 유지하고 확장시키는지에 대해서 조사한 바 있다. 특히, Boster(1984)는 Aguaruna족은 카사바의 재배 품종들을 잃어버렸을 경우, 희귀한 자생하는 종류 중에서 선택하거나 혹은 다른 집단(심한 경우 수 백 마일 떨어져 있음)과의 식물 교환에 의해 새로운 유전질(遺傳質, germplasm)을 도입하여 보충한다는 것을 알아냈다. 많은 경우에 이런 새로운 재배 작물은 실험을 통해 평가를 한다. 즉, 미국 애리조나 주의 Hopi 인디언들의 경우, 최소한 두 명 이상의 정보 제공자들은 옥수수(*Zea mays*)의 새로운 변종들을 실험하고 있었으며, 다른 정보 제공자는 새로운 종자를 교환하는 뉴멕시코 주의 Pueblo 인디언들로부터 얻은 표주박(*Lagenaria siceraria*)을 재배하고 있었다(Soleri & Cleveland, 1993).

많은 경우들에서 보면, 특정 사회의 새로운 기술이나 관습은 그 사회에 융합되기 이전에 평가를 받거나 변화를 겪게 된다. 예를 들면, 1970년대 초, 학자들은 케냐의 작은 규모의 감자 농사를 짓는 전통 농부들에게 새로운 저장법을 전해 주었다. 그러나 후속 조사의 결과, 98%의 농부들이 새로운 저장법을 이용하지 않고 있었다. 그들은 무게의 축소, 싹의 성장 그리고 전체 씨감자의 질 등과 같은 특징들에 대하여 새로운 저장법과 다른 저장 방법의 결과를 비교 하였고, 그 결과, 자신들에 알맞은 방법을 채택한 것이다. 비슷하게, 케냐의 시골지역에 Jua Kali 농부들이 이용하는 관개 기구에 대한 연구에서, 대부분의 농부들은 그들이 이전에 수입했던 물뿌리개가 아닌 그 지역에서 재생할 수 있는 소재를 이용하여 그들 자신의 값싼 변형된 형태의 물뿌리개를 만들어 사용하였다.

제 3 장 전통식물학 지식과 서양과학 지식: 충돌과 화해

민족전통식물학적 지식의 연구에 대한 새로운 접근이 시작됨에 따라 전통 지식들에 대한 서구인들의 이해도 향상되었으며, 아울러서 전통식물학 지식은 점차 많은 식물 종류들의 이용과 생태에 대한 높은 가치의 정보원이 되었다. 이와 더불어 이렇게 가치 있는 민족전통생물학적 지식을 이들의 과학적 가치와 토속민들의 기본 권리를 인정하는 선에서 서구 과학 지식에 통합하려는 다양한 시도가 있었다(Richards, 1985; Johnson, 1992). 실제로, 1980년대 이후 현지인들을 연구에 참여시키는 다양한 연구들이 활발하게 이루어졌으며, 일부 연구에서는 전통 연구자와 비 전통 연구자들이 공식적인 협력이 시작되었다(Martin, 1995). 그러나 이러한 일부 접근들이 성공을 거두기도 했지만, 아직도 전통지식을 바라보는 관점에서의 철학적인 장벽은 이러한 통합지식체계(IKS)의 개념을 널리 받아드리게 하는데 계속적인 장애 요인이 되고 있다.

1. 전통지식으로부터의 배움

서구 과학이 전통적인 방법에서 배운다는 생각은 이제 새로운 사실이 아니다. 서부 아프리카 위원회(West Africa Commission)의 1943년 보고에 따르면, 전통 농부들은 토양에 대해서 뛰어난 지식을 가지고 있을 뿐만 아니라, 지역적인 관습에는 과학자들이 조금 더 깊이 조사하여야 할 필요가 있는 요소들이 있다는 것이 밝혀졌다. 이후, 1967년 "향정신성 의약에 대한 민족전통약학적 조사(Ethnopharmacological search for Psychoactive drugs)"라는 논문은 새로운 치료제의 탐색에 있어서 전통 의학적 지식의 잠재력을 강조하였다(Efron *et al.*, 1967). 이러한 연구들 이외에도 서구 과학에 의해서 상대적으로 최근에 발견된 전통적인 관습을 조사한 민족전통식물학적 보고는 많다. 서구 과학에 의한 발견은 주로 새로운 치료제의 발견으로써 식물의 이용과 식물 자원을 관리하는데 이용되는 방법들을 포함하고 있다. 예를 들면, 생물학적 해충 방제의 개념과 같이 서구에서는 상대적으로 최근에 발전된 개념도 전통 사회에서는 오래 전부터 이용해 왔던 것이며(Frechione *et al.*, 1989; Parrish, 1994), 식물과 동물의 상호관계에 대한 현대 생물학의 개념도 민족전통생태학적 지식의 근간을 형성하고 있는 것이다. 이러한 사례는 알래스카의 알류샨 열도 사람들의 전통적인 생태 지식에서 살펴볼 수 있다.

❂ 알래스카 큰사슴 집단에 대한 사례 ❂

1993년 알래스카의 조그마한 마을에서는 과학자들, 땅과 자원의 관리자들 그리고 원주민들의 대표 등이 모여 회의를 열었다. 회의의 목적은 사냥과 덫에 의존하여 생존하는 7명의 지역 대표자들이 참석하여, 생존에 대한 논의를 하는 것이었다. 회의가 진행되는 동안, 주정부의 대표자가 45분 동안 현안 소개를 하였는데, 이는 보존의 한계에 도달했다고 생각되는 큰사슴 개체군들에 대한 야외 연구를 어떻게 수행하는가에 대한 것이었다. 이어 원주민의 대표가 45분간 답변을 통해, 그 지역민들이 궁극적으로 큰사슴의 먹이원이 되는 습지의 수량이 뚜렷하게 줄어드는 것을 이미 알고 있었으며, 아마 습지 수량의 변화에 지대한 영향을 끼친다고 판단되는 Yukon강의 20개가 넘는 삼각주들에 생긴 비이버 댐에 대해서 주목할 것을 제안하였다. 그는 마지막으로 알래스카 주정부가 그들의 대책으로 큰사슴을 포획하는 지역민들의 생존을 제한하려고 하기 이전에, 문제의 원인인 비이버 댐에 대한 연구가 우선적이라고 역설하였다(Merculieff, 1994).

이렇듯, 서구 과학자들이 생태적 자료가 제한적으로 남아 있는 서식지 내에서 생육하는 다른 종류들 사이의 상호작용의 복잡성을 고려하기 시작했다. 과학자는 큰 사슴에 대한 야외 자료를 수집하는 것이지만, 원주민들은 과학자들의 야외 연구를 뛰어 넘는 정보를 가지고 있었다. 이런 경우에 원주민들의 목소리는 전혀 들을 수 없지만, 최근에 서구 과학자들이 전통 환경 지식으로부터 배워야 할 것들이 많다는 생각을 가지는 생태학자들이 크게 늘고 있다(Johnson, 1992).

(1) 전원 지역의 개발에서 전통식물학 지식: 참여연구(participatory research)의 기원

참여연구의 개념은 전원 지역의 성공적인 개발을 위하여 해결하여야 할 세 가지 중요한 문제에 직면한 여러 나라의 전통적인 농부들과 함께 한 연구들에서 유래하였다. 첫 번째 문제는 대부분의 경우, 개발 당국자들의 우선순위와 농부들이 생각하는 우선순위가 일치하지 않는다는 것이다(Chambers *et al.*, 1989). 두 번째는 외부 기관에서 주관하는 사업은 지역에서 유도하는 사업에 비해서 덜 채택된다(Dialla, 1994). 세 번째는 지역 체계에 근거하지 않은 사업은 생태학적으로 장기간 지속되지 않는다는 것이 대부분 증명되었다(Porter *et al.*, 1991). 그러므로 전원개발에서 참여연구는 자립적인 접근의 일환으로 유도되어야 하는데, 이때 문제들의 우선순위는 지역 지식에 근거를 두고 결정되어야 하고, 가능하면 연구의 많은 부분을 그 지역 출신의 참여자들이 수행하도록 한다(Richards, 1985).

이러한 시대적인 조류에 힘입어 많은 연구들이 이루어졌으며(Richards, 1985; Chambers *et al.*, 1989; Scoones & Thompson, 1994), 이들 대부분은 지역 주민들의 과학은 기본적으로 좋은 과학이고, 특히 위험에 처해있는 서식지의 지속 가능한 관리 정책을 개발하는데 매우 중요한 역할을 한다는 것을 강조하고 있다. 농업에서 처음 시작되었지만, 참여연구 또는 원주민과 협력은 이제 캐나다의 아북극 지방에서부터 브라질령 아마존의 열대 우림 지역까지 민족전통식물학자와 지역 주민들과 사이에 이루어지고 있다.

(2) 연구에서의 협력

과학자들과 지역 주민들과의 협력적인 연구는 이미 문화적 영향 평가(cultural impact assessment)로부터 상업적으로 판매될 비 목재 식물 생산품(non-timber plant products: NTPPs)의 탐색까지 적용되어 매우 효율적이라는 것이 증명되었다(Berlin, 1984; Johannes, 1989; Johnson, 1992; Martin, 1995). 이러한 연구들은 전통과학지식이 서구과학에 중요한 기여를 할 수 있는 환경과 실용지식의 보고라는 것을 알게 해주었으며, 전통과학지식의 활용에는 유의하여야 할 점도 많다는 것을 깨닫게 해 주었다. 예를 들면, 많은 전통 의학들이 현대 약학 분석들을 통해 그 약성이 증명되었지만, 문제는 다양한 투여량과 독성의 함유는 중독이나 치명적인 결과를 발생시킬 수도 있다는 것이다. 이러한 문제는 식물자원의 지속 가능하고 공평한 이용을 증진시키기 위하여 1992년 7월에 WWF(the World Wide Fund for Nature), UNESCO (the United Nations Educational, Scientific and Cultural Organization) 그리고 영국의 왕립 큐 식물원이 함께 발기한 프로젝트인 "사람과 식물을 위한 프로그램(People and Plants Programme)"의 일부분으로 처음 시작된 아프리카 마다가스카르의 예에서 볼 수 있다. 즉, 마다가스카르에서 이 프로그램의 목적은 전통 의학적 처방에 대한 대안을 찾는 것이 아니라, 전통의학과 현대 기술을 연계하여 통합적인 건강관리 체계를 만드는 것이었다. 예를 들면, 수많은 지역민들이 식물화학적 분석에 대한 훈련을 받았고, 특정 식물에 함유된 주요 약성 물질의 계절적 변이와 같은 요인들에 대한 보다 많은 정량적인 정보를 얻기 위해 일을 하고 있다(Haman, 1991; Quansah, 1994).

이와 같이 "사람과 식물을 위한 발의(People and Plants initiative)"는 전통 집단의 사람들이 지역 식물상의 물리적, 화학적 그리고 생태적 특징들을 포함하여 그들의 자연환경에 대한 광범위하고 자세한 지식을 가지고 있다는 인식에서 출발한다. 이 조직은 서식지 파괴와 문화적 변화에 의해서 파괴되는 지역 전통 지식과 관련이 있는 국제적이고 학제적인 프로젝트이고, 생물적이고 문화적인 다양성의 장기간 보존에 목적을 둔 프로젝트를 지원한다. 이런 "사람과 식물을 위한 발의(People and Plants initiative)"와 함께 하는 민족전통식물학자들은 식물자원과 전통 생태학적 지식의 보존에 관계하는 지역민들과 함께 일을 한다. 민족전통식물학자들은 지속적인 식물의 이용을 위한 참여 연수회와 참여 토론회를 개최하며 민족전통식물학, 전통생태학적인 지식 그리고 식물 자원의 지속 가능한 관리 등에 관한 연구 결과들을 발표한다. 이러한 특별한 연구들은 아래와 같이 볼리비아, 브라질, 카리브 연안 지역, 멕시코, 중앙아프리카 그리고 말레이시아 등지에서 수행되고 있다 (WWF *et al.*, 1993).

- **Beni 생물 보호구역(볼리비아)** - 유용식물들의 탐사는 지역민들과 볼리비아 학생들에 의해서 수행되었다.
- **Nordeste 프로젝트: 지역민을 위한 지역 식물(브라질)** - 브라질 북동부 지방의 식물 다양성과 경제식물학적 연구는 야외 조사와 실험실 연구로 수행되었다. 지역에서 이용되는 식물들은 이들 자원들이 계속적으로 이용될 수 있도록 조사되고 평가되었다.
- **유용식물의 보존 상태(카리브 연안) 프로젝트** - 카리브 연안 사람들이 이용하는 식물들 중에서 과도한 수확이 이루어지기 쉬운 식물들을 조사하고, 이 식물들이 오래 보존 될 수 있는 방안을 강구하기 위해서 시작되었다.
- ***Prunus africana*의 수확(카메룬)** - 추출액이 세계적으로 전립선 비대증에 이용되는 *Prunus Africana*의 수피 수확은 Afromontane 숲의 보존에 심각한 문제를 초래하여, 수피 생산을 위한 재배 방법을 시험하였다.
- **지역민의 건강관리와 숲의 보존을 위한 개발(마다가스카르)** - 이 프로젝트는 지역민의 건강관리와 숲의 보존을 위한 것으로 유용식물과 전통 치료법을 탐색하고, 이의 독성과 약성을 검사하여 전통 의학과 정통 의학을 합하여 통합 건강 관리 체계를 개발하였다.

"사람과 식물을 위한 발의(People and Plants initiative)"에 의해서 지원된 많은 프로젝트들은 전통적으로 유용한 식물들의 탐사와 식물 보존을 위한 전략을 개발하는 것을 함께 하였다. 그리고 이러한 프로젝트들은 지역민들을 다양한 수준의 전문가로 훈련시켰으며, 민족전통식물학적인 자료들도 지역민들에게 유용하도록 만들어졌다. 예를 들면, Beni 생물 보호구역에 대한 프로젝트는 지역 민족전통식물학자들을 지원함과 아울러 훈련을 시키고, 지역 개발을 위한 비 목재 식물 생산물들의 잠재적인 기여에 대한 평가를 용이하게 하는 자료를 만들었다. 또한 Nordeste 프로젝트의 일부로써, 발견된 식물 자원과 이들의 이용 등과 같은 가치 있는 정보를 지역민들이 쉽게 이용할 수 있도록 독립적인 데이터베이스의 네트워크를 구성해 놓았다. 그리고 마다가스카르의 건강관리 프로젝트는 야외에서 훈련받은 Antananarivo대학의 의학, 약학, 생화학, 지질학 그리고 식물학을 전공하는 학생들을 참여시켰다.

이제 이런 형태의 협력 연구의 예는 많은데(Chambers *et al.*, 1989; Johnson, 1992), 초기 협력은 서구인들에 의해서 시작되었지만, 이제는 전통 지역민들에 의해서 더욱 활발하게 되고 있다. 예를 들면, 솔로몬 군도의 Marovo 지역을 대상으로 한 Marovo 프로젝트는 Marovo인 자체에서 시작되었다. 이와 비슷하게, 오스트레일리아에서 지역 원주민 연구원들과 외부 연구자들의 협력은 일반적인 일이 되었으며, 일부 지역 원주민들은 지역 연구 프로젝트에 도움을 줄 수 있는 서구 과학자들을 채용하기도 한다(Posey, 1994).

2. 큰 통합을 향한 작업

이제 통합지식 체계의 잠재력을 예시하는 증거들이 모아졌지만, 전통 과학자들에게는 이러한 체제의 개념은 아직 널리 받아 드려지지 않고 있다. 통합을 위한 노력은 소수의 민족전통생물학자들, 개발 연구자들, 미국에 근거를 둔 "문화 생존(cultural survival)"과 같은 비정부기구 그리고 WWF와 같은 국제기구 등이 관심을 가지고 하고 있다. 전통지식에 대한 서구 학문의 적대성은 전통 사고와 과학 사고의 차이에서 기인하는데, 미래에는 다른 지식 체계의 특성과 역동성에 대한 이해가 좀 더 넓어질 것이며, 이에 따라 효율적인 문화 교류도 활발하게 일어날 것이다(Merculieff, 1994).

(1) 분리된 견해의 화해

전통 과학지식의 놀라운 면을 파악한 민족전통서지학자들에 의해서 소개가 많이 되었지만, 여전히 지역 원주민들이나 다른 전통 지식에 대한 서구인들의 견해는 회의적이다. 20세기 중반까지만 해도 대부분의 인류학들은 전통적인 사람들을 원시적으로 간주했으며(Maybury-Lewiss, 1992), 심지어는 전통 과학지식을 원시적이고 비과학적이며 잘못된 것으로 간주하였다(Scoones & Thompson, 1994). 하지만, 최근의 연구들에 따르면, 전통 과학기술의 공식적 유효성을 제시하는 연구자의 결과들이 증가되고 있지만, 문화와 학문의 두 경계에 대한 상호간 이해 부족도 계속되고 있다.

전통 과학지식에 대한 서구 과학자들의 계속된 거부는 두 가지 주요 요인에 근거를 두고 있다. 첫째, 서구 과학자들은 역사적으로 자연과학에 대하여 객관적이고 정량적인 접근을 하였고, 이에 비하여, 전통적인 사람들의 지식 체계는 정신적인 면이 우위의 것이라는 것이다. 사실, 일부 학자들은 민족전통식물학자들을 전통 지식의 가치에 대한 환상을 가지고 있다고 하기도 한다. 그러나 전통 지식과 서구 과학 지식은 본질적으로 다른 배경을 가지고 있다 하더라도, 두 지식은 앞으로 이론과 실제 사이의 상호작용을 통하여 계속적으로 보강될 것이다(표 2.3).

표 2.3 전통 지식 체계와 서구 과학 체계의 비교(Johnson, 1992)

전통 지식 체계	서구 과학 체계
자연 세계의 모든 부분은 살아 있는 것으로 간주하고, 모든 생명은 서로 의존함.	인간은 다른 모든 생명체를 조절할 수 있는 도덕적 권리를 가지는 우월한 존재로 간주함.
지식은 대부분 구전됨.	지식은 대부분 문장으로 전달됨.
지식은 관찰과 실제적인 경험을 통해 받아 드려지고 개발됨.	지식은 일반적으로 그것이 적용되는 배경으로부터 먼 위치에서 밝혀짐.
지식은 전체적, 직관적, 정성적 그리고 실제적임.	지식은 환원적, 정량적, 분석적 그리고 논리적임.
지식은 장기간에 걸쳐 자원의 사용자에 의해서 개발됨.	지식은 단기간에 걸쳐 특별한 연구자에 의해서 대부분 개발됨.
특별한 지식의 특성과 상태는 정신적인 신념과 같은 사회문화적인 요인들에 의해 영향을 받고 공동으로 제안됨.	특별한 지식의 특성과 상태는 동료들의 견해에 의해서 영향을 받고 개인적인 전문가에 의해서 제안됨.

현상을 인식하고 난 후의 설명은 간혹 정신적이고 주관적임.	현상을 인식하고 난 이후 설명은 본질적으로 이성적이고 객관적임.
지식은 다양한 조건들에 대한 적절한 결정을 내리기 위해서 이용됨.	지식은 가설을 세우거나 법칙과 상수를 증명할 때 이용됨.

표 2.3은 지식의 전통 체계와 이와 상대적인 서구 과학의 체계 사이의 차이를 요약해 놓은 것이다. 전통 지식은 지역에서 실질적인 경험으로부터 간단하게 나오는 지식과 같이 배경이 연결되고 매우 특이한 것으로 정의된다. 이러한 점은 서구 관적이고 일반화된 지식에 이론적으로 근거한 것으로 간주되는 서구 과학지식과 비교된다. 이론적인 지식에 대한 오랜 철학적 편애때문에, 과학은 일반적으로 전통 지식에 대해 우월한 것으로 간주된다(Scoones & Thompson, 1994). 이런 민족 중심적 견해는 지식체계의 두 형태를 가름하는 여러 가지 중요한 점들을 간과하게 한다. 첫째, 전통 세계의 견해와 같이, 현대 생태학자들은 이세 자연의 일부로써 사람의 견해를 인정하기 시작했다. 두 번째, 정통 과학지식과 같이, 전통 지식은 일반적인 가설의 반복적인 검증을 통해 만들어진다는 것이다. 세 번째, 전통 지식은 통상 지식의 체제는 나타내지 않을 지라도 서구 과학과 같이 특정 개개인들에 의해서 만들어지며, 공표되고 제어된다는 것이다(Johnson, 1992; Drinkwater, 1994; Scoones & Thompson, 1994).

결국, 다른 과학자들보다는 전통 과학지식을 기꺼이 받아드리지만, 민족전통식물학자들 역시 그들 자신의 문화적 배경의 영향이 민족전통식물학 자료의 부정확한 해석을 낳을 수 있다는 것을 인식하기 시작했다(Scoones & Thompson, 1994). 예를 들면, Alcorn(1989)은 서구인들은 곡물의 배치 혹은 들판의 위치 등과 같이 현재 눈에 보이는 것을 설명하는 경향이 있지만, 전통 농업 종사자들은 들판과 숲 사이를 생태적으로 계속성을 가지는 관리된 들판의 흐름 복합체로 개념화하는 경향이 있다. 이와 비슷하게, 서부 아프리카의 전통 농부들에 의해서 이용되던 복합 간작 체계의 논의에서, Paul Richards는 농부의 작물 배치에 대한 동시 평가는 작물의 배치가 곡물간의 경쟁과 질병의 문제에 대해 잘 계획된 체계의 산물이라는 점을 잘 보여준다. 실제, 마지막 작물의 혼작은 주어진 성장기에 닥칠 수 있는 예측 불가능한 조건들에 대한 계속적 적응의 산물로 생긴다(Richards, 1989). 이러한 관찰은 이제 참여 연구의 원래 개념의 확장을 유도하고, 전통 지식 그 자체 대한 더 큰 이해를 통해서, 미래에는 민족전통식물학적 증거들에 대한 좀 더 의미 있는 해석이 가능하게 될 것이다.

(2) 전통식물 지식의 보호

지속 가능한 개발의 열쇠로써 통합 지식을 생각하는 사람들은 서구 과학의 새로운 기회와 전통문화의 정체성을 재확인하는 방법으로 이러한 새로운 협력 연구를 강조하고 있다. 그러나 참여 연구와 관련이 있는 주요한 관심은 전통 지식의 원 소유자인 지역민에게 보상이 없이 싼 값에 지역 기술을 습득하거나 혹은 전통 지식을 사업적으로 이용하는 탐사에 있다. 이러한 문제점을 해결하기 위해, 많은 민족전통생물학자들(Posey, 1990)은 연구자들이 전통 집단의 과학적 그리고 문화적인 재산권을 보호하도록 하는 윤리적 지침들을 발표하였다(Posey, 1994). 1980년대부터는 지역 원주민의 조직들이 그들 자신의 재산권을 보호하기 위하여 노력하여 오고 있다.

이제 지역 원주민의 조직은 세계적으로 지역적인 수준은 물론이고 국제적이고 대륙적인 수준까지 1,000개가 넘고, 이렇게 조직의 수가 늘어남에 따라 그 힘도 커지고 있다. 이들 중 많은 수는 "지역 원주민들의 권리 선언(Declaration of Indigenous Rights)"의 지지를 얻기 위해 국제적인 홍보를 해오고 있고(Burger, 1990), 1992년에는 세계 지역 원주민과 그들의 정치적 조직체가 개발과 환경에 대한 UN 총회 즉, 지구 정상회의(Earth summit)에서 받아드려졌다(UN, 1993). 지난 20년 동안, 오스트레일리아, 캐나다, 콜롬비아, 멕시코, 인도, 뉴질랜드, 아르헨티나, 베네주엘라, 미국 그리고 러시아에서 거주하는 지역 원주민들은 그들 자신의 학교를 세움으로써 그들의 언어를 되살리고 그들의 젊은이들에게 전통 기술, 역사, 종교 그리고 사회적인 관습을 재교육시켰다. 그럼에도 불구하고, 문화적 다양성은 전통이 보존된 지역이 없어지고, 자연과 자원에 대한 접근이 어렵기 때문에 지속적으로 상실되고 있다. 예를 들면, 지난 30년 동안, 미국의 네바다 사막에서 650개 이상의 핵폭탄이 폭발됨에 따라 서부 Shonshone 인디언의 영역이 심각하게 파괴되었고(Burger, 1990), 브라질에서는 동부 아마존 지역에 대한 Carajás 개발 계획(Carajás Development Programmme)이 인디언들의 영토를 심각하게 파괴하는 결과를 빚었다(Hall, 1991). 이와 같이 세계적으로 정치적 그리고 사회적인 정책으로 말미암아 지역 원주민들의 영역은 날이 갈수록 줄어들고 있다. 이에 민족전통생물학자들은 전통 지식의 좀 더 넓은 이해가 전통이 보존된 지역의 지속 가능한 경제적 발전에 기여를 할 것이며, 문화 다양성이 더 이상 파괴되지 않을 수 있게 한다고 믿고 있다.

참고문헌

Alcorn, J. B. 1981. Haustic noncrop resource management: implications for prehistoric rainforest management. Human Ecology 9: 395-417.

Alcorn, J. B. 1989. Process as resource: the traditional agricultural ideology of Bora and Huastec resource management and its implications for research. *In:* Posey, D. A. and Balee, W. (eds) Resouce Management in Arizona: Indigenous and Folk Strategies (Advances in Economic Botany 7). New York Botanical Garden, New York. pp. 63-77.

Balée, W. 1989. Nomenclatural patterns in Ka'apor ethnobotany. Journal of Ethnobiology 9(1): 1-24.

Balée, W. and Gély, A. 1989. Managed forest succession in Amazonia: the Ka'apor case. *In:* Posey, D. A. and W. Balée, Resouce Management in Arizona: Indigenous and Folk Strategies (Advances in Economic Botany 7). New York Botanical Garden, New York. pp. 129-158.

Balick, M. J. 1984. Ethnobotany of palms in the neotropics. *In:* Prance, G. T. and Kallunki, J. A. (eds) Ethnobotany in the neotropics (Advances in Economic Botany 1). New York Botanical Garden, New York. pp. 24-33.

Bartlett, H. H. 1929. Color Nomenclature in Batak and Malay (Papers of Michigan Academy of Science Arts and Letters) 10: 1-52.

Beck, W. 1992. Aboriginal preparation of Cycas seeds in Austrailia. Economic Botany 46: 133-147.

Berlin, B. 1984. Contributions of native American collectors to the ethnobotany of the neotropics. *In:* Prance, G. T. and Kallunki, J. A. (eds) Ethnobotany in the neotropics (Advances in Economic Botany 1). New York Botanical Garden, New York. pp. 34-40.

Berlin, B. 1992. Ethnobiological Classification: Principles of Categorization of Plants and animals in traditional societies. Princeton university Press, Princeton.

Boster, J. S. 1984. Classification, cultivation and selection of Aguaruna cultivars of *Manihot esculenta* (Euphorbiaceace). *In:* Prance, G. T. and Kallunki, J. A. (eds) Ethnobotany in the Neotropics (Advances in Economic Botany 1). New York Botanical Garden, New York, pp. 34-47.

Boster, J. S. 1985. Requiem for the omniscient informant: there's life in the old girl yet. *In:* Dougherty, J. (ed) Directions in Cognitive Anthropology. University of Illinois Press, Champaign, Illinois. pp. 177-198.

Brand, J. C. and Cherikoff, V. 1985. The nutritional composition of Australia aboriginal food plants of the desert regions. *In:* Wickens, G. E., Good, J. R., and Field, D. V. (eds) Plants for Arid Lands. Unwin Hyman, London. pp. 53-68.

Burch E. S. and Ellanna, L. J. 1994. Key issues in Hunter-Gatherer Research. Berg Publishers inc., Oxford.

Burger, J, 1990. The Gaia Atlas of First Peoples: A Future for the Indigenous World. Robertson MaCarta Ltd, London.

Chambers R., Pacey, A. and Thrupp, L. A. 1989. Farmer First: Farmer Innovation and Agricultural Research. Intermediate Technology Publications, London.

Concar, D. 1994. How to burn a wilderness. New Scientist 144 (1949): 48-52.

Conklin, H. C. 1954. An ethnoecological approach to shifting agriculture.

Transactions of the New York Academy of Science 17: 133-142.

Cotton, C. M. 1996. Ethnobotany: Principles and Applications. John Wiley and Sons, Chichester.

Cox, P. A. 1994. The ethnobotanical approach to drug discovery: strengths and limitations. *In:* Chadwick, D. J., Marsh, J. (eds) Ethnobotany and the Search for New Drugs (Ciba Foundation Symposium 185). Wiley, Chichester. pp. 25-36.

Densmore, F. 1928. How Indians use Plants for Food, Medicine and Crafts. Dover Publications Inc., New York.

Densmore, F. 1974. How Indians use Plants for Food, Medicine and Crafts. Dover Publications Inc., New York.

Dialla, B. E. 1994. The adoption of soil conservation practices in Burkina Faso. Indigenous Knowledge & Development Monitor 1 (3): 17-18.

Drinkwater, M. 1994. Knowledge, consciousness and prejudice: adaptive agricultural research in Zambia. *In:* Scoones, I. and Thompson, J. (eds) Beyond farmer first: Rural people's knowledge, agricultural research and extension practice. Intermediate Technology Publications, London. pp. 32-41.

Edwards, D. A., Josephson, S. C. and Brenner, C. J. 1994. Burkina Faso-herdsmen and Optimum foraging Theory: a reconsideration. Human Ecology 22: 213-217.

Efron, D. H., Homstedt, B. and Kline, N. S. 1967. Ethno-pharmacologic Search for Psychoactive Drugs. Raven Press, New York.

Ellen, R. F. 1994. Putting plants in their place: anthropological approaches to understanding the ethnobotanical knowledge of rainforest populations. Presentation, UBD-RGS Conference.

Farnsworth, N. R. 1990. The role of ethnopharmacology in drug development. *In:* Chadwick, D. J., Marsh, J. (eds) Bioactive Compounds from plants (Ciba Foundation Symposium 154). Wiley, Chichester. pp. 42-51.

Frechione, J., Posey, D. A. and Silva, F. D. 1989. The perception of ecological zones and natural resources in the razilian Amazon: an ethnoecology of lake Coari. *In:* Posey D. A. and Balée, W. (eds)

Resource Management in Arizona: Indigenous and Folk Strategies (Advances in Economic Botany 7). New York Botanical Garden, New York. pp. 260-282.

Gilmore, M. R. 1919. Uses of Plants by the Indians of the Missouri River Region. Univ. of Nebraska Press. London.

Goody, J. 1993. The Culture of Flowers. Cambridge University press, Cambridge.

Gould, R. A. 1982. To have and have not: the ecology of sharing among hunter-gatherers. *In:* Williams, N. M. and Hun, E. S. (eds) Resource Managers: North American and Australian Hunter-gathers. Australian Institute of Aboriginal Studies, Canberra. pp. 69-92.

Hall, A. L. 1991. Developing Amazonia: Deforestation and Social Conflict in Brazil's Carajás Programme. Manchester University Press, Manchester.

Haman, O. 1991. The joint IUCN-WWF conservation programme and its interest in medicinal plants. *In:* Akerele, O., Heywood, V. and Synge, H. (eds) Conservation of Medicinal Plants. WHO, ICUN, WWF, Cambridge University Press, Cambridge. pp. 13-22.

Harborne, J. B. 1988. Introduction to Ecological Biochemistry, 3rd edn. Academic Press. London.

Hepburn, G. 1989. Pesticides and drugs from the neem tree. The Ecologist 19: 31-32.

Isman, M. B. 1994. Botanical Insecticides. Pesticide outlook 5: 26-31.

Johannes, R. E. 1989. Introduction. *In:* Johannes, R. E. (ed.) Traditional Ecological Knowledge: A Collection of Essays. IUCN, Cambridge. pp. 5-6.

Johnson, M. 1992. Research on traditional environmental knowledge: its development and its role. *In:* Lore: capturing traditional environmental knowledge. Dene Cultural Institute, Fort Hay, Canada. pp. 3-22.

Keesing, R. M. 1981. Cultural Anthropology. 2nd edn. Holt, Rinehart & Winston, Inc., London.

Ley, S. V. 1990. Synthesis of antifeedants for insects: novel behavior-modifying chemicals from plants. *In:* Chadwick, D. J., Marsh, J. (eds) Bioactive Compounds from Plants (Ciba foundations symposium 154).

Wilely, Chichester, pp. 80-87.

Ludvico, L. R., Bennett, I. M., and Beckerman, S. 1991. Risk-sensitive feeding behaviour among the Barí. Human Ecology 19: 509-516.

Martin, G. J. 1995. Ethnobotany (A methods manual). Chapman & Ha Co, London. p.xx-xxiv. pp. 95-222.

Marybury-Lewiss, D. 1992. Millennium: Tribal Wisdom and the Modern World. Viking Penguin, New York.

Merculieff, I. 1994. Western society's linear systems and aboriginal cultures: the need for two-way exchanges for the sake of survival. *In:* Burch, E. S. and Ellanna, L. J. (eds) Key Issues in Hunter-gatherer Research. Berg Publishers Inc. oxford. pp. 405-415.

Millar, D. 1993. Farmer experimentation and the cosmovision paradigm. *In:* de Boef, W., Amanor, K., Wellard, K. Cultivation Knowledge: Genetic Diversity, Farmer Experimentation and Crop Research. Intermediate Technology Publication, London. pp. 44-50.

Moerman, D. E. 1996. An analysis of the food plants and drug plants of native North America. Journal of Ethnopharmacology 52: 1-22.

Morris, B. 1976. Whither the savage mind? Notes on the natural taxonomies of a hunting and gathering peoples. Man 11: 542-557.

Orlove, B. S. 1980. Biological anthropology. *In:* Siegel, B. J. (ed) Annual Review of Anthropoloy 9: 235-274.

Parrish. 1994. Indigenous post-harvest knowledge in an Egyptian oasis. Indigenous knowledge & development monitor 2(1): 7-9.

Porter, D., Allen, B. and Thompson, G. 1991. Development in Practise: Paved with Good Intentions. Routledge, London.

Posey, D. A. 1990. Intellectual property rights and just compensation for indigenous knowledge. Anthropology Today 6: 13-16.

Posey, D. A. 1994. Ethnobiology and commercial ethics. Presentation, Intecol: VI International Congress of Ecology. Manchester, 21-26 August.

Quansah, N. 1994. Forest conservation and Healthcare Development, Madagascar. Presentation, People and Plants Initiative Annual Reporting and Planning Meeting, Royal Botanic Gardens, Kew, April.

Rhoades, R. 1989. The role of farmers in the creation of agricultural technology. *In:* Chambers, R., Pacey, A. and Thrupp, L. A. (eds) Farmer First: Farmer Innovation and Agricultural Research. Intermediate Technology Publications, London. pp. 3-9.

Richards, P. 1985. Indigenous Agricultural Revolution. Unwin Hyman, London.

Richards, P. 1989. Agriculture as a performance. *In:* Chambers, R., Pacey, A. and Thrupp, L. A. (eds) Farmer First: Farmer Innovation and Agricultural Research. Intermediate Technology Publications, London. pp. 39-42.

Rocheleau, D., Wachira, K., Malaret, L. and Wanjohi, B. M., 1989. Local knowledge for agroforestry and native plants. *In:* Chambers, R., Pacey, A. and L. A. Thrupp (eds) Farmer First: Farmer Innovation and Agricultural Research. Intermediate Technology Publications, London. pp. 14-23.

Salas, M. A. 1994. 'The technicians only believe in science and cannot read the sky.' The culture dimension of the knowledge conflict in the Andes. *In:* Scoones, I. and Thompson, J. (eds) Beyond Farmer first: Rural People's Knowledge, Agricultural Research and Extension Practise. Intermediate Technology Publications, London. pp. 57-69.

Scoones, I. and Thompson, J. 1994. Knowledge, power and agriculture-towards a theoretical understanding. *In:* scones I, Thompson J (eds) Beyond Farmer first: Rural People's Knowledge, Agricultural Research and Extension Practice. Intermediate Technology publications, London. pp. 16-31.

Seymour-Smith, C. 1986. Macmillan Dictionary of Anthropology. Macmillan Press Ltd, London.

Sidick. 1994. The current status of jamu and suggestions for further research and development. Indigenous Knowledge & Development Monitor 2(1): 13-15.

Sindiga, I. 1994. Indigenous (medical) Knowledge of the Maasai. Indigenous Knowledge & Development Monitor 2: 16-18.

Soleri, D. and Cleveland, D. A. 1993. Hopi crop diversity and change.

Journal of Ethnobiology 13: 203-232.

Ulluwishewa, R. 1993. Indigenous Knowledge, national IK resource centres and sustainable development. Indigenous Knowledge & Development Monitor 1(3): 11-13.

UN. 1993. The Global Partnership for Environment and Development: a Guide to Agenda 21. UN, New York.

Vickery, R. 1985. Unlucky Plants: A Folklore Survey. The Folklore Society, London.

Western, D. and Dunne, T. 1979. Environmental aspects of settlement site decisions among pastoral Massai. Human Ecology 7: 75-98.

Wilken, G. C. 1987. Good Farmers: Traditional Agricultural Resource Management in Mexico and Central America. University of California Press, Berkeley.

Williams, D. E. 1993. *Lycianthes moziniana* (Solanaceae): an underutilized Mexican plant food with new crop potential. Economic Botany 47: 387-400.

WWF/UNESCO/RBG, Kew, 1993. People and Plants: Ethnobotany and the Sustainable use of Plants Resources. Information Pack, RBG Kew.

제 Ⅲ 부 민족전통식물학의 연구 방법론

제 1 장 자료의 수집과 가설 검증

1. 준비

어떤 연구를 위한 준비이든지 마찬가지 일이지만 특히, 민족전통식물학 조사를 계획할 때에 있어서 연구자들은 그들의 목적, 예산 그리고 일정 등을 면밀하게 검토하여야만 소기의 성과를 달성할 수 있다. 민족전통식물학 연구는 대부분 야외 조사가 포함되므로 철저한 준비는 짧은 시간 안에 많은 결과를 얻을 수 있게 한다. 조사를 시작하려면 먼저 해당 지역의 생태계에 대한 다양한 지식을 얻어야 하고, 식물상과 동물상의 분석도 하여야 한다. 이러한 준비를 철저히 하였더라도, 조사의 계획은 날씨, 장비의 고장 그리고 연구자들이 예상하지 못한 일들에 의해서 지연되기도 한다.

민족전통식물학 연구에 이용되는 방법들은 많지만, 대부분 시간이 많이 필요하고 비용 또한 무시할 수 없으므로, 단 한 번의 야외 조사로 모든 목적을 달성하기는 어려운 일이다. 이러한 이유 때문에 많은 연구자들은 조사지역을 방문하는 시기와 연구실로 돌아와 자료를 분석하고 결과를 정리하는 시기를 나누어서 시간 활용을 잘해야 한다. 즉, 연구자가 임의의 집단에서 약용식물의 이름과 용도를 알아냈다면, 연구자는 화학분석을 위한 표본을 확보하기 위하여 다시 야외 조사지역에 돌아가기 이전에, 표본을 동정하여야 하고, 연구의 방향을 결정하기 위해 민족전통약학 관련 데이터베이스와 문헌들을 조사하여야 한다.

여러 번에 걸친 야외 조사는 비용이 많이 들기도 하지만, 만족스러운 연구 결과를 얻고자 한다면, 여러 계절을 포함하여 여러 해에 걸쳐 조사를 하는 것이 최선이다. 실제로 민족전통식물학자들이 프로젝트에 투자했던 시간과 재원은 아래와 같이 다양하다.

♣ 숲의 재생에 대한 장기 연구과제의 일부이기는 하지만, Malhotra 등(1992)은 벵골의 남서 지방인 West Midnapore의 한 마을에서 숲의 재생에 대한 평가와 비목재 임산물(非木材 林産物)의 조사를 위해 이틀을 조사하였다.

♣ Philips(1993)와 Philips and Gentry(1993a, 1993b)는 페루의 남부 지방에서 Mestizo족들의 식물 자원의 이용을 조사하기 위하여 Tambopata 보호구역에서 5년에 걸쳐 12달 동안을 지냈다.

♣ Guerrero와 Robledo(1990)는 카리브 국유림(Caribbean national forest)의 식물들에 대한 생물학적 활성을 분석을 야외와 실험실에서 병행하느라 30개월을 연구하였다.

♣ Berlin과 그 동료들(1973, 1974)은 1960년대 초반 멕시코의 Chiapa에서 마야어를 사용하는 농부들인 Tzeltal족의 식물학적 분류를 조사하기 위하여 여러 해를 보냈다. 이후, 그는 또 1980년 말 동료들과 함께 마야의 고산 지역에서 약용식물을 조사하는데 여러 해를 보냈다.

♣ Kim 등(2006)은 1998년부터 2002년까지 한국 전통 불교 사찰의 음식에 이용되는 식물의 약성을 전국 25개 사찰을 대상으로 조사하였다(그림 3.1과 그림 3.2).

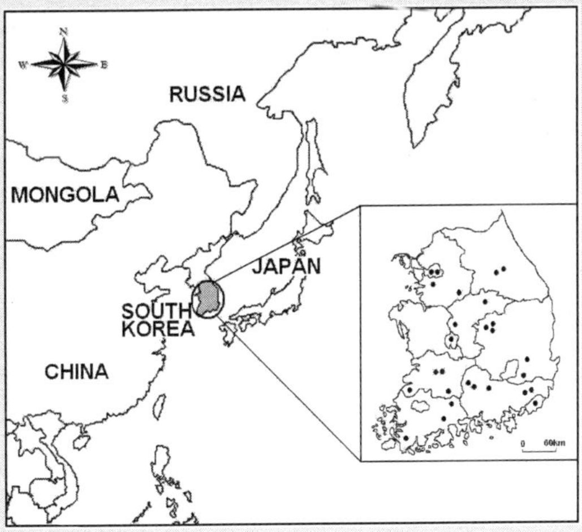

그림 3.1 1998년부터 2002년까지 한국 전통 불교 사찰의 음식에 이용되는 식물의 약성을 조사한 전국 25개 사찰 지역.

Available online at www.sciencedirect.com

SCIENCE @ DIRECT®

ELSEVIER

Journal of Ethnopharmacology 104 (2006) 32–46

Journal of ETHNO-PHARMACOLOGY

www.elsevier.com/locate/jethpharm

Medicinal efficacy of plants utilized as temple food in traditional Korean Buddhism

Hyun Kim[a,*], Mi-Jang Song[a], Daniel Potter[b]

[a] School of Natural Sciences, Jeonju University, 1200, 3-ga Hyoja-dong, Wansan-gu, Jeonju, Jeonbuk 560-759, Republic of Korea

[b] Department of Pomology, University of California, at Davis, CA 95616-8683, USA

Received 16 July 2004; received in revised form 3 August 2005; accepted 15 August 2005

Available online 10 October 2005

Abstract

We investigated the medicinal efficacies of plants used as food in 27 Korean Buddhist temples from 1997 to 2002. We studied 161 species of plants belonging to 135 genera in 65 families. Twenty-one plant parts were utilized as food in 42 different preparations. Approximately 82% of the plants studied had medicinal effects, with a wide range of efficacies (126 types). Of the medicinal plants, 52% were used for digestive problems, circulatory illnesses, and respiratory diseases. These results demonstrate that a high proportion of the food consumed in Korean temples is medicinal, and is used for a wide variety of diseases.

Keywords: Medicinal efficacies; Korean Buddhist temples; Medicinal plants

1. Introduction

Many ethnopharmacological studies on plants used in human communities have been limited to specific geographical or administrative regions (Shinwari and Khan, 2000; Shrestha and Dhillion, 2003; Tabuti et al., 2003). Relatively few of these studies focused on communities with strong traditional cultures (De Feo, 1992, 2003; Singh et al., 2002; Giday et al., 2003).

Although health food has occupied a central position in traditional folk medicine, few studies have focused on the medicinal efficacies of food plants (Etkin and Ross, 1983; Johns, 1990; Etkin, 1994, 1996; Pieroni, 2000). This may be due, in part, to the fact that several previous studies were focused on the potential risks associated with the use of traditional food as medicine (Shulman, 1997; Elvin-Lewis, 2001). However, the significant overlap between plant species used as food and those used as drugs was demonstrated by Moerman (1994, 1996) through his research on plants used by native cultures in North America.

Further, studies examining the usage patterns of materials for nutritional and medicinal purposes by Koreans during the last 5000 years suggest that no distinction was made between food and drugs (Kim, 1998; Kim and Song, 1999). Such studies expressed concerns about the medicinal efficacy of plants traditionally used as food.

We conducted an ethnopharmacological investigation on plants used as temple food in Korean Buddhism, according to traditions dating back to at least 1600 years.

In traditional Korean Buddhism, like Buddhism in other countries, all monks and nuns are celibate. The commandments of food in traditional Korean Buddhism explicitly forbid the consumption of five spice vegetables: *Allium sativum* f. *pekinense* Makino (garlic), *Allium fistulosum* L. (scallion), *Allium tuberosum* Rottl. ex Spreng. (leek), *Allium monanthum* Maxim. (rocambole), and *Ferula assa-foetida* L. (asafoetida).

This food culture was initially created to maintain the health of its adherents and to induce spiritual awakening free from stupidities and passions (Suh, 1995; Suh et al., 2002). Recently, interest has been expressed in the nutritional and medicinal effects of the traditional temple food of Korean Buddhism. This interest was prompted by the observation that monks and nuns were in better general health and showed a longer average life span than the general population (Ryoo and Lee, 1996).

The loss of the traditional food culture in Korean Buddhism has been accelerated by secularization and popularization,

* Corresponding author. Tel.: +82 63 220 2516; fax: +82 63 220 2054.
E-mail address: hyunk@jeonju.ac.kr (H. Kim).

0378-8741/$ – see front matter © 2005 Elsevier Ireland Ltd. All rights reserved.
doi:10.1016/j.jep.2005.08.041

그림 3.2 김 등이 Journal of ethnopharmacology (volume 104, issues 1-2)에 출판한 논문.

2. 민족전통식물학 연구에 기여하는 분야

민족전통식물학의 연구에는 기본적인 자연과학적인 연구 방법은 물론, 인문과학과 사회과학적인 연구 방법도 이용하므로, 다학문적인 노력이 필요한 분야이다. 따라서 민족전통식물학에 기여하는 분야는 인간과 식물세계가 어떻게 상호 작용을 하는지를 분석하는데 기여하는 모든 학문 분야가 포함된다고 할 수 있다. 여기에는 기본적으로 식물학이 포함되고, 언어학 그리고 화학이나 경제학의 지식도 필요하다.

프로젝트의 성격에 따라 필요한 분야가 달라지고 필요성의 경중도 달라진다. 하지만, 모든 민족전통식물학 연구에 필요한 요소들을 보면, 첫째, 전통 식물학 지식의 기본적인 문서화, 둘째, 식물자원의 관리와 이용에 대한 정량적 평가, 셋째, 생존을 위한 것이든지 혹은 상업적인 목적을 위한 것이든지 간에, 식물로부터 얻어지는 이익의 실험적 평가, 그리고 넷째, 지역민들이 그들의 생태학적 지식이나 자산으로부터 최대한의 이익을 얻을 수 있도록 프로젝트를 수행한다. 워싱턴 대학교의 민족전통식물학자인 Walter Lewis는 첫 번째부터 세 번째까지의 세 요소 즉, 기본적이고 정량적이며 실험적인 접근이 이루어져야만 민족전통식물학 연구라 할 수 있다고 했다(Lewis와 Elvin-Lewis, 1994).

이 책은 6개 분야 즉, 식물학, 민족전통약학, 인류학, 생태학, 경제학 그리고 언어학 등에 초점을 맞출 것이다. 사실, 임의의 한 집단이나 특정 지역에서 전통식물학 지식에 대한 체계적인 조사를 장기적인 프로젝트로 수행할 때만이, 이들 각 분야들을 잘 혼용하여 활용할 수 있다.

3. 신속한 민족전통식물학적 평가

많은 연구자들이 장기간의 프로젝트를 선호하기는 하지만, 간혹 보호구역을 해제하는 지역의 생물학적 자원에 대한 기초적인 자료를 만드는 환경영향보고서를 작성하기 위하여 임산물(林産物)에 대한 자료를 모으려고 할 때 또는 장기적인 연구를 가장 효율적으로 수행하기 위하여 여러 집단을 대상으로 예비 민족전통식물학적 조사를 할 경우 등과 같은 때에는 신속한 민족전통식물학적 평가를 하기도 한다.

며칠이 안 되는 짧은 연구 기간 동안 얻어진 연구 결과들은 많은 오류를 범할 수 있다. 통상 이러한 연구에서는 좋은 연구 결과를 얻기 위한 필수 요건인 민족전통식물학자와 지역 집단과의 깊은 상호간의 긴밀한 이해가 무시되기 때문이다. 그 결과, 정보제공자들과 폭넓은 대화를 할 수 있고, 식물들에 대한 지역명(地域名)을 정확하게 기록할 수 있으며, 증거 표본들을 만들 수 있는 충분한 시간적인 여유가 없기 때문에 지역 지식의 문화적 그리고 생물학적인 관점들에 대한 자세한 문서화가 불가능해진다. 더 나아가, 짧은 기간의 연구는 지역민들이 그들 자신들이 소유하고 있는 자산을 보다 효율적으로 관리할 수 있게 하는 민족전통식물학적 방법들을 배울 수 있는 기회를 줄 수가 없다. 하지만, 집단에 당면한 문제의 시급성과 보존의 문제 때문에 때로는 생태학적 지식과 자원 이용의 신속한 평가가 필요할 수도 있지만, 이 경우에도, 연구자들은 민족전통식물학적 방법의 기본적인 일부라도 가르쳐서 자료를 얻어야 한다.

이러한 어려운 점을 해결하기 위하여, 국제 개발 연구자들은 집단의 개발에 대한 많은 다른 관점과 임업자원의 이용에 대한 빠르고 저비용의 평가를 하는 다양한 방법들을 임시방편으로 만들어 사용하고 있다. 그 중에서 좋은 예가 참여전원평가(參與田園評價; Participatory Rural Appraisal: PRA)인데, 이는 다양한 분야로부터 가져온 연구 기법들을 혼용함으로써 만들어진 방법이다. 이 방법이 원래 개발 초기에 목표한 바를 제대로 평가하고 조정하기 위하여 개발되었지만 아래에 설명된 바와 같이 민족전통식물학적인 연구들에 쉽게 적용할 수 있다.

◈ 인도에서의 비목재 임산물(非木材 林産物)에 대한 신속한 평가 ◈

1991년 이틀에 걸쳐 다학문적인 연구팀이 벵골의 남서지방인 West Midnapore 지역에 거주하는 한 집단의 구성원들에 의한 비목재 임산물의 수확과 숲의 복구에 대한 신속한 평가를 하였다. 조사의 첫 번째 단계로 조사 참여자들로 하여금 파괴된 산림에 대한 보호의 정도가 다른 사방 100m^2 구획을 선정하게 하였다. 이어 참여자들에게 각 식물들의 크기를 기록하고, 각 구획에서 생육하는 나무들의 목록을 작성하게 하였다.

Malhotra 등(1992)은 그들의 경험 중에서 민족전통식물학적인 부분을 다음과 같이 설명했다.

"숲에 애착이 강한 종족과 일부 거주자들은 수많은 종류를 동정할 수 있었으며, 그들은 그 식물들을 식용, 약용, 섬유용, 건축용, 염료용, 그리고 고무와 탄닌 재료 등으로 이용하는 법을 알고 있었다. 이러한 정보들은 이차적인 자료와 그 지역의 자원을 잘 알고 있는 사람들을 이용하여 문서화하였다. 집에서 사용하는 것과 팔기 위한 것 등 거의 모든 임산물들을 기록하였으며, 자료에는 수확 시기와 수확량 등에 대한 것도 포함되었다. 또한 이용되는 식물 부분까지도 기록되었다."

이 신속한 평가 기간 동안, 많은 유용 식물들이 파악되었다. 예를 들면, 3년 동안 보호된 숲에서만 채취할 수 있는 29가지 임산물들의 이름을 기록하였는데, 이들 중 15 종류는 학명을 알 수 있었고, 6 종류는 시장가격(市場價)을 알 수 있었다.

특히, 이 보고서에는 참여조사에 협력한 사람들이 지적한 이 평가의 한계점 또한 포함하고 있다. 즉, 그들은 몬순 기간 동안 채취할 수 있는 버섯 종류들과 같이 중요한 생물학적 자원들 전체를 기록할 수 없었고, 수확되는 식물의 양이나 이들이 지역 시장에서 거래되는 가격 등에 대한 체계적인 조사를 하지 않았으며, 민족전통식물학적인 증거 표본들이 만들어지지 않았을 뿐만 아니라, 조사된 종류의 거의 절반 정도는 학명이 결정되지도 않았다는 것이다.

어떠한 조사이던지, 그 결과물의 성패를 논의하려면, 먼저 다음 연구를 어떻게 진행시켜야 하는가에 대한 제언을 충분히 했는지에 대한 것도 고려하여야 하는데, 이 조사에서는 충분한 제언이 있었다. 그 중에서 유의할 만한 사실들은, 연구자들은 연중 다양한 계절 동안 방문하여 조사를 하여야 하며, 특정 식물의 소모와 유통량에 대한 자료의 수집을 포함한 비목재 자원(非木材 資源)의 시장성에 대한 보다 면밀한 조사를 계획하여야 한다고 제언하였다.

참여전원평가가 전원사회학, 인류학, 생태학 그리고 경제학 등과 같은 전통 분야의 다양한 연구 기법을 이용하고 있기는 하지만, 이를 이용한 신속한 평가와 학문적인 연구와는 분명한 차이가 있다. 즉, 지역민들은 단순히 조사 대상이 되는 것 보다는 연구에 있어서 완전한 참여자이기를 원하므로, 지역민들은 연구의 계획, 자료의 수집, 조사 결과에 대한 분석 그리고 그 결과를 집단의 이익에 어떻게 적용할 것인가에 대한 논의 등에 참여시키는 것이 바람직하다. 그리고 연구팀에서 외부인들은 다학문적인 예견을 할 수 있는 다양한 학문분야의 전문가들로 구성되어야 하며, 지역민과 외부인을 포함한 모든 참여자들 사이의 관계는 상하 계급 관계나 혹은 상의하달 관계가 아닌 평등한 관계를 이루어야 한다.

이 기법들은 짧은 시간에 연구를 수행할 수 있고 참여자들이 깊이 있는 연구를 하는 것 보다는 지역의 조건들에 대해 윤곽을 잡는 수준으로 조사하기 때문에 과도한 비용도 들지 않는다. 지역민들 중 소집단은 반구조식 방법[半構造式(semi-structured) 方法]으로 면담을 하여 선정한다. 일차적인 조사에 포함되는 주제의 범주는 다양할 수 있지만, 일반적으로 집단이 어떻게 일을 하는가에 대한 포괄적인 견해를 묻는 것이 보통이다. 측정은 정량적인 것 보다는 정성적으로 하며, 일부 통계적인 방법들이 결과를 해석하는데 이용되기도 한다. 중요한 것은 집단의 구성원들이 간혹 외부의 연구자들과 협력을 하여, 생태지구에 대한 지역의 분류를 보여주는 지도를 그리거나, 사람들이 다양한 생산 활동을 하는 시간의 양을 원 그래프로 나타내거나 혹은 기후의 계절적인 변화를 보여주는 연표를 그리는 것과 같은 시각적인 기법을 이용할 수 있도록 하는 것이다. 자료의 분석은 참여자들이 그들의 방법을 스스로 필요한 부분을 수정하게 하고 처음 연구에서 놓친 자료를 보완할 수 있도록, 집단 내에서 하는 것이 좋다. 참여자들이 조사 기간 동안 그들의 기술들을 좀 더 다듬을 수 있도록 계속적인 자료의 수집과 분석을 할 수 있도록 한다.

참여전원평가는 짧은 기간 동안 마지막 결과들과 건의 사항의 정리까지를 포함하는 많은 결과를 얻을 수 있기 때문에 비용 면에서 매우 효과적인 접근 방법이다. 이는 마지막 결론에 이르기 전까지 자료를 분석하고 정리하는데 수개월이 걸렸던 많은 전통 야외 방법들에 비하여 장점이 많다.

참여전원평가에 대한 이런 다양한 점들은 민족전통식물학자들이 매우 광범위한 문화적 그리고 생태적 조건들에 쉽게 적응할 수 있도록 한다. 따라서 이 연구 방법은 자료 수집에 있어서 더 힘든 방법들에 대한 대안으로써, 사람들이 그들의 환경과 어떻게 상호 작용하는지를 문서화하는 좋은 방안이라 할 수 있다.

다른 나라들이나 다른 문화적인 배경에서 참여평가(參與評價)를 수행했던 연구자들의 경험을 토대로 신속한 민족전통식물학적 조사를 계획할 때 유의하여야 할 사항들을 아래와 같이 정리한다(Theis and Grady, 1991; World Resources Institute, 1991).

♣ **야외조사의 준비:** 조사 예정지, 그 지역민 그리고 조사 예정지의 보존 문제에 대한 일차적인 자료를 얻기 위하여 각종 지도들, 식물상, 동물상, 식생분석, 인구조사 통계, 산림 이용에 대한 보고와 같은 정보를 수집한다. 방문할 마을과 특정 지역을 선정할 때는 지도를 참고하는 것이 좋으며, 가능하면, 조사 예정지의 집단이나 인근 관공서 혹은 대학들에서 이러한 이차적인 정보를 수집할 때 조사 예정지의 지역민이 참여하는 것이 좋다.

♣ **다학문적 팀:** 먼저 조사예정지의 지역 언어에 친숙한 언어학자, 해당 지역의 식물상을 잘 아는 식물학자, 해당 지역의 환경에 대한 지역민의 관리와 분류에 대해 연구를 해본 인류학자 그리고 해당 지역에 대해 연구를 한 다른 연구자들과 접촉을 한다. 만약 이러한 전문가들이 야외조사에 참여하지 못한다면, 그들에게서 어떤 식물을 채집해야 하는지, 지역 언어를 어떻게 이해해야 하는지 그리고 지역민의 구성은 어떠한지 등에 대한 정보를 얻는 것이 좋다. 더 좋은 방안은 그들이 조사의 마지막 단계에서 참여하거나 혹은 야외조사가 끝난 이후 평가의 결과를 검토할 수 있는 것이다.

♣ **집단의 참여:** 첫 단계로 야외 조사를 출발하기 전에 지역 당국의 완전한 협력과 허가를 구하여야 한다. 그리고 평가 팀에서 같이 조사를 할 자원의 이용을 하고 있거나 자원 이용의 전문가인 지역민 다수를 소개받는다. 조사에 많은 가구들이 참여를 한다면, 그 지역민에게 평가의 목적들에 대한 전반적인 설명을 하여야 한다.

♣ **조사기법의 선택:** 여러 가지 기법을 탐색하는 것보다 평가에 필요한 정보를 줄 수 있는 방법에 집중하여야 한다. 특정 주제에 대해서 아주 자세하게 조사하는 것보다는 그 지역의 자원의 이용이나 혹은 생태적 지식을 조사할 수 있는 최소한의 자료를 수집한다. 분석 방법은 참여자 모두가 이해할 수 있어야 한다.

♣ **체계적인 일의 처리:** 평가는 보다 심도 있는 연구를 하기 원하는 사람들이 결과를 참고하여 더 나은 연구 결과들을 얻을 수 있도록 체계적으로 해야 한다. 이것에는 연구자가 방문했던 지역의 지도를 작성하는 것, 조사에 참여했던 지역의 모든 사람들의 이름을 기록하는 것, 조사 기간 중에 만났던 모든 생물 종류들을 가능하면 완전하게 동정하는 것 그리고 반구조식 면담을 기록 용지나 테이프에 기록하는 것 등을 포함한다. 조사지역에서 작성된 각종 도면, 도표, 그림 등과 함께 평가의 결론들도 지역민들을 포함한 다양한 범주의 사람들이 관람이 가능하도록 정리하여야 한다.

4. 장기 프로젝트의 계획

신속한 평가를 수행했다면, 좀 더 확실한 연구 방법을 적용할 수 있는 여러 주, 한 계절 혹은 여러 해 동안 계속 연구할 수 있다. 야외에서 장기간 연구는 지역민들과 함께 함으로써, 집단의 축제, 의식 그리고 계절에 따른 농사 활동 등과 같은 것을 포함하는 다양한 사회적 활동을 통해 생태학적인 지식을 기록하게 한다. 연구자가 선택한 특정 연구 기법이나 연구의 범위와 관계없이, 장기 집단 프로젝트에서 고려하여야 할 민족전통식물학적 자료들의 문서화에 필요한 최소한의 기준들이 있다(Martin, 1995).

♣ 연구에 제시되는 모든 표본들은 채집하고, 동정하여 표본관, 동물 박물관, 종자은행 혹은 동등한 기관에 보존해야 한다. 수집품들은 함께 조사한 생물학자들과 함께 준비한 기준들에 준하여 수집되어야 한다. 모든 표본은 학명, 채집 지역, 기재, 채집자 그리고 채집 번호 등을 기록한 분류 라벨을 붙인다.

♣ 지역의 모든 식물들은 파악되어야 함은 물론이고, 분포와 용도 그리고 관리 등에 대한 정보도 수집한다. 이러한 정보는 연구자가 조사하려고 하는 집단의 사회적 다양성 즉, 부자와 빈자, 청년과 노인, 남자와 여자 등을 대표하는 집단의 다수 구성원들과 토론을 통해 얻어야 한다. 나이, 교육 정도, 직업, 언어 능력 그리고 기타, 다른 개인적인 자료들은 프로젝트에 참여하는 각 지역민들을 위하여 기록하여야 한다.

♣ 지역 식물명 전체와 다른 중요한 어휘들은 널리 받아드려지는 음성 알파벳이나 혹은 그 지역의 쓰기 체계를 이용하여 정확하게 정리하여야 한다. 명칭들은 다른 연구자들이 기록의 정확성을 검토할 수 있기 때문에 현지의 여러 원주민들의 목소리로 테이프에 녹음하는 것이 좋다.

♣ 실험실이나 연구소에서 분석을 하려고 채취한 식물이나 포획한 동물은 증거 표본으로 잘 정리해 놓아야 한다. 분석을 위해 이용되는 재료들은 실험이 적절하게 수행될 수 있도록 실험 기준에 의해 준비되어야 한다.

♣ 자연 환경의 다양한 점들에 대한 지역의 인식과 분류는 식생 군집, 토양 형, 지리학적 표지, 기후대 그리고 계절 들을 포함하여 기록한다. 연구자가 자연 지역의 관리에 대하여 연구를 하려면, 토양 표본을 채취하고, 각기 다른 생태 지구의 종 다양성을 조사하며, 생태적 천이를 기록함으로써 환경의 물리적 관점과 생물학적 관점들을 더 자세히 기록할 수 있다.

♣ 생물학적 자원의 경제적 가치는 특히, 연구자가 토지 이용의 서로 다른 형태의 경제적인 이익을 비교할 계획이라면, 평가되어야 한다. 또한, 조사 대상지의 시장에서 판매되고 있는 동·식물 관련 산물의 유용성과 가격을 기록하고, 지역민들이 자원의 수확에 투자하는 시간을 조사하며, 지역민이 판매할 수 있는 상품의 운송비를 계산하여 기록하여야 한다.

5. 조사 예정지에 대한 설명

특정 지역에 장기 연구를 하려고 한다면, 지도들, 민속 기록물, 토지를 설명하는 지질학적 평가, 지역민 그리고 조사 예정지의 보존 상태 등과 같은 이차적인 정보를 충분하게 고려하여야 한다. 표 3.1은 이차적인 정보들에 대한 목록이다.

표 3.1 장기 연구를 위한 이차 정보

땅	지리학적 위치와 지도
	면적
	위도와 경도
	지질학적 정보
	고도
	주요 지리학적 이정표
	토양 형
	기후대와 계절
	식생 형과 천이 단계
	주민의 크기와 분포
	언어
	인종
	정착 역사

사람	사회적 주요 집단과 계급
	생산적인 활동
	생존용 작물과 상업용 작물
	토지 보유 체계
	이주률
보존 상태	보호 구역의 크기와 상태
	이동 수단의 기반 시설
	자연과 인간에 의한 질병
	식민지화
	농업
	벌목
	토지 이용의 대안
	자연 관광
	생물 채취

조사 예정지의 지리적인 위치는 나라, 주, 지방, 지방 자치단체 혹은 지역적으로 이용되는 정치적 지리적인 단위 등으로 명확하게 기록하여야 한다. 이 때 조사 지역의 면적을 킬로미터(km^2)로 나타내면 다른 지역과 비교하기도 쉬워진다. 그리고 위도와 경도를 적어주는 것은 다른 연구자들이 지형도에서 조사 지역을 쉽게 찾을 수 있도록 하는 배려이다. 땅의 지질학적 형성에 대한 역사도 지형도, 토양 형 그리고 지리적 이정표(분수령, 산맥 그리고 동굴 등) 등과 함께 기록한다. 기온과 강우량의 계절적 변화를 적시한 주요 기후대를 나누어 준다. 마지막으로 식물상과 동물상 그리고 땅을 덮고 있는 주요 식생 형(천이의 다양한 단계도 포함)들도 빠져서는 안 된다.

조사 예정지의 인구 크기를 언급하여야 하고 다음과 같은 질문에 답을 할 수 있는 지리적인 인구 분포에 대한 정보 또한 중요하다. 즉, "주요 거주지 형태는 무엇이며 주민들은 어디에 거주하는지?", "지역민 중 여성과 남성의 수는?", "가구 당 가족의 수는?" 그리고 고고학적인 자료와 역사학적인 자료의 확보가 가능하다면, "주민들은 언제 이주하여 얼마나 살아 왔는지?"도 조사하여 기록한다. 지역민이 사용하는 언어를 기록하는데, 여기에는 1개 언어를 사용하는 비율과 2개 언어를 사용하는 비율, 문맹 비율 그리고 교육 정도 등이 포함되어야 한다. 그리고 민족성을 기록하는데, 조사 지역의 지역민이 여러 인종으로 구성되어 있다면, 각 인종 당 정확한 사람 수는 기본적으로 포함하여야 한다.

다양한 소집단이 있다면, 그들 상호 간의 관계와 집단의 사회적 계층 정도를 파악하여야 한다. 지역민들의 생산 활동들을 열거하며, 남성과 여성, 노인과 젊은 사람 그리고 다른 사회적인 소집단 사이에 노동을 어떻게 분담시키는지에 대해 조사한다. 토지 소유권의 체계를 조사하는데 있어서는, 토지의 소유 형태가 어떻게 다양하게 나누어지는 지가 중요한 사항이다. 만약 조사 예정지의 사람들이 전입하고 전출한다면, 이주의 목적과 이유 그리고 이동수를 기록한다.

토지와 지역 주민들에 대한 조사가 끝나면, 조사 예정지의 보존 상태를 파악한다. 생물 보호구역, 국립공원, 지방 정부의 지정 공원이나 혹은 완충지역 같이 공식적으로 보호를 하는 지역의 수와 크기를 기록한다. 지역민에 의해서 유지되는 보호구역에 대한 전통적인 체계에 유의하여 조사한다. 보호 지역과 보호하지 않고 있는 지역의 현재 위협 요인들을 기록한다. 조사 예정지에 폭넓게 영향을 주는 화재, 홍수, 침식 그리고 장기 오염의 원인(비료, 농약 그리고 산성비)과 같은 자연적 혹은 인위적인 위협에 대해서 기록한다. 도로와 활주로 같은 이동 수단의 기반 시설과 또 이런 시설들이 자연 지역에 쉽게 접근하는데 어떻게 영향을 주는지에 대하여 기록한다. 인구 동향, 자연자원 그리고 식생에 대한 이의 영향을 조사한다. 즉, 다른 지역으로부터 사람들이 이주해오거나 정착해오면서 넓은 의미의 식민지화가 되었는지? 1차림을 파괴하는 정착민은 있는지? 생존과 상업적인 농업을 위해서 야기되는 생태학적 파괴도 조사하여야하는데, 축산, 재배지역에서 수출 곡물의 재배 그리고 윤작 등과 같이 식생을 파괴하는 결과를 초래하는 활동들에는 특히, 유의를 해야 한다. 벌목 지역은 한계를 정확하게 표시하고 벌목되는 식물을 파악해야 한다. 벌목량을 조사하고 목재 특히, 지역민 집단을 위한 제재소, 사적인 제재소 그리고 경재와 같은 값있는 목재를 무역하는 국제적인 무역업자 등이 필요로 하는 목재를 가공하고 목재로부터 이익을 창출하는 사람을 파악한다. 광산이나 수력발전과 같은 토지 이용과 관련된 활동들을 기록한다. 여행자들이 방문하는 지역에서 조사 활동을 할 때, 여행객의 수와 이들에 의해서 발생될 환경의 영향을 기록한다. 만약, 조사 예정지에서 채취된 비목재 임산물이 있다면, 채취하는 사람(지역주민, 과학적 탐사대, 애호가, 상업적 기업인) 등을 기록하며, 채취되는 종류와 정확한 양을 기록한다. 가능하다면, 합법적으로 행하는 것인지도 조사한다.

6. 민족전통식물학적 자료

(1) 민족전통식물학적 데이터란 무엇인가?

민족전통식물학자들이 데이터(data)라고 말하는 것들은 통상, 지역민이 자연환경과 어떻게 상호 작용하는지에 대한 광범위한 자료들을 말한다. 자료들은 다양한 형태를 가진다. 즉, 수집된 동·식물, 녹음된 면담 자료, 실험실 분석, 사진 그리고 시장 조사 등 매우 다양하다. 데이터 세트(data set)는 체계적인 방법으로 수집된 정보의 수집물이다. 즉, 집단의 여러 구성원들로부터 파악한 해당 지역의 모든 땔감의 목록, 선정된 약용 식물의 화학적인 분석을 통한 검색의 결과 혹은 단위 면적당 교목의 수 등과 같은 목록들이 그 예이다. 연구자들은 최우선적으로 데이터 세트를 정리하기 전에 관심을 갖고 있는 주제나 혹은 영역(domain)을 결정한다. 예를 들면, 위장병에 이용되는 모든 식물들, 식용 곤충 그리고 사람들이 지역의 토양을 설명할 때 이용하는 범주들 등과 같이 연구를 하기 위하여 특정 영역을 한정할 수 있다.

명확한 방법론을 이용한 체계적인 방법으로 데이터 세트를 수집함으로써, 연구자들은 그들이 어떻게 그들의 결론들에 도달했는지를 그들의 동료들에게 보여줄 수 있다. 또한, 다른 연구자들은 이러한 데이터 세트를 재분석할 수도 있고, 그들이 동일한 결과를 얻었다는 사실을 보여주기 위하여 다른 지역에서 비슷한 데이터를 수집할 수도 있다. 그러므로 연구자들은 그들이 관찰한 내용이 하나의 집단을 위해서 혹은 모든 전통 농부들 더 나아가 세계의 모든 사람들에게 적용될 수 있다는 것을 유념하여야 한다.

(2) 데이터 세트의 정리

민족전통식물학적인 데이터 세트의 완벽한 정리는 불가능하다. 즉, 한 집단이나 지역에 있는 동·식물을 모두 수집하려면, 야외에서 가능하면 조사 대상지에 거주하는 남녀노소 모두에게 그들이 이용하는 모든 생물체의 용도와 이름은 물론이고, 그들이 각 종류들을 어떻게 처리하여 이용하는지를 물어 보아야 할 것이며, 연구자가 지역민들이 자연 환경에 대하여 무엇을 알고 있는지를 파악할 수 있는 전설, 신화 혹은 토론뿐만 아니라 조사되는 모든 생물체의 민속 명칭을 분석하여 학명을 찾아야 할 것이다. 그리고 모든 식용식물들은 실험실에서 분석하여야 할 것이다. 동물 집단에 대해서는 사냥의 영향에 대해서 조사를 해야 하며, 채취가 식물자원에 미치는 영향을 조사하는 데에는 또 다른 생태학적인 방법을 이용할 수도 있다. 결국, 이러한 과정은 집단의 구성원들에게 부담으로 작용함으로써, 민족전통식물학자들이 투자하고자 하는 것보다 더 많은 시간과 돈이 투자되어야 할 것이다.

그러면 정확한 연구 결과를 얻으면서 연구자들의 부담을 줄이는 방법은 무엇인가? 첫째, 연구자들은 연구의 한계를 주의 깊게 결정하여야 한다. 그 다음, 적용할 기법들과 프로젝트에 참여할 사람들을 선택한다. 만약 연구자가 한 마을에서 땔감용으로 채취하는 식물을 파악한다고 가정하면, 연구자는 초본, 양치식물, 덩굴식물 그리고 다른 연구를 위해 필요한 식물들은 제외하고 오로지 교목과 관목들만을 수집해야 할 것이다. 그리고 연구자가 여성과 어린이들만이 땔감을 모우는 지를 알고 싶다면, 연구자는 집단의 구성원들 중에서 조사에 필요한 사람들만 선정하여 질문을 해야 할 것이며, 소수의 식물만을 알아내면 될 것이다. 그리고 실험실에서는 각 종류의 땔감들에서 얼마나 많은 열량이 방출되는지에 대한 것만을 알아내면 된다. 이때, 만약 수집된 땔감이 생체이라면, 먼저 건조시킨 후 열량을 조사해야 될 것이다. 이러한 일들은 시간 소모가 심한 연구로써 이제는 더 이상 민족전통식물학적 조사에서는 하지 않는다.

데이터 세트의 정리에 또 다른 중요한 단계는 환경에 대한 관리와 지역의 지식 정도를 어떻게 파악하여 구별해야 할지를 결정하는 것이다. 범주화(類別, categorization)란 토양형과 식물의 생활형 같이 특정 자료를 다른 부류의 군들로 나누는 것을 말한다. 민족전통식물학 연구에서는 사람들이 그들 자신의 눈을 통하여 사물을 인식하는 방법과 그들 자신의 언어로 사물을 분류하는 방법에서 추론되는 에믹 범주(emic category)들을 사용함으로써, 자료들을 수집하는 것을 선호한다. 예를 들면, 약용식물에 대하여 사람들과 면담할 때, 서양의학의 관점에서 건강의 상태를 설명하는 것보다 질병의 징후나 지역의 질병 명을 언급하는 것이 훨씬 좋다.

때로는 연구자들이 연구자 자신이 인식하고 분류하는 방법인 에틱 범주(etic category)를 이용할 수도 있다. 예를 들면, 민족전통식물학자들은 유용식물들을 식용, 약용, 연료용 그리고 건축용 등으로 나누지만, 그들이 조사를 하는 지역민들은 이와 같이 나누지 않을 수도 있다. 만약 연구자가 에틱 범주를 이용해야만 한다면, 연구에 참여하는 모든 사람들이 직감적으로 알 수 있는 간단한 부류들을 선택해야 할 것이다. 그리고 지역민들이 범주들을 수정할 수 있도록 해야 하며, 필요하다면 새로운 부류를 추가해야 한다. 결국, 연구자는 지역민들의 인식과 분류에 대한 충분한 이해가 없이 자신의 방식대로 지역민들의 지식을 정리하지 않아야 한다.

측정 단위(unit of measure)란 일상생활에서 친숙한 개념으로 관찰한 것을 정량할 수 있게 하는 것이다. 즉, 사람의 나이를 지칭하는 '살', 산의 높이를 지칭할 때 사용하는 '미터' 그리고 몸무게를 잴 때 사용하는 '킬로그램' 등을 말한다. 연구에서 단위를 선택할 때에는 항상 통상적인 예를 따르나 정확한 결과를 얻기 위해서는 관습이나 상대적인 필요성을 감안하기도 하여야 한다. 실제로 야외 조사에서는 지역민이나 연구의 참여자가 익숙하게 사용하는 기법이나 단위를 사용하여야 보다 정확한 측정을 할 수 있다. 이렇게 측정된 자료들은 후일 다른 연구들과 비교를 할 수 있도록 국제적으로 통용되는 단위로 환산하여 정리한다.

그러므로 무엇이든지 측정하기 이전에 연구자가 연구 전 과정을 통하여 동일한 단위, 기법 그리고 척도를 일관되게 사용해야 만이 정확한 결과를 얻을 수 있다. 세밀한 측정은 언제든지 전체적 자료에 합쳐질 수 있지만, 폭넓은 측정은 세밀한 자료로 나눌 수 없다는 점을 유의하여야 한다. 예를 들면, 연구자가 나무의 직경을 밀리미터 단위까지 측정할 수 있다면, 연구자는 나무의 직경 크기를 10-15cm, 15-20cm로 나누어 정리할 수 있다. 그렇지만, 연구자가 폭넓게 측정하였다면, 연구자는 특정 나무의 평균 직경을 계산하는 것과 같은 나무의 정확한 직경에 근거한 정확한 계산을 결코 할 수 없을 것이다.

(3) 자료의 체계화

야외 조사를 진행하다 보면 즉, 수집 노트와 필사본의 정보, 면담 기록, 분류 작업의 결과, 동료 식물학자가 보내온 식물 동정 자료 그리고 민족전통 약학자가 분석한 실험실 자료 등과 같이 다양한 형태의 자료를 모으게 된다. 자료들이 모아진 다음은 자료들로부터 연구자가 찾고자 하는 답을 얻고, 다른 연구자들의 결과와 비교를 하기 위해서는 자료들을 체계화해야 한다.

이 때, 많은 연구자들은 비교해 볼 수 있는 기록 카드 그리고 참조표시 등이 있는 카드식 목록을 사용한다. 예를 들면, 생물 종에 따라 체계화된 카드식 목록에서는, 서로 다른 동물과 식물마다 각각 한 장씩의 기록 카드를 만들고 알파벳 순서로 정리한다. 종에 대한 모든 정보 즉, 표본 채집 번호, 지역 명칭, 용도 등은 카드에 일목요연하게 정리해 놓는다. 이런 카드 목록은 연구자가 지역의 모든 참여자들이 동일한 방법으로 부르고 이용하는 종류를 알 수 있게 해 준다.

민족전통식물학자가 지역 명칭이 하나의 생물 종과 일치하는지를 알기 원하거나 혹은 어떤 식물이 피부 질병에 이용할 수 있는지 알기를 원한다면, 지역 명칭에 의해서 정리된 것과 용도에 의해서 정리된 것과 같은 부가적인 카드 목록을 만들어야 하고, 각각의 카드 목록은 다른 카드 목록에 교차로 인용되어야 한다. 카드 목록의 예가 아래에 있다.

Tzeltal 민족전통식물학에 대한 카드 목록

1960년대 인류학자인 Brent Berlin과 식물학자인 Dennis Breedlove와 Peter Raven은 멕시코의 남부 주인 Chiapa에서 여러 해 동안 야외 조사를 하여 10,000여 점에 달하는 식물을 채집하는 것은 물론이고 Chiapa의 고산 지대에서 마야어를 사용하는 Tzeltal인에게서 수많은 민속 식물학적인 자료들을 발굴해 냈다.

"Tzeltal인들에 의한 식물 분류의 원리(Principles of Tzeltal Plant classification)"이라는 그들의 논문에는 식물학적인 자료, 언어학적인 자료 그리고 민족서지학적인 자료 등을 함께 카드목록을 이용하여 기록한 것을 보여 준다(Berlin *et al.*, 1974).

"연구의 초기부터 Tzeltal 수집 목록을 만들었는데, 목록들은 Tzeltal 수집 노트에서 도출하여 만들었으며, 알파벳 순서로 정리하였다. 4 × 6 인치 크기 노트들로 만들어진 수집 목록에는 Tzeltal로부터 수집한 식물들의 번호와 이를 알려준 정보 제공자의 식별 번호가 정리하였다. 8.5 × 11 인치 종이로 들어진 부본 목록은 유용할 것 같은 식물학적 특징들을 포함하였다."

Berlin과 그의 동료들이 이용하였던 예는 지역 명칭을 기준으로 정리된 카드로서 표 3.2에 예시되어 있다. 이 카드에는 Tzeltal 명칭, 수집 번호, 수집과 식물학적 결정을 제공한 정보 제공자의 번호 등이 기록 되어 있다.

표 3.2 멕시코 Chiapa의 야외 조사에서 Berlin과 그 동료들이 사용한 Tzeltal인의 민족전통식물학에 대한 카드 목록 중 한 카드의 예

Tzeltal 명	수집 번호	정보 제공자의 수	식물학적 결정
	204	8	*Rapanea myricoides*
	499	8, 53, 54, 55	*Rapanea myricoides*
	587	8, 56	*Rapanea myricoides*

'ac'am te'	6876	2	*Myrica cerifera*
	6954	3	*Rapanea juergensenii*
	7032	1, 2A, 3	*Rapanea myricoides*
	7393	1, 2, 6, 7	*Rapanea myricoides*
	7755	1, 2, 6, 7	*Rapanea myricoides*
	8853	8, 9	*Rapanea myricoides*
	9321	1	*Rapanea myricoides*
	9657	8	*Rapanea myricoides*
	10824	1, 2, 8	*Rapanea myricoides*
	12477	1, 20, 21, 22	*Rapanea myricoides*
	14093	2	*Rapanea juergensenii*
	14121	2	*Rapanea juergensenii*

이 연구자들은 민속 분류에 대한 카드 목록과 Tzeltal인들이 어떻게 식물을 이용하는지에 대한 목록을 교차 인용하였다. 즉, "수집 목록과 교차 색인 목록에 더하여, 여러 성보 세공자들을 위하여 용도에 관힌 목록올 만들었다. 자료의 Tzeltal 식물명 카드에는 그 식물의 이용에 관한 정보를 포함하고 있다. 예를 들면, 약용식물이 있다면, 어떤 질병을 치료하는지? 치료하는 데에 식물의 어느 부위를 이용하는지? 그 식물이 어떤 장소에서 자라는지? 이용할 수 있는 때는 연중 언제인지? 와 같은 정보들이 들어 있다."

다양한 형태의 자료들을 면밀하게 비교함으로써, Berlin은 마침내 Tzeltal 식물 분류의 구조를 파악하게 되었다.

(4) 데이터베이스의 구조

컴퓨터는 데이터의 체계화에 혁명을 가져왔다. 데이터베이스에 일단의 정보를 넣은 다음, 연구자는 순식간에 데이터를 그가 원하는 다양한 순서로 정리하고, 교차 색인을 만들 수 있다. 컴퓨터의 또 다른 장점은 데이터를 통계분석이 용이한 형태로 체계화할 수 있다는 것이다.

컴퓨터를 사용하지 않더라도 데이터베이스를 이용하는 사람들과 같은 방법으로 데이터를 체계화하는 것이 효율적이다. 데이터베이스를 만드는데 있어서 첫 단계는 분야(field)를 확정하는 것이다. 분야는 연구자가 설명하려고 하는 사람들, 식물들, 생태 지구 그리고 이외에 연구하고자 하는 것들이 해당된다. 예를 들면, 연구자의 연구에 참여하는 지역민에 대한 데이터 세트에서 데이터베이스를 만든다면, 분야는 나이, 성, 기혼 여부 등이 될 것이다. 식물 수집에 대한 데이터세트에서는 분야를 수집 번호, 지역 식물 명칭, 학명 등이 될 것이다. 모든 분야는 데이터베이스의 구조(structure)라 한다. 각각 분리된 사람이나 혹은 주제에 대해서 수집된 데이터는 기록번호(record)를 구성한다.

표 3.3을 보면, 분야의 명칭은 기록표의 상부를 위치하고 각각의 줄에는 데이터가 있고, 각각 열은 분리된 데이터의 기록이며, 표의 오른쪽 여백 부분은 분야와 기록에 일치하는 특정 데이터의 측정값(value)을 넣는다.

표 3.3 프로젝트 참여자의 데이터베이스에서 기록번호, 분야 그리고 측정값을 보여주는 데이터 세트

<table>
<tr><th colspan="7">분 야</th></tr>
<tr><td rowspan="9">기록번호</td><td></td><td>이름</td><td>나이</td><td>성별</td><td>기혼 여부</td><td rowspan="9">측정값</td></tr>
<tr><td>1</td><td>Jack Smith</td><td>45</td><td>남</td><td>기혼</td></tr>
<tr><td>2</td><td>Clare Smith</td><td>42</td><td>여</td><td>기혼</td></tr>
<tr><td>3</td><td>Helen Jacobs</td><td>53</td><td>여</td><td>미혼</td></tr>
<tr><td>4</td><td>Roger Good</td><td>35</td><td>남</td><td>기혼</td></tr>
<tr><td>5</td><td>Janet Good</td><td>36</td><td>여</td><td>기혼</td></tr>
<tr><td>.</td><td>.</td><td>.</td><td>.</td><td>.</td></tr>
<tr><td>.</td><td>.</td><td>.</td><td>.</td><td>.</td></tr>
<tr><td>.</td><td>.</td><td>.</td><td>.</td><td>.</td></tr>
</table>

이러한 표로부터 카드목록을 만들 수 있다. 각각의 분리된 카드는 각각 다른 기록번호와 일치시키고 각 카드의 특정 공간에 측정 분야를 넣는다. 그림 3.3a와 같이 실제 카드를 만들어 보면 쉽게 이해가 된다. 다음은 이 카드를 이용하여 그림 3.3b와 같이 기록 번호에 따른 내용을 적는다.

카 드	
이 름	
나 이	성 별
기혼여부	기타

(A)

기록번호 #1	
Jack Smith	
45	남
기혼	기타

(B)

그림 3.3 (A) 데이터 영역을 표시된 카드의 예, (B) 기록번호 1번의 측정값을 보여주는 카드.

연구자가 컴퓨터로 정리된 데이터베이스 또는 손으로 적은 카드를 이용할 때에는, 데이터 입력을 시작하기 전에 분야의 설정, 기록번호의 선택 그리고 측정값을 정확하게 적어 넣을 수 있는 방법 등에 대해 주의 깊게 계획하여야 한다. 프로젝트 전 과정을 통하여 이용될 수 있는 가장 간편한 구조를 갖추도록 한다. 만약 연구자가 프로젝트 중간에 바꾸어야 할 상황이 생긴다면, 연구자는 많은 시간을 들여서 복잡한 과정을 거쳐 기록된 모든 데이터를 교정하여야만 한다.

많은 연구자들이 야외 조사에서 반복되는 같은 정보에 피곤함을 느껴 데이터를 기록할 때 약호, 암호 그리고 동정번호 등을 사용한다. 질병의 증상에 대한 분야에서 예를 들면, 기침은 '기', 목감기는 '목' 등으로 기록할 수 있다. Juan Pérez는 정보 제공자 번호 '415'로 바꾸고 그의 아내를 '416'으로 한다. 생태학적 천이 단계를 약호로 표기할 때, 폐경지는 'ESS1'으로, 잡목지는 'ESS2'로 한다.

이러한 작업은 시간은 절약할 수 있을지 모르지만, 데이터의 기록 시 많은 오류를 범할 수 있다. 약호화된 데이터에서의 오류는 데이터의 양이 많아질 경우 추적하기가 매우 어렵다. 연구자가 야외 노트나 카드 목록에서 남성과 여성의 목록을 만든다고 가정했을 때, 남성의 목록 중에서 Magarita Pérez를 찾는다면, 연구자는 오류로 인식할 수 있다. 그리고 정보제공자 '416'을 찾았다면, 이 사람이 남성인지 여성인지 구별하기 어려울 것이다.

만약 약호를 이용하고 싶다면, 참고문헌을 통해 다른 민족전통식물학자들이 이용하였던 것을 이용하는 것이 좋다. 예를 들면, 특정 지역의 식물상을 조사할 때에는 미국 식물학자인 W. A. Weber가 식물학 잡지인 Taxon에 발표한 3글자 약호를 이용하는 것이 좋다(Weber, 1982). 이 약호들은 식물 과명으로부터 만들어졌기 때문에 연구자들이 기억을 되살리는데 많은 도움을 줄 것이다. 예를 들면, 'AST'는 Asteraceae (국화과), 'POA'는 Poaceae(벼과) 등이다.

(5) 자료 보호

많은 민족전통식물학자들은 데이터를 잃어버린 경험을 가지고 있을 것이다. 열대 지방에서는 주의 깊게 만든 식물 표본이 변할 수 있고, 현지 경찰에게 야외 노트를 압수당할 수도 있으며, 조사된 정보를 컴퓨터에 주의 깊게 입력했지만 지워질 수도 있다. 또한, 시간이 지나면서 변하는 데이터도 있다. 즉, 사진이 변하거나 곤충에 의해 증거 표본이 상하고 질이 안 좋은 잉크나 종이를 사용했을 경우 정리해 놓은 기록이 사라질 수도 있다.

그러면 어떻게 자료를 보호할 것인가? 각종 자료를 보호하려면 반드시 지켜야 할 사항들이 있다. 새로운 사진 필름, 무산지 그리고 지워지지 않는 잉크와 같은 품질이 좋은 사무용품을 사용하여야 한다. 자료를 빛, 습기, 곤충 등 기타 자료를 상하게 하는 것들로부터 보호해야 한다. 그리고 잉여 증거표본을 만들고, 야외노트는 복사해 놓으며, 컴퓨터 디스켓은 복사해 놓아야 하고 슬라이드도 부본을 만들어 놓는다. 더 나아가서는 부본들은 다른 장소에 보관하는 것이 좋다.

연구자는 결코 쉬운 일은 아니지만, 자신의 자료가 다른 사람들에 의해서 이용되는 것을 막아야 한다. 연구자는 자신의 원래 아이디어나 자료가 자신이 발표하기도 전에 다른 사람들에 의해서 발표되는 위험에 항상 노출되어 있다. 이러한 가능성으로부터 벗어나는 가장 좋은 방법은 자신의 연구를 학술 잡지, 저서, 자신이 일을 하는 연구소나 비영리 단체의 보고서 등에 발표를 빨리 하는 것이다.

그러나 이렇게 공적으로 연구 결과를 발표함으로써 이차적인 위험에 노출될 수 있음을 알아야 한다. 즉, 연구자의 연구 결과가 특정 개인의 이익을 위해 이용될 수 있고, 조사 지역민을 어렵게 하는 결과를 낳을 수 있으며, 조사지역의 야생세계를 파괴할 수도 있다. 연구에 참여한 집단의 동의 없이 상업적인 목적을 위해 연구 자료들을 이용하는 사람들을 막을 수 있는 효과적인 몇 가지 방법이 있다.

민족전통식물학자들 사이에 지적재산권(Intellectual Property Rights: IPR)에 대한 논의가 활발하게 진행되어 왔다. 그 결과 개인적으로나 혹은 단체들에 의해서 제안된 지침들이 만들어지기도 하였지만, 우선적으로 누가 연구에 대해 관심을 가지고 있는지 그리고 그들이 연구 결과의 어떤 부분에 흥미를 가지고 있는지를 파악하고 있어야 한다. 그리고 개인적으로나 공적으로 연구의 결과들을 연구자에게 개방하지 않는 연구 기관이나 실험실과 함께 일을 할 것인지 아니면 하지 않을 것인지를 결정하는 것도 매우 중요한 일이다. 연구 결과의 상업적인 이용과 연구에 대한 윤리적인 지침을 만들고 따르도록 해야 한다. 마지막으로, 지역민들 스스로 연구를 수행할 수 있도록 지역의 능력을 배양하는데 노력하여야 하고, 연구 결과들이 조사를 하는 지역의 보호와 그곳에 거주하는 집단의 발전에 기여할 수 있도록 노력해야 한다.

(6) 자료의 분석

바람직한 것은 야외에서 조사를 하는 동안 자료에 대한 기본적인 분석을 하는 것이 좋다. 이것은 오랜 시간이 지나기 전에 연구자가 묻고자 하는 질문을 적절한 방법으로 묻고 있는지 그리고 측정 단위는 적절한 것인지를 파악하는데 가장 좋기 때문이다. 연구과정 동안 연구자는 자료의 수집에 사용하는 자신의 방법을 보다 더 효율적으로 어떻게 수정할 것인지 혹은 분석에서 보다 더 효율적인 새로운 방법은 없는지에 대한 질문들을 끊임없이 하여야 한다. 이러한 유연성은 자료를 보다 체계적으로 정리할 수 있게 하는 바람직한 태도이다.

분석은 가능하면 전체 데이터 세트에 유효한 방법으로 하는 것이 좋다. 민족전통식물학에서 가장 성공적인 분석은 채집된 표본들이나 밝혀진 범주들의 전체에 적용되는 생물학적인 자원들의 분류나 혹은 용도를 잘 이해할 수 있도록 도와주는 것이다. 예를 들어, 특정 마을에서 여성이 남성에 비해 약용식물을 더 많이 알고 있다는 것에 대해서 연구를 하고, 여성들이 중요한 약용식물 20 종류 중 15개에 대해서 더 많은 지식을 가지고 있다는 것을 파악했다면, 연구자는 다른 5 종류는 왜 연구자의 예상을 벗어났는지 그 이유를 설명하여야 한다. 연구자가 자신의 자료에 좀 더 집중하고 정밀한 분석을 하려면 연구자가 가지고 있던 원래의 생각을 수정하고, 검정하며, 재평가를 거듭하여야 한다.

분석을 하는데 중요한 기법은 정량적인 연구 결과를 해석하고 요약하는 수학적 방법인 통계학이다(Hayslett, 1968; Kachigan, 1986). 민족전통식물학에서는 주로, 위장병에 카모밀(chamomile)차를 이용하는 12명의 정보 제공자들 중 9명, 땔감으로 참나무를 사용하는 가정은 93% 그리고 면담에 응한 사람들의 평균 나이는 42.3세 등과 같이 자료의 성향을 나타내는 기술통계학(記述統計學, descriptive statistics)을 많이 이용한다.

추리통계학(推理統計學, inferential statistics)이라고 부르는 좀 더 복잡한 통계학은 기술통계학에서 얻는 결과보다 더 깊이 분석된 결과를 얻을 수 있다. 추리 분석은 임의 집단에서 일정한 표본을 추출하여 분석함으로써, 전체에 대한 정보를 얻기 때문에 추론을 잘 해야 한다. 예를 들면, 500명의 집단에서 50명만 면담을 하고, 이를 분석하여 얻은 결과를 나머지 450명에게도 동일한 질문을 하여 얻은 결과로 평가를 한다. 민족전통식물학에서 가장 널리 쓰이는 통계학적인 방법들은 x^2 검정, 분산 분석, 상관관계 그리고 회귀분석 등이다. 이런 통계학적인 방법을 사용하려면 수학에 대한 공부를 많이 하거나 혹은 컴퓨터를 이용하여야 한다. 민족전통식물학자는 이들의 수학적인 공식이 어떻게 유도되는지에 대한 것을 알 필요는 없지만, 어떤 때에 이런 방법들을 적용하는 지와 얻어진 결과를 이해하고 자신의 결론을 다른 사람들에게 설명을 할 수 있어야 한다. 그러므로 통계학에 자신이 없는 사람이 추리통계학적인 방법을 이용하려면, 확률에 대한 설명과 이에 대한 다양한 기법들에 대한 설명이 있는 개론서를 참고하여야 한다.

(7) 자료의 제시

과학적인 저술과 공적인 발표는 그 자체로써 하나의 예술이다. 많은 학문들에서는 다양한 학문적 배경을 가진 동료 학자들이 이해를 잘 할 수 있는 기술적인 방법으로 소통을 하고 있고, 또 분야별로 특화된 어휘들도 소속된 연구자들 모두에 이미 친숙한 것들이다.

연구자가 자신의 결론을 광범위한 부류의 사람들에게 설명을 한다면, 자신만의 학문 분야에서 사용되는 복잡한 방법으로 서술을 하거나 설명을 해서는 안 된다. 민족전통식물학자의 경우, 학문적인 세계에서는 자신의 아이디어를 언어학자, 인류학자, 화학자, 식물학자 드리고 다른 많은 동료들에게 설명해야 한다. 그러나 학문 밖으로는 정부 당국자, 개발 전문가에게도 자신의 생각을 전해야 하고 특히, 자신들의 연구 결과들에 의한 기여가 조사 대상지의 지역민에게 돌아갈 수 있도록 해야 한다. 때문에 민족전통식물학자가 정확하고 이해가 용이한 방법으로 설명할 수 없다면, 자신의 생각을 실천에 옮기기 쉽지 않을 것이다.

어떻게 자신의 아이디어를 간단하고 정확한 방법으로 전달할 것인가? 여기에는 멕시코와 미국의 남서부 지방에서 활동한 민족전통식물학자인 Gary Nabhan과 같은 자연사에 대한 저술가들의 저술들을 읽고 실제로 배울 수 있는 다양한 과학적 서술 기법들이 있다(Nabhan, 1985, 1989). 즉, 가능한 한 형용사를 축약하거나 쓰지 않고 간결한 문장을 만들어야 한다. 특수 용어와 약어 같은 것은 되도록이면 피한다. 만약 사용하여야 한다면, 처음 사용할 때 간단하게 설명을 해주어야 한다. 서술을 할 때에는 자신의 동료나 친구들에게 하듯이 대화체로 한다. 이 때, 분명히 알아야 할 사항은 결과들을 쉽게 설명하여 여러 사람들이 그것을 이해하는 것은 자신의 과학적인 성과가 줄어드는 것이 아니라는 사실이다. 목표는 기본적인 자료를 준비하여 일반인들에게 쉽게 설명하는 것과 동료들의 요구 사항을 분석하는 것이다.

명확한 서술의 열쇠는 교정이다. 초안을 준비하고 계속하여 교정을 하여야 한다. 특히, 초안에 대한 동료나 친구의 조언을 참조해 여러 번 첨삭한다. 소리 내어서 읽고 어떻게 읽어지는지 듣는다. 그리고나서 하루나 이틀 후 다시 반복하여 작업을 한다. 이러한 과정을 거치면, 초안에 새로운 구절이 들어가기도 하고 있던 구문이 지워지기도 하면서 많은 수정이 가해질 것이다. 그리고나서 두 번째 원고는 보다 깔끔해 질 것이며, 마지막 수정을 더하면 잘 만들어진 원고가 될 것이다.

7. 시각적 도움

자신의 프로젝트를 지면이나 구두로 발표할 때, 다른 사람들이 쉽게 이해할 수 있도록 하는 방법들을 생각해보자.

♣ 사진: 꽃을 접사하여 찍은 사진이나 혹은 전경을 광각(廣角) 렌즈로 찍은 사진은 복잡한 개념을 우리에게 한눈에 전해줄 것이다. 명확한 사진은 상이 뚜렷한 흑백과 중간 회색 색조로 처리된 높은 대조(對照) 때문이다. 사진은 인화지를 광택이 나는 종이를 사용하는 것이 좋고, 사진의 내용을 개략적으로 설명하는 간결한 제목을 넣는다. 칼라 슬라이드는 구두 발표의 성과를 높이지만, 출판할 때에는 흑백 판을 사용할 수 있다. 하지만, 슬라이드와 흑백 인쇄는 연구자가 언제 어디서 사진을 찍던지 그 가치를 더 할 것이다. 야외에서 일부 민족전통식물학자들은 그들이 찍은 필름들을 정확하게 기록한다. 그들은 각 사진의 주제와 지역, 서식지 그리고 고도 등과 같은 적절한 특징들을 기록한다. 조사지역에서 여러 대의 카메라가 이용되면 한대의 카메라를 지정하여 조사 이후에 그 필름을 공적인 발표에 이용할 수 있고 또 출판도 될 수 있도록 조처를 한다. 칼라 슬라이드나 사진용 필름이 현상된 다음에는 각각 프레임이나 보관 철에 적당한 번호와 기록지를 붙여 나중에 식별이 용이하도록 한다. 이와 같이 철저하게 기록하고

정리를 한 사진들은 지역의 문화나 자연 식생의 변화에 대한 대단히 중요한 시각적 기록이 될 것이다.

♣ **그림**: 손으로 그리든지 컴퓨터를 이용하여 그린 그림은 가장 두드러진 특징을 돋보이게 하여, 간명하게 보여주거나 혹은 연구자가 독자들이 관찰하기 원하는 바를 강조할 수 있다. 꽃의 스냅 사진 대신에 연구자는 잎, 꽃, 열매 그리고 식물의 서식지 등에 대한 것에 대해서 가장 중요한 특징들만 선 그림으로 나타낼 수 있다. 산의 경사 그림에는 고도에 따른 식생의 변화와 농경 지구 등을 생태학적인 측면도로 보여줄 수 있다.

♣ **표**: 표는 비교 자료 또는 관련된 범주들을 비교할 수 있도록 열과 줄로 자료들을 나타낸다.

♣ **도표**: 도표는 한 범주에 있는 양, 시간 혹은 구성원 등과 같은 자료들을 2차원으로 연관시킨다. 여러 형태의 도표들은 정해진 시간에 한곳만을 보여주는 스냅 사진같이 정적이다.

♣ **막대 도표**: 막대 도표는 한 집단에서 다양한 연령층의 다수의 사람들이나 혹은 다양한 용도 범위를 갖고 있는 다수의 식물들과 같이 연관된 여러 범주들이나 목표들을 통일된 단위의 양으로 비교를 하게 한다. 각 막대의 높이나 넓이가 도표의 밑이나 옆에 있는 눈금의 양을 가리킨다.

♣ **파이 도표**: 파이 도표는 말 그대로 둥근 파이를 다양한 크기로 나누어서 나타내므로 붙여진 이름이다. 각 조각은 특정 범주의 상대적인 양이나 비율을 다른 것과 비교하여 나타내게 된다.

♣ **선 도표**: 선 도표는 하나의 변수가 다른 것과 연관되어 어떻게 변화되는지를 이해할 수 있게 한다. 예를 들면, 사람이 알고 있는 식물명의 수는 그들이 학교에서 몇 년을 배웠는지와 연관이 있다는 사실을 나타낼 때 이용할 수 있다. 다양한 형태의 도표와 표들을 이용하는 예가 아래에 있다.

▣ 표와 도표를 이용한 자료 제시 ▣

자메이카의 한 집단인 3명 즉, (A) John Hilton, (B) Mary Jacobs 그리고 (C) Phillip Hodge는 지역의 식물상을 조사하기 위하여 지역 당국에 의해서 선발된 사람들이다. 적절한 훈련과정을 거치고, 식물 압착기, 건조기 등 식물 채집을 위한 도구들을 가지고 3명이 동시에 식물을 채집하기 시작하였다.

이들의 작업 진행을 점검하기 위하여, 집단의 고문은 표 3.4에서 볼 수 있는 바와 같이 각 채집자들에 의해서 채집되는 채집물의 수를 기록하는 표를 만들었다. 표는 4줄로 구성되어 있으며 왼쪽의 1개월부터 12개월까지를 나타내는 '개월 수'를 나머지 3줄은 채집자들이다. 표의 위에는 표에서 보여주고자 하는 것을 설명하는 제목이 있다. 각 개월 말에는 3명의 채집자들에 의해서 채집된 채집물의 누계를 기록하였다.

표 3.4 12개월 동안 3명의 채집자들로부터 채집된 채집물의 누계

개월 수	John Hilton	Mary Jacobs	Phillip Hodges
1	120	25	5
2	250	60	15
3	420	130	35
4	600	210	70
5	700	310	120
6	750	410	180
7	775	500	240
8	788	580	320
9	794	650	425
10	797	710	540
11	799	760	680
12	800	800	800

그런데 고문은 지역 당국과 집단에 연구비를 대주는 비영리 단체에 3개월에 한번 씩 보고를 해야 하므로 그림 3.4와 같이 채집자들의 성

과를 비교하는 막대 도표를 만들었다. 표와 그림에서 볼 수 있는 것은 John Hilton의 경우 프로젝트가 시작되고 난 후 6개월 동안 가장 많은 채집을 하였으나 연말에는 모든 채집자가 동일한 양을 채집하였다는 사실이다.

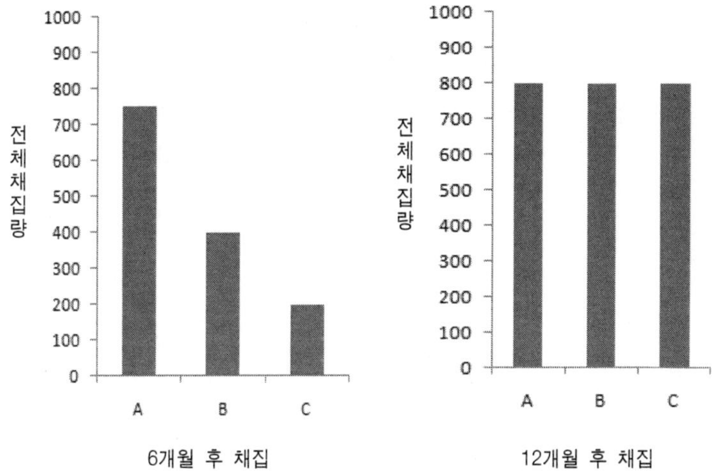

그림 3.4 3명의 채집자가 6개월과 12개월 동안 채집한 채집물의 수를 나타낸 막대그림.

고문은 이들 결과들은 다른 방향에서 검토하기로 하고 6개월 간격으로 각 참여자들의 전체 채집물의 비율을 파이 도표(그림 3.5)로 나타내었다. Phillip Hodges의 작업을 돋보이게 하기 위하여 그의 채집 양에 일치시켜 파이 조각을 나누었다.

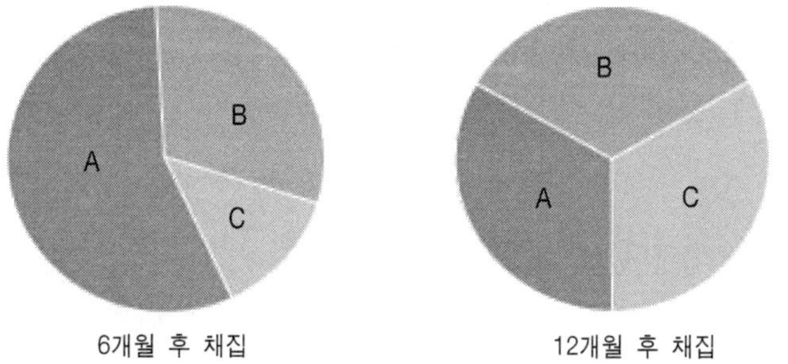

그림 3.5 6개월과 12개월 후 각 채집자들의 채집물의 비율을 나타낸 파이 도표.

연말에, 지방당국은 지난 12달 동안 채집자들의 작업을 비교할 수 있고, 시간에 따라 각 개인의 채집물량들이 어떻게 변해 가는지 제시하라고 했다. 고문은 첫 번째, 이런 요구를 충족시키는 누적막대도표(stacked-bar graph)라는 하나의 그림으로 나타내기로 하였다. 그림 3.6과 같이 각 막대들은 참여자들의 채집 량을 3개월씩 4 구간으로 나누어서 나타내었다. 이 그림을 보면, John Hilton은 채집 양이 계속적으로 줄어드는 것을 알 수 있고, Mary Jacobs는 3번째 달과 9번째 달 사이에 많이 채집을 하였으며, Phillip Hodges는 채집 양이 빠르게 증가되는 것을 알 수 있다.

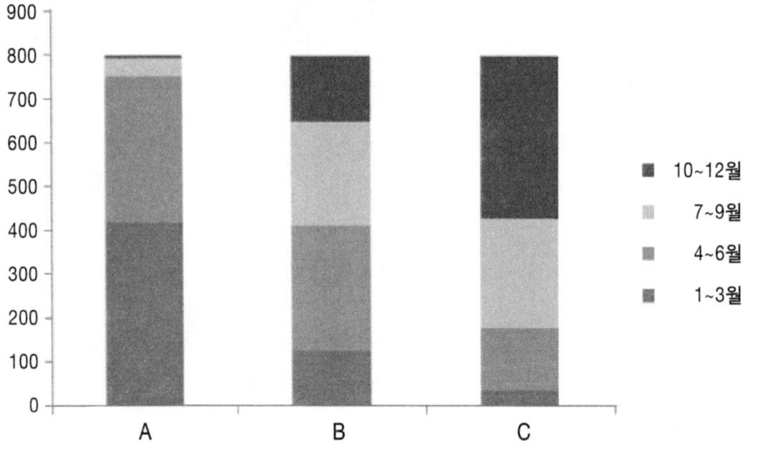

그림 3.6 3월, 6월, 9월 그리고 12월 달에 채집자들의 채집 양을 비교하는 누적막대도표.

비영리 단체에서는 2년째에는 누가 가장 많이 채집할 것인가를 예측하길 원했다. 그림 3.7의 선 도표에서는 John Hilton의 채집 양은 처음에는 급격하게 늘어나나 나중에는 수평을 유지하고 있고, Mary Jacobs의 채집 양은 다달이 늘어나나 그 비율이 낮은 반면에, Phillip Hodgers의 채집 양은 계속적으로 늘어나는 것을 알 수 있으므로 차기 년도에 가장 생산성이 높을 것으로 예측할 수 있다.

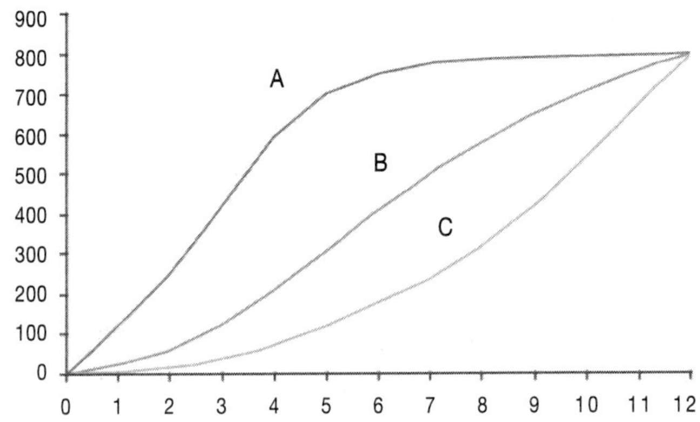

그림 3.7 12달 동안 각 채집자의 채집 양이 증가하는 것을 보여주는 선 도표.

고문은 각 채집자들의 채집 양이 왜 차이가 나는지에 대해서 면담을 하였다. John Hilton은 농부로서 연초에는 채집할 수 있는 시간이 아주 많았으나 후에는 작물을 파종, 재배하고 수확하느라 채집에 많은 시간을 낼 수가 없었다. Mary Jacobs는 학생으로 과정에 따라 채집물의 변동이 있었고, 프로젝트 초기에는 다른 일이 많은 건강 프로모터여서 많이 채집을 못했으나, 8번째 달에는 건강 프로젝트가 끝났고 그 자신이 민족전통식물학 프로젝트에 전념하기로 결심하였다는 것이다.

8. 회신의 감소 법칙

모든 민족전통식물학자들이 제한된 시간과 돈을 가지고 일을 하기 때문에, 연구가 마무리되기 전에 얼마나 많은 자료들이 축적될 것인지를 결정하는 것은 중요하다. 그러므로 얼마나 많은 식물을 채집할 것인지, 어느 정도 조사지역에 머무를 것인지, 연구에 참여자는 몇 명으로 해야 하는지 그리고 조사지역은 얼마나 넓게 잡아야 하는지 등을 결정하는 것에 신중하여야 한다.

자료 수집의 효율성은 회신 감소의 법칙(law of diminishing returns), 즉 연구자가 식물 채집이나 혹은 면담으로부터 새로운 정보를 얻어낼 양이 점차 줄어드는 것에 의해 결정된다. 연구자는 처음 대화하는 사람에게서 많은 것을 알아내게 된다. 두 번째 사람에게서는 새로운 정보와 첫 번째 사람에게서 들은 정보가 반복될 것이다. 세 번째 사람의 경우는 새로운 정보는 보다 적어질 것이다. 결국, 연구자는 이미 다른 사람들에게서 들은 이야기를 하는 새로운 사람을 만나게 되는 것이다. 같은 이야기를 반복해서 여러 번 들으면 자료를 보다 더 확신하게 될 것이며, 정보 제공자들 사이에 불일치를 주목하다 보면, 집단 내 문화적인 불일치를 파악할 수 있게 된다. 그러나 같은 질문을 계속해서 한다는 것은 비효율적이고 무관심해 질 것이다.

이와 같은 원리는 식물과 동물의 수집에도 적용된다. 연구자가 특정 지식에 대한 변이를 조사에 관심이 없을 때, 동일한 종류를 여러 다른 정보 제공자들이 수집하는 것은 좋은 것이나 모아지는 표본의 양의 한계를 설정하는 것이 바람직하다.

9. 가설의 검정과 설

캐나다의 민족전통식물학자인 Wade Davis는 민족전통식물학이 왜 광범위한 자료와 표본을 모아야 하는지에 대해서 다음과 같이 설명하고 있다(Davis, 1991).

"민족전통식물학의 연구는 일반적으로 두 가지 점을 간과하기 때문에 비난을 받는다. 첫째는 가공되지 않는 정보를 정리하는 행동은 어떤 자연과학이든지 기초를 형성하고 있고, 기본적인 목록이 없다면, 이론적인 형식화가 불가능하다는 점이다. 두 번째 민족전통식물학은 발견의 과학이라는 단순한 수준으로 남아 있다는 것이다. 그럼에도 불구하고 실제적으로 인류의 안녕에 대한 기여도를 보면 어떤 학문 분야에 비해서도 적지 않았다. 더 나아가 동·식물과 인류 문화의 다양성에 대한 커다란 파괴가 진행되고 있는 이 시대에, 기본적인 식물 탐사에 있어서 민족전통식물학자들의 역할은 중요하고도 필수적인 일들로 남아 있다."

가공되지 않은 자료를 정리하는 것은 민족전통식물학자들의 기본적인 활동으로써, 인류의 안녕과 과학의 발견을 위해 기여하는 정도는 민족전통식물학의 기초를 형성하고 있는 보편적인 원리(여러 개인들이 관찰에 근거한)를 형식화하는 것과 직접적으로 연결되어 있다. 사람들이 그들의 자연과 어떻게 상호 작용하는가에 대한 가정을 검정한다는 것은 연구자가 자료를 더 적극적으로 수집할 수 있게 하는 자극이 되고, 다른 한편으로는 다른 연구자들이 지식에 대한 그들 자신의 탐구를 계속하기 위하여 민족전통식물학자들의 방법론을 재평가하게 할 수 있다.

이러한 이유들 때문에, 연구는 설(theory)과 가정(hypothesis)에 의해서 유도되어야 할 것이다. 설은 자연과 사회적인 현상을 설명하는 원리나 모델이다. 우리는 가설 즉, 관찰과 반복된 검정을 통한 일시적인 가정이나 혹은 자료를 수집하면서 얻게 되는 좀 더 세련된 방법이나 연구 결과에 대한 보다 깊은 해석을 통해 얻는 일시적인 가정으로부터 설을 설정한다. 가설이 연구자의 자료 분석에 의해서 지지를 받을 때, 설은 확립된다. 가설이 연구자의 일시적인 가정과 모순되는 정보를 통하여 거부되면, 설은 수정되거나 폐기되어야 한다.

예를 들면, 한 집단의 사람들은 그들의 일상생활에서 중요한 식물들에 대하여 정보를 서로 전달하고, 후손들에게도 그 지식들을 전해주기 위하여 같은 식물학적 종류에는 같은 이름을 사용한다는 설이 있다. 이 설로부터 유도된 가설은 "같은 언어로 말을 하는 사람들은 그들의 집단 내에서 채집된 식물들에 대해 동일한 이름을 사용할 것이다"라는 것이다.

연구자가 특정 마을의 전체 사람들에게 한 묶음의 식물을 동정할 것을 부탁한다면, 연구자는 문화적으로 중요한 종류들은 꾸준하게 언급되지만, 반면에 용도가 적은 종류들은 다양한 이름으로 불리는 것을 알 수 있다. 이러한 사실은 연구자가 처음에 설정했던 언어적 행동의 일반적인 원리를 수정해야 할 필요성을 제기한 것이다. 즉, '한 집단의 사람들은 생물체에 동일한 이름을 주는 경향이 있지만, 그들의 일관성은 동·식물 개개의 문화적인 중요성과 함께 증가 된다'는 것으로 재고되어야 한다.

영국의 생물학자인 Oliver Phillips(1993a, b)는 민족전통식물학에 있어서 자료 축적에 대해서는 과도하게 강조를 하는 반면에, 가설 검정에 대해서는 상대적으로 등한시 한다는 지적하고 있다. 그는 민족전통식물학에서 정량적인 접근과 통계적인 가설 검정의 여러 영역에 대해서 설명하였으며, 이는 민족전통식물학에 있어서 과학적인 접근에 절대적으로 필요한 새로운 경향이라고 생각하였다.

Phillips는 페루의 남부에서 mestizo농부들이 어떻게 식물들을 이용하는 지에 대한 연구를 하면서, 다른 식물들 사이에 대한 문화적 중요성의 차이, 지역 참여자들의 민족전통식물학적인 지식 그리고 지역민들의 시각에서 개별 종류들의 이용성을 결정짓는 다양한 생태학적 그리고 식물학적 요인들의 기여도를 비교하기 위하여 통계학을 이용하였다. 또한, 그는 하나 혹은 그 이상의 집단에서 식생 형과 식물들의 중요성을 평가하는 것, 다양한 유용식물들의 상대적인 문화적 중요성을 설정하는 것 그리고 약용식물이 가지고 있는 용도의 기원에 대한 모델을 검정하는 것과 같은 다양한 주제들에 초점을 맞추었던 다른 연구자들의 연구들도 언급을 하였다.

이 모든 질문들의 공통 요소는 연구자들이 가설의 형태를 세울 수 있다는 것이다. 비록 그런 아이디어들에 대한 결정적인 증거는 없지만, 연구자들이 대안적인 해석을 거부할 수 있는 증거를 찾을 수 있게 하며, 이로써 연구자들이 논쟁에 힘을 더한다. 달리 말하자면, 과학자들은 가설을 만들면서 보다는 설정된 가설들이 거짓임을 입증하면서 앞으로 나아간다.

통계학자들은 가설을 세우고 받아드리며 거부할 수 있는 효율적인 방법을 가지고 있는데, 이는 두 번 이상의 측정값이나 관찰들 사이에 통계학적인 차이가 없다는 것에 중점을 두고 성정되며, 이를 귀무가설(歸無假說, null hypothesis)이라 한다. 예를 들면, '남성과 여성이 일차림에 대해서 아는 것에는 차이가 없다'거나 혹은 '다른 식물과(植物科)들 사이에 문화적 이용성에서 차이가 없다'와 같은 명제를 만들 때 연구자는 귀무가설을 이용할 수 있다.

이렇게 각각의 명제들을 위하여, 귀무가설이 거부된다면 자동적으로 받아드려지는 대립가설(對立假設, alternative hypothesis)이 있다. 연구자가 한 집단에서 남성과 여성이 일차림에 대해서 아는 것이 차이가 없다는 가정을 거부할 통계학적 증거가 있다면, 연구자는 통계학적으로 중요한 지식에 대한 성 별 차이가 있다는 대립가설을 자동적으로 받아드린다.

적절한 자료를 수집한 이후에, 추리통계학(推理統計學, inferential statistics)은 가설의 유효성을 분석하기 위하여 이용한다. 추리통계학의 결과들은 문자 p로 나타내는 확률로써 주어진다. 확률은 0.00과 1.00 사이의 숫자로써 소수로 표시된다. 숫자가 높으면 높을수록 확률은 높아진다. 예를 들면, p값이 0.28보다는 0.53의 결과가 더 가능하다는 것을 의미한다. 일반적으로 연구자들은 p값이 0.05보다 작으면 귀무가설을 거부한다. 이는 '결과가 5% 수준의 의미가 있다'고 표현되기도 한다.

다음 장들에서 제시되는 기법들을 살펴보면서, 민족전통식물학자들에 의해서 세워지는 다양한 가설들과 그들이 아이디어를 어떻게 검정하는 지에 대해서 주의를 기우려 주기 바란다. 더 나아가, 자신의 연구에서 야외나 실험실에서 검정할 수 있는 가설들에 대한 자신의 시험적인 결론을 구해보기 바란다.

참고문헌

Berlin, B., Breedlove, D. E. and Raven, P. H. 1973. General principles of classification and classification in folk biology. American Anthropology 75: 214-242.

Berlin, B., Breedlove, D. E. and Raven, P. H. 1974. principles of Tzeltal Plant Classification, Acadmic Press, New York and London.

Davis, W. 1991. Towards a new synthesis in ethnobotany. In las Plantas yel Hombre (eds Rios, M. and Borgtoft Pedersen, H.) Ediciones Abya-Yala, Quito, Equador.

Guerrero, R. O. and Roblo, I. 1990. Actividades biologicas de plantas del Bosque Nacional del Caribe (Puerto Rico). Brenesia 33: 19-36.

Haysletter, Jr H. T. 1968. Statistics Made Simple. Doubleday, New York.

Kachigan, S. M. 1986. Statiscal Analysis, an Interndisciplinary Introduction to Univariate and Multivariate Methods. Radius Press, New York.

Kim, H., Song, M. J. and Potter, D. 2006. Medicinal efficacy of plants utilized as temple food in traditional Korean Buddhism. Journal of Ethnopharmacology, 104: 32-46.

Lewis, W. H. and Elvin-Lewis, M. P. 1994. Basic, quantitative and experimental research phases of future ethnobotany with reference to the medical plants of South America in Ethnobotany and the Search for New Drugs, CIBA Foundaation Symposium 185, pp.60-76. Wiley, Chichester.

Malhotra, K. C., Poffenberger, M., Bhattacharya, A. and Dev, D. 1992. Rapid appraisal methodology trials in Southwest Bengal: assessing natural forest regeneration patterns and non-wood forest product harvesting practices. Forests, Trees and People Newsletter 15/16, 18-25.

Martin, G. J. 1995. Ethnobotany (A methods manual). Chapman & Ha Co, London. p.xx-xxiv., pp.95-222.

Nabhan, G. P. 1985. Gathering the Desert. The University of Arizona Press, Tucson, Arizona.

Nabhan, G. P. 1989. Enduring seeds: Native American Agriculture and Wild Plant Conservation. North Point Press, San Francisco, California.

Phillips, O. 1993. The potential for harvesting fruits in tropical rainforests: new data from Amazonian Peru. Biodiversity and Conservation 2: 18-38.

Philips O. and Gentry, A. H. 1993a. The useful plants of Tambopata, Peru: I. Statistical hypotheses tests with a new quantitative techni- que. Economic Botany 47: 15-32.

Philips O. and Gentry, A. H. 1993b. The useful plants of Tambopata, Peru: I. Additional hypothesis testing in quantitative ethnobotany. Economic Botany 47: 33-43.

Theis, J. and Grady, H. M. 1990. Participatory rapid Appraisal for Community Development. International Institute for Environment and Development, London.

Weber, W. A. 1982. Mnemonic three-letter acronyms for the families of vascular plants: a device for more effective herbarium curation. Taxon 31: 74-88.

World Resources Institute. 1991. Participatory Rural Appraisal Handbook. Natural Resources Management Support Series No. 1, World Resources Institute, Washington DC.

제 2 장 식물학적 연구 방법

1. 식물의 채집과 동정

민족전통식물학의 가장 기본적인 기술은 식물 채집이다. 채집은 아래에서 보는 바와 같이 특정 집단에서 밝혀진 식물의 영원한 기록인 증거표본(voucher specimens)으로써 이용되기 때문에 가치 있는 일이다. 증거표본들은 식물분류학자들이 채집물의 종, 속 그리고 과를 파악하게 하는 표본으로써 기능을 한다. 일부 연구에서는 지역 참여자들과 함께 수행하는 명명, 분류 그리고 기타, 다른 일들에 이용되는 참고표본(reference specimens)으로써 이용되기도 한다.

◎ 민족전통식물학적 증거표본의 가치 ◎

1992년 스미소니언 연구소(Smithsonian institution)에서 열린 민족전통생물학회 제15차 연례회의의 학술 발표에서 Eugene Hunn은 다음과 같이 말했다(Hunn, 1992).

"증거표본은 서구 생물학의 정보와 민족전통식물학자들이 원주민들로부터 얻는 민족과학의 정보를 연결해주는 고리 같은 역할을 한다. 예를 들면 콜롬비아 고원 지역에 거주하며 Sahaptin어를 사용하는 인디언은 *chalu'ksh* 라는 식물을 다양한 목적 즉, 식용, 약용 그리고 물고기를 잡는 독 등으로 이용한다. 이러한 사실은 이 식물이 *Lomatium dissectum*(산형과)로 확정되기까지 민족서지학적 정보로만 남아있었다. 이렇게 종류가 확정되었기 때문에 Sahaptin의 민족과학적인 지식의 조각과 이와 일치하는 서구의 식물계통학, 생물 계절학, 생태학 그리고 약학 등에 대한 지식의 조각을 비교할 수도 있고, 더 나아가 이 종류에 대한 다른 문화들의 민족과학적 전통을 비교할 수도 있다. 이 비교의 결과들은 민족전통식물학자들이 취급하였던 민족서지학적인 정보의 조각들에 의한 정보보다도 훨씬 커다란 가치를 가지고 있다."

그림 3.8 스미소니언 연구소(Smithsonian institution)의 웹사이트 (http://www.si.edu).

그림 3.9 *Lomatium dissectum*(산형과).

Hunn은 증거표본의 정의에 대해서, 오랜 시간 동안 멕시코 북부 지방에 거주하는 Tarahumara 인디언들이 이용하는 식물들과 멕시코 시장에서 거래되는 식물들에 대해서 광범위한 민족전통식물학적인 연구를 한 바 있는 Robert Bye의 견해를 적극적으로 지지하였다. 즉, Bye는 증거표본이 연구 기간 동안 만나게 되는 동·식물들의 동정을 용이하게 하고 연구의 결과를 다른 동료들이 검토할 수 있게 한다는 점을 지적하였다. 이러한 목적을 위해 증거표본으로 채집되는 재료들은 다음과 같은 점에 유의하여 만들어야 한다.

(1) 쉽게 인식할 수 있는 특징적인 식별형질들을 가지고 있어야 한다.
(2) 좋은 조건으로 보존하고 유지시켜야 한다.
(3) 채집 지역, 생물체의 외관, 채집물의 분류 그리고 지역민들이 이용하는 용도 등에 관한 정보를 야외 노트에 철저하게 기록한다.
(4) 명확하게 동정하여 연구 보고서를 작성하며 출판을 함으로써, 소장 기관을 통해 다른 사람들이 쉽게 열람할 수 있도록 한다.

많은 민족전통식물학자들은 그들이 모으는 식물들을 일컬어 채집물과 표본이라는 단어를 사용하고 있지만, 전문적인 식물학자들에게 이 단어들은 다른 의미가 있다. 고유한 채집 번호를 주는 채집물(collections)은 한 지역에서 동일 시간에 채집한 한 종류의 식물들을 말한다. 번호가 매겨진 각 표본들은 부본(duplicate)이라 한다. 표본으로 만들어져 표본관에 소장된 채집물들은 표본관 표본(herbarium specimen)이라 한다. 표본관 표본들은 일반적으로 한 장의 대지 위에 부착을 하지만, 종려와 같이 큰 식물들은 두 개나 혹은 그 이상의 대지 위에 붙인다.

좋은 질의 표본관 표본들은 줄기, 잎, 뿌리, 꽃, 열매 그리고 그 종류를 특징화하는 다른 식물 부분 등이 포함되어 있다. 가능하다면, 그 식물의 전체적인 모양을 관찰할 수 있게 하므로 전체 식물이나 가지 전체가 포함되는 것이 좋다. 표본은 야외에서 압착하고 말리는 것이 바람직하며, 정확히 28.5 × 42cm 크기인 대지에 표본을 올리고 표본관에 보관한다. 오른쪽 하단부에는 채집일, 지역, 채집자, 표본의 채집번호 그리고 표본이 마르기 전 생체였을 때의 형태적인 특징에 관한 기록을 적은 라벨을 붙인다. 여기에는 그 식물의 정확한 학명이 기록되어야 한다. 그 식물의 지역명과 용도에 대한 민족전통식물학적 라벨을 따로 붙이기도 한다. 표본관 표본의 예는 그림 3.10에 있다.

그림 3.10 일본 동경대학교에 소장된 식물 표본(*Cirsium toraiense* Nakai).

어떻게 좋은 표본을 만들 것인가? 보통 식물을 채집하는 일을 하찮은 일로 생각하지만, 그 자체로 자연의 역사성을 지닌 예술이다.

(1) 채집지역의 선택과 식물 개체군

식물 채집은 채집지역과 채집 식물군의 선택에서 시작된다. 우선 채집지역의 우점식생, 토양 형 그리고 상대적인 조도 등을 염두에 두어야 한다. 땅의 경사가 어느 쪽으로 되어 있는지도 조사하는 것이 좋으며, 채집지역의 지역명과 고도 그리고 지리적인 이정표로부터 얼마나 떨어져 있는지 등에 대한 조사도 한다. 작업들을 정확하게 하기 위하여 나침반, 지형도, 강, 정착지, 지형에 대한 지리학적인 정보가 있는 지도 그리고 고도를 측정할 수 있는 고도계 등을 준비한다.

채집지역은 가능하면 채집이 식생과 지역민의 생산 활동에 영향을 주지 않는 지역을 선정한다. 보존 지역에서 채집할 때에는 방문객이 많은 잘 닦여진 길이나 지역의 경관에 도움이 되는 식물들이 제거되지 않도록 유의하여야 한다. 부득이하게 채집을 할지라도, 희귀식물의 경우 개체군이 사라지지 않도록 해야 한다(Chazdon, 1988). 만약 많은 양의 부본을 만들거나 다른 연구를 위하여 많은 양을 채집해야 할 경우에도 채집지역에서 자라는 식물들의 생존을 위협하거나 식물체들을 죽게 해서는 안 된다.

민가 근처에서 채집을 할 때에는 주민들이 관리하거나 재배하는 식물들인지 유의하여야 한다. 특히 지역민들이 성스럽게 생각하는 지역에서 자라거나 종교적으로 중요한 의미가 있는 식물들은 보호되어야 하며, 사회적으로 보호하거나 사용하지 않는 식물들은 채집을 가능하면 하지 않아야 한다. 예를 들면, Sierra Norte의 일부 채집자들은 마법에 이용된다고 알려진 흰독말풀(*Datura* spp.)을 채집하기 주저한다. 만약 눈에 띄게 이런 식물들을 채집한다면, 지역민들은 채집자의 의도를 오해할 가능성이 높다. 이러한 이유들 때문에 채집하고자 하는 지역의 주민들에게 채집 전에 허가를 받아야 하고 더 나아가 그들의 요망 사항을 주의 깊게 들어야 한다.

한편, 인간의 활동이 채집의 기회를 주기도 한다. 농사를 위한 개간이나 혹은 목재를 위한 벌목이 이루어진 이후에, 넘어진 나무에서 채집하기 어려웠던 잎, 줄기, 꽃, 지의류 그리고 덩굴 식물들을 채집할 수 있다. 1차림의 가장 자리, 숲의 계곡 그리고 나무가 쓰러진 곳이 목본의 잎, 꽃 그리고 열매들이 땅에 가까이 있으므로 채집하는 것이 효율적이다. 이러한 지역에 햇볕이 많이 들어오므로 채집 여행 중, 숲 속 깊은 곳에서만 발견되는 일부 종류들의 꽃과 열매도 발견할 수 있다. 농사 활동도 같은 효과를 낸다. 이는 농사가 다양한 종류들이 발견될 수 있는 생태학적 지위(niche)를 주는 다양한 천이 단계를 가진 식생을 유지시켜 주기 때문이다.

완벽한 채집은 연구의 목적과 지역 식생의 다양성에 의해서 결정된다. 만약 채집자가 변이에 대해서 연구를 한다면, 각기 다른 지역민들이 보여주는 동일한 종류의 다양한 개체군을 원할 것이다. 만약 형태적 변이를 보여주는 종류를 채집하기 원한다면, 지역 이름으로 명명된 다양한 변종들을 전체 채집하고 기록하길 바랄 것이다. 이 작업은 특히, 수많은 민족 변종들의 범주들을 확인할 수 있는 재배화된 식물들의 목록을 만들 때 중요하다. 장기간의 프로젝트일 때에는, 채집물이 다양한 식생 형, 토양 형 그리고 기후대를 고려하여 다양한 종류들을 포함하여, 해당 지역의 식물 상을 대표할 수 있도록 하여야 한다.

동일한 민족 범주에 속하는 식물들이 보여주는 어떠한 변이들도 유의 깊게 관찰하여야 한다. 민족 범주들과 과학적인 분류와 항상 일대일로 일치하지 않는다는 점을 명심해야 한다. 민족 속에 포함되는 전체 식물들을 채집할 때, 다양한 채집 번호는 정보제공자들과 함께 만든다.

(2) 표본의 채집

채집지역과 대상 식물 개체군이 결정되었다면, 채집해야 할 각 식물의 비율을 결정해야 한다. 이때 다음 두 가지를 명심해야 한다. 즉, 첫째, 선정된 채집물은 표준 크기의 신문지(약 30cm × 45cm 길이, 접었을 때)에 펴서 넣어야 한다. 둘째, 가능하면 해당 종류의 형태적인 특징이 잘 나타나도록 한다. 이런 두 가지 목적은 신문지 사이에 식물을 넣을 때 실제 크기보다 작아지고 구겨지는 부분이 많이 생기게 되기 때문에 모순되게 보인다. 그러나 조금만 경험을 하면, 식물학자들이 중요하게 생각하는 기준들이 갖추어져서 표본관 연구와 다른 야외 연구에 이용할 수 있는 유용하며 또한 동정이 가능한 표본을 만들 수 있다.

압착된 식물 채집물들은 식물을 전체적으로 잘 정리해야 한다. 즉, 식물의 특정 이용 부위만, 어떻게 만들었는지 혹은 다른 식물들과 함께 자라는 것을 보여 주려고 해서는 안 된다. 예를 들면, 약용으로 이용되는 괴경의 학명을 찾으려고 한다면, 뿌리를 비롯하여 잎, 꽃 그리고 열매들을 모두 채집하여야 한다. 만약 뿌리가 다른 식물들과 함께 치료에 이용된다면, 각 종류들에 채집 번호를 동일하게 하는 것이 나중에 처리하기에 편리하다.

식물을 채집할 때 준수해야 하는 규칙과 수행해야 할 기본적인 기법들이 몇 가지가 있다. 야외 채집과 표본을 건조시킬 때 필요한 장비와 기구들이 표 3.5에 있다.

표 3.5 채집, 압착 그리고 건조에 필요한 장비의 목록

채집 시 필요한 장비	건조 시 필요한 장비
▸ 나침반, 지도 그리고 고도계	▸ 압착판, 압착끈, 골판지 혹은 압착지를 포함한 압착기
▸ 야외 노트와 유성 펜	▸ 방열기와 채를 갖춘 식물 건조기
▸ 정전 가위, 칼 그리고 가지 치기용 큰칼을 포함한 절단 도구	▸ 방열기를 위한 부탄가스 통, 전구 혹은 등유
▸ 삽과 모종삽	▸ 유성 펜
▸ 채집낭	▸ 신문지
▸ 종이 라벨	▸ 큰 식물을 저장하기 위한 종이와 플라스틱 통
▸ 신문지와 압지를 포함한 야책	▸ 채집물 기록지
▸ 가위와 톱을 단 채집 장대	▸ 알코올 혹은 다른 저장 액
▸ 등반 장비	▸ 액침 표본을 위한 병과 단지
▸ 줄자, 경사계	
▸ 카메라와 칼라 슬라이드 필름 혹은 흑백필름	
▸ 가죽 장갑	

목본 식물의 직경은 줄자로 측정하고 높이는 눈으로 어림잡거나 경사계를 이용한다. 칼, 정전가위 그리고 숲을 정리하는데 이용하는 지역적인 기구 등과 같은 전단 도구들은 길을 만들고, 가지를 구부리며, 과일, 뿌리 그리고 식물의 다른 단단한 부분을 자를 때 도움이 된다. 초본 식물의 뿌리를 채집하기 위해서는 모종삽이나 삽이 필요하다. 길이 조정이 가능하며 끝이 가위나 톱을 단 채집 장대는 지상에서 2~10m 정도까지에 있는 가지와 덩굴을 채집하는데 유용하다. 이때, 알루미늄 장대가 불편하다면, 가위와 톱만 가지고 가고 장대는 숲에서 만들어도 된다. 또 다른 방법은 끝이 갈라진 장대를 이용해 가지를 틀어서 내린 다음 채집한다. 10m 이상의 높이를 보이는 커다란 교목이나 덩굴 식물들은 등반 장비를 이용하여 올라가서 채집한다. 채집낭은 후에 압착할 많은 식물을 모을 수 있게 한다. 식물체는 식물 압착기의 크기에 맞추어 자르거나 접어야 하고 동일한 종류의 모든 개체들은 동일한 채집낭에 넣는다. 이때, 두 개의 판, 압착지, 신문지 그리고 끈으로 만들어진 야책을 이용할 수 있다. 채집낭에 비해서 다소 비효율적이기는 하지만, 야책은 표본의 파괴와 시드는 것을 막을 수 있으며, 채집자가 바라는 부본들을 위한 충분한 양을 채집할 수 있다는 장점이 있다. 이 두 가지 방법을 이용할 수 있다면, 비교적 부드러운 표본들은 야책에 넣고 좀 더 단단한 식물들은 채집낭에 보관한다.

일부 식물학자들은 채집물을 야책이나 채집낭에 넣기 전에 채집 번호를 쓴 꼬리표를 단다. 이는 서로 다른 종류들끼리 섞이는 것을 막고, 이동 중이나 표본의 처리 중에 종이로부터 더러 떨어진 표본의 조각들을 원래의 채집물에 합칠 수 있게 한다.

야외 노트는 채집지, 식물의 크기, 주변 식생에 대한 관찰 내용 그리고 기타 채집물과 관련된 내용들을 적는다. 야외 노트는 야외 채집에서 만날 수 있는 여러 가지 악조건에서 견딜 수 있는 질이 좋은 것을 준비한다. 특히, 습기에 젖었을 때, 여러 장이 붙지 않는 질을 가지고 있고, 유연하지만 단단하게 묶인 것이 좋다. 채집물과 함께 자신의 노트를 표본관에 보존할 채집자는 오랜 동안 보존될 수 있도록 무산지 등 방수가 되는 양질의 노트를 선택해야 한다. 일반 노트를 사용하는 다른 식물학자들은 그들이 적은 내용들을 영원히 기록으로 남기기 위하여 컴퓨터의 데이터베이스에 입력해 놓는다. 지워지지 않는 잉크로 만들어진 펜을 되도록이면 많이 가져간다. 수성 펜으로 쓴 내용들은 습기가 많은 숲에서 쉽게 바래고 연필로 쓰여진 내용은 나중에 복사하거나 읽기가 어렵다.

가능하면 각 종류 별로 다양한 식물 부분을 채집한다. 표본은 성숙한 꽃이나 열매 혹은 두 가지 모두 가지고 있어야 한다. 벼과 식물이나 양치식물을 포함한 초본식물들은 뿌리와 함께 채집하여야 한다. 식물이 복엽을 가질 때에는, 잎들이 대생, 호생 혹은 다른 방법으로 달리는지를 알 수 있도록 가지나 줄기에 달린 전체 잎을 포함하여 채집한다. 목본식물의 경우는, 잎의 부착 상태나 가지가 나는 모양을 보여 줄 수 있도록 충분한 크기의 가지를 채집한다. 일부 식물학자들은 나무나 표피의 일부를 채취하기도 한다.

선택한 식물체의 부분들은 채집자가 자연에서 보는 형태적인 변이를 보여줄 수 있는 것이어야 한다. 특히, 커다란 잎, 꽃줄기 혹은 열매가 자신이 채집한 종류의 특징이라면 채집물이 신문지에 맞도록 임의대로 식물의 부분을 선택하지 않아야 한다. 식물학자들은 대개 건강하고 완전한 표본을 채집하는데, 채집지에서 그 종류의 대부분이 그렇다면 병든 부분이라도 채집하여야 한다.

다양한 발달 단계에 있는 식물들을 채집하여야 한다. 미성숙된 잎, 어린 가지, 그루터기 눈, 실생 그리고 기타, 다른 채집물들은 식물 형태에 대한 지식을 넓혀 줄 것이다. 이는 특히, 지역민들이 그 식물체의 일부를 이용하는 경우에 바람직하다. 일단 채집되었다면, 필요에 따라 보충되어야 하지만, 가능하면 성숙한 잎, 소지, 꽃 그리고 열매 등을 대체하지 않아야 한다. 각 표본에 보충할 여분의 꽃이나 열매를 많이 채집하는 것이 좋은데, 이는 분류학자들이 식물을 동정할 때 이런 부분들을 주로 이용하기 때문이다. 중성인 표본을 채집할 때에는 양질의 영양기관을 채집해야 하고, 다음 채집 여행에 동일한 종류의 생식기관을 찾도록 해야 한다. 아래에 민족전통식물학적 프로젝트에서 중성의 표본을 만드는데에 대한 논쟁을 예시해 놓았다.

중성 채집물에 대한 논쟁

식물분류학자, 생태학자 그리고 민족전통식물학자 사이에 쟁점은 중성 표본의 채집에 있다. 사실 모든 연구자들은 동정을 위하여 꽃이나 열매 혹은 두 가지 모두 달린 식물을 채집하기를 선호한다. 그럼에도 불구하고 특정 계절 기간이나 특정 지역민과 함께 채집할 때, 어쩔 수 없이 몇 개의 잎만 달린 가지로 구성된 채집물을 수집할 수밖에 없는 상황을 만날 수 있다. 민족전통식물학적인 증거표본으로써, 식물학적 과나 속까지 동정할 수밖에 없는 중성 채집물일지라도 없는 것보다 있는 것이 훨씬 낫다.

동정하기 어려운 중성의 표본은 분류학자들에게는 짐이고, 분류학적 연구에 도움도 되지 않으며, 표본관의 공간만 차지할 뿐이다. 대개의 표본관들이 한정된 자원을 가지고 있기 때문에, 영구 표본으로 보관할 만큼 가치 있는 표본만을 한정하여 보관한다.

이러한 어려움을 해결하는 여러 가지 안들이 있다. 채집이 여러 해 동안 지속될 수 있다면, 민족전통식물학자들은 생식기관을 가지고 있는 유성 표본만을 모으면 된다. 만약 중성 표본을 불가피하게 만들 수밖에 없다면, 후에 그 종의 꽃이나 열매를 채집한다. 장기 채집 프로젝트의 마지막 단계에서는, 연구자들이 전에 중성으로 발견된 식물의 생식기관을 보충하는데 노력을 경주하여야 한다.

민족전통식물학자들이 유성 표본을 채집하려고 노력을 하는 한, 분류학자들도 특히, 장기 프로젝트의 초기에 무성 표본을 채집해야 하는 중요성을 이해하게 될 것이다. 멕시코 Oaxaca 지방의 Sierra Norte에서의 예는 다음 단계의 야외 조사에서 열매와 꽃을 채집할 수 있었지만, 특정 종류들에 대해 무성 표본을 만들 수밖에 없었던 상황을 보여준다.

Ticondentron incognitum Gómez-Laurito & Gómez P.는 파나마와 코스타리카에서 채집된 채집물로부터 1989년에 명명되었다. 이 종류는 기존의 다른 과들과 다른 점이 많아 1990년에 새로운 과로 명명되었다. 사실 이 식물은 1987년 Sierra Norte의 지역 채집자들인 José Rivera Reyes와 Richardo López Luna가 Totontepec와 La Esperanza에서 무성 표본으로 채집하였다. 채집물들이 Ticondentraceae의 동떨어진 멕시코 개체군을 대표할 수 있는 가능성 때문에, José와 Richardo는 유성 표본을 만들기 위해 노력을 하였다. 결국, 표 3.6에서 볼 수 있는 바와 같이, 채집물의 일부는 동정을 할 수 있게 하는 열매를 가지고 있었고, 거의 알려진 바가 없던 이 종류의 멕시코 개체군에 대한 민족전통식물학적이고 생태학적인 자료들이 모아졌다.

표 3.6 멕시코 Oaxaca의 Sierra Norte에서 지역 채집자들에 의해서 모아진 *Ticondentron incognitum* Gómez-Laurito & Gómez P.의 다양한 채집물

채집번호	조 건	채집날짜	채집지
JRR 0440	무성	1987년 4월 12일	Totontepec
RLL 0049	무성	1987년 9월 30일	La Esperanza
JRR 0721	무성	1990년 3월 11일	Totontepec
RLL 0656	열매	1990년 7월 8일	La Esperanza
RLL 0694	나무아래 오래된 열매	1991년 4월 29일	La Esperanza

채집자는 자신이 압착하기 원하는 부본 표본들을 충분하게 채집한다. 채집자가 참조용 채집물을 만들 계획이 있다면, 해당 식물의 특징을 보고 동정하는 식물학자들과 지역민들에게 약 20×25cm 정도의 종이에 적합한 작은 표본을 만드는 것이 좋다.

일반적으로 분류학자들은 동정을 위해 보내지는 표본들은 부본을 잃어버리거나 혹은 파괴될 경우를 대비하여 여러 개의 각각 채집번호가 다른 여러 개의 부본을 만들 것을 추천하고 있다. 만약 한 장 이상의 표본을 만들 수 없는 상황일지라도, 이런 채집물들이 모아져 민족 식물상 목록을 풍부하게 하므로, 좀 더 많은 식물들을 찾아보아야 한다.

멕시코의 Oaxaca의 예를 보자. Comaltepec과 Totontepec의 Sierra Norte의 집단들에서 수집한 수백 점의 채집물들을 검토한 후에 한 장소에서 발견되는 종류들이 다른 장소에서는 발견이 안 된다는 사실을 알았다. 예를 들면 관목성 양치식물인 *Marattia weinmannifolia* Liebm.의 영양 기부는 Mixe에게 비상용 식용식물로써 중요한 자원이다. 이 식물은 Totontepec의 숲에서는 Mixe의 채집자들에 의해서 수집되었지만, Comaltepec의 숲에서는 Chinantec 채집자들이 수집을 못했다. 이는 채집자들이 수집을 하였던 La Esperanza 근처의 숲에서는

Marattia 식물들이 매우 드물게 자라기 때문이라는 것이 나중에 밝혀져서, 다시 수집을 하여 표본을 만들었으며, 이 양치 식물이 Comaltepec 지역의 Chinantec 사람들에 의해서도 이용되고 있다는 사실을 밝혔다.

그림 3.11 *Marattia* sp.

(3) 야외 노트

야외 노트를 활용하는 방법에는 여러 가지가 있지만, 지켜야 할 한 가지가 있다. 즉, 야외에서 얻은 정보를 얻은 날 마무리 시간이나 채집 여행의 마지막 날에 기억에 의존하여 정리를 하는 것보다 항상 현장에서 바로 정리하여야 한다는 것이다. 일부 식물학자들이 관찰 내용을 자신의 임의대로 노트에 기록하는 것을 선호하지만, 요즘에는 자세한 것을 잊어버리지 않고 특정 순서대로 수집된 야외 자료들을 정리 할 수 있는 미리 인쇄된 노트를 많이 이용한다. 또 다른 일부의 사람들은 아직까지도 야외에서 채집한 식물에 정보를 적은 꼬리표를 붙이거나 혹은 채집물을 넣은 신문지에 정보를 기록한다. 이러한 정보들은 그날 마지막 작업으로 압착 건조기에 채집물을 넣을 때 노트에 옮겨 적는다.

일반적인 채집 정보에 비해, 민족전통식물학자들은 식물에 대한 용도, 지역 명칭 그리고 기타, 다른 문화적인 정보를 기록하는데 유의를 하여야 한다. 많은 사람들이 프로젝트에 협력을 할 때에는 특히, 미리 인쇄된 노트를 사용한다. 그림 3.12에 미리 인쇄된 민족전통식물학 노트의 한 쪽이 있다. 각 쪽은 크게 두 부분으로 나누어진다. 즉, 한 부분은 식물상의 데이터베이스와 라벨을 만들기 위하여 식물분류학자들에게 필요한 정보를 포함하고 있고, 다른 한 부분은 민족전통식물학적인 정보가 포함되어 있다. 채집자의 이름, 채집번호 그리고 채집일은 맨 밑에 기록된다. 다양한 항목들은 표본의 라벨을 만들 때와 민족전통식물학적인 정보를 저장할 때 사용할 수 있도록 컴퓨터의 데이터베이스와 동일한 순서로 구성되어 있다.

민족전통식물학적 채집물의 기록

집단 ____________ 채집지 ____________

식생형: 기후: 토양:

생활형: 초본 관목 교목 벼과식물 덩굴식물

기타 ____________

교목, 관목 혹은 덩굴식물이라면, 높이 ________ 직경 ________

꽃의 색깔 ________ 열매의 색깔 ________

식물 외형상 다른 특징 ____________

화기 ____________ 실기 ____________

지역명칭 ____________

번역된 이름 ____________

용도 ____________

처리과정 ____________

용도 ____________

처리과정 ____________

용도와 처리과정 중 기타 ____________

정보제공자 ____________

채집자 ________ 채집번호 ________ 채집일 ________

그림 3.12 미리 인쇄된 야외노트의 예.

각각의 채집용지가 복사되도록 노트 용지 사이사이에 묵지를 넣었다. 원 채집용지는 채집의 기록을 위하여 노트에 남겨두고 묵지는 표본을 건조시킨 후 표본들을 건조기에서 꺼낼 때 표본들의 부본들에 함께 넣는다. 복사지에 기록된 모든 정보는 채집물을 동정하고 포장할 때를 이용하여 데이터베이스에 입력한다. 지역의 식물학적 지식에 대한 세부적인 사항들은 집단 내에서 수행되는 참여자의 관찰, 면담 그리고 분류작업 등에서 얻는다.

야외 노트를 기록하는 방법은 프로젝트의 목적과 개인적인 선호도에 따라 달라진다. 미리 인쇄된 노트는 지역민들이 참여할 수 있게 준비할 수 있다. 예를 들면, 볼리비아 북부 지방에서 이루어진 Beni 민족전통생태학적 프로젝트(Beni Ethnoecological Project)에서는 공원 관리원, 연구자 그리고 집단의 구성원들이 함께 민족전통식물학 채집 노트를 만들었다. 이는 프로젝트의 처음부터 참여자의 다양한 목적을 충족시킬 결과를 얻을 수 있게 한 것이다.

식물학자들은 채집을 시작할 때, 채집노트의 맨 위쪽에 날짜를 적으면서 기록을 시작한다. 그리고나서 그들이 채집을 하는 장소마다, 다음과 같은 사항들을 기록할 것이다.

♣ **채집지:** 기본적으로 채집이 이루어지는 지역이지만, 지도상에 해당 지역을 표시하고 다음 방문에 도움을 줄 수 있는 모든 중요한 정치적인 분할 관계를 고려하여 결정되어야 한다. 먼저 나라를 기록하고 주, 도와 같은 지방정부 그리고 이어 시, 군, 면 그리고 인접 집단 등의 순으로 기록한다. 가능하다면 영구적인 이정표를 기준으로 정확한 거리(km를 추천함)와 방향(동서남북 등)을 기록하여야 한다. 지도와 기구가 허락한다면, 경도와 고도를 기록하는데 경도는 분까지 고도는 50m 범위 안에서 적는다. 식생 형과 천이 단계를 적는다. 하안식물, 큰 나무의 밑 혹은 계곡의 바닥과 같은 특별한 생태적 위치에서 자라는 식물들을 유의하여 관찰하고 기록하여야 한다. 예를 들면, Totontepec 마을의 채집지는 다음과 같이 기록하였다. 즉,

"**멕시코: Oaxaca주: Totontepec시:** Totontepec에서 Amatepec으로 가는 길을 따라 북쪽으로 2km. 해발 2000m. 우거진 2차림 옆에 길을 따라 파괴된 식생 있음."

♣ **채집지의 환경적인 요소:** 토양의 색깔과 조성, 조도, 경사 그리고 기타, 다른 특징들을 기록한다. 즉, "북쪽으로 노출된 경사가 급하고, 햇볕이 잘 드는 노랑색 토양에서 자람."

각 세부 지역에서 하나 혹은 그 이상의 종류를 채집하는데, 각 채집을 위하여 다음과 같은 정보들을 반드시 기록하여야 한다.

♣ **채집번호:** 채집자가 채집한 각 종류의 각각 다른 개체군들의 유일한 동정 번호이다. 대부분의 식물학자들은 채집번호를 1부터 시작하여 일생을 통해 계속하여 번호를 늘려 간다. 이들은 다른 연구자들이 채집물을 인용할 때에나 표본관에서 채집물을 찾을 때 혼란을 초래할 수 있기 때문에 새로운 프로젝트의 채집물에 새로운 번호를 매기지 않는 것이 좋다고 한다. 그럼에도 불구하고 일부 학자들은 매년 그 해의 두 자리 수를 이용한 번호 즉, 2004년이면 04-1, 04-2와 같이 각 채집물에 번호를 붙인다.

♣ **식물의 동정:** 채집된 식물의 종, 속 그리고 과를 찾는 것이다. 새로운 지역에서 일을 할 때에 채집자가 알지 못하는 식물을 동정하기 위해서는 적당한 시간을 마련해 놓아야 한다. 같이 일을 하는 식물학자들이 동정을 해주면 바로 노트에 기록을 하거나 혹은 노트에 기록된 사항을 직접 컴퓨터의 데이터베이스에 입력한다.

♣ **식물의 외형과 수량:** 다른 사람들은 오로지 채집자가 압착하고 건조한 식물 조각만을 보게 된다는 사실을 잊지 않아야 한다. 그들은 표본으로부터 그 식물의 크기, 모양 그리고 생활형, 생육지, 생육하고 있는 수량을 알아내고 그리고 이들 근처에 어떤 식물들이 자라는 지와 같은 해당 식물의 형태와 생태에 대한 요소들은 라벨을 통해 얻는다. 외형은 생활형 즉, 교목, 관목, 덩굴식물, 초본 그리고 양치식물 등으로 나누어 설명한다. 또한, 그 식물이 생육지에 풍부한지, 보통인지, 드물게 자라는지 혹은 희귀하게 자라는지를 파악해야 한다. 더 나아가, 마른 표본에서 나타내기 어려운 꽃과 열매의 색깔, 냄새, 즙액의 색과 농도, 수피의 색과 조직 그리고 과일의 향과 같은 형태학적인 특징들을 간단하게 기록한다. 예를 들면, 자주덩굴콩의 야생 변종의 채집물은 다음과 같이 형태학적인 기술을 한다.

"약 2m 정도의 덩굴식물로 주변의 관목과 초본을 타고 오르며, 붉은 색의 꽃과 자주색 점이 있는 녹색 열매를 가진다."

♣ **보충 채집물에 대한 정보:** 프로젝트의 목적에 따라, 채집자는 살아 있는 표본, 종자 은행에 보관하기 위한 종자, 식물화학적인 분석을 위한 재료, 알코올에 보관하기 위한 열매와 꽃, 해부학적인 연구를 위한 목재 그리고 식물

로 만든 문화적 공예품 등을 채집할 수 있다. 또한, 식물과 생육지에 대한 사진을 찍거나 혹은 야외 그림을 그릴 수도 있다. 이러한 보충 자료들에 대한 기록 즉, 이용된 보존 용액이나 준비된 식물화학적 재료 등에 대한 사항들을 야외 노트에 빠지지 않고 기록한다.

(4) 민족전통식물학적 정보의 기록

식물학자들에게 필요한 표준 정보들을 기록한 다음, 해당 식물에 대한 지역민들의 지식에 대한 기본적인 자료를 기록한다. 기록하는 정보의 양은 연구자가 만드는 민족전통식물상 목록(ethnofloristic inventory)의 폭 따라 달라진다. 만약 연구자가 한 시간 동안 해당 식물에 대해서 논의하고 노트에 기록을 한다면 광범위한 채집은 어려울 것이다. 특히, 야외에서 보낼 수 있는 시간이 짧다면 더욱 그러할 것이다. 또한, 처음 노트가 불완전 하다면 후일 자세한 면담을 할 수 있는 기회도 가질 수 없게 된다. 이렇게 기록된 자료들은 이를 이용하려고 하는 언어학자, 인류학자, 생약학자 그리고 지역민들이 일부분만 이용할 수 있을 것이다.

기록자가 프로젝트의 후기 동안 세부적인 민족서지학적 자료를 얻을 수 있다 하더라도, 정보 제공자로부터 얻은 처음 관찰 내용은 기록해야 한다. 연구자가 처음으로 집단 내에서 조사를 하였다면 연구자는 자신이 얻은 대답들을 이해하고 정리하는 능력이 지역민들의 언어와 문화에 익숙하지 않기 때문에 떨어질 수밖에 없다. 이러한 경우는 다양한 인류학적 기법들을 통해 보완할 수 있는데, 이러한 기법들을 이용하려면 다음과 같은 자료들을 기록할 때 유의하여야 한다.

♣ **정보 제공자가 사용하는 지역 식물명:** 연구자가 지역 언어를 정확하게 이해를 할 수 없다면 그 식물명을 녹음하고 나중에 그 지역 언어에 능한 언어학자에게 문의한다. 지역 언어로 된 식물명의 번역은 그와 같은 이름으로 왜 불리는 지와 같은 의미를 추출하기 위하여 단어 대 단어를 일대일로 번역하는 것이 좋다.

예를 들면, 멕시코 Oaxaca의 Sierra Norte에서 *Salmea scandes* (L.) DC.는 흔한 덩굴식물이다. 이 식물에 대해 Totontepec의 채집자인 José Rivera Reyes는 Mixe 언어로 niiv aa'ts라 부른다. 후일 채집물을 검토할 때, 그는 niiv는 칠레 고추(chili pepper)라는 의미이고, aa'ts는 덩굴이라는 의미임을 알려주었다. 실제로 *Salmea*는 칠레 고추를 생각나게 하는 조미료의 원료이기 때문에 칠리 덩굴(chili vine)로 부른다.

그리고 정보 제공자들은 식물들에 특정 이름을 붙이는 경우가 있지만, 별다른 의미가 없는 경우가 있다. 예를 들면 Mixe 언어로 xoj는 참나무에 붙이는 고유한 명칭으로 더 이상의 의미를 찾을 수 없다. 식물명의 이해와 번역은 민속 식물 분류를 이해하는데 첫걸음임을 명심해야 한다. 언어학에서는 이에 대한 여러 가지 기법이 개발되어 있다.

♣ **지역민들에 의해서 정해진 식물의 생활형:** Mixe의 채집자들은 그들이 수집한 채집물들을 kup(교목), aa'ts(덩굴), tsoots(벼과 식물 형 초본) 그리고 기타, 다른 범주로 구분하였다. 특별한 속에 포함되는 생활형은 다른 정보자들의 의견 또는 분류작업을 통해 확인할 수 있다.

♣ **지역민이 식물을 구분하는데 이용하는 특징:** 지역민들은 일반적으로 식물을 자세히 관찰하지 않는 것 같지만, 민속적인 범주로 다른 식물들과 구별할 수 있는 특징을 찾아낼 수 있다. 이러한 중요한 특징들은 오감 중 하나에 의존하여 구별한다. 즉, 열매의 맛, 잎의 끝 부분의 느낌, 꽃의 색깔, 으깨진 잎의 냄새 그리고 바람에 부딪치는 잎들의 소리 등으로 구분한다.

♣ **식물의 지역 용도와 준비 과정:** 기록된 세부의 양은 민족전통식물학자들의 접근 방법, 야외에서 보내는 시간 그리고 식물의 민속 지식에 대한 자료를 수집할 수 있는 다른 기회 등과 같은 요인들에 의해서 다양해진다. 심층적인 면담이 이루어질 수 있는 집단 내에서 많은 식물의 양을 수집할 때에는 '위장병을 위해 차로 마심'과 같이 짧은 기록만을 남기는 것도 충분하다. 이러한 기록은 채집이 끝난 이후 지역민들과 충분한 대화를 통해 보다 더 자세한 사실들을 탐구할 수 있다. 이 때, 부가적인 만남이 예상할 수 없다면 식물을 채집할 때 가능하면 많은 정보를 얻을 수 있도록 하는 것이 중요하다.

♣ **정보를 주는 사람의 자료:** 연구자는 연구에 같이 참여하는 지역민의 이름, 성, 주거지 그리고 직업 등에 대한 사항을 기록해야 한다. 참여자가 전통적인 치료사, 목수 그리고 산파 등과 같이 식물에 대한 특별한 지식을 가지는 직업을 가지고 있는지 혹은 아닌지에 유의하여야 한다. 지역의 참여자를 선정하는 데에는 인류학적인 기법을 이용하여 적절하게 하여야 한다.

연구자는 채집지에 대한 토양형, 기후 그리고 식생의 천이 단계 등과 같은 생태학적인 특징들에 대해서 민속적인 평가를 수집하는 것이 좋다. 그리고 채집지의 문화적 명칭이나 지리적인 명칭 그리고 주민 생태 등에 대한 것도 기록한다. 예를 들면, José Rivera Reyes는 Totontepec의 아래 지방에 있는 개방되고 상대적으로 평평한 농지에서 많은 정보를 수집을 하였다. Mixe어로 고유명 pa'tm이라 부르는 이 지역은 '검은 흙(ya̲k naak)'과 '온화한 지역(mukojk an it)'으로 특징된다. 일부는 휴경지(kam_tajk)로 남겨두고 다른 부분은 관목성 식생(pejikam)으로 되돌려졌다. José는 여러 차례 pa'tm에서 채집을 하면서 그가 발견한 식물, 기후 그리고 토양형으로 특정 천이 단계를 기록하였다. 이러한 자료들은 일반적으로 식물학자들이 기록하는 채집지에 대한 지리학적인 기록을 더욱 풍부하게 한다.

(5) 표본의 제작과 정리

채집하는 날 마지막 작업으로 야책이나 채집낭에서 사용했던 젖은 신문지를 교체할 수 있는 신문지가 많이 준비되어 있는 장소에 채집물을 옮긴다. 만약 비가 오는 중이나 습도가 높을 때 채집하였다면, 되도록이면 다른 종류들과 섞이지 않도록 식물체를 잘 펴서 널어놓은 다음, 식물체의 표면에서 물기가 마르면 건조된 신문지에 넣어서 압착시킨다. 건조한 지역에서 채집하였다면, 야외에서 식물체가 시들어 신문지나 다른 식물체에 부착되거나 혹은 줄기에 감기지 않도록 하여야 하며 특히, 건조한 방에서 식물체에 물기가 닿지 않도록 조심하여야 한다.

채집하는 장소가 습도가 높은 열대의 오지로써 현장에서 직접 건조시키기 어려운 지역이라면, 압착된 식물들을 건조시킬 수 있을 때까지 아래와 같이 알코올에 보관하여 변질되는 것을 방지한다.

◎ 알코올에 압착된 식물을 보관하는 방법 ◎

압착된 식물을 알코올에 보관할 때에는 보통 식물을 건조시킬 때보다는 야외에서 필요한 장비가 적다. 또한 야외에서 표본을 건조시키는데 기간을 절약할 수 있어서, 채집여행 동안 많은 식물을 채집할 수 있다. 그러므로 식물학자들이 아직 아무도 채집한 바가 없는 먼 지역에 도달함으로써 숲의 여러 지역에서 여러 날 채집할 수 있다.

이러한 장점이 있기는 하지만, 민족전통식물학 프로젝트에서 알코올에 식물을 보관한다는 것은 불편한 점도 많다. 알코올에 젖은 식물과 신문지를 옮기는 일은 쉬운 일이 아니다. 또한, 이 식물들은 완전히 마를 때까지는 손댈 수 없으므로, 야외에서 정보 제공자들에게 그 식물의 용도와 토속 명칭 등에 대한 확인을 할 수가 없다. 특히, 표본을 만드는 마지막 작업을 채집한 나라를 벗어나 한다면, 표본의 부분을 보충할 수 없으므로 후일 우편으로 받아야만 한다. 알코올 처리는 식물체를 어둡고 부서지기 쉬운 표본을 만들므로 식물학자나 혹은 지역민들이 사용하기에 적당하지 않다. 더 나아가 이 식물체는 나중에 화학분석에는 이용할 수 없다.

불가피하게 사용하여야 한다면, 야책에 압착된 식물은 다음과 같은 방법을 사용하여 보관한다(Martin, 1995). 즉, 첫 단계는 보존 용액에 녹지 않도록 유의하여 신문지에 번호를 매기고 새지 않는 비닐 백에 압착표본을 넣는다. 15~20cm 정도의 높이로 쌓은 식물체에 60~70% isopropanol과 ethanol을 넣는다. 실험실에서 사용하는 등급의 알코올은 적당하지 않으며, 오히려 그 지역에서 구할 수 있는 음주용 희석된 알코올은 대용품으로 사용할 만하다. 일부 식물학자들은 적은 양의 초산(필요한 경우, 식초의 형태)이나 포르말린을 더하기도 한다.

보존용액을 보관 백에 잘 넣은 다음 잘 묶고 알코올이 잘 침적되도록 여러 차례 다져준다. 백을 평평하게 보관하고 다음 날부터는 날마다 계속 뒤집어준다. 이러한 작업은 알코올이 재료 전체에 잘 침적될 수 있도록 한다. 백에 구멍이 생기지 않도록 유의를 한다면, 식물체는 건조하기 전 여러 주 혹은 여러 달 이 상태로 보관할 수 있다. 이 방법으로 식물체를 보관할 때에는 매번 확인하여 증발되는 알코올을 보충해 주어야 한다. 건조를 시킬 수 있는 여건이 되어 있는 장소에 도착하면, 보관된 식물체를 압착기에 넣고 정상적으로 건조시킨다. 식물체는 재정리가 어렵고 특히, 건조가 다 된 다음에는 그렇기 때문에 신문지의 구겨진 부분이나 접힌 부분은 건조시키기 전에 잘 편다. 식물체를 압착기에서 빼낼 때에는 정상적인 표본을 꺼낼 때보다 식물체가 더 부스러지기 쉽기 때문에 더욱 더 조심해야 한다.

좋은 표본을 만드는 방법에 대한 여러 가지 방법 중에서 중요하다고 생각되는 점들을 설명하면 다음과 같다. 사실 식물채집에 대해서는 설명서를 읽는 것보다는 직접 만들어 보는 것이 제일 좋다. 가능하다면, 야외 채집을 할 때에 식물학자의 곁에서 배우는 방법이 제일 좋지만, 그 중 염두에 두어야 할 것은 각 표본들이 채집된 식물체의 모든 부위들이 포함될 수 있도록 하여 가능하면 완벽하게 만들어야 한다. 하나나 혹은 두 개의 부본에 꽃이나 열매가 달린 가지를 모두 넣지 말고 다른 부본들도 생식기관이 포함될 수 있도록 한다. 건조해지면 많은 식물들이 줄어드는 것을 예상하여 충분한 양을 신문지에 넣어 건조시킨다. 식물체가 신문지 밖으로 나오지 않도록 하고, 안쪽에는 되도록이면 빈 공간이 없도록 배열한다. 식물체가 작을 때에는 여러 개체를 신문지에 넣고 클 때에는 크기를 줄여야 한다.

잎, 꽃 그리고 다른 식물체 부위가 서로 겹치면 잘 마르지 않기 때문에 곰팡이가 생기거나 색이 바랠 수 있어서, 결국은 건조 표본을 가지고 하는 연구를 어렵게 한다. 만약 일부 겹쳐진 잎을 제거한다면, 그것들이 가지에 어떻게 달려져 있었는지 보여줄 수 있도록 잘라내야 한다. 식물체가 크거나 부피가 있다면, 식물체의 각 부분을 나누어 각기 다른 신문지에 넣어 건조시킨다. 커다란 잎의 경우는 엽두, 엽저 그리고 잎의 전체적인 형태를 보여줄 수 있는 방법으로 접어 건조시킨다.

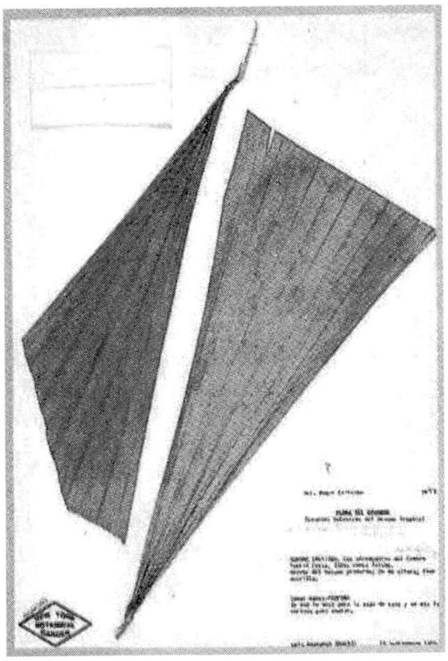

그림 3.13 식물 표본.

식물체는 완전하게 펴서 말려야 하고 표본의 어떤 부위든지 두께가 2~3cm를 넘지 않도록 한다. 이 보다 두꺼운 열매, 뿌리 그리고 줄기들은 잘라 내거나 과도한 조직은 건조가 용이하도록 제거한다. 이러한 조치들은 남은 식물체가 평평하게 압착될 수 있도록 하기 위한 것이다. 긴 줄기는 V자 혹은 N자 형태로 접어 신문지에 잘 들어갈 수 있도록 하는데, 덩굴 식물의 경우 꼬아진 형태를 보여주기 위해서 U자 형태로 만드는 것이 좋다. 식물을 건조시키고 대지에 올릴 때, 적어도 한 면은 볼 수 있도록 해야 한다. 그러므로 나출된 잎과 핀 꽃의 양면 그리고 종단하거나 혹은 횡단한 열매의 양면이 잘 보일 수 있게 한다.

이러한 방법들은 연구자들이 야외에서 발견하는 대부분 식물 종류들을 압착하고 정리하는데 이용할 수 있지만, 선인장, 토란 그리고 야자와 같은 경우는 특별한 기술을 필요로 한다. 이런 종류들은 표본관에 거의 없는데, 이는 야외에서 채집하는 많은 연구자들이 증거 표본들을 만들 수 있는 기술이나 시간을 가지고 있지 못하기 때문이다. 그렇지만, 이 식물들이 문화적으로나 경제적으로 중요한 의미를 가지는 식물들인 경우가 많다. 연구자들이 이런 형태적으로 특이한 표본을 광범위하게 채집한다면, 이 식물들을 어떻게 압착하고 건조시킬 것인가에 대해서 이 방면의 전문가나 전문적인 문헌을 참고하는 것을 추천한다. 일부 지역에서는 아직도 경제적으로 가장 중요한 식물인 야자를 채집하는 방법을 아래에 정리하였다.

야자를 채집하는 방법

야자 종류는 200속에 2,500여 종류가 포함되는 세계적으로 가장 다양한 식물 종류들 중의 한 식물군이다. 아프리카, 아시아 그리고 남아메리카의 일부 지방에서는 이 식물이 식용, 유지용, 섬유용, 건축용 그리고 기타, 다른 생산물의 재료로 활용되고 있기 때문에 아주 중요한 경제 식물군이다(Johnson, 1991).

그림 3.14 야자나무(*Cocos nucifera* L.).

열대 지방에서 널리 분포하고 문화적으로도 중요함에도 불구하고, 세계적으로 야자 식물은 표본관에서 찾기 쉽지 않다. 예를 들면, Michael Balick과 동료들은 브라질령 아마존 유역의 표본관 3 곳에서 야자나무의 표본을 찾았는데, 표본관에 소장된 표본들은 그 지역 종류의 37.5% 정도 밖에 없었다(Balick, 1989). 이는 식물학자들이나 민족전통식물학자들이 야자나무에 관심이 없었다기보다는 보다는 채집하기 어려웠기 때문이다. 야자는 길고 날카로운 잎을 가지고 있어 신문지에 넣어 말리기가 쉽지 않고, 커다란 화서와 열매들도 마찬가지 이다.

식물 채집을 위한 일반적인 지침서에 더해, 야자나무에 대한 전문가들은 다음과 같이 표본을 만든다. 첫째, 부본들을 만들기 위해 여러 장의 신문지가 필요하다. 잎은 크기 때문에 3 조각으로 나누어 각기 다른 신문지에 압착한다. 잎의 꼭지 부분 즉, 엽두에는 소엽들과 또 다른 독특한 특징들이 있다. 잎의 중간 부분은 잎이 갈라진 부분 즉, 우상엽의 크기, 모양 그리고 분포를 보여준다. 줄기에 부착되는 엽저는 종류를 구별할 수 있는 특징들을 가지고 있다. 이외에 꽃자루와 열매자루 같은 식물체의 중요한 부분도 표본으로 만든다.

야자나무의 크기와 줄기의 직경을 측정하고, 이와 더불어 잎, 화서 그리고 열매가지의 전체 길이와 같이 전체를 표본으로 만들 수 없는 부분들의 길이와 폭을 측정한다. 그리고 가능하다면, 잎, 꽃과 열매 줄기, 전체 식물 그리고 생육지 등을 사진으로 남겨 놓는다. 또한, 대표적인 잎의 우상 열편의 수를 조사하면 좋다.

야자는 표본관 채집물로써는 너무 크기 때문에, 표본에서 관찰하기 어려운 외형, 줄기, 엽초, 잎, 화서 그리고 열매 등과 같은 부위들의 특징들에 대하여 광범위한 기록을 남기는 것이 좋다. 야자나무를 구분하는 중요한 특징 중의 하나는 줄기가 하나의 줄기로 구성된 정생 인가 혹은 여러 줄기로 구성된 군생인가 이다. 또한, 잎의 배열, 존속 그리고 수 등도 중요한 특징들이다. 이러한 사항들은 야외 노트에 기록을 하여야 한다. 이렇게 정리된 정보들에 의해서 부가적인 부위 즉, 가시로 덥힌 줄기, 화서의 포 그리고 줄기의 횡단면과 같은 부위들을 수집한다. 추천할 만한 것은 여러 개의 열매들과 꽃들을 나중의 연구를 위하여 알코올에 보관한다.

John Dransfield는 영국 왕립 큐식물원에서 야자부분의 책임자로서 래탠(rattans)으로 알려진 덩굴성 야자류의 전문가이다(Dransfield, 1981, 1988). 이 종류는 남동 아시아, 아프리카 그리고 남아메리카의 일부 지방에서 자라는데, 가구제작 산업에서 재료로 이용되며 비상업적으로도 다양하게 이용된다. Dransfield는 Kinabalu 민족전통식물학 프로젝트(Kinabalu Ethnobotany Project)의 일환으로 1992년 8월에 Kinabalu 공원을 방문하여 지역민들에게 래탠의 증거표본을 제작하는 법을 가르쳤다.

그는 표 3.5에 예시된 채집 장비 이외에 많은 시간을 필요로 한다는 점을 강조하였다. 래탠의 경우, 채집자들은 위에서 언급한 바와 같이 잎의 부분, 화서와 꽃 줄기 뿐만 아니라 각 부분을 위한 두 개의 줄기 즉, 하나는 줄기의 가시 혹은 외부 수피를 보여 주는 것과 다른 하나는 줄기 내부를 보여 주기 위한 것을 채집하여야 한다. 이런 줄기들의 직경이 2~3cm 이하라면, 압착기에서 건조시킬 수 있지만, 크다면 가스스토브 위에서 말려야 한다. 건조기에서 하루를 말린 다음 넓은 줄기의 내부는 꺼내서 버린다. 이는 건조 시간을 줄이기 위한 것이다.

Dransfield는 잎의 꼭지와 엽축에 달린 가시를 채집할 것을 지적하고 있다. 이는 정상적으로는 엽두 혹은 엽저의 일부로 채집되지만, 각 부본을 위해서 잘 발달된 특징적인 가시를 조심하여 채집하여야 한다. 이 부분들은 날카로운 가시를 가지고 있으므로 표본을 압착하기 전에 잘 구부려야 한다. 모든 식물체와 같이 꽃줄기와 열매줄기를 수집할 때에는 완벽한 표본을 만들기 위하여 부가적인 꽃과 열매는 미리 수집해야 한다. 채집물들이 섞이는 것을 막기 위하여, 각 분리된 식물 조각들은 식물체에 채집번호를 직접 쓰거나 혹은 꼬리표에 써서 붙인다.

거의 모든 식물체는 건조기에서 말리지만, 다육성 뿌리, 다습성 줄기 그리고 과일 등은 건조기 밖에서 말린다. 이와 같이 건조기 밖에서 말린 부위들은 압착기에 넣은 채집물과 동일한 채집번호를 매겨 나중에 섞이지 않고 표본을 만들 수 있도록 한다. 표본은 항상 표본관 보관용, 전문가 의뢰용 그리고 야외 참고용 등으로 다양하게 이용되어야 하므로 부본들을 충분하게 만든다. 대개 4~5개 부본 표본들을 만드는데, 이 중 하나는 지역 참고용, 다른 하나는 전문가용, 또 다른 하나는 지역 표본관용 그리고 다른 두 점은 국내 주요 표본관과 국제 표본관용으로 한다. 연구자가 하나의 표본관 이상에서 지원을 받았거나 전문가 혹은 참고 표본으로 한 개 이상의 표본이 필요하다면, 더 많은 부본들이 필요할 것이다. 야외 노트에 기록을 할 때, 각 채집번호 아래에 해당 종류의 부본 표본의 번호를 기록하는데, 이는 정확한 라벨을 만들 때 시간과 종이의 낭비를 막을 것이다.

표본을 위한 완전한 채집물이 만들어졌다면, 신문지에 지워지지 않는 잉크를 이용하여 채집번호를 적는다, 이 번호는 신문지를 오른쪽에서 펼친다는 것을 염두에 두고 일반적으로 오른쪽 하단에 적는다. 다른 지역에서 채집을 하더라도 항상 이렇게 번호를 매기면 표본의 수를 세거나 순서대로 정리하는데 훨씬 쉬울 것이다. 여러 협력자들이 함께하는 프로젝트라면, 각 채집자들의 머리글자를 번호 앞에 적는다.

(6) 식물체의 압착

채집된 식물을 잘 정리하고 각각 신문지에 번호들을 썼다면, 채집물들을 압착 틀에 넣는다. 대개 압착 틀은 3~4개 부분으로 구성되어 있다. 즉, 첫째, 압착 판은 채집물을 단단하게 누르고 사각형으로 잘 압착되도록 한다. 둘째, 끈은 압착기를 단단히 묶는 역할을 한다. 셋째, 통풍 판은 뜨거운 공기가 통과하도록 한다. 넷째, 압지는 식물체로 붙어 수분을 흡수하고 통풍 판을 보호한다. 필요하다면 압착 틀은 현지에서 만들 수 있다. 즉, 압착 판은 주변의 판자를 붙여 만들 수 있고, 골판지는 헌 박스를 이용하여 만들 수 있으며 전체 압착 틀은 끈으로 매면 된다. 이러한 간단한 압착 틀도 만들기 어렵다면 압착된 식물들을 여러 장의 신문지로 싸고 무거운 물건으로 눌러준다. 이때에는 눌러진 식물들이 서서히 마르므로 날마다 신문지를 갈아 주어야 한다.

자금이 가능하다면 좋은 압착 틀을 구입하는 것이 좋다. 가장 좋은 압착 판은 참나무로 만들어진 것으로 끈이 잘 묶일 수 있는 것이면 된다. 끈도 낙하산에 이용되는 것과 비슷한 질이면 좋다. 이는 나일론으로 만들어져 쉽게 묶을 수 있고, 압착 판을 적정하게 압착해주며, 빠르게 풀 수 있다. 가장 좋은 통풍 판은 두꺼운 골판시 혹은 골이 파진 알루미늄 판으로 만든 것이다. 통풍 판을 주문할 때에는 뜨거운 공기가 압착기를 잘 통과할 수 있도록 골의 넓이를 잘 고려해야 한다. 적당한 두께의 압지와 다른 건조에 도움을 주는 것들은 생물학 기기 전문 회사에서 구입을 하면 된다.

이런 물건들이 준비가 되고 식물이 정리되었다면 압착을 시작한다. 먼저 끈을 나란히 바닥에 놓고 그 위에 압착 판과 통풍 판 그리고 압지와 채집물이 든 신문지 순으로 올려놓는다. 이러한 방법으로 계속하여 채집번호 순서대로 채집물을 올려놓는데, 가능하면 유사 종류들끼리 모아지도록 한다. 채집물이 모두 올려졌으면 두 번째 압착 판을 올리고 끈을 올려 잘 묶는다(그림 3.15).

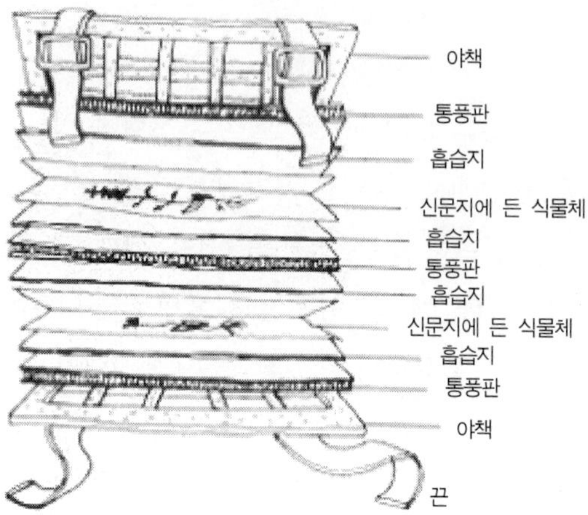

그림 3.15 식물 표본 누르기.

이 때, 경험이 있는 식물학자들은 압착이 잘 될 수 있도록 여러 가지 점을 조언할 것이다. 특히, 압착 판을 묶을 때 위에서 잘 눌러 본 다음 한쪽으로 기울지 않도록 해야 한다. 만약 한쪽으로 기울거나 혹은 눌렀던 채집물이 옆으로 나오면, 표본의 두께를 고려하여 신문지에 배치해 가며 채집물들을 쌓아가고 모서리 부분에 골판지나 여분의 신문지를 접어 넣어 주어, 쌓았을 때 무너지거나 옆으로 나오지 않도록 주의를 해야 한다. 또한, 묶을 때에도 끈들이 나란히 균형을 잃지 않고 묶일 수 있도록 유의하여야 한다. 이렇게 처리를 하여야 식물체의 일부가 상하거나 색깔이 변하지 않는 좋은 표본을 만들 수 있다.

(7) 식물체의 건조

어떤 사람들은 압착된 표본을 개방된 곳이나 햇볕이 있는 곳에서 날마다 신문과 압착 지를 교환해 주며 건조시킨다. 이런 작업은 식물이 천천히 마르기 때문에 매우 지루하므로 대부분의 식물학자들은 식물 건조기에 압착 틀을 넣는 것을 선호한다. 건조기는 열을 내는 기구와 철망으로 만들어진 평행 틀로 만들어진 목재 박스이다. 틀은 열원의 위에 놓아 압착 틀을 그 위에 놓을 수 있게 되어 있으므로 식물이 불에 타지 않도록 한다. Kinablu 민족전통식물학 프로젝트에서 사용한 건조기가 그림 3.16에 예시되어 있다(Martin, 1995).

건조기에서의 작업은 아주 간단하다. 식물이 가득한 압착 틀을 건조기의 안쪽에 있는 평행 틀 위에 놓는다. 압착 틀이 막지 못한 철망 부분은 열의 손실을 막기 위해서 압지나 신문지로 막는다. 시원한 공기들은 건조기의 밑 부분에 있는 환기 구멍을 따라 들어와 열원에 의해서 덥혀져서 압착 틀의 통풍 판을 통해 위로 올라가면서 식물에 있는 수분을 말린다. 결국, 뜨거운 공기는 건조기 위로 나간다.

열원은 다양한 종류를 이용할 수 있으므로 야외에서 안전하고 효율적이며 쉽게 활용할 수 있는 종류로 선택한다. 열원으로 100W 전구를 사용하면 저렴하고 좋은데 전류를 이용할 수 있는지가 문제이다. 부탄

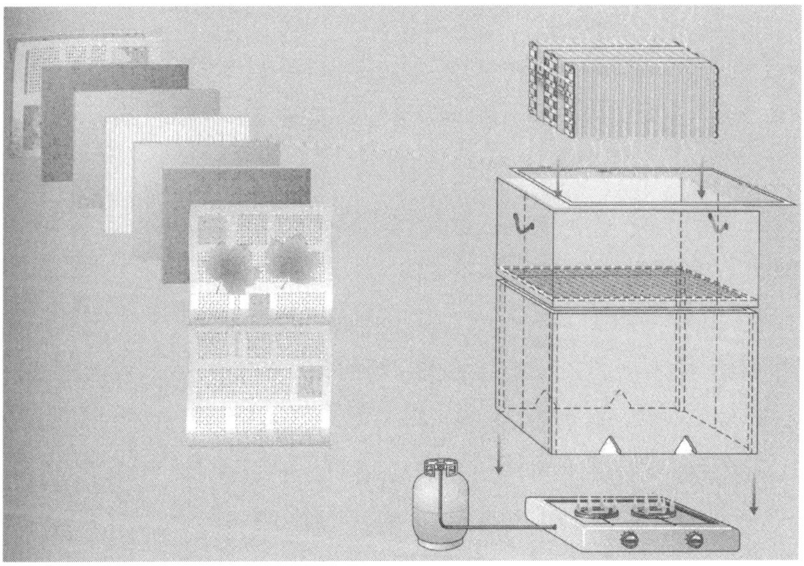

그림 3.16 Kinabalu 민족전통식물학 프로젝트에서 사용한 건조기의 개념도. 압착판은 0.5인치 두께의 합판으로, 압착 틀은 1 × 1 인치 두께의 단단한 나무로 만들었다. 전체 건조기는 얇은 철판으로 싸고 삼각형의 통풍 구멍을 밑면에 만들었다. 건조기 안에 나무틀을 두른 철망은 압착 틀을 열원에 떨어지지 않게 하고, 특히 건조된 식물부분들이 유실되지 않도록 한다.

가스나 프로판 가스를 사용하는 가스 스토브는 통을 자주 재충전하여야 한다. 등유 히터는 세계 어느 곳에서나 연료 공급이 쉬워서 보통 많이 이용한다. 이외에도 석탄 난로, 태양열 히터 그리고 전자파 오븐 등 다른 여러 종류의 열원을 이용하기도 한다.

건조기는 특별 주문을 해서 만들어야 할 것이다. 건조기의 넓이는 압착 틀이 쉽게 들어갈 수 있도록 충분히 넓어야 하고 열원과 평형 틀 사이는 한 개 이상의 압착 틀을 넣을 수 있을 만큼 충분한 길이로 제작하는 것이 좋다. 건조기의 크기와 재료는 얼마나 멀리 채집을 가느냐 하고 얼마나 오랜 동안 이용할 것인가 그리고 얼마나 큰 압착 틀을 사용할 것인가에 달려 있다. 소수의 채집물이 나오는 짧은 기간 프로젝트에 참여하는 민족전통식물학자들은 소형의 휴대형 건조기를 이용한다. 프로젝트가 집단, 생물학 연구소 혹은 기타 연구 기관에서 이루어진다면 프로젝트가 끝나더라도 다른 사람들이 이용할 수 있기 때문에 크고 단단하며 영구적인 건조기를 제작한다. 모서리를 연결할 수 있는 4장의 두꺼운 섬유성 판을 이용한다면, 쉽게 이동시킬 수 있는 가벼운 무게의 건조기를 만들 수 있다. 철판으로 겉을 두르면 열의 강도를 높여 건조능력을 높인다.

건조기를 만들 때에는 식물이 잘 건조되는지 조사해 보는 것이 좋다. 식물이 갈색으로 변하거나 타는 것과 같이 보이면 열의 강도를 줄이거나 혹은 압착 틀을 열원으로부터 위로 더 올려야 한다. 식물이 녹거나 혹은 요리되는 것처럼 보일 때에는 건조기의 통풍성을 높인다. 이것은 건조기의 밑에 있는 삼각형 구멍을 조절하거나 뜨거운 공기가 위로 잘 빠져 나가도록 하여 조절한다. 식물체가 하루가 지나도 녹색으로 있거나 유연하면 열이 충분하지 않거나 통풍이 너무 많이 되기 때문이므로 식물체를 건조하기 전에 뜨거운 공기가 빠져 나갈 수 있도록 한다.

때때로 건조기에는 문제가 없는데 압착 틀에 문제가 있을 수 있으므로, 수시로 압지의 상태를 점검 한다. 통풍지의 골이 막혀서 뜨거운 공기가 잘 통하지 못하여 식물체가 변질될 수 있다. 식물체를 얼마나 오랜 동안 건조기에 놓아두어야 하나? 이 대답은 물론 건조기와 압착 틀의 질이나 채집된 식물의 다육성 정도에 따라 달라진다. 좋은 장비라면, 초본이나 벼과 식물 종류는 24시간 내에 건조된다. 두꺼운 잎, 다육질의 과일 그리고 다수의 화피성 꽃 등은 좀 더 시간이 걸린다. 선인장, 난초 그리고 이와 비슷한 다육성의 식물들은 여러 날이 걸린다. 줄기 속의 다육성 조직을 파내는 것과 같은 특별한 기술은 이러한 표본들의 건조 시간을 줄여 준다.

건조기 안의 압착 틀은 매 12시간마다 돌려놓아 양쪽이 다 잘 건조되도록 한다. 또한, 날마다 압착 틀을 열어 건조된 표본들은 꺼내고 아직 마르지 않은 표본들은 더 말린다. 식물이 건조되었는지는 간단한 실험으로 알아 낼 수 있다. 잎이나 꽃을 구부렸을 때, 뚝 끊어지면 잘 건조된 것이고, 휘어지면 아직 건조가 덜 된 것이다. 과일이나 열매는 만졌을 때, 단단해야 하고 말랑거리면 건조가 덜 된 것이다. 경험이 조금이라도 있는 채집자는 눈으로 확인을 하여도 건조 상태를 알 수 있지만, 두꺼운 잎이나 꽃은 때때로 직접 만져 보고 판단한다.

압착 틀에서 식물을 꺼낼 때에는 채집번호가 같은 모든 부본들은 한 묶음으로 만든 다음 유실을 막기 위하여 신문지로 싼 후 묶는다. 이 때 분리하여 건조시킨 열매나 다른 식물 기관들은 채집 번호를 일치시켜 각각의 부본에 넣는다. 묶음들은 곤충이나 습기로부터 보호하기 위하여 비닐 백에 넣어 밀봉한다. 습도가 높은 지역에서는 건조된 식물들을 습기로부터 보호하기 위하여 약한 열기를 내는 건조기의 상부에 박스에 넣어 보관하기도 한다.

(8) 표본에 라벨 붙이기

야외 작업이나 채집 여행 이후에는 채집물에 라벨을 붙이는 일이 남아 있다. 라벨에는 특별한 표본의 경우 야외 노트에 기록되어 있는 정보들을 포함시켜야 한다. 건조된 표본을 표본관에서 대지에 올릴 때, 라벨은 대지의 오른쪽 하단부 모서리에 붙인다. 라벨에는 다른 연구자들이 그 식물에 대해서 알고자 하는 기본적인 정보 즉, 학명, 언제 어디서 채집했는지, 야외에서는 어떻게 보였는지 그리고 채집자의 이름과 채집 번호 등이 기록되어야 한다(그림 3.17).

그림 3.17 식물 표본의 라벨(label).

야외 노트에서 라벨로 정보를 옮기는 가장 효율적인 방법은 채집자가 라벨에 넣고자 하는 정보를 가장 잘 넣을 수 있는 형태로 만들어진 컴퓨터용 데이터베이스를 만드는 것이다. 데이터베이스는 채집물의 동정에 대한 기록을 매번 새롭게 할 수 있는 장점도 제공할 것이고, 특정 종류나 지역의 표본을 빠르게 찾을 수 있게 한다. 만약 컴퓨터가 없다면, 라벨을 손으로 쓰거나 타이프라이터로 쳐야 하는데, 채집물이 많을 경우 이는 매우 지루한 일이 될 것이다.

야외 노트에 축약되어 기록된 어휘들은 라벨에 쓸 때 풀어서 써야 한다. 채집자의 이름은 성과 이름 모두를 완전하게 써야 하며, 약칭으로 써도 되지만 특히, 두 개의 성을 쓰는 라틴 아메리카에서는 이를 전부 써야 한다. 다음 3명의 가공 채집자를 보자. José López Ruiz, Juan López Rodríguez와 Josefina López Ramos의 경우 채집자의 이름을 J. López R.로 쓴다면 식물을 채집한 사람을 혼동할 것이다.

채집 일자도 애매모호한 것이 없이 완전하게 적어야 한다. 많은 나라에서 6/5/92는 1992년 5월 6일을 뜻하지만, 미국에서는 1992년 6월 5일을 의미한다. 특히, 표본관에서 표본을 수집하기 시작한 이래 2세기가 넘었으므로 92같은 경우도 1792, 1892 혹은 1992인지 정확하게 적어야 한다. 컴퓨터 데이터베이스에 날짜를 넣을 때, 일부 연구자들은 년/월/일로 쓴다. 예를 들면, 1992년 5월 6일은 92/5/6으로 쓰는데, 이것이 일자에 따라 채집물의 분류할 때 일을 간편하게 해준다.

라벨을 컴퓨터 프린터나 타이프라이터로 만들 때, 오랜 세월 동안 보존될 수 있는 것인지 확인하여야 한다. 즉, 라벨의 종이는 질이 좋은 무산지를 이용하고 잉크 또한 영구적인 것을 사용하도록 한다. 무산지의 경우 표준 규격의 것을 사면, 장당 6~8장의 라벨을 찍어 낼 수 있다. 대개의 리본 잉크는 안정적이지만, 일부 레이저 프린트, 복사지 그리고 테이프 리본은 시간이 지나면서 인쇄 내용이 사라질 수 있다. 채집 라벨에 더해서, 연구자들은 표본에 기록된 부적절하거나 불완전한 학명을 고치기 위하여 조그마한 주석라벨을 단다. 주석라벨은 표본의 일부분을 식물화학적 분석이나 해부학적 분석을 위하여 제거하였을 때, 표본이 생태학적 혹은 민족전통식물학적 연구의 증거일 때 그리고 부가적인 재료가 다른 박스나 알고올 채집으로 저장되어 있는 경우 등에 이용한다.

표본이 민족전통식물학적인 증거라는 점을 밝히는 것은 중요한 일이기는 하지만, 라벨에 세부적인 민족전통식물학적인 정보를 기록하는 것에 대해서는 다양한 의견이 있다. 민족전통식물학들이 식물의 용도나 이름에 대한 정보를 찾을 때 표본관의 라벨을 언급한다는 사실을 지적하는 연구자들은 민족전통식물학 데이터베이스에 포함된 모든 정보를 완벽하게 기록하여야 한다고 하지만, 다른 이들은 세부적인 민족전통식물학적 정보가 포함되어 있는 출판물에 대한 작은 주석 표를 달아야 한다고 한다. 또한, 연구자들은 식물의 지역명을 정확하게 쓰는 것뿐만 아니라 용도의 문화적인 배경을 완전하게 이해할 수 있도록 출판물을 참고해야 하는 것에 대해서도 의견이 분분하다.

라벨을 인쇄하고 자르고 나서, 표본이 들어 있는 대지에 넣는다. 라벨을 식물과 함께 넣을 때, 정보에 대하여 점검을 할 필요가 있다. 즉,

채집번호와 학명이 표본과 일치하는지 점검하는데 유의하여야 한다. 이러한 작업은 표본관 작업자가 발견하기 어려운 번호체계에서의 오류를 바로잡을 수 있는 절호의 기회이다. 이 때, 불완전한 표본을 발견하면, 채집번호를 찾아 같은 묶음이었던 다른 채집물로부터 꽃, 열매 그리고 잎들을 보충하여야 한다.

(9) 동정을 위한 표본의 분배

라벨을 넣을 때, 부본들은 다양한 기관과 용도 즉, 채집국가의 연구 기관용, 또 다른 연구 기관용, 전문가에 의해서 결정되어야 할 것 그리고 채집지에서 참고표본으로 활용될 것 등으로 분리하여 정리 한다.

표본들을 정리하였다면, 각 기관으로 보내질 모든 표본들의 채집번호 목록을 만든다. 동정을 하고 특정 식물들이 어디서 채집되었는지에 관심이 있는 동료들이 필요로 하는 표본들은 채집자가 표본이 보관된 곳을 알고 있는 것이 좋다. 참고로 많은 과학 학술 잡지에서는 민족전통식물학적 정보에 채집자, 채집번호 그리고 채집지에 대한 것을 기록하길 바란다.

부본들을 묶음 별로 나누었으면 각 기관 별로 보내질 표본의 숫자들을 기록한다. 많은 양의 채집물을 보낼 때에는 10 단위로 묶음을 정리하는 것이 정확하게 숫자를 파악하는데 도움이 된다. 숫자를 파악한 묶음들은 신문지로 완전하게 포장하여 묶는 다음, 표본을 받을 연구기관의 명칭과 표본의 수를 전체 묶음에 기록한다.

이 때 단단히 묶은 표본들을 24시간 동안 식물 건조기의 옆에 놓아 건조 시키는 것이 좋다. 이는 운송하고 저장하는 동안 곤충으로부터의 파괴와 습기를 막기 위함이다. 건조를 시킨 다음 표본들을 비닐 백에 넣어 싼 후 박스에 넣는데 빈 공간은 구긴 신문지 같은 완충물로 채운다.

테이프로 밀봉하기 전에 보내는 사람의 주소와 이름 그리고 받는 기관의 주소와 이름을 적은 운송표를 넣고 목적지와 반송 주소를 박스의 외부에 깨끗하고 명확하게 적는다. 운송표에는 보내지는 표본의 수, 채집지, 운송되는 박스의 수 그리고 같은 채집물의 부본들을 받는 다른 표본관들을 적어 넣는다. 채집물은 민족전통식물학적인 증거표본이며,

채집물이 알코올 처리와 같은 특별한 처리를 받았다면 그 내용을 명시하여야 한다.

(10) 알코올 표본의 제작

민족전통식물학적인 증거표본을 만드는 가장 좋은 방법은 생식 기관이 있는 식물 표본을 압착, 건조시키는 것이다. 일부 경우에서는, 이러한 방법을 이용하는 것이 불가능 할 것이다. 시장에서 판매되는 음식물의 목록을 만들 때, 생식기관을 갖춘 표본을 만들기 어려울 것이다. 대신에, 과일, 열매, 뿌리, 엽상 줄기 그리고 꽃 등을 채집할 수 있다. 이 식물 기관들의 일부는 압착할 수 있지만, 다른 것들은 종이 백에 넣어 건조시키거나 표본을 보관할 병에 액침하여 보관할 수도 있다. 액침 표본을 만들 때에는 대개 90~100% 알코올을 이용하지만, 경우에 따라서 달리 만들어 사용한다. 영국의 왕립 큐 식물원에서 이용하는 표본 보관법과 식물 채집의 기법에 대한 "표본관 편람(Herbarium handbook)" 에서는 다음과 같이 제안하고 있다.

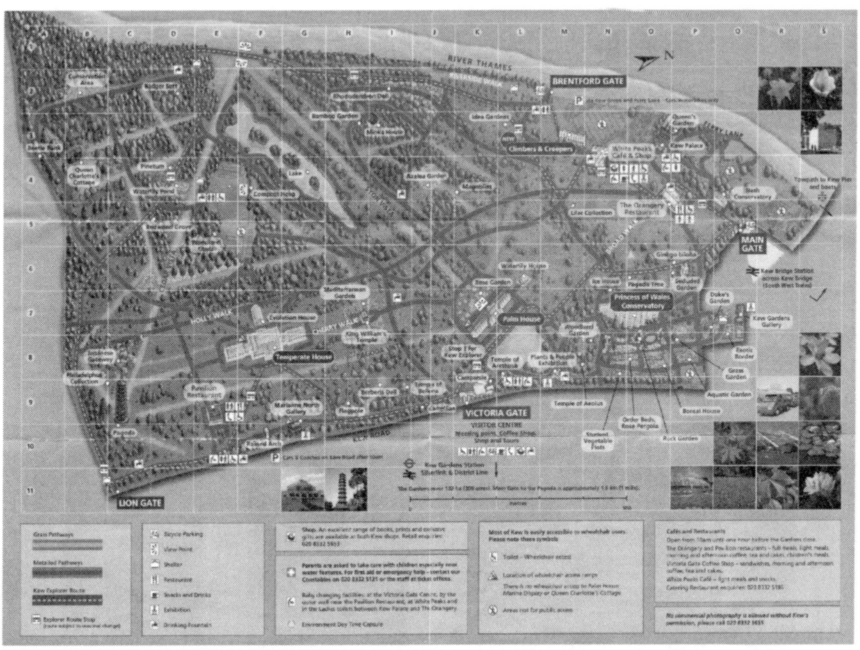

그림 3.18 영국의 왕립 큐 식물원(Royal Botanic gardens, Kew).

'큐(Kew)에서 이용하는 보존 방법은 53% 메틸알코올(에탄올 + 9%물 + 2~4% 메탄올), 37% 물, 5% 포르말린 그리고 5% 글리세롤의 혼합물이다. 이 용액은 만들 때 아주 천천히 저으면서 만드는데 따뜻해진다. 다른 용액은 70% 알코올, 29% 물 그리고 1% 글리세롤로 만들거나 FAA(포르말린, 공업용 메틸알코올 그리고 초산)으로 만드는데 이 경우 표본이 잘 부서지기 쉽다. 알코올은 불이 쉽게 붙으므로 조심하여야 하고, 포르말린은 유독하기 때문에 조심하여 다루어야 한다. 이 용액을 다루고 난 이후에는 손을 깨끗하게 씻어야 하며, 용액의 냄새를 직접 맡거나 기화되는 냄새도 맡아서는 안 되고, 보호경을 쓰는 것이 좋다.'

식물 재료를 보존병에 넣고 보존 용액을 식물체가 충분히 잠기도록 넣는다. 영구 잉크로 쓴 라벨을 보존병에 넣거나 보존병의 겉 표본에 붙인다. 라벨에는 정상적인 표본에 들어가는 모든 정보를 써 넣어야 한다(그림 3.19). 보존병은 보존액이 휘발되지 않도록 잘 잠가놓아야 하고 보존액의 양을 매달 점검하여야 한다.

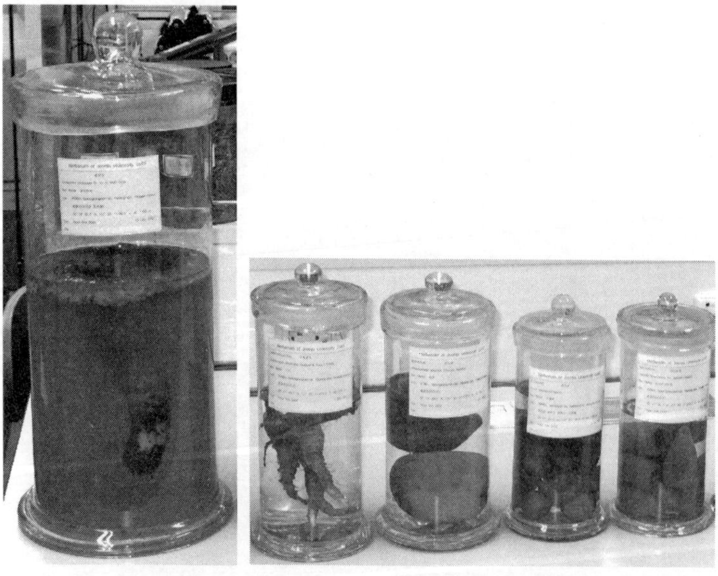

그림 3.19 식물의 액침표본.

액침표본은 부피가 크고 무거우며 유독할 뿐만 아니라 제작하기에 비싸다. 하지만, 액침된 열매나 꽃은 식물학적으로 정확한 기재와 예시를 하여야 하는 분류학자들이나 삽화가들에게는 더할 나위 없이 좋은 자료로 활용된다. 또한, 이러한 채집물은 민족전통식물학적 야외 조사에서 소품으로 활용될 수 있다. 즉, 비록 식물 기관들의 색은 변하지만, 모양은 그대로 유지되기 때문에 지역민들이 이들을 구별하기는 어렵지 않다.

모든 표본관에서 액침표본의 보존은 쉬운 일이 아니다. 표본관에 액침표본을 보내기 전에 표본관의 관리자에게 액침표본을 잘 보존할 수 있는지 먼저 문의하여야 한다.

(11) 목재와 수피의 채집

목재는 특별한 공예품에 이용된 종류를 파악하기 위하여, 알려지지 않은 나무의 목재에 대한 정보를 기록하기 위하여 그리고 목재로써 잠재적인 가치가 높은 종류의 연구를 위하여 채집한다. 수피의 채집은 증거표본의 가치를 더하지만, 궁극적으로는 동정에 도움을 받기 위하여 채집한다.

목재의 동정과 연구에는 기술과 경험이 필요하다. 재료는 이를 보존하고 모으는 특정 기관이 있고 재료를 받기 원하는 증명된 식물 해부학자에게 보내야 한다. 이전에 연구되지 않은 목재의 질과 구조에 대해 기록을 할 때에는, 생식기관이 있는 완전한 증거 표본을 만들어야 하고, 수피가 있는 성숙한 나무에서 채집한다. 특히, 충분히 오래되어 심재가 있는 것이 좋다. 벌채된 나무가 없다면, 그림 3.20과 같이 줄기에서 조심스럽게 잘라낸다. 이것마저도 여의치 않으면, 여러 해 묵은 줄기를 잘라 채집한다.

공예품으로부터 목재를 채집하려면, 공예품의 기능이나 아름다움이 손상되지 않도록 조심하여야 한다. 손상되거나 버려진 공예품이 동일한 재료로 만들어졌다면, 이로부터 목재를 얻도록 한다. 가장 좋은 방법은 해당 공예품을 제작한 사람과 함께 야외에서 채집하는 것이다. 지역의 전문가와 함께 야외에서 채집을 하면, 부수적으로 목재를 어떻게 다루는

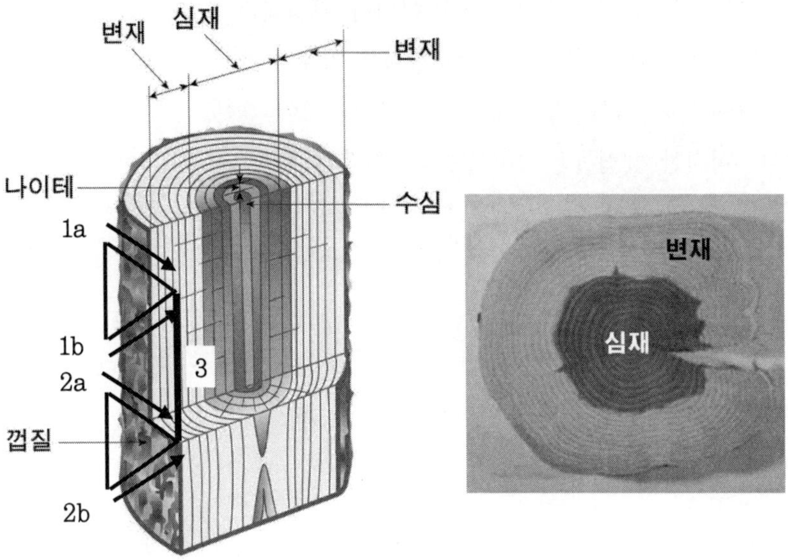

그림 3.20 Ben J. H. ter Welle가 제시한 교목의 줄기와 가지로부터 목재 재료를 채취하는 방법. 그림과 같이 먼저 채취할 목재의 위와 아래에 1a, 1b, 2a 그리고 2b로 번호가 붙은 삼각형의 조각을 떼어낸다. 이 후 3번 목재를 줄기로부터 떼어낸다. 이 방법으로 채취하면 대부분 나무는 죽지 않는다(Martin, 1995).

지 즉, 언제 어느 곳에서 목재를 채취하며, 어떻게 목재를 건조시키고, 어떤 방법으로 공예품을 만드는지 전 과정에 대해서 자세하게 알아 낼 수 있다. 이는 동정을 용이하게 하는 증거표본도 채집할 수 있게 한다.

네덜란드의 목재 해부학자인 Ben J. H. Welle는 수피와 목재를 어떻게 채집해야 하는지를 잘 보여주고 있다(Welle, 1989). 수피 표본을 아주 간단하게 만들 수 있다. 수피가 두껍지 않다면, 1.5 × 1.5 × 1.5cm 정도의 크기면 충분하다. 이 때 나무의 형성층이 부가적인 정보를 줄 수 있으므로 작은 조각의 목재를 포함하는 것이 좋다. 채집된 재료는 70% 알코올이나 FAA에 보관한다.

목재의 재료는 성숙한 나무를 대상으로 12 × 8 × 4cm 정도의 두께이면 충분하다. 교목, 관목 그리고 목본성 줄기를 가진 초본 등은 줄기의 두께가 12cm 정도이면 충분하며, 덩굴 식물도 이와 같은 정도이면 충분하다. 가능하다면, 땅 근처의 줄기와 잎이 많이 달린 줄기를 모두 채집하는 것이 바람직하다.

목재의 재료는 특별한 제약이 없이 보관하여도 된다. 즉, 태양열이나 다양한 스토브에서 건조시켜도 되지만, 빠르게 건조 시켜서는 안 된다. 균류는 재료가 젖어 있거나 녹색일 때만 공격을 하기 때문에, 잘 건조된 목재에 대한 균류의 공격도 걱정할 필요가 없다.

(12) 생체 표본의 제작

대부분의 경우 증거 표본을 만들 때 식물체는 죽지만, 특별한 목적을 위해서는 살아 있는 표본을 만들어야 할 수도 있다. 식물에서 살아있는 재료를 모든 유전물질로 정의하는 식물 생식질(plant germplasm)이라 한다. 실제로 대개의 연구자들이 이 용어를 식물 종을 번식시킬 수 있는 씨, 줄기 조각, 괴경, 잎 조직의 일부와 같은 다양한 식물 기관에 적용을 한다.

생식질은 민족전통식물학적인 연구 기간 동안 채집할 수 있다. 즉, 1) 식물원의 채집물을 확보하기 위하여, 2) 위기 식물의 보존을 위하여, 3) 식물 재배를 활성화시키기 위한 화훼나 농업적 실험용 재료 공급을 위하여, 4) 작물이나 경제적으로 중요한 식물 그리고 이와 연관된 분류군들의 다양성을 보존하기 위하여, 5) 해당 식물을 재배하기 바라는 다른 집단에게 분배하기 위하여 생체 표본을 채집할 수 있다.

이러한 목적들을 잘 달성하려면, 생식질 센터, 식물원, 농업실험 포장 그리고 다른 기관에 소속된 연구자들과의 원만한 협조가 필요하다. 증거 표본을 채집할 때에는 협력 기관에 표본을 보내기 전에 재료를 여러 달 저장할 수 있다. 그러나 살아 있는 표본의 경우는 어렵다. 적절하게 보존을 하지 않으면, 씨앗은 죽을 것이고, 신선한 조직은 상할 것이며, 잘라낸 부위는 마를 것이다. 생체 재료를 수집하기 전에 채집물을 어떻게 운송할 것인지에 대해서 받는 기관과 협력 연구자에게 수집되는 각 종류들을 어떻게 채집하며, 정리해야 하는 지에 대하여 미리 논의를 해야 한다. 국가 간에 생체 수집물의 이송에는 특별한 허가가 필요함을 특히 주의하여야 한다.

단순히 전시목적으로 식물원에서 생체 표본을 수집할 때에는 일이 간단하다. 즉, 씨, 삽목 혹은 전체 식물을 수집하여 이를 필요로 하는 사람에게 보내고, 동정을 용이하게 하고 수집물의 영구적인 기록을 위하여 증거표본을 만든다.

다른 용도를 위하여 생체 표본을 채취할 때에는 종의 유전적 다양성에 유의하여야 한다. 생식질을 채집하는 연구자들은 특정 작물이나 이와 연관된 야생 종류에 초점을 맞추며 광범위한 지역 즉, 특정 식물의 기원과 다양성 중심에서 가능한 한 많은 지역 개체군을 수집하려고 여행을 한다. 이와 반면에 보존론자들은 그들이 보호하고자 하는 종류의 생육범위 내에서 개체군을 찾는다.

자원식물 목록을 만드는데 함께 일을 하는 지역민들과 민족전통식물학자들은 간혹 생식질을 광범위하게 수집할 수 있는 기회와 특정 종이 생육하는 지리적인 전 범위를 방문할 기회를 얻을 수 있다. 하지만, 일반적으로 지역민들은 단지 몇 시간이나 며칠 동안 자신들을 방문하는 연구자들에게는 유용하지 않은 자료와 재료들을 제공하기 때문에, 식물의 유전적 변이성에 대한 연구들은 다양하게 이루어지지 못하고 있다. 일반적으로 생식질 탐사는 주로 주요 탐사로부터 가까운 거리에서 수행되거나 혹은 하나의 특정 지역에서 이루어지지만, 민족전통식물학자들과 지역의 협력자들은 먼 거리에 위치한 지역에 방문할 수 있으며, 이전에 채집하지 못한 개체군을 발견할 수도 있어서, 지역의 변종들과 이와 연관된 야생 종류 그리고 다른 관심이 있는 종류들을 완벽하게 채집할 수 있다. 민족전통식물학 목록에는 각 식물 개체군과 연관이 있는 환경 지표들과 농사 사항 등이 자세하게 기록된다. 채집은 연중 이루어지므로, 씨, 괴경 그리고 다른 식물기관을 가장 성숙할 시기에 수집할 수 있다. 목록이 수년 동안 계속된다면, 특별히 관심이 있는 채집은 반복될 것이다.

민족전통식물학자들은 질 좋은 생식질을 수집할 수 있고 전문가들에게 보낼 수도 있다. 지역의 민족전통식물학적 분류의 관점에서 보면, 대개의 작물성 식물들은 지나치게 분화되어 있다. 즉, 총체적으로는 하나의 과학적 종에 속하지만, 많은 변종으로 분리되어 있다. 식물분류학자들은 이러한 변종들의 동정을 오로지 종 수준에서만 하지만, 작물에 대해 특별한 지식을 가지고 있는 농학자들은 보다 더 자세하게 분류한다. 그들은 각 변종들과 연관된 기원, 지리적인 분포 그리고 농사와 관련된 사항 등에 대한 가치 있는 정보를 제공한다.

표본의 수집에 대한 정확한 방법은 생체표본을 다루는 기관의 대표자와 논의를 하여야 한다(Chapman, 1989). 최소한 각 개체군에서 무작위적으로 10~50개 식물로부터 재료를 수집한다. 생식질의 완벽한 수집을 위하여, 각각의 종류마다 여러 개의 표본을 수집한다. 개체군 재료는 다양한 다음과 같은 요소들을 감안하여 각 종으로 판단한다.

♣ **민속 변종:** 전통적인 농부들은 관련된 야생 종류를 포함하기도 하는 작물의 지역 변이와 다른 재배 식물들을 명명한다. 같은 작물의 다른 재배종으로부터 어떻게 분화되었는지를 보여주기 위하여 각 민속 변종들을 수집한다.

♣ **집단의 생태지역:** 동일한 변종들이 지역민들에 의해서 인식된 여러 다른 위치나 기후대에서 자랄 수 있다. 예를 들면, Chinantec에서 자라는 하얀 옥수수의 변종은 뜨겁고 건조한 목장지역, 습기가 많은 숲의 트여진 경사면의 건조하고 온화한 지역 그리고 뜨겁고 습한 낮은 지역 등에서 자란다. 이런 변종들은 비록 지역명이 같지만, 수집되어야 한다.

♣ **지역의 농사:** 작물 중에는 경작 지역에 심어지는 재배종이 있지만, 다른 것들은 새롭게 정리된 지역에 자라는 것들이 있을 수 있다. 일부 전통적인 변종들은 집의 정원, 혼작되거나 혹은 재배지에 베지 않고 놓아두어 유지될 수 있다. 지역민들과 이들이 농사에 어떻게 쓰이는지에 대한 논의를 한 이후 각기 다른 양상으로 자라는 변종들을 수집한다.

♣ **지역 개체군의 문화적 다양성:** 집단이 하나의 인종으로 구성되어 있을 때에도, 사회적 구성이 다른 소집단에 따라 재배되는 변종들이 다를 수 있다. 이런 현상의 원인은 일부는 농부들이 이용하는 농사법이나 혹은 이들의 농토가 독특한 생태지구를 가지고 있어서 나온 결과일 수 있고, 다른 원인들은 동일 종족 간에 씨앗이나 괴경을 공유하거나 재배종을 세대를 걸쳐 전해 주는 것과 관련이 있을 수 있다.

2. 민족전통식물학 참고 표본의 준비

많은 식물학자들은 수집한 종류에 대한 용도와 처리, 분류에 대한 정보를 유도하기 위하여 혹은 야외에서 사용하기 위하여 표본의 부본을 준비한다(Hays, 1976). 가로와 세로가 30 × 40cm 인 표본관의 표본은 대개 야외에서 사용하기에 너무 크다. 해당 종의 특징을 잘 나타내는 표본을 노트 크기인 20 × 25cm 정도의 크기로 준비한다면 적당할 것이다. 이 정도의 크기라면 일반 대지를 반으로 자르면 2장을 얻을 수 있다.

표본을 만드는 데는 시간과 세심한 주의가 필요하다. 건조하고 압착된 식물체는 무엇보다 먼저 모든 식물체가 대지 밖으로 나오지 않도록 고정시킨다. 대지에 붙일 식물체의 면에 하얀 색의 풀을 칠하고 대지 위에 놓은 다음 압지를 덮고 하루 정도 적당하게 눌러 둔다. 보존해야 될 잎과 꽃은 준비한 한지 조각으로 부착시키거나 바늘을 이용하여 실로 대지에 묶어 놓는다. 마무리된 표본은 비닐 봉투에 넣어 노트 모양으로 철한다. 이 때 흑백이나 칼라 사진을 다른 연구자들이 관심을 가질 수 있는 각 표본의 외형에 대한 영구적인 기록으로 찍어 놓을 수 있다.

참고 표본의 용도로 가장 중요한 점은 짧은 시간 안에 다수의 다른 정보 제공자들에게 보여 줄 수 있어야 하기 때문에, 각 표본들은 꽃, 열매, 잎 그리고 다른 특징적인 식물 부위를 가지고 있어야 한다. 자연에서는 화기나 결실기가 짧은 식물상이라면, 많은 인력의 사람들이 조사지역을 샅샅이 조사해야 하므로 많은 시간이 소모될 것이다. 참고 표본의 단점은 정보 제공자가 잎의 냄새를 맡을 수 없고, 열매를 맛볼 수 없으며, 식물 전체 외형을 볼 수 없을 뿐만 아니라, 특히 문화적이고 생태적 배경에서 인지했을 때 분명하였던 다른 많은 감각적인 점들을 인식할 수 없다는 것이다. 하지만, 이러한 단점들은 말린 열매, 목재 조각, 식물전체를 보여줄 수 있는 그림, 해당 종류에 특징적인 부위를 근접 촬영한 사진 등을 이용하여 보완할 수 있다.

참고 표본은 민족전통식물학적인 자료를 유도하는데 이용하고 난 이후에는 교육용으로 집단에 남겨 둘 수도 있다. 이러한 이유에서 표본을 만들 때 무산지로 만든 라벨과 대지, 질 좋은 풀, 질긴 섬유로 만든 테이프 그리고 polyethylene 봉투 등 기록보관용 재료들을 이용하여야 한다. Polyvinyl chloride 봉투와 일반 용지는 산에 물기가 접촉될 때 천천히 산이 유리되기 때문에 사용하지 않아야 한다.

3. 식물 표본의 관리와 표본관

표본관은 식물 표본을 보관하는 기관이다. 표본관에서 일을 하는 식물학자와 기술자들은 습기나 곤충으로부터 표본을 보호하는 것에서부터 활용이 용이하도록 표본을 정리하는 것까지 다양한 일을 한다. 이러한 작업은 채집물들이 수백 년 간 보존할 수 있도록 하며, 특정 분류군이나 특정 지역의 식물상에 대한 연구를 하는 사람들에게 도움을 준다(Jain, 1977).

라벨이 붙은 식물이 도착하면 관리가 시작된다. 식물은 곤충과 균류를 없애기 위하여 소독한다. 식물을 라벨이 부착된 무산지에 붙인다. 완벽하게 동정이 안 되있을 때에는 눈으로 일반적인 동정을 하고 특정 분류군의 전문가에게 보내야 할지를 결정하는 동정 전문가에게 보낸다. 완전히 동정이 된 이후에 표본들은 곤충, 먼지, 햇볕 그리고 다른 해가 되는 요인들로부터 보호가 되는 표본장에 정리된다. 이후에 표본들은 다른 연구 기관에서 연구하는 전문가에게 보내 질 때에만 표본관을 떠날 수 있다.

주요 표본관들은 수 백 만점의 표본을 보관하고 있다. 이런 표본관에서 연구를 하는 식물학자들은 간혹 민족전통식물학적인 프로젝트 특히, 그들이 관심이 있는 분류군의 식물표본을 얻거나 그들이 관심이 있는 지역의 식물상을 알기 위하여 참여하기도 한다. 이런 후원은 다양한 형태로 이루어진다. 식물학자들은 민족전통식물학자들과 함께 채집을 할 수도 있고 혹은 동정을 위한 표본들을 원하기도 할 것이다. 경우에 따라 식물학자들은 채집 도구들이나 다른 경제적인 지원 혹은 프로젝트에 참여하고 있는 사람들을 위해 분류학적인 연수를 시켜줄 수도 있다.

그림 3.21 표본관.

협력은 야외 작업의 성공을 위해 잘 이루어져야 한다. 만약 특별한 분류군을 받기를 원하는 전문가가 있다면, 표본을 정리하고 운송하기 전에 접촉하는 것이 가장 바람직하다. 일부 분류학자들은 일 년에 수백에서 수 천 점의 표본을 받기 때문에 민족전통식물학자들이 원하는 정확한 학명의 식물 목록을 받으려면 여러 달 혹은 몇 년을 기다려야 하는 수도 있다. 결국, 민족전통식물학자들이 받는 목록은 표본의 완전한 학명과 채집자명 그리고 채집 번호 등으로 구성되어 있다. 이러한 정보는 받은 즉시 야외 노트나 혹은 컴퓨터의 데이터베이스에 입력하여야 한다.

증거표본을 만들 때, 표본관에서는 표준 대지에 올릴 적절한 식물체를 원한다는 사실을 잊어서는 안 된다. 신문에 압착된 식물만 보낼 때에는 운송 중에 상하지 않도록 잘 포장하고 라벨도 잘 붙여야 한다. 박스에 그냥 넣어둔 큰 열매나 다른 커다란 식물부위 혹은 액침 표본은 대개의 표본관 특히, 그들이 제작한 표본을 교차 조회할 것이라면, 받아준다.

라벨이 없는 채집물이나 생식기관이 없는 식물, 상했거나 보존이 잘 안된 채집물들은 표본관에서 가치 없는 자료일 뿐이다. 일부 식물학자들은 그런 표본들을 동정은 해주지만, 표본관에 등록하고 관리하지 않고 폐기 처분할 것이다. 마찬가지로 이러한 표본들은 민족전통식물학적 증거 표본으로도 합당하지 않다.

표본관에서는 고고학적 발굴 자료, 시장에서 판매되는 식물부위, 농사용 씨앗이나 괴경 그리고 식물로 만든 공예품 등은 받지 않는다. 이들을 받아 동정하는 특별한 기관은 따로 있다. 종자은행은 작물들을 번식시키는 재료들을 받는다. 직원들은 아종 수준까지 동정을 기꺼이 해주며 농업 조사에 참여하는 데에도 관심을 가지고 있다. 민족전통식물학 박물관과 민족전통식물원은 식물로 만든 공예품을 포함하여 살아있거나 보존된 채집물들을 받아준다. 고고 박물관에서는 특별한 고고학적 기법으로 발굴한 식물을 동정하고 관리를 한다. 따라서 어떤 식물 채집물이건 이들을 기꺼이 받아 동정하여 보관할 수 있는 조건에 대하여 담당 직원과 충분히 논의를 하는 것이 바람직하다.

4. 식물조사의 완전성에 대한 판단

한 집단이나 한 지역에서 자원식물을 채집할 때, 작성된 목록이 완전한지를 자문하는 것이 좋다(Campbell과 Hammond, 1989). 얼마나 많은 민속 식물학적 범주들이 기록되었으며, 지역 식물상의 어느 정도가 채집되었는지? 얼마나 오랜 동안 아직 기록이 되지 않은 새로운 이름, 용도 혹은 종을 발견하고 채집해야 하는지? 한 집단에서 모든 식물이나 동물에 대해서 정보 제공자에게 물어본다는 것은 온대지방에서도 어려운 일이지만, 열대 지방에서는 거의 불가능하다. 비록 땔감으로 사용하는 관목이나 교목 혹은 열을 내리는 데에 이용하는 약용식물과 같이 좁은 범주의 채집을 원할 때에도, 채집물들이 보여주는 민속 분류군과 식물학적 분류군의 다양성에 직면하게 된다.

민속 계급이나 혹은 과학 계급에 대한 유효범위를 폭, 깊이 그리고 응답 등의 3차원으로 판단할 수 있다. 폭은 채집된 종류에 주어진 계급 즉, 식물학적 과(科), 민속 생활형 등과 같은 전체 범주 수의 비율이다. 깊이는 채집된 해당 계급의 아범주 전체 수의 비율이다. 반복은 범주가 기록되는 횟수이다. 아래와 같이 이러한 개념들이 식물학적 계급인 과(科)에 어떻게 적용되는지를 보여주고 있다. 이런 예는 다른 과학적 계급과 민속 계급뿐만 아니라 용도 범주에도 확대 적용할 수 있다.

♣ **폭:** 채집된 과의 수를 해당 지역의 전체 과수로 나눈다.

♣ **깊이:** 각 과에서 채집된 속의 수를 해당 과에서 채집된 속의 수로 나눈다.

♣ **반복:** 한 과의 전체 채집물 수이다.

이런 측정을 전체 식물상을 대상으로 한다면 매우 힘든 일이 될 수도 있지만, 제한된 일부 범주만을 대상으로 한다면 빠르게 할 수도 있다. 과학적 범주와 민속적 범주에 의한 채집물의 폭, 깊이 그리고 반복을 평가하는 시간을 가지면, 채집 중인 특정 생태지구를 방문하여 증거 채집물이 아직 없는 식물의 용도와 특정 민속 범주를 찾을 수 있는 채집활동에 대한 지침을 얻을 수 있기 때문이다.

자료의 분석은 정적인 면과 동적인 면으로 할 수 있다. 정적인 접근은 연구의 어떤 시기에 결과의 한 단면이다. 채집된 민속 혹은 과학적 범주의 비율을 계산하고 표로 나타낼 수가 있다. 채집의 효율성을 측정하고 싶다면 새로운 방법 즉, 새로운 범주가 목록에 추가되는 비율을 알아볼 수 있다. 효율성은 채집되는 전체 범주들의 비율이 만들어진 채집물의 누적 수에 의해 얼마만큼 증가되는 지를 판단함으로써 얻을 수 있다. 이 자료는 XY 그래프로 그릴 수 있으며 결과 곡선은 새로운 정보가 추가되는 비율을 보여준다.

민족전통식물학적인 채집물의 완벽성을 계산하기 위해서는, 무엇보다도 해당 지역에서 종, 속 그리고 과의 수로 측정되는 지역의 식물학적 다양성을 측정하는 것이 필요하다. 이에 더하여, 지역의 분류 특히, 생활형, 속과 종 계급에서 민속 범주들의 수를 산출할 수 있다. 연구자들은 과학적 범주의 전 범위를 식물상(flora)이라 하고 민속 범주들을 민족식물상(ethnoflora)이라 한다.

(1) 채집물의 폭 추정

채집물의 폭을 구할 때에는 정적인 접근이 가장 바람직하다. 지역 식물상과 민족식물상의 다양성을 측정한 이후에 증거 채집물에 얼마나 많은 과학적 범주와 민속 범주가 있는 지를 간단하게 계산한다. 폭은 연구자가 특정 계급에서 추적한 범주들의 수를 이 계급의 전체 범주의 수로 나눔으로써 계산할 수 있다. 예를 들면, 조사 지역에 150개 과 식물들이 생육하고 있고, 채집된 민족전통식물학적 표본이 500개인데 이 중 75개 과가 일치를 한다면, 75/150(=0.5) 즉, 지역 식물학적 과들 중 50%가 민족전통식물학적 증거 표본에 있다는 것이다.

채집물의 폭에 대한 이러한 일 단면의 결론을 구한 다음, 목록에 새로운 범주들을 어느 정도의 비율로 추가될 것인지 판단할 수 있다. 이 계산은 첫 번째로 채집한 것에서부터 마지막으로 채집한 것까지 순서적으로 모든 채집물을 고려해야 함으로 쉽지 않은 일이다. 분류군이 채집물에 처음 나타날 때만 수를 세고 그 위치를 기록한다.

500개의 민족전통식물학적 증거 표본에서 새로운 과가 나타나는 비율을 계산할 때, 처음 30개 채집물을 표 3.7에 보여준다. 표를 보면, 첫 번째 열 개 묶음에서는 8개의 새로운 과가 추적되었고, 두 번째 열 개 묶음에서는 4개의 새로운 과가 그리고 세 번째 열 개 묶음에서는 3개의 새로운 과가 추적되었다. 이러한 계산은 채집물 모두를 조사할 때까지 계속하면서 새롭게 나타나는 과를 기록한다.

표 3.7 500개의 민족전통식물학적 증거 표본에서 처음 30개 채집물에서 나타나는 새로운 과

번호	과명	번호	과명	번호	과명
1	*국화과	11	*꿀풀과	21	꼭두서니과
2	*콩과	12	*현삼과	22	*녹나무과

3	*가지과	13	국화과	23	국화과
4	*장미과	14	*난과	24	포아풀과
5	*꼭두서니과	15	가지과	25	가지과
6	*진달래과	16	콩과	26	*석류풀과
7	국화과	17	*바늘꽃과	27	꿀풀과
8	*포아풀과	18	장미과	28	*대극과
9	*후추과	19	진달래과	29	콩과
10	콩과	20	꿀풀과	30	현삼과

*표시는 처음으로 나타난 과임.

과학적 분류군이 처음 나타날 때를 세는 것은 계속하면 되지만, 민속 범주를 계산하는 것은 더욱 복잡하다. 즉, 토속 식물명이 민속 분류군과 일치하는지 그리고 동일명이나 혹은 서술구는 아닌지를 명확히 해야 하는데, 이런 작업은 종과 변종 수준의 계급에서 특히 시간이 걸린다. 각 표본에 대한 민속 동정을 검정한 이후에는, 과학적 범주에서와 같이 새로 출현하는 민속 범주를 계속하여 조사하면 된다.

(2) 채집물의 깊이 추정

폭이 민족전통식물학적 채집의 철저함을 측정하는 좋은 방법이지만, 임의 분류군의 내부적 다양성이 증거 표본들에 얼마나 잘 반영되어 있는지를 알아냄으로써 좀 더 자세한 평가를 할 수 있다. 예를 들면, 위에서 언급한 바와 같이 500개의 채집물에서 추적된 75개 식물학적 과들에서 조사되는 속의 비율을 알아 볼 수 있다. 각 과에 단 하나의 속에 속하는 채집물만 있다면, 지역민들이 이 과들을 어떻게 분류하고 이용하는 지에 대한 이해는 어려울 것이다. 이상적으로, 식물상에서 모든 속들이 단 한번만 채집된다면, 조사된 속의 비율은 각 과에서 다양하다는 것을 발견할 것이다.

비슷한 분석을 민속 범주에서도 할 수 있다. 400개의 민속 속을 채집할 수 있지만, 각 속에서 민속 종 각각에 일치하는 증거 표본을 가질 수 있을까? 옥수수, 콩 그리고 호박의 채집물을 가지고 있다면, 이들에 대한 증거 표본과 함께 민속 변종으로 각각 기록할 수 있을까?

깊이의 계산은 시간만 충분하다면 간단하다. 주어진 계급에서 조사된 아범주(亞範疇)들의 수를 해당 분류군에서 발견되는 전체 아범주의 수로 나눈다. 예를 들면, 지역 식물상에서 국화과에 25 속이 있고 이 중 5개만이 증거 채집물로 수집되어 있다면, 깊이는 5/25(=0.2), 즉, 수집된 국화과 속의 20%라는 의미이다. 누적 측정을 위해서는 모든 깊이를 함께 더하고, 이 합을 전체 분류군의 수로 나눈다.

(3) 채집물에서 반복 정도의 추정

과학은 결과가 항상 동일한가를 보기 위하여 관찰과 실험 단계를 반복을 계속한다. 민족전통식물학에서는 실험을 반복하지 않고 채집물을 반복 즉, 다른 지역민들과 함께 여러 다른 경우에서 동일한 민족분류군이나 과학적 분류군의 증거 표본을 만들어서 결과를 확신할 수 있다. 분류군은 많기 때문에 반복은 항상 발생하며 문제는 정도의 문제이다. 많은 범주들은 하나나 혹은 소수의 채집물로 기록되지만, 일부 소수 범주들은 많은 채집물에 의해 나타내어진다.

민족전통식물학적 채집물을 분석할 때, 주어진 계급에서 각 범주에 얼마나 많은 표본들이 채집되었는지를 막대그래프로 보여줄 수 있다. 채집물들이 지역 식물상에서 널리 채집되었다면, 소수의 분류군은 여러 번 채집되었고 대다수의 분류군들은 소수의 채집물만 수집되었다는 점을 나타내는 꼬리가 긴 곡선 그래프를 얻게 될 것이다. 야외 채집에서 이 그래프가 긴 고리 형을 유지할 때, 한 범주 당 복제물의 수가 증가함에 따라 곧추선 형태로 점차 바뀔 것이다. 만약 채집자들에게 프로젝트 기간 동안에 걸쳐 채집되는 분류군에 집중할 것을 교육할 경우, 곡선의 경사는 각 분류군에 대한 채집물들의 수가 비슷해질 것이기 때문에 점진적으로 펴질 것이다.

일단의 채집물들에 대해서 반복의 정도를 평가하는 것은 연구자들이 자신의 자료에 얼마만큼 신뢰할지를 결정할 수 있게 도와준다. 연구자들이 민속 범주에 일치하는 채집물을 수집하면 할수록, 분류군들이 얼마나 제한되는지 더욱 더 확실하게 이해할 수 있게 된다. 비슷하게 식물학적인 종, 속 그리고 과에 대한 표본을 많이 가지면 가질수록 지역민들이 해당 분류군을 어떻게 분류하는지에 대한 이해를 더욱 깊게 할 수 있게 된다.

(4) 얼마나 많은 채집물이 필요한가?

위에서 보여준 측정은 체계적으로 채집된 민족전통식물학적 증거 표본들에 대한 많은 정보들을 제공할 것이다. 이들을 함께 분석하면, 측정은 지역 식물상과 민속 범주들이 적절하게 정리되었다는 확신이 들기 전에 연구자가 얼마나 많이 채집을 해야 하는지를 추정할 수 있게 한다. 표 3.8은 멕시코 Oaxaca의 Sierra Norte에 거주하는 집단들의 민족식물상 목록의 여러 단계들에 있어서 필요한 채집물들의 영역을 보여주고 있다.

민족전통생물학적 계급에 대한 부가적인 정보는 제7장에 있다. 이러한 추정은 식물상의 종 풍부성, 식물에 대한 원주민 지식의 복잡성, 집단의 수 그리고 기타, 다른 요인들에 의해서 증가되거나 감소될 수도 있지만, 세계의 다른 지역에서도 수정하여 이용할 수 있을 것이다.

표 3.8 Sierra Norte의 한 집단에서 지역 지식의 다양한 수준들의 분석에 필요한 민족전통식물학적 채집물들의 평가 수

채집물 수의 수준	분석 형	민족전통생물학적 계급
〉750	개요	모든 생활형, 속, 종 그리고 변종에 대한 다양한 증거표본
〉1500	심층	모든 생활형, 속, 종 그리고 변종들의 부가적인 증거표본
〉2500	세부적 연구	모든 민족생물학적 계급의 민속범주의 원형 종
〉5000	한정적 연구	모든 민속 범주들의 확장된 영역과 원형 종
〉10,000	완전한 분석	원주민들에 의해 이용되거나 분류되지 않은 것들을 포함한 해당 지역의 모든 식물종들의 정리

참고문헌

Balick, M. J. 1989. Collection and preservation of palm specimens, in Floritic inventory of Tropical Countries, (eds Cambell, D.G. and Hammond, H.d.), pp.482-83. New York Botanical Garden, New York.

Campbell, D. G. and Hmmond, H. D. (eds), 1989. Floristic Inventory of Tropical Countries. The New York botanical garden, New York.

Chapman, C. D. G. 1989. Collection Strategies for the wild relatives of crops, in The Use of Plant Genetic Resources. (eds Brown, A. H. D., Frankel, O. H., Marshall, D. R. and Williams, J. T.) Cambridge University Press, Cambridge.

Chazdon, R. L. 1988. Conservation-conscious collecting: concerns and guidelines. Priciples 32(1): 13-17.

Dransfield, J. 1981. The biology of the Asiatic rattans in relation to the rattans trade and conversation, in The Biological Aspects of Rare Plants Conversation, (ed. Synge, H.), pp.179-86. Wiley, London.

Dransfield, J. 1988. Prospects for rattan cultivation. Advances in Economic Botany 6: 190-200.

Hays, T. E. 1976. An empirical method for the identification of covert categories in ethnobiology. American Ethnobiologist 3: 489-507.

Hunn, E. S. 1992. The use of sound recordings as voucher specimens and stimulus materials in ethnozoological research. Journal of Ethnobiology 12(2): 187-202.

Jain, S. K. 1977. A Handbook of Field and Herbarium Methods. Today & Tomorrow Printers & Publishers, New Delhi, India.

Johnson, D. 1991. Palms for Human needs in Asia: Palm Utilization and Conservation in India, Indonesia, Malaysia and the Philippines. A. A. Balkema, Rotterndam.

Martin, G. J. 1995. Ethnobotany (A methods manual). Chapman & Ha Co, London. p.xx-xxiv., pp.95-222.

Ter Welle, B. J. H. 1989. Collection and preparation of bark and wood samples, in Floristic Inventory of Tropical Countries, (eds Campbell, D. and Hammond, H. D.), New York Botanical garden, New York.

제 3 장 민족전통약학적 연구 방법

1. 식물화학적 분석과 함께 하는 과정

(1) 식물화학을 포함한 준비

약용식물과 다른 유용 자원 식물에 대한 실험실 분석에는 비용과 시간이 많이 드는 일이다. 더 나아가 식물에는 다양한 화학성분들, 다양한 식물학적 종들 그리고 이들에는 잠재적인 다양한 용도들이 있기 때문에, 식물의 화학성분에 대해 실험실에서 연구를 하는 사람들은 광범위한 분석을 하기 전에 자신들이 원하는 좋은 결과를 줄 수 있는 종을 선택하길 원한다.

연구자가 야외에서 식물 화학적인 연구를 위한 재료를 얻고자 한다면, 무엇보다도 먼저, 민족전통식물학 목록에서 다양한 종에 대한 지식을 얻기 위하여 화학적 문헌과 민족전통약학적 문헌을 조사하여야 한다. 이는 다른 연구자들이 이미 수행한 적이 있는 실험을 하지 않기 위함이다. Trease and Evans' Pharmacognosy(Evans, 1989)는 잘 알려진 약용식물들에 대한 다양한 예를 제시하고 있는 표준 참고 서적이다.

그림 3.22 Trease and Evans' Pharmacognosy.

◎ 식물에서 발견되는 화합물 ◎

식물은 성장과 번식을 위해 물과 공기로부터 만든 많은 양의 아미노산, 당 그리고 탄수화물과 같은 대량영양분(macronutrient)을 함유하고 있다. 이외에 다른 필수 영양분 즉, 칼륨, 인 그리고 질소 등은 토양으로부터 흡수한다.

식물이 성장을 위해 토양으로부터 흡수하는 아주 적은 양이 필요한 성분 즉, 구리, 망간, 아연, 철, 코발트와 같은 중금속 성분을 미량영양분(micronutrient)이라 한다. 대량영양분과 미량영양분은 식물이 죽으면 분해되어 자연 환경으로 돌아간다. 때문에 농업생태계를 연구하는 연구자들은 자연 비료를 이용할 때 식물 종류들 사이에 이러한 영양분의 상대적인 양을 결정하는데 관심이 많다.

일차 대사물(primary metabolite)은 성장, 광합성, 호흡, 개화 그리고 다른 기본적인 과정을 조절하는 생화학 반응에 필수적이다. 여기에는 탄수화물, 단백질, 지방 그리고 핵산 등이 포함되며, 식물 생리학자들은 일차 대사물을 포함하여 호르몬과 효소가 식물에서 어떤 기능을 하고 작용을 하는가에 대한 연구를 한다. 핵산은 DNA와 RNA라 부르는 식물을 형성하는 유전 정보를 가지고 있는 물질들이며, 식물유전학자들은 식물이 이런 기본적인 유전물질에 의해서 어떻게 조절되며 단백질은 어떻게 생산되는지에 대한 연구를 한다.

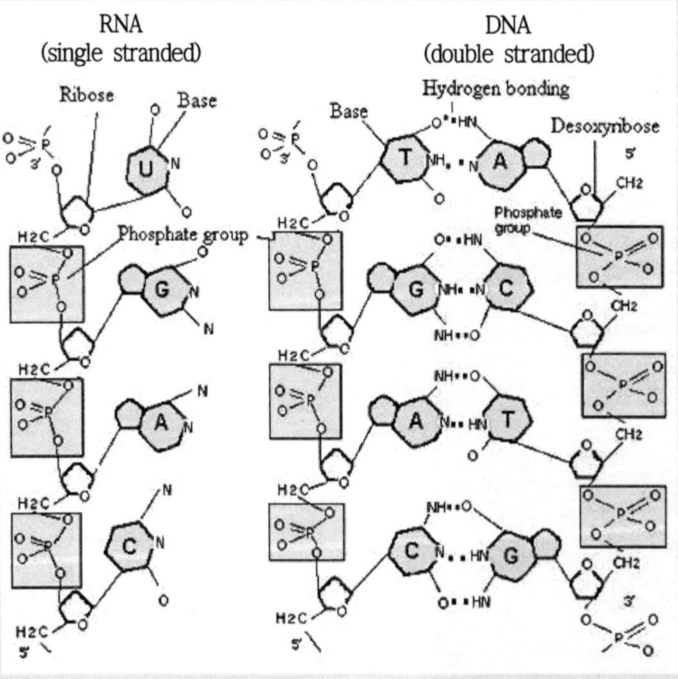

그림 3.23 DNA와 RNA의 구조.

일차 대사물은 비교적 단순한 구조를 가졌지만, 식물의 냄새, 색깔, 향기 그리고 약성 등을 나타내는 이차 대사물(secondary metabolite)은 식물계 전체에 다양하게 분포하고 있다. 이들 중 일부는 생리학적 과정의 소모성 물질이 되기도 하지만, 대부분은 다른 식물과 경쟁, 동물과 곤충에 의한 공격을 경계, 수분 과정, 씨앗 퍼뜨리기, 보호 등과 같이 환경에 적응하기 위해서 필요한 성분들이다. 식물에 있어서 정유(精油, essential oil)의 용도는 건조한 지방에서는 식물체로부터 수분의 발산을 막아주며, 해충을 막아주고, 초식동물로부터 보호를 해준다. 알칼로이드는 대부분이 독을 가진 쓴 맛의 화합물로 곤충이나 동물의 공격으로부터 식물을 보호해준다. 그리고 좋지 않은 토양과 질소 대사를 못하는 식물들에게는 질소 저장소의 역할을 한다. 이들과 많은 다른 이차 대사물들이 식물화학자, 생약학자 그리고 민족전통약학자들의 주요 관심 화합물들이다.

식물 세계에서 일차 대사물과 이차 대사물의 분포를 연구하는 비교 식물화학은 새로운 식물화합물을 찾는 것뿐만 아니라 알려진 약성물질들에 대한 새로운 자원을 찾는데 지침이 된다. 이는 특정 화합물 존재의 유무에 따라 식물의 분류학적 위치를 결정하는 식물 계통학 중 화학분류학(chemotaxonomy)의 중심 과제이다. 예를 들면, 선인장 종류는 화학분류학자들이 이들에 betalin이 함유되어 있다는 사실을 밝혀낼 때까지는 어떤 식물 목(目)에 넣을 것인지 불확실하였지만, 이 화합물이 중심자 목(目)에 특징적인 화합물이어서 선인장의 분류학적 위치가 쉽게 결정되었다. 계통 분류학자들이 분류체계를 바꾸게 했던 이러한 예는 많다.

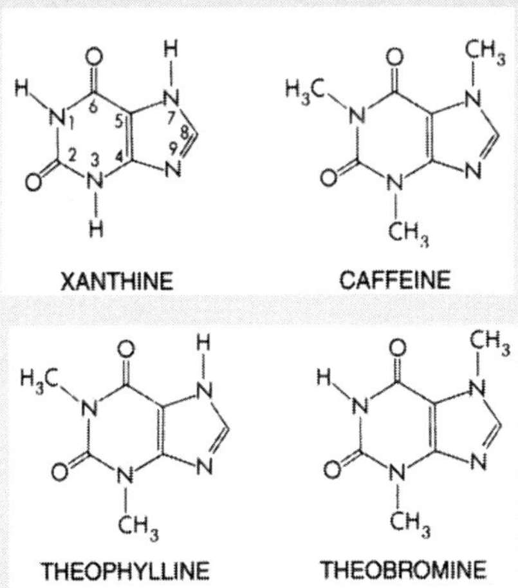

그림 3.24 알칼로이드의 종류.

식물화합물들에 대한 정보는 이들에 대한 연구를 중점적으로 하는 연구 기관에 저장되어 있는 약용식물, 생약학 그리고 식물화학에 대한 컴퓨터 데이터베이스를 이용하는 것이 좋다. 예를 들면 미국의 시카고에 있는 일리노이스 대학(university of Illinois)에서 개발해 놓은 NAPRALERT 데이터베이스는 무려 115,000종에 달하는 논문과 책자들에서 모은 생물에 대한 약성과 화학성분에 대한 자료를 가지고 있다. 이 데이터베이스는 현화식물(顯花植物) 34,000 종류 이상, 균류 2,200 종류 이상, 동물 2,300 종류 이상 그리고 기타, 다른 다양하고도 많은 생물들의 자료까지 포함하고 있다. 이런 정보는 다른 많은 나라들, 특히 라틴 아메리카에 대한 민족전통약학적 연구에 대한 유용한 지침이 될 것이다.

이러한 정보들을 조사하고 실험실에서 일을 하는 동료와 논의를 한 이후, 야외에서 예비 탐색을 하고 연구 기관에서 예비 검사를 할 수 있는 재료를 수집하는 것이 좋다. 이러한 과정의 첫 번째 단계는 분석할 식물에 대한 적절한 재료의 수집 방법이다. 재료의 수집은 연구자의 관

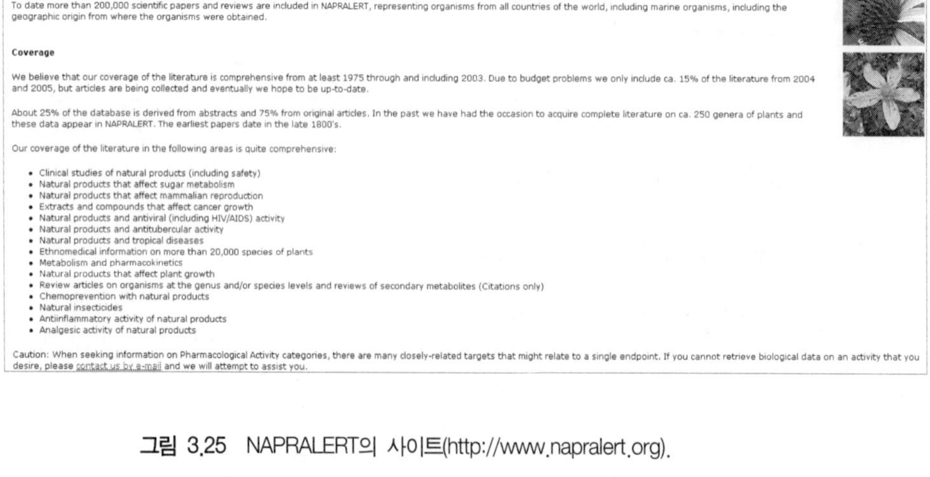
NAPRALERT sm
Natural Products alert
pharmacology • biological activity • chemistry • ethnomedicine
HOME / LOGIN HELP ABOUT NAPRALERT CONTACT US

About NAPRALERT

NAPRALERT sm is a relational database of all natural products, including ethnomedical information, pharmacological / biochemical information of extracts of organisms in vitro, in situ, in vivo, in humans (case reports, non-clinical trials) and clinical studies. Similar information is available for secondary metabolites from natural sources.

Background

In 1975 the system began a systematic search of the literature by examining every journal pertinent to natural products in our UIC Health Science Library, as well as viewing the Table of Contents of a large number of journals from the Internet on a regular (monthly) basis. These journals were selected from a list of journals that historically we knew contained pertinent data for the system. In addition pertinent sections of Chemical Abstracts, particularly the Biochemistry Section, were examined for articles not found in our Library sources and original articles were obtained via Interlibrary Loans. We are fortunate also to have many foreign journals in which articles are rarely found through the aforementioned sources.

To date more than 200,000 scientific papers and reviews are included in NAPRALERT, representing organisms from all countries of the world, including marine organisms, including the geographic origin from where the organisms were obtained.

Coverage

We believe that our coverage of the literature is comprehensive from at least 1975 through and including 2003. Due to budget problems we only include ca. 15% of the literature from 2004 and 2005, but articles are being collected and eventually we hope to be up-to-date.

About 25% of the database is derived from abstracts and 75% from original articles. In the past we have had the occasion to acquire complete literature on ca. 250 genera of plants and these data appear in NAPRALERT. The earliest papers date in the late 1800's.

Our coverage of the literature in the following areas is quite comprehensive:

- Clinical studies of natural products (including safety)
- Natural products that affect sugar metabolism
- Natural products that affect mammalian reproduction
- Extracts and compounds that affect cancer growth
- Natural products and antiviral (including HIV/AIDS) activity
- Natural products and antitubercular activity
- Natural products and tropical diseases
- Ethnomedical information on more than 20,000 species of plants
- Metabolism and pharmacokinetics
- Natural products that affect plant growth
- Review articles on organisms at the genus and/or species levels and reviews of secondary metabolites (Citations only)
- Chemoprevention with natural products
- Natural insecticides
- Antiinflammatory activity of natural products
- Analgesic activity of natural products

Caution: When seeking information on Pharmacological Activity categories, there are many closely-related targets that might relate to a single endpoint. If you cannot retrieve biological data on an activity that you desire, please contact us by e-mail and we will attempt to assist you.

그림 3.25 NAPRALERT의 사이트(http://www.napralert.org).

심이 생물학적으로나 약학적으로 활성을 조사하고자 하는지 혹은 생리학적으로 유효하거나 경제적으로 유용한 성분을 조사하는지에 따라 수피, 잎, 뿌리, 열매 그리고 기타, 다른 부위를 선정한다. 식물이 결정되었다면, 실험실에서 자세하게 분석하기 위하여 수 킬로그램 정도의 재료를 모우는 대량 수집(bulk collection)을 한다.

식물화학에 관심이 있는 사람은 분석하는 실험실에서 여러 장비와 친숙해지면서 식물화학과 약학 관련한 분석 과정을 배울 수 있다. 수집한 재료를 분석하는 실험실에 보내던지 혹은 자신이 일부를 분석하던지, 각 실험실 마다 다른 생물 검정법이 약간씩 다름을 알고 있어야 한다. 사적 그리고 공적인 실험실 모두 유용한 화합물의 특허권을 얻으려 하기 때문에, 그들이 가지고 있는 생물 검정법을 감추지 않을 것이다.

(2) 실험실의 동료

유용 식물의 화학 성분에 대한 연구를 하려면, 생약학, 민족전통약학 그리고 천연물 화학 등과 같은 다양한 학문 분야에서 연구를 하는 사람들 중 어떤 분야의 사람과 연구를 함께 할 것인지 결정을 해야 한다. 이 분야들 사이에는 어떤 차이점이 있을까?

생약학은 생물학과 화학 분야의 경계에 있는 학문으로 약용이나 기타, 다른 용도로 이용될 수 있는 식물들에 함유된 천연 화합물에 대해서 주로 연구를 하는 분야이다. 18세기 초, 독립된 학문분야로 시작되었을 때에는 대부분 식물로부터 유래된 약물의 동정, 처리 그리고 상업화에 초점을 맞추고 있었다. 이러한 배경으로부터 생약학자들은 활성 성분을 분리하고, 화학적 구조를 밝히며, 이들이 생물체 내에서 어떻게 생산되는지 그리고 사람들에 미치는 영향은 어떠한지 등을 파악하는 복잡한 기술들을 개발하였다. 또한, 생약학자들은 조직배양, 유전자 조작 그리고 다른 기술적인 방법을 통해 천연 약물을 대량 생산할 수 있는 방법을 탐구도 한다.

민족전통약학은 지역민들이 이용하는 치료법의 의학적인 특성을 설명하는데 중점을 크게 두고 있으며, 지역민들이 치료용 동·식물을 어떻게 처리하여 투여하는 지에도 관심을 가지고 있다. 이러한 접근은 기본적으로 화학, 식물학 그리고 인류학 등의 연구 방법이 두루 필요하므로 민족전통약학자들은 실험실과 야외에서 보내는 시간을 잘 배정하여야 한다. 화학분석을 위한 식물을 구하기 위해서는, 식물을 맛보고, 냄새를 맡으며, 환자에 투여한 약용식물의 영향을 관찰하여서 약성을 가진 식물들의 형태를 잘 파악하고 있는 등 화학적 화합물에 대한 경험적인 지식을 축적하고 있는 본초학자, 사냥꾼 그리고 어부와 같은 특별한 식물 이용자들과 접촉을 해야 한다. 지역민들과 밀접한 연관관계 때문에 일부 민족전통약학자들은 그들이 습득한 지식과 발견을 그들이 일하는 집단들의 보건환경의 개선을 위해 사용하기도 한다.

비록 의학적 특성이 가장 매력적인 연구 대상이기는 하지만, 일부 연구자들은 생물체에서 발굴되는 다른 화학적 성분에 관심을 모으기도 한다. 영양 화학자(nutritional chemist)는 식용 가능한 동·식물의 영양 성분을 밝히기 위하여 특정 영양소의 양을 측정하기도 한다. 이들은 특히, 이전에 다른 영양학자들에 의해서 연구되지 않은 야생 식용식물과 재배된 식용식물에 대한 분석을 함으로써, 지역민들이 이용하는 전통음식에 대해 관심을 가지기도 한다. 화학 생태학자(chemical ecologist)는 식물과 동물과의 연관관계 특히, 식물과 곤충과의 관계에 생물학적 화합물이 어떻게 영향을 주는지에 대해서 연구를 한다. 이러한 연구들은 일부 민족전통식물학자들이 인간의 음식과 약이 식물화합물에 대해서 어떻게 서로 변해왔는지 그리고 이러한 화합물들의 농도가 사람에 의해서 조절이 되는 식물 개체군을 어떻게 변화시키는지에 대해서 탐구하게 하였다.

생약학자들과 민족전통약학자들이 건강과 영양에 초점을 맞추는 반면에, 천연물 화학자들은 산업에 이용되는 수지(樹脂)와 유액(乳液), 향수를 만드는 정유(精油), 기타, 다른 용도로 이용되는 광범위한 생물학적 화합물에 대해서 연구를 한다. 농업에 특별히 관심이 있는 화학자들은 천연 살충제와 토양을 비옥하게 하는 '녹색 비료'로 이용되는 식물들에서 발견되는 대량영양소에 관심이 많다. 또 다른 연구자들은 종교적인 의식이나 연회에 이용되는 마취와 환각 성분들뿐만 아니라 사람들이 사냥, 낚시 그리고 다른 활동에 이용하는 천연 독에 대한 연구를 한다.

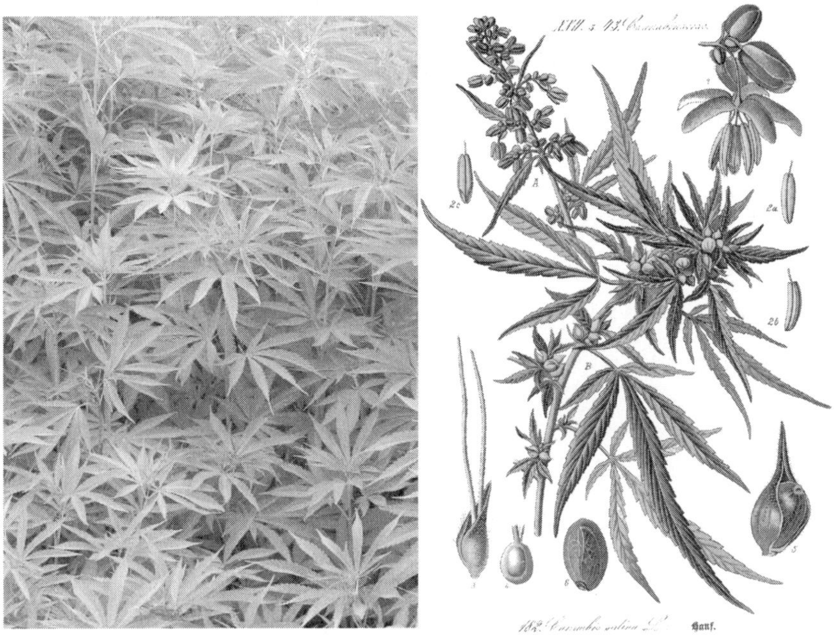

그림 3.26 대마(*Cannabis sativa* L.).

그림 3.27 코카나무(*Erythroxylum coca* Lam.).

천연물 화학자, 생약학자 그리고 민족전통약학자 등은 기본적으로 식물에 관심을 가지고 있지만, 해양생물, 곤충, 동물 그리고 토양 박테리아 등에도 관심을 가지고 있다. 이들 모두는 자연에 존재하는 모든 화합물에 관심을 가지고 있지만, 그들의 학문적인 배경이나 경험은 아주 다르다. 생약학자와 민족전통약학자는 생물학과 화학을 연구하지만, 천연물화학자는 주로 화학에 초점을 맞추고 있어서 사회과학이나 자연과학 쪽의 배경은 약하다. 민족전통약학자는 일반적으로 야외조사 기간 동안 인류학이나 언어학에 대한 광범위한 경험을 쌓지만, 생약학자와 천연물화학자는 주로 실험실에서 일을 하기 때문에 지역민에 의해서 이용되는 동·식물의 문화적인 배경을 이해하기 쉽지 않다.

(3) 재료 수집 방법

실험실에서 분석을 하기 위하여 약용식물을 채집하기 전에 재료를 수집할 방법을 선택해야 한다. 이는 온대지방보다는 식물과 2차 화합물의 다양성이 높은 열대지방에서 더 유의하여 결정을 해야 한다.

무작위 수집(random sampling)은 임의 지역에 생육하는 식물들을 대상으로 질과 양적으로 충분할 만큼 수집하는 방법이다. 이 방법의 장점은 다양한 식물을 짧은 시간 내에 수집할 수 있다는 것이고, 단점은 수집하는 양에 비해 생물학적 혹은 약학적으로 활성이 있는 종류의 비율이 낮다는 것이다. 그러므로 이 방법은 상대적으로 예산과 시간이 충분한 연구자에게 알맞다. 민족전통식물학자들의 경우 이러한 프로젝트의 결과에 관심이 아주 높다. 이는 이들 결과가 지역적으로 이용되고 있고 생리학적으로 활성이 있는 화합물을 함유하고 있는 약용식물뿐만 아니라 지역민들에 의해서 실제로 이용될 수 있는 생물학적 활성이 기대되는 전체 식물들에 대한 것이기 때문이다.

재료 수집에 시간과 비용을 절약하는 방법 중의 하나가 화학분류적 접근(chemotaxonomic approach)이다. 플라보노이드(flavonoid)와 같은 이차 화합물의 대부분은 식물계에 제한된 분포를 하고 있다. 실제로 이소플라본(isoflavone)은 콩과 식물에 널리 함유된 물질이지만, 다른 과에서는 거의 보기 힘들다. 5,500 종류 가량 밝혀진 알칼로이드의 다수는 하나의 속이나 하나의 아과에만 존재한다.

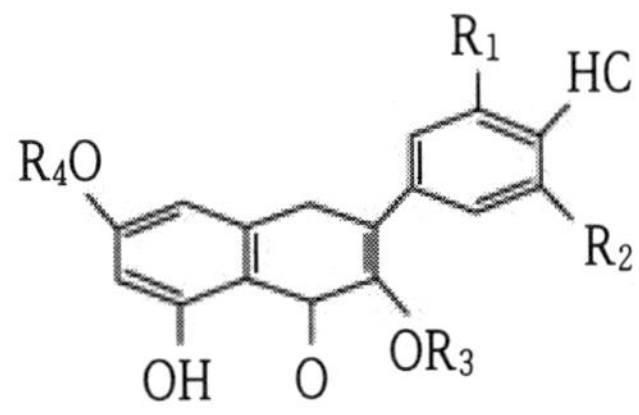

그림 3.28 플라보노이드(flavonoid)의 화학구조.

결국, 연구자가 식물에 함유된 화합물의 분포를 파악함으로써 재료의 수집에 효율성을 높이는 것이다. 만약 국화과 식물에만 함유된 임의 테르페노이드(terpenoid)를 알고 있다면, 이 과에 속한 식물만 수집을 하면 될 것이다. 그리고 만약 꼭두서니과의 한 종에 함유된 특정 알칼로이드에 관심이 있다면 처음에는 이 종과 밀접한 관계가 있는 종류를 수집하고, 이어 같은 속의 다른 종류들을 수집하며, 이 작업이 끝나면 과의 수준으로 넓혀 수집을 한다.

재료 수집에 효율성을 높이는 두 번째 방법은 지역민들에 의해서 약용으로 이용되는 식물들을 선택하는 민족전통약학적인 방법(ethno-pharmacological method)이다. 대부분의 민족전통식물학자들이 이 방법을 이용하는데, 이는 지역민들이 이용하는 약용식물의 안정성과 약성을 식물화학적으로나 약학적으로 검사하기 좋기 때문이다.

재료 수집에 있어서 이용되는 방법은 민족전통약학적 방법과 화학분류적인 방법과 일치되는 부분이 상당하다. 아메리카 고대 문명인 마야의 약용식물에 대한 연구들을 보면, 가지과, 국화과, 장미과 그리고 미나리아재비과 등과 같은 약학적인 활성이 높은 다량의 화합물을 함유하고 있는 과들은 자연에 분포하는 정도에 비례하여, 마야의 약전에도 많이 기록되어 있다. 이러한 관계는 세계의 다른 지역에서도 많이 찾아볼 수 있는데, 이는 두 방법이 서로의 영역을 보완하고 있음을 의미한다(Martin, 1995).

그림 3.29는 3가지 방법에 대한 예시를 한 것이고, 아래에서는 재료 수집의 무작위 그리고 민족전통약학적 방법의 경험적 비교를 설명하였다.

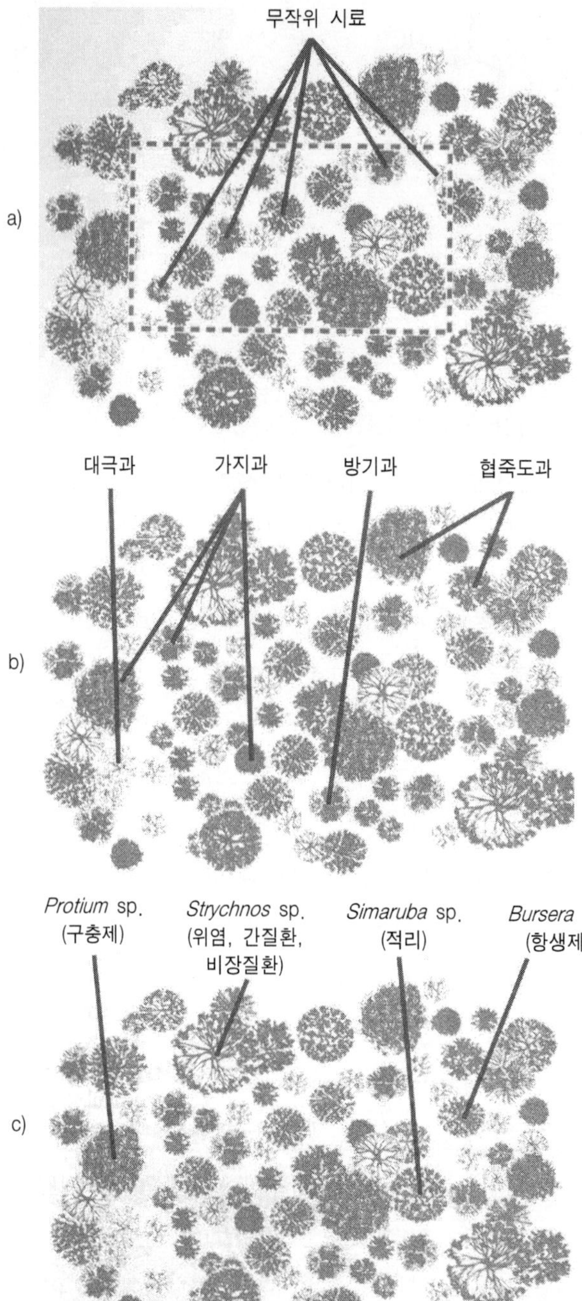

그림 3.29 Michael Balick이 중앙아메리카에 대한 연구에서 보여준 식물재료 선택의 3가지 전략: (a) 무작위 선정 (b) 화학분류를 이용한 선정 (c) 민족전통약학적 선정.

재료수집 방법의 비교

뉴욕식물원의 경제식물학 연구소의 책임자인 Michael Balick은 식물화학적인 분석을 위한 재료 수집의 여러 가지 방법들에 대한 효율성을 실험을 통해 추정하였다(Balick, 1990). Balick과 미국의 암연구소(National Cancer Institute)에서 일을 하는 그의 동료는 AIDS와 암에 대한 활성을 보이는 식물을 찾기로 하였다.

이 프로젝트의 첫 번째 단계는 실험실 분석을 위하여 라틴 아메리카와 카리브 연안에서 자라는 1,500 종류의 식물들을 대량채집을 하는 것이었다. 그러나 이 열대 지역에는 줄잡아 110,000 종류가 생육하고 있으므로, 이들은 AIDS 바이러스에 활성을 나타내는 식물을 좀 더 효율적으로 찾을 수 있는 방법을 강구하기로 하였다. 그래서 Balick은 온두라스와 벨리즈에서 수집한 채집물을 대상으로 무작위로 수집한 식물들과 민족전통약학적으로 수집한 식물들이 나타내는 활성에 대한 비교표(표 3.9)를 만들었다. 이 결과, 민족전통약학적으로 수집한 것은 15개 식물 중 5개가 그리고 무작위적으로 수집한 것은 17개 중 1개가 활성을 보였다.

표 3.9 무작위와 민족전통약학적 방법에 의해 수집된 항 HIV 식물의 활성의 비교(*in vitro*). p = 0.10

	무작위적 선정	민족전통약학적 선정
활 성	1	5
비활성	17	15

그는 두개 그 이상의 관찰 결과들 사이에 통계적인 차이의 의미를 보여주는 결과를 피셔의 적합 확률검정(exact probability test)을 하였다. 이 검정의 결과는 일반적으로 통계학자들이 두 식물 쌍의 활성 사이에 차이가 없다는 귀무가설을 거부 할 만하지 않다는 수준인 0.10의 확률을 보였다. 결정적인 것은 아니지만, 이런 예비 결과는 지역에서 이용되는 식물들의 수집을 계속하게 하고 다른 방법으로 수집되는 식물들과의 활성 비교를 계속하게 하는데 힘을 실어 주었다.

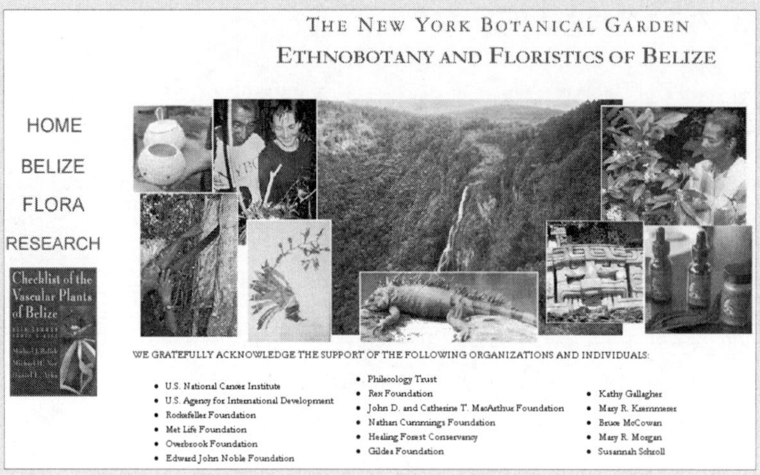

그림 3.30 New York Botanical Garden의 Dr. Michael J. Balick이 수행하고 있는 "Belize의 식물지 발간 및 민족전통식물학 연구사업"의 웹사이트(http://www.nybg.org/bsci/belize).

민족전통약학적인 방법은 특정 건강 조건에 유효한 화합물을 찾는데 특히 유용하다. 예를 들면, 브라질 민족전통약학자인 Elaine Elisabetsky와 Zuleica Castilhos는 통증 완화 혹은 진통 효과가 있는 새로운 식물을 찾을 때, 위통, 두통, 류머티즘 그리고 다른 통증에 대한 다양한 브라질의 치료 식물들을 밝히는 질문서를 만들었다(Elisabetsky와 Castilhos, 1990). 독일의 생물학자이자 인류학인 Michael Heinrich는 위장 장애와 말라리아에 이용하는 멕시코 식물을 찾을 때, 그는 지역민들에게 반복적인 열과 설사와 같은 위장장애에 이용되는 식물들에 대해서 물었다.

이러한 접근들은 같은 지역에 사는 다른 종족들이 이용하는 식물들을 비교함으로써 보완할 수 있다. 지역민의 대다수에 의해서 비슷한 방법으로 이용되는 종류들은 한 종족이나 한 집단에 의해서 이용되는 종류보다 생리학적인 효능이 더 많다. 다른 문화의 사람들 사이에 상호작용 혹은 독립적인 발견을 통해 얻어진 일반인들의 식물이용은 치료의 효능과 직접적으로 관련이 있다(Browner 등, 1988; Trotter1986).

이러한 가설은 절대적으로 받아드리기 전에 다종족 지역에서 다양한 식물들에 대한 검정을 해야 하는 것이 좋다. 어떤 문화에서든지, 식물에 함유된 활성 성분 때문이 아니라 치료하려고 하는 질병의 강한 상징성 때문에 이용하게 된 식물이 있다. 예를 들면, 많이 꼬인 식물은 이들에 함유된 성분 때문이 아니라 이 식물의 형태 때문에 뱀에 물렸을 때 이용하게 되었다. 이용의 빈도는 식물 치료의 유용성과 치료하고자 하는 질병의 유행성에 의해서 영향을 받는다(Johns 등, 1990).

민족전통약학적인 방법은 다른 형태의 유용식물을 수집할 때에도 이용된다. 예를 들면, 식물의 영양성분과 인류의 음식과의 관계를 밝히는 데에 관심이 있다면, 지역민들이 이용하는 식물들을 수집할 것이다. 농업생태계에 기여하는 임의 종에 대한 대량영양소와 미량영양소의 수준을 측정하려면, 지역농부에 의해서 이용되는 비료와 퇴비의 재료가 되는 식물을 수집하여야 한다. 화학 생태학자인 Timothy Johns와 그의 동료에 의해 수행된 연 비약용식물의 평가에 대한 예를 아래에서 살펴보자.

비약용 식물의 평가: 식용야채와 녹색비료의 가치

캐나다 퀘벡의 맥길대학교 인간 영양학과의 Timothy Johns는 아프리카와 라틴아메리카에 대한 민족전통식물학적 그리고 식물화학적인 많은 연구를 수행하였다. 이 연구는 인간 음식, 건강 그리고 농업에 대한 생물학적 면과 문화적인 면 사이의 관계에 초점을 두고 있다(Booth 등, 1991; Johns, 1990).

Timothy Johns와 그의 동료들은 과테말라의 Alta Verapaz에 거주하는 Kekchi어 주민들이 소비하는 야채의 영양성분을 조사하였다. 이 분석을 위하여, 5~20 식물체(약 200g)를 가정집의 정원이나 옥수수 밭에서 채집하였다. 이런 식용야채는 이 식물들이 자라는 장소와 이용되는 식물 부위를 알려주는 사람들과 함께 모았다. 부수적인 식물체들은 가능하면, 지역의 시장에서 구입하였다. 재료가 충분히 모아지면, 200g은 집단의 여성에게 부탁하여 그들만의 전형적인 방법 즉, 그 지역의 물을 이용하여 약한 불에서 알루미늄 냄비에서 익혀서 수집하였다. 이렇게 수집된 신선한 재료와 요리된 재료는 플라스틱 백에 넣어 밀봉한 다음, 휴대용 냉장기에 넣어 조사지로부터 3~4 시간 떨어진 과테말라 시로 운송을 하였다. 이후 INCAP(Institute of Nutrition for Central America and Panama)에서 -20℃에 보관을 하였다. 실험실에서의 분석 결과는 물, 지방, 섬유질, 단백질, 탄수화물, 무기염류(칼슘, 인, 철, 칼륨 그리고 망간) 그리고 카로틴 등의 성분들이 확인되었다.

분석된 13종류 중, 5종류의 영양 구성은 이전에 보고가 된 적이 없는 것들이다. 이 연구의 결과는 단백질, 무기염류, 비타민 A 그리고 시골 주민들에게 부족하기 쉬운 물질 등의 공급원으로써 야생 식용야채의 중요성이 확인되었다. 이러한 결과는 중앙아메리카의 음식 관련된 질병과 영양결핍을 해소하려고 하는 기관들이나 INCAP에 중요한 것이다.

또 다른 프로젝트에서, Timothy Johns는 페루의 인류학자인 Alejandro Camio와 함께 안데스 농업에서 비료로 이용되는 양치식물에 대한 연구를 하였다. 세계의 많은 지역에서, 재배지의 녹색 비료로 통하는 식물퇴비를 더함으로써 토질을 향상 시키려 다양한 노력을 하고 있다. 안데스에서는 laki-laki (*Dennstaedtia glauca*의 Quechua 어)를 식물을 재배하기 직전에 야생에서 모아 경작지에 뿌려 놓는다. 양의 똥과 함께 섞어 이용하는 이 양치식물 잎은 재배지에서 마르게 그대로 두어 결국에는 토양에 섞이도록 한다. 이 양치식물을 화학적으로 분석한 결과, 질소, 인 그리고 칼슘 등이 높은 농도로 함유되어 있어서 비료로써 이용되는 동물의 똥을 한층 강화시키는 역할을 한다. laki-laki는 토양으로부터 대량영양소를 흡수함으로써 자연의 순환자 역할을 한다. 즉, 이 식물은 가파른 재배지에서 소실되는 영양소들을 충분히 흡수할 수 있게 습기찬 계곡이나 강을 따라 굵은 지하경을 땅속에 내리고 있다. 이 식물의 잎들은 재배지에서 거름으로 사용됨으로써, 영양소들은 다시 토양 속으로 되돌아간다. Camio와 Timothy의 식물화학적인 분석은 laki-laki의 장점을 정량화함으로써, 전통적인 농업의 가치를 확인하게 하였다.

2. 검색

(1) 야외 검색의 장점

검색에는 2가지 방법이 있다. 하나는 연구자 자신이 직접 시험할 수 있는 장비를 야외로 가져가는 것이고, 다른 방법은 생약학자에게 분석을 의뢰하기 위해 재료를 보내는 것이다.

야외 시험은 민족전통식물학자들이 실험실에서 광범위한 조사를 할 수 있는 식물을 동정할 수 있게 하는데, 이는 대상 식물들을 현장에서 바로 대량 수집할 수 있도록 한다. 야외검색의 또 다른 장점은 식물을 신선한 상태에서 시험할 수 있다는 것이다. 이는 연구자가 실험실에 도착하기 전에 사라질 수 있는 휘발성 성분을 연구 대상으로 필요로 한다면 대단히 중요한 일이다.

세계적으로 실험실에서 널리 이용되는 기술을 이용하기 위하여, 생약학자들은 전기나 실험용 물이 없는 야외에서 식물 성분을 검색할 수 있는 휴대용 검색기를 개발하였다. 이 실험 과정은 배우기 간단할 뿐만 아니라 식물학이나 화학에 대한 특별한 훈련이 필요 없이 이용할 수 있다. 재료도 10~50g 정도의 식물 부위나 잎이면 시험하기에 충분하다. 시험의 결과는 검색하고자 하는 화학물질이 존재한다면 추출물 내에 침전물이 생기거나 혹은 색이 변하므로 눈으로 확인 할 수 있다.

만약 야외에서 식물을 검색하기 바란다면, 먼저 생약학자에게 검색을 하기 위해 연구자에게 필요한 유리기구나 시약에 대해서 상의를 한다. 생약학자는 알칼로이드, 사포닌 그리고 다른 화합물을 추적하기 위한 첫 번째 단계로 간단한 시험을 어떻게 하는지를 보여줄 것이다.

연구를 함께 할 수 있는 분석 연구자들이 있다면, 며칠이면 20~30가지 정도 화합물을 검색할 수 있다. 예를 들면, 말레이시아 천연물 연구단(Malaysian Natural Product Research Group)은 광범위한 식물들에 대한 야외 조사를 하기 위한 지역을 선정하기 위한 답사를 하였다. 1986년에 제3차 식물화학 검색 프로젝트의 조사 지역으로 Danum Valley 보존지역을 선정하였다(Omar, 1987). Sabah의 중앙지역에 위치한 이 보존 지역은 보르네오에서 보존이 잘 된 지역으로 438㎢의 면적이다. 말레이시아와 해외로부터 온 식물학자들과 화학자들이 일주일 동안 연구센터에 머무르며, 1.5㎢ 지역을 집중적으로 조사를 하였다. 연구자들은 표본관용 증거표본을 만들고, 알칼로이드를 검색하기 위한 식물화학 분석용 재료를 무작위로 수집하였다. 검색된 223 종류 중에서, 46 종류는 알칼로이드(alkaloid)를 함유하고 있다는 반응을, 91 종류는 사포닌(saponin)을, 59종류는 스테로이드(steroid)와 트리테르페노이드(triterpenoid)를 함유하고 있었다. 이 식물들 중 일부는 좀 더 깊은 연구를 위해 선정하였다.

(2) 야외 검색의 단점

야외 검색은 편리한 만큼 단점도 있다. 상대적으로 시험이 쉽기는 하지만, 이러한 시험들 때문에 민족전통식물학적 조사의 시간은 줄어들게 된다. 시약을 구입하는데 드는 비용, 식물재료를 준비하기 위해 투자하는 시간 그리고 결과를 기록하기 위한 시간은 지역민과의 면담이나 증거 표본을 만드는 데 필요한 것보다 훨씬 많은 낭비가 된다. 연구자는 식물재료를 나중에라도 분석을 위해 전문가에 보낼 수 있지만, 지역민과의 면담이나 식물의 채집은 현장을 떠나면 다시 할 수 없다는 점을 명심해야 한다.

야외조사의 또 다른 단점은 야외 시험이 정확하지 않다는 것이다. 연구자는 보다 정확한 화합물의 동정은 할 수 없고 테르페노이드(terpenoid)와 알칼로이드(alkaloid)와 같은 천연물 군의 존재만을 알 수 있을 뿐이다. 극히 적은 양이 함유된 물질들은 야외 시험에서 놓치기 쉽지만, 실험실에서의 복잡한 검색을 거치면 확인할 수 있다.

검색에 의한 화합물의 존재 유무로만 식물이 지역 정보에 의해서 파악된 효능이 있는지 결정할 수는 없다. 이는 정확한 통제 하에 실험실에서 하는 광범위한 생물검색, 동물실험 그리고 임상 실험 등을 거친 후에 결정할 수 있다. 대개의 식물화학자들은 검색을 복잡한 실험의 간단한 준비과정으로 간주하여, 식물화학적 조사의 결과를 출판하지 않는다. 이러한 정보들은 학생들의 논문이나 지역 회의에서 발표될 수도 있지만, 과학적인 학술 잡지에 투고하지는 않는다.

(3) 약학적 검색과 생물학적 검색

식물화학적 검색과 달리 잘 정비된 실험실에서 수행할 수 있는 약학적 검색에는 여러 가지가 있다. 예를 들면, 인도의 Lucknow의 중앙 약 연구소(Central Drug Research Institute)에서는 특정 박테리아, 균류, 원생생물, 장충, 바이러스 그리고 나선균에 대한 활성을 조사하는

82개의 검색법을 이용한다(Jain, 1989; Mehrotra, 1989). 이들은 또한, 암과 염증 같은 특정 건강 문제에 대한 약을 조사하기도 하며, 생식, 소화 그리고 순환계 등과 같은 다른 생리학적 그리고 해부학적 체계에 화합물의 영향을 조사한다. 약학적 그리고 생물학적 검색의 대부분은 상대적으로 복잡한 실험실 장비를 필요로 하지만, 간단한 실험 장비를 갖춘 실험실에서 수행할 수 있는 두 가지 방법 즉, brine shrimp 검색과 항균 검색이 있다. 일부 연구자들은 이 검색법들이 유용성에 한계가 있고 과학적 적합성이 약하다는 점을 감안하여, 약학적 검색에 포함되는 기본적인 성분들을 제시하기도 한다.

Brine shrimp(*Artemia salina*)는 염수와 비슷한 특정 용액에서 자라는 작은 수생 동물(새우)이다. 식물에 포함된 세포독성의 가능성과 항암 성분을 포함할 가능성을 시험하기 위하여 식물 추출물을 용액에 다양한 새우가 포함된 용기들에 넣는다. 24시간 후에, 살아있는 새우의 수를 세어 LD-50이라 부르는 세포독성 수치를 계산한다. 이는 화합물의 농도가 용액에 있는 brine shrimp의 50%를 죽였다는 것을 의미한다.

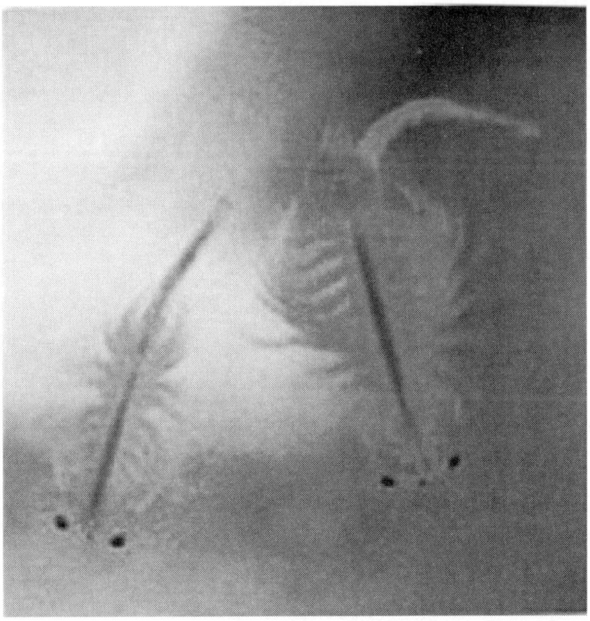

그림 3.31 Brine shrimp (*Artemia salina*).

많은 균류에 대한 식물 추출물들의 생물학적인 활성도은 다양한 검색방법으로 시험할 수 있다. 균류는 다양한 조류로부터 얻어지는 한천을 부어 넣은 페트리 접시에서 자란다. 일정한 양의 식물 추출물을 원형의 종이 위에 놓은 다음 균이 자라는 한천의 표면에 놓는다. 이 모든 과정은 다른 균들이 침입하지 않도록 무균 상태에서 수행해야 한다. 접종이 된 이후 18~24 시간 정도 균이 잘 자랄 수 있도록 조건을 만들어 주면, 식물 추출물에 약성이 함유되어 있는 경우, 원형 종이 주위에 원형의 무균 지역이 생긴다. 이때 무균 지역의 원형 크기는 추출물의 농도와 연관이 있으므로, 다른 식물에서 추출된 추출물과의 활성도를 비교할 수 있다. 아래에 푸에리토리코의 국립공원에서 모아진 식물들에 대한 새우 생물검색과 항균 검색을 설명하고 있다.

푸에르토리코의 카리브 국유림에 생육하는 식물에 대한 생물학적 활성

카리브 국유림은 푸에르토리코의 북서 지방에 위치하며, 면적은 28,000 에이커 정도이다. 이 공원에는 고유 식물과 위기 식물을 포함하여 약 3,000 종류의 열대 식물이 자라고 있다.

Ricardo Guerrero와 Iraida Robledo는 1987년부터 1989년까지 공원 내에서 무작위로 수집한 113종류의 식물에 대한 생물학적 활성을 조사하였다(Guerrero와 Robledo, 1990). 채집물에는 19종의 고유 식물을 포함하여 54과 식물이 수집되었다. 각 채집물의 증거 표본은 약학 대학의 표본관에 소장되었다.

각 식물들의 추출물은 건조된 재료 20~30g를 갈아 95% 알코올과 섞은 후 24시간동안 놓았다. 이 후 40℃의 진공 상태에서 부유액을 정제하였다. 각 추출물 50mg을 메탄올 50ml에 녹였다.

무균 상태에서 각 추출물 100㎍과 500㎍을 원형의 여과 종이에 묻힌 다음 한 종류의 균이 접종된 페트리 접시에 놓았다.

전체적으로는 사람에게 병을 발생시키는 6 종류의 균에 대해서 시험하였다. 준비된 페트리 접시를 35시간에서 18시간동안 놓아 둔 이후 어떤 균주가 영향을 받았는지를 조사하였다. 균주에의 영향은 원형 여과 종이를 중심으로 형성되는 무균대의 크기를 측정함으로써 판단하였다. 만약 무균대가 7mm이상이면 균이 추출물로부터 영향을 받은 것으로 판단하고, 6mm 이하일 때에는 균이 추출물에 저항력을 가지는 것으로 판단하였다. 이 검색으로 많은 식물들의 추출물들이 그람 양성균에 효능을 가지는 것으로 나타났다. 그러나 그람 음성균들은 대부분 추출물에 저항력을 가지는 것으로 나타났다. 특히, 높은 효능을 보이는 두 종류의 식물이 있었다. *Turpinia occidentalis* (Staphylaceae)는 6 종류의 균 중 5개에 효과를 보였으며, *Clidemia hirta* (Melastomataceae, 야단목과)는 6개 중 4개에 효과를 보였다.

그림 3.32 *Turpinia occidentalis* (Staphylaceae).

그림 3.33 *Clidemia hirta* (Melastomataceae, 야단목과).

Brine shrimp의 알을 인공 바닷물에서 부화시킨 다음 10 마리씩 일련의 작은 플라스틱 용기에 넣고 동일한 양의 메탄올을 채운 대조구도 준비를 하였다. Brine shrimp가 들어 있는 용기에 추출물을 농도 별로 넣은 다음 24시간 후 살아 있는 새우들을 세었다. 이 실험은 연구자가 생물체가 50% 죽는 양을 나타내는 추출물의 LD-50을 계산할 수 있게 한다. 대극과의 3 종류는 아주 낮은 농도에서도 brine shrimp에 아주 치명적인 것으로 나타났다.

이 실험의 결과를 얻은 후 Ricardo Guerrero와 Iraida Robledo는 활성을 보인 식물들에 대한 더 많은 정보를 식물화학 문헌들에서 조사하였다. 이들은 일부 속 식물들에 대해 연구를 한 문헌들을 찾아냈으나, 검색에서 강한 활성을 보여준 종류에 대한 문헌들은 찾을 수 없었다. 이들은 약용으로 개발하기 위한 좀 더 정확한 생물검정을 하여야 하며, 활성 성분들을 분리하고 좀 더 시험을 해야 한다고 했다.

화학적 성분들의 야외 시험에 대한 일부의 비판은 brine shrimp, 항균 그리고 다른 생물학적인 검색에 대한 것들이다. 이러한 시험들은 완전하게 정비된 실험실에서 검정하는 것에 비교하여 상대적으로 적은 정보를 얻기 때문이다. 더 나아가, 이 검색들은 한정된 범위의 생물학적 활성만을 측정할 수 있다. 스코틀랜드 Strathclyde 대학의 식물화학자인 Peter Waterman은 "모르핀을 포함한 오늘날에 이용되는 중요한 식물 화합물들은 brine shrimp에 유독하지 않으며 이 검정에서 추적할 수 없었을 것이다"라는 점을 지적한다. 이는 brine shrimp 시험이 세포독성을 측정하는 데에만 피상적으로 이용되고 식물추출물에 대한 독성 혹은 일반적인 활성을 나타내지 못하기 때문이다.

민족전통약학자들은 야외 실험에 대한 공감대는 실험실에서 이루어지는 과정을 지역민이나 동료 연구자들에게 교육할 때나 혹은 광범위한 식물화학 연구 프로젝트의 일부분으로 예비 시험을 하는데 가장 좋다고 생각을 하고 있지만, 순수한 화합물의 분리, 구조분석 그리고 생물학적 활성 검정 등을 포함한 복잡한 분석을 할 생약학자와 연계를 맺어 연구를 하지 않는 한 이러한 야외 시험은 검색을 수행하는 연구 프로젝트의 일부로써는 적합하지 않다고 생각을 하고 있다.

Kinabalu 민족전통식물학 프로젝트(Kinabalu Ethnobotany Project)에서는 지역 채집자들이 그들의 거주지에서 유용식물 재료를 50~100g씩 수집을 하였다. 이에 대한 검색은 자신들의 논문을 위해 민족전통식물학과 식물화학에 대한 경험이 필요한 말레이시아 대학생들과 함께 프로젝트 관리자가 공원의 본부에서 수행하였다. 학생들은 Kinabalu 공원의 자연사 박물관에 있는 실험실에서 식물재료의 추출물들을 준비하고 식물 화합물의 예비 분리를 시도하였다. 프로젝트에 협력하는 민족전통약학자들 그리고 말레이시아와 동남아시아 생약학자들이 서로 연계하여 그들의 실험실에서 개발 가능성이 높은 식물들에 대하여, 선택된 화합물의 구조 규명과 생물학적 활성 시험을 포함한 보다 정확한 연구를 할 것이다.

연구자가 이러한 연구를 한다면, 분류학자가 증거표본에 그러하듯이 생약학자가 식물화학적 재료에 집착한다는 점을 명심해야 한다. 식물의 화학구성을 분석하고 파악하는 것보다 식물을 검색하고 채집하는 것이 훨씬 쉽다. 민족전통식물학적으로 조사되고 식물화학적으로 검색된 재료들 중에서 파악된 다수의 약용식물 중에서 극히 일부분만이 실험실에서 심도 있게 조사된다.

3. 식물화학적 분석을 위한 식물의 채집

검색이 끝난 후 좀 더 정확한 결과를 얻기 위한 실험실 실험을 위하여 재료를 대량 수집할 수 있다. 표본관용 수집과 식물화학적 분석을 위한 수집에는 많은 유사점이 있다. 증거표본을 만드는데 더해, 주요한 차이점은 실험실에서의 실험을 위해 대량으로 재료를 수집하여야 하고, 이때 식물의 화학적 조성이 변하지 않도록 재료를 준비하여야 한다는 점이다.

사실 식물화학적 분석을 위한 재료의 수집 방법과 표본관용 재료의 수집과는 거의 비슷하다.

(1) 식물 집단, 채집 시기 그리고 지역의 선택

좀 더 많은 정보를 얻기 위하여 특정 종류를 선정할 때, 해당 종류의 개체군이 조사지에 충분한지를 감안하여야 한다. 특히, 지역민들이 이용함으로써, 멸종 위기에 있거나 희귀한 종류는 유의하여야 한다. 대량 수집을 하는 여러 가지 방법은 다음과 같다.

◎ 식물을 보호하며 행하는 대량 수집 ◎

제2장에서 식물학적 동정을 위하여 증거표본을 만들 때, 희귀식물의 과도한 채집을 고려하여야 한다는 점을 지적하였다. 만약 연구자가 식물화학적 분석을 위하여 특정 종류를 대량으로 채집할 때에는 해당 종류에 대한 과도한 채집이 되지 않도록 수집 방법에 유의하여야 한다(Hall과 Bawa, 1993). 이러한 배려는 유전적 다양성의 보존뿐만 아니라 지역민들을 위하여 보존하여야 한다.

가능하다면, 해당 종에 대한 생식, 분포 그리고 수량 등에 대한 문헌조사를 하는 것이 바람직하다. 채집하려고 하는 종류가 조사지에서 상대적으로 풍부한지 확신하여야 한다. 작고 성숙이 안 된 것보다는 크고 성숙된 식물을 채취해야 한다.

채집된 종류가 채집한 이후에 종자나 새롭게 성장할 수 있는지에 대한 관찰에 유의하여야 한다. 식물 전체를 채집하려 한다면, 일부 개체들은 현지에 생육할 수 있도록 반드시 남겨두어야 한다. 큰 초본이나 관목으로부터 잎을 채취할 때에는 채취하고 난 이후에도 식물체가 잘 자라고 생식할 수 있도록 하여야 한다. 나무나 관목의 경우는 줄기나 큰 가지를 채취하는 것보다 작은 가지를 채취하는 것이 좋다. 꽃이나 열매를 채취한다면, 다음해에 새로운 개체들이 살아날 수 있도록 충분하게 씨와 같은 생식부분을 남겨두어야 한다.

수피와 뿌리의 채집은 특별한 경우에 한다. 수피는 본 줄기나 본 가지의 반대쪽 면에서 벗겨내는데, 채취하고 난 이후에도 수피가 재생할 수 있도록 유의하여야 한다(수피의 재생은 종류 마다 다르다). 지하경, 괴경, 인경 그리고 포복경과 같은 뿌리 같은 기관은 사실 변형된 줄기이다. 이들은 때때로 생식을 할 수 있는 눈을 가지고 있다. 복잡한 뿌리 체계를 가지고 있는 목본들은 대부분 뿌리를 손대지 않아야 생존할 수 있다. 채취하는 사람들은 재생할 수 있을 만큼의 수피와 뿌리를 남겨두어야 한다. 나무를 통째로 잘라 내거나 뿌리의 많은 부분을 제거하면 식물 개체군의 보존에 심각한 영향을 끼쳐 지역민의 자원을 파괴할 수도 있다.

연구자가 여러 해에 걸쳐 특정 종류를 필요로 한다면, 해당 식물군의 개체군을 유지시킬 수 있는 가장 적합한 방법을 찾아내야 한다. 일부 식물들은 재배할 수도 있고, 원예학적으로나 임학적으로 개체수를 증가시킬 수도 있다.

다른 지역에서 자라는 동일한 종류의 개체군들에 함유된 활성 성분의 함량은 크게 달라질 수 있음을 유의하여야 한다. 식물의 부위별로도 화학적 조성은 달라지며, 재료를 채취하는 시간이나 시기에 따라서도 효능은 달라질 수 있다. 연구자가 민족전통약학적 방법을 이용한다면, 지역민들이 해당 재료를 언제 어떻게 채취하는지를 관찰하거나 문의하고 난 이후 수집하는 것이 좋다. 무작위 혹은 화학분류적인 방법을 이용한다면, 성장 단계와 다양한 환경 조건에 따라 분리하여 개체들을 수집하여야 한다.

한 종류만을 수집한다면, 다른 종류들과 섞이지 않도록 유의하여야 한다. 본초 치료에서는 대부분 다양한 식물들을 함께 이용하므로, 각각의 식물들을 따로 분리하여 수집해야 한다. 만약 한 종류의 식물만을 이용할지라도, 식물의 각 부분을 따로 분리하여 수집하여야 한다. 잎, 뿌리 그리고 수피의 화학적 함량은 동일하지 않고, 이들의 건조 시간 또한 다를 것이다.

나중에 식물화학적 분석의 결과를 바꿀 수 있으므로 식물체가 균, 세균 혹은 작은 곤충에 피해를 입지 않도록 해야 한다. 알칼로이드(alkaloid)와 테르페노이드(terpenoid) 같은 화합물들은 곤충이나 초식동물의 공격에 함량이 높아질 수 있다. 만약 지역민이 치료 목적 혹은 다른 목적을 위하여 감염된 식물체를 채취하였다면, 연구자도 똑같이 해야만 된다. 물론, 건강한 식물체도 채취하여야 한다. 가능하다면, 동정에 용이한 증거표본을 만들 수 있고 시험된 재료의 영구적인 기록을 위하여 꽃이나 열매를 갖춘 개체군을 선택해야 한다.

(2) 식물체의 채집

식물화학자들은 그들의 연구를 위하여 다양한 양의 건조 재료를 필요로 하는데, 때에 따라서는 1kg이나 그 이상을 원하기도 한다. 신선한 식물체는 많은 양의 수분을 함유하고 있다. 즉, 잎이나 열매는 전체 무게의 80~90%가 수분일 경우도 있고 수피와 뿌리는 40~45%나 그 이상이 수분이다. 그러므로 식물체의 다육성 정도에 따라 원하는 건조 량의 3~10배 가량의 생체를 수집하여야 한다.

실험실에서는 건조 재료를 막자사발이나 분쇄기를 이용하여 가루로 만든다. 야외에서는 지역민들이 해당 식물을 이용하는데 지장을 주지 않고 식물 개체군의 소멸되지 않도록 유의하면서 수집하여야 한다. 수집을 할 때에는 무엇보다도 증거표본을 만들 충분한 양의 생식기관을 갖춘 재료를 확보하여야 한다.

(3) 식물체의 준비

충분한 양의 재료가 확보되었다면 이용하고 보관하기 쉬운 상태의 크기로 손질을 한다. 뿌리와 수피 역시 이용하기 쉬운 상태로 나누어 둔다. 열매는 존속 기간을 감안하여 조각으로 나누거나 전체를 보관한다. 잎은 그대로 놓아두거나 크기와 재질을 감안하여 칼로 나누어 놓는다. 식물체를 준비하는 정확한 방법은 어떻게 보존하는가 하는 계획에 달렸다.

(4) 식물체의 보존

실험실에 식물체를 보내는 방법은 여러 가지 방법 즉, ① 생체 상태, ② 얼린 상태, ③ 건조 상태 혹은 ④ 알코올로 추출하거나 보존(Balick 등, 1982; Cooper-Driver와 Balick, 1978) 등이 있다. 식물화학 실험실과 함께 연구를 수행할 때에는 화학자들이 어떻게 재료를 받을 것인지에 대해 알아보아야 한다.

재료는 모든 보존 방법들이 식물체에 함유된 활성 성분들이 파괴되거나 휘발되며 사라질 수 있기 때문에 덜 성숙된 생체 재료가 바람직하다. 그러나 생체 재료를 다루는 것은 쉽게 시들고 건조해지고 변하기 때문에 쉬운 일이 아니다.

대안은 조사 현지에서 때로는 구하기 힘들 수도 있지만, 드라이아이스나 액체 질소에 식물체를 얼려서 보내는 방법이 있다. 그러나 꼭 덜 성숙한 생체 재료가 필요하다면, 식물체를 차고 어두우며 습기가 있는 아이스박스에 포장하여 보낸다.

대개의 생약학자들은 관례적인 방법 즉, 건조한 상태로 보존된 재료를 받는다. 이 때, 건조는 식물체에 함유된 물질들의 화학적 조성이 변할 수도 있다는 점을 유념해야 하고, 건조에 이어 물질의 추출이나 분리 과정이나 관심을 가지고 있는 물질에 따라 또 달라질 수 있다는 점 또한 명심해야 한다.

건조 재료는 운송비용이 상대적으로 저렴하고 다루기가 쉽다. 빠른 건조는 쉽게 증발되는 성분들과 비휘발성 성분들을 가장 잘 보존시킨다. 느린 건조는 함유물이 효소에 의해서 분해되는 비율을 늘리거나 식물체에 남아 있는 수분이 재료를 변질시킬 수 있다.

빠르게 건조시킬 때에는 식물체를 상대적으로 작게 자른다. 습기는 식물 건조기나 태양 볕에 놓아두면 쉽게 제거 되지만, 쉽게 증발되는 물질이 유실되거나 혹은 빛에 노출됨으로써 파괴될 수 있다. 건조기에서 건조를 시킨다면, 열을 낮게 하고 50℃ 이하의 온도를 유지하도록 온도계를 조절하여야 한다. 일부 물질들은 더 낮은 온도에서 건조시켜야 할 경우가 있다.

햇볕에 건조를 시키는 것이 바람직하기는 하지만, 열의 양을 조절하기 어렵고 광선에 의해서 식물체에 함유된 화학적 조성이 바뀔 수 있다는 점을 유의하여야 한다. 휘발성 성분을 추출하려면 그늘에서 건조를 시키는 것이 바람직한데, 특히 열대 지방에서는 식물체가 변질되지 않도록 주의 깊게 살펴야 한다. 위에 열거된 모든 방법에서 식물체는 하루에 여러 번 뒤집어 놓아 식물체 전체가 골고루 마르도록 하여야 한다.

알코올에 보존된 식물체에 대해서는 식물의 채집 편에서도 언급을 하였지만, 식물 조각들을 충분한 양의 알코올이 담긴 플라스틱 백이나 용기에 넣는다. 알코올에 침윤된 대량 채집물은 생각보다 무겁고 다루기 힘들다는 것을 알아야 한다.

야외에서 추출을 하기 원한다면, 재료를 잘라서 용기에 넣은 다음 메탄올이나 에탄올을 부어 넣는다. 야외에서의 추출은 소수의 식물들을 시험하기 원할 때 바람직하다. 대개의 민족전통식물학자들은 실험실에서 동료들과 추출하기 위하여 식물체를 야외에서 대량 수집하기를 바란다.

(5) 야외 노트의 준비

식물화학적인 채집물을 위한 야외 노트는 민족전통식물학적인 증거를 기록하기 위한 정보를 포함하고 있지만, 이외에도 다른 특별한 점들을 유념하여야 한다. 표본관용 증거 표본의 번호와 식물화학 연구를 위한 재료를 넣은 용기의 번호는 동일하여야 한다. 이것은 두 수집물들이 밀접하게 연관되어 있고 특히, 실험실에서 분석할 재료의 기원과 동정에 혼란을 막기 위한 조치이다. 식물을 분석하는 식물화학자가 원하는 특정 정보들 즉, ① 이용된 용매와 건조할 때의 온도와 기간 등 식물체가 어떻게 보존되었는지, ② 채집지의 특별한 환경적 조건, ③ 화기와 열매의 성숙기 등을 포함한 재료의 성숙도, 그리고 ④ 채집이 이루어진 날의 시간 등을 잘 기록하여야 한다.

오스트레일리아 New South Wales 대학의 화학자인 Robert Toia는 건조 표본에서는 알 수 없는 생체 식물의 여러 특징들에 주의하여야 한다고 지적하였다(Toia, 1988). 유액이나 색깔이 있는 즙액을 주의하여야 한다. 잎을 문질러서 독특한 냄새가 나면, 이는 정유나 혹은 향기와 관련된 물질이 함유되어 있다는 것임을 알아야 한다. 줄기, 가지 그리고 뿌리의 껍질을 벗겼을 때 황색이나 적색이 보인다면, 이는 퀴논(quinone)이나 이와 유사한 물질이 함유되어 있음을 나타낸 것이다. 만약 식물체를 입으로 맛을 볼 때에는 지역민에게 물어보고 난 이후 각 다른 물질들이 함유되어 있음을 알려주는 단맛, 쓴맛 혹은 신맛 등을 알아본다. 일부 식물들은 매우 유독하기 때문에 식물체를 맛본다는 것은 훈련이 필요하다. 간단한 규칙 하나는 유액이 있는 식물체는 입으로 맛보지 않는다는 것이다. 아무튼 자신이 야외에서 관찰한 모든 것을 노트에 기록한다.

야외작업을 통해서, 식물체의 수집 방법, 이용 방법 그리고 처리 방법 등을 자세하게 기록한다. Elaine Elisabetsky는 이용되는 식물에 대한 문화적인 배경을 이해하는 것이 식물화학적 분석에 지침이 될 수도 있음을 강조하고 있다(Elisabetsky, 1986; Elisabetsky와 Morae, 1990). 그녀는 약용식물의 용도에 대한 여러 가지 관점을 완전하게 기록할 것을 추천하고 있다. 즉, 식물체의 활성성분들이 몸에 잘 흡수되도록 용매 역할을 하는 물, 알코올, 지방 그리고 기타, 다른 물질과 섞는지 혹은 열을 가하는지 등에 대한 처리 방법을 기록하여야 한다. 하나의 치료법에 이용된 다양한 식물들의 혼합물은 자세히 기록하여야 한다. Elisabetsky는 다른 종류들이 섞일 때, 이들 간에 화학적 상호작용을 통해 치료 효과를 낸다고 강조하고 있다. 즉, 한 종류는 치료 작용을 하고 다른 종류는 보조 작용을 한다는 것이다. 치료에 필요한 투여량인 약량학(藥量學, posology)적 정보 또한 설명되어야 한다. 주어지는 식물의 양은 전통적인 치료사들로부터 주의 깊게 계산될 수 있다. 약량학의 중요한 점은 식물을 내복용 혹은 외부용인가를 결정하는 것이다. 마지막으로 연구자는 질병과 그 증상에 대한 지역의 개념, 지역병명 그리고 서양 질병의 범주에 어떻게 넣을 것인가에 대한 것을 알아야 한다. 대부분의 건강 상태들이 서양 질병에 의한 질병으로 판단할 수 있지만, 민속질병(folk illness)은 서양 의사들이 인정하는 질병과 증상과 비교하여 설명하기 어려울 수 있다.

미국 미시시피 대학의 제약학 연구소에 있는 Edward Croom Jr.는 약용식물의 용도를 기록하고 식물화학적 분석을 위한 재료를 보내는 연구자들에게 필요한 여러 기지 지침들을 밝히고 있다(Croom, 1983). 그가 표 3.10과 같이 본초 치료를 평가하고 정리하는 항목을 제시 했다.

표 3.10 Edward Croom Jr.이 제안한 식물화학 분석을 위해 약용식물을 채집할 때 정보를 기록하기 위한 목록

약용식물에 대한 정보

- **채집**
  - 채집된 식물부분
  - 채집 시간, 발생 단계 그리고 위치
  - 특별한 처리 과정
  - 식물의 저장
- **추출과 처리**
  - 이용된 식물
  - 식물부분의 양과 형태
  - 이용된 용매의 양과 형태

- 적용된 열의 양과 형태
- 처리 시간
- 장비
- 치료제의 형태(가루, 추출액 등)
- 저장

▸ **약요법**

- 투여 시간과 양
- 이용 방법과 투여 방법
- 처리된 질환
- 정보제공자의 평가, 개인적인 관찰, 의학적 기록 그리고 과학문헌의 정보 등을 포함한 치료 활동
- 이용 상태(예 : 이전 혹은 현재)
- 보조 요법(예 : 식이요법, 발한요법, 기도)

❂ 집단의 건강 특징에 대한 정보

▸ **의학적 신념과 환경**

- 시술자 그리고 전공, 선발, 훈련과 경쟁 등의 범위
- 진단 도구, 기술 그리고 질병의 기준
- 질병의 치료를 위한 기준
- 질병의 원인
- 위치, 목적 그리고 사람들의 상태 등을 포함한 치료 환경

▸ **집단의 특징**

- 사망과 질병의 주요 원인
- 영양 수준
- 위생 수준
- 삶의 기준

---

(6) 표본의 표식

표준적인 채집물의 라벨은 표본관의 증거 표본의 라벨이다. 식물화학 분석을 위한 각 재료에는 채집번호를 명확하게 부착하여야 하고, 표본에 대한 민족전통식물학적인 기록과 채집지에 대한 완벽한 자료를 포함하고 있어야 한다. 이러한 정보는 식물화학자들의 작업에 필수적인 요소이기는 하지만, 라벨을 인쇄까지 해서 기록할 필요는 없다. 민족전

통식물학 노트의 적절한 부분을 복사하거나 컴퓨터 데이터베이스용으로 인쇄된 것이면 충분하다.

(7) 분석용 표본의 운송

재료가 완벽하게 건조했다면, 플라스틱 백에 넣는다. 재료를 넣은 후 완벽하게 밀봉을 하였더라도 습기가 흔적으로라도 남으면 재료가 상하게 됨을 유념하여야 한다. 습기가 많은 재료는 삼베자루 또는 공기가 잘 통하는 용기에 넣어야 한다.

운송 표지에는 식물화학 분석용 재료임을 분명하게 명시하여야 하고 전처리의 형태 또한 명확하게 표기해야 한다. 재료가 국경을 통과해야 할 경우에는 적절한 식물 위생 허가를 얻어야 하고 이를 박스에 명시하여야 한다.

표본관 증거 표본은 일반적으로 식물화학 분석용 재료와 분리하여 운송을 하는데 대개의 경우 두 재료가 다른 연구자들이나 기관에 의해 이용되기 때문이다.

재료가 실험실에 도착하면 가능한 빨리 뒤처리를 하여야 한다. 즉, 식물화학자는 가능하면 빨리 분석을 하여야 한다. 생체나 얼린 재료를 받았다면, 받은 즉시 처리를 하여야 한다. 추출할 때까지 재료는 습기, 빛, 온도 그리고 곤충이 제어되는 공간에 보관하여야 한다.

추출 전에는 나중에 증거 표본으로 활용하기 위하여 100~200g 정도를 유리병이나 금속 상자에 보관을 한다. 분석한 재료에 의문이 생길 때에는 보관한 재료와 표본관의 증거 표본을 교차 검증을 한다. 이러한 단계를 보다 확실하게 하려면 재료를 '식물화학분석 증거표본: 처리하지 말 것'이라고 적은 작은 백에 보관을 한다.

4. 새로운 식물 생산물을 찾기 위한 지침

민족전통약학 프로젝트를 시작하기 전에, 프로젝트에 대한 윤리적인 의미를 고려해야 한다. 현재 살아있는 생물체로부터 얻어지는 새로운 생산물을 이용하여 시장에서 얻어지는 이익이 어떻게 분배되는지에 대한 많은 의문이 있다(Boom, 1990; Posey, 1990a, 1990b). 이러한 생산물들은 생물체로부터 직접 얻거나, 생물체로부터 얻어지는 화합물을 변형하거나 혹은 생물체에서 발견된 화합물을 연구하고 합성하여 생산된다. 식물을 이용한 제약 회사나 산업 생산물을 개발할 수 있는 대부분의 기업은 선진국에 있고, 개발될 가능성이 많은 식물들은 주로 열대지방의 개발도상국가에 많다. 이러한 국가들 내에는 특정 식물을 검색하고 선발하는데 큰 도움이 되는 지식을 가지고 있는 지역민과 소수 인종들이 있다.

상업적인 기업들은 식물유전자원의 보유 국가들에게 이익을 포함한 혜택을 공유한다는 인식을 하여야 한다. 더 나아가, 지역민은 식물에서 파생된 새로운 혜택에 대한 그들의 지적 기여에 대한 보상을 받아야 한다. 연구자들과 유용식물을 이용하려는 모든 사람들은 혜택을 원주민들에게 돌려주는 책임감을 가져야 한다.

민족전통식물학적 연구, 특히 민족전통약학적인 연구와 윤리적인 문제라는 주제에 대한 좀 더 자세한 논의는 World Wide Fund for Nature에 의해서 출판된 Tony Cunningham의 저서 "윤리, 민족전통생물학적 연구와 생물 다양성(Ethics, Ethnobiological Research and Biodiversity)"에 잘 정리되어 있다(Cunningham, 1993). 이 책자에서 저자는 식물화학적 분석을 위한 재료의 수집에서 발생되는 문제들에 대해서 다음과 같이 설명하고 있다.

과거에는 재료의 채집이 통제되지 않고 행하여져 유럽, 미국 그리고 일본 등 선진국으로 보내졌다. 즉, 약의 개발에 따른 이익과 이에 따른 재산권은 기원지 주민들의 지식과 이에 따른 천연물질의 이용에 대한 보상이나 계약서상의 의무 등은 전혀 고려되지도 않은 상태에서 아무런 제약이 없이 발생되었다. 설사, 이용에 대한 인가가 되었더라도, 이는 채집자들의 상업적인 의도는 명시하지 않고 된 것들이었다. 식물학자들이나 임학자들과 같은 지역의 전문가들은 상업적인 회사들이나 다른 기관들로부터 개인적으로 채집물에 대한 보상을 받았다. 이들은 간혹 그들이 한 일에 대한 의미를 잘 이해하지 못하고 있었던 것이 대부분이고, 그들이 지불 받은 비용은 자원의 잠재적인 가치에 대한 관심이 없다는 의미로 해석되었다. 많은 개발도상 국가들에서는 달러를 얻기 어렵기 때문에 이러한 일은 항상 발생될 수 있다. 그럼에도 불구하고, 이러한 일들은 지역의 개발과 보존을 위하여서는 중요한 의미를 가지고 있다. 국제적인 그리고 지역적인 관점에서, 후원조직들이 한 국가의 천연자원을 왜 지구의 공통 재산으로 취급해야 한다고 주장하는지? 특히, 후일 이들 조직들에 의해서 자연 자원들이 사유화될 수도 있다는 점을 고려하면 더욱 의문이 생긴다.

이러한 상황을 타개하기 위하여 Tony Cunningham은 채집자, 제약회사와 다른 상업 기업들의 대표, 대학, 정부 당국 그리고 동·식물로부터 새로운 상품을 개발하려고 하는 모든 사람들을 위한 실행 규약을 제안하였다. 처음에, 그는 생물재료의 채집과 수출을 제어하는 지역과 국제적인 법을 제정할 것을 제안하였다. 그러나 이러한 법들은 생물체에 대해서 연구를 하고 무역을 하는 사람들 사이에 논의를 거쳐야 하고, 생물자원의 이용과 지적재산권에 대한 국제 조약을 고려하여야 하므로 제정되기가 쉽지 않다.

이런 점들 때문에 추출, 검색 그리고 좀 더 복잡한 기술들은 가능하다면 지역의 전문가와 함께 지역의 실험실에서 수행되어야 한다. 이는 지역의 수준을 국제적 수준으로 역량을 높이게 되는 촉매제가 될 것이므로 궁극적으로는 천연자원의 지역적인 제어를 강하게 할 것이다. 이러한 일들이 보다 더 효과적으로 달성되려면, 자원 소유국의 연구기관들이 그들의 연구 기반을 확충시키는데 노력을 기울여야 함은 물론이고, 생물재료나 추출액을 공급하기 위한 어떤 협약이라도 사적인 것보다는 명성이 있는 유력한 조직과 해야 한다.

야외 프로젝트를 수행해야 하는 민족전통식물학자들이 가장 유의해야 하는 것은 Tony Cunningham이 제안한 전문가들에 대한 윤리 규정이다. 이 규정은 모든 지역의 참여자와 연구자들에게도 프로젝트의 과학적인 목표뿐만 아니라 상업적인 이용 가능성에 대한 사항도 알려야 한다고 요구한다. 프로젝트에 참여하는 지역민들은 공평한 방법으로 보상을 받아야 하고, 관련 국제 혹은 지역의 기관들은 공평한 사용료를 받아야 한다. 연구자들은 허가를 요구하는 식물 채집과 지역민들과 함께 일을 해야 등 연구 하고자 하는 국가의 요구 사항을 준수해야 한다. 이 규약은 더 나아가, 은밀한 정보는 노출이 안 되어야 하며 특히, 지역의 참여자들이 원할 경우 익명을 보장하여야 한다.

ASOMPS(약용식물과 다른 천연물에 대한 아시아 토론회: Asian Symposium for Medicinal Plant Species and Other Natural Products)에 의해서 제안된 지침은 민족전통약학 관련 야외 작업에 종사하는 모든 사람들에게 좋은 충고가 된다. 1992년 필리핀의 ASOMPS의 마닐라 선언으로 출판된 이 제안에는 식물자원이 있는 국가들(일반적으로 개발도상국가)과 기술적으로 복잡한 분석이 수행되는 국가들(일반적으로 선진국) 사이에 협약을 위한 최소한의 기준을 포함하고 있다. 이 제안은 연구자가 일을 하는 특정 국가나 실험실에 적합하게 변용할 수 있다.

- ♣ 예비 검색을 위한 재료의 수집양은 특별히 허가를 받지 않는 한 100~500g(건조 중량)를 초과하지 않는다.
- ♣ 비용에는 모든 관리 비용을 포함한다.
- ♣ 검색이 선진국의 기관과 함께 수행될 때에는 추출액을 상업 기관에 공급함으로써 발생되는 수익의 최소한 60%는 해당 국가의 기관에 돌려주어야 한다.
- ♣ 국가 기관은 생산물을 판매하는 외부 협력으로부터 발생되는 사용료의 최소한 51%를 받을 수 있다. 공정한 사용료는 3~5%이지만, 국제적인 기관은 최소한 1.5~2.5%를 받아야 된다.
- ♣ 국가 조직은 외부에 배타적인 독점권을 주지 않아야 되고, 주더라도 2년 이상은 주지 않아야 된다.
- ♣ 완벽한 평가 결과는 재료를 공급한 국가에 6~9개월 내에 보고하여야 한다.
- ♣ 파괴적인 채취가 우려된다면, 계속적인 채취를 위한 비용과 공급을 위한 대안의 개발을 외부 기관은 마련하여야 한다.
- ♣ 연구 참여자들의 기여는 출판물에 공동 저자로 올려서 보상해야 한다.
- ♣ 가능하다면, 추출물의 검색은 기원지 국가에서 수행하며, 이에 필요한 기술적인 도움도 필요하다면 제공하여야 한다.

5. 지역민들과 같이 식물화학적 연구

유용식물에 대한 식물화학적인 연구에 대한 지역의 능력을 제고하는데, 기여할 수 있는 방법은 많이 있다. 연구자가 일을 하고 있는 집단이 관심을 가진다면, Kinabalu 공원 식물에 대한 연구의 사례에서 볼 수 있듯이 지역민과 함께 검색을 하고, 추출과 분석을 하며, 지역민들이 식물화학적인 연구의 결과를 이해할 수 있도록 한다. 또한, 해당 국가의 생약학자와 학생들과 함께 재료를 수집하는 일에 지원을 하고 야외에서 함께 일을 할 수 있는 기회를 제공하는 등 가능할 때마다 재정적인 재원을 할 수 있다.

이와 더불어, 약용식물과 식용식물에 대한 안정성과 약성에 대한 쉬운 설명을 준비하여, 지역민들에게 복잡한 분석의 결과를 쉽게 접근될 수 있도록 한다. 이러한 처리의 중요성은 아래에 설명된 카리브 연구팀인 TRAMIL의 경험을 예로 살펴 볼 수 있다.

카리브 분지에서의 TRAMIL의 연구

TRAMIL은 카리브 지방의 잘 알려진 약에 대해 조사를 하는 연구 프로그램이다. 이 연구는 인류학, 식물학, 약학 그리고 의학 분야의 다양한 전문가들이 도미니카 공화국과 아이티의 지역 주민들과 함께 일을 하는 것이었다(Robineau, 1991). 연구의 참여자는 지속적으로 증가하였는데 이 중에는 연구자들뿐만 아니라 본초학자들과 지역에서 일차적인 건강관리에 관심을 가지고 있는 지역민들이 대부분이었다.

도시지역과 시골지역에서 수행된 여러 연구들을 통해서 TRAMIL 참여자들은 가정에서 치료에 이용되는 식물들에 대한 정보를 모았다. 이들은 지역에서 사람들에게 가장 영향을 주는 10개의 질병 목록을 작성하고 지역민들을 대상으로 면담을 통해 각 질병들에 대해서 의사, 지역 치료사 그리고 가정에서 치료를 하는 사람들에 의한 치료 방법에 알아보았다. 의사나 치료사에 의해 치료된 복잡한 질병은 배제하고, 비교적 단순한 질병에 대해 일반인들이 이용하는 약용 식물을 우선적으로 조사를 하였다. 정보 제공자들은 단순한 질병에 이용되는 약용 식물의 목록을 작성하고, 이들이 실제 치료에 어떻게 준비되고, 투여되는지를 조사하였다. TRAMIL 연구자들은 면담에 언급되었던 각 식물들을 동정할 수 있도록 증거표본을 만들었다.

문화적으로 가장 중요한 식물은 응답자들의 반응 정도에 따라 선정하였다. 만약 한 지역에서 면담한 사람들의 20% 이상이 특정 식물을 동일한 용도로 이용하였다면, 이 식물은 TRAMIL에 의해서 좀 더 깊은 평가를 할 수 있도록 하였다. 만약 20% 정도 이상 동의를 받은 식물이 없다면, 특정 조건에 가장 언급이 많이 된 식물을 선정하였다. 선정된 식물들은 컴퓨터 데이터베이스와 학술잡지들을 이용하여 화학조성, 잠재적 독성 그리고 치료 가치 등에 대한 정보를 조사하였다. 대부분의 경우 식물 재료들은 TRAMIL에 참여한 민족전통약학자들과 생약학자들에 의해서 분석되었다. 이러한 연구들을 통해, 연구자들은 각 치료법의 생물학적 활성과 구성성분에 대해 좀 더 깊게 알 수 있었다.

이러한 정보들을 통해, TRAMIL의 참여자들의 경우, 집에서 처치할 수 있는 공통 질병들에 효능이 있다고 생각되는 식물들의 이용은 증가되었고, 독성이 나타난 식물과 아직 연구 중인 식물들은 이용을 하지 않게 되었다. 2년마다, 연구의 진척에 따라 다학문적 연구 집회를 열었다.

이 연구 집회의 결실은 카리브 지역에서 선정된 약용 식물에 대한 정보와 안내가 포함된 책자의 개정판에 추가되었다. 이 책자에는 독자들이 식물을 쉽게 찾을 수 있도록 각 식물을 선그림으로 그려 넣었으며, 지리적 분포, 학명, 그리고 지역명을 기록하였다. 그리고 카리브의 유명한 약에 대한 문헌 내용과 조사로 파악된 용도, 식물화학적 문헌과 실험실 분석 자료들도 각 식물들의 기재에 포함하였다. 자세한 정보의 마지막에는, 일주일가량 TRAMIL 참여자들이 모든 증거들을 검토한 내용을 요약하여 정리하였다. 첫 조사의 결과를 반영하여 각 질병에 이용한 식물부위에 3등급 중 한 등급을 매겼다. (A) TOX는 식물부위가 특정 조건에 이용될 때 유독할 것이라는 의미로 이용이 불가함을 의미한다. (B) INV는 아직 연구 중이며 좀 더 조사가 필요하다는 의미이다. (C) REC는 식물부위가 유용하며 적절한 고려 하에 질병에 이용되는 것을 추천한다는 의미이다.

이 책자를 이용하여, TRAMIL은 카리브 약용식물에 대한 민족전통약학적 정보를 지역의 의사와 약사 그리고 건강 전문가들에게 전할 수 있었다. 연구집회와 소책자들은 이 조사에 참여하고 날마다 식물에 의존하여 건강관리를 하는 집단들에 비슷한 정보들을 전해주었다.

참고문헌

Balick, M. 1990. Ethnobotany and the identification of therapeutic agents from the rainforest. *In:* Chadwick, D. J. and Marsh, J. (eds) Bioactive Compounds from Plants (Ciba Foundation Symposium No. 154). Wiely, Chichester, pp.22-32.

Balick, M. J., Rivier, L. and Plowman, T. 1982. The effect of field preservation on alkaloid content of fresh coca leaves (*Erythroxy* spp.). Journal of Ethnopharmacology 6: 287-291.

Boom, B. M. 1990. Ethics in ethnopharmacology, in Ethnobiology: Implications and Applications. Proceedings of the First International Congress of Ethnobiology, Vol. 2, 147-53. museu Emilio Goeldi, Belem, Brazil.

Booth, S., Bressani, B. and Johns, T., 1991, Nutrient content of selected indigenous leafy vegetables consumed by the Kekchi people of Alta Verapaz, Guatemala Journal of Food Composition and Analysis.

Browner, C. H., Oritz de Montellano, B. R. and Rubel, A. J. 1988. A methodology for cross-cultural ethnomedical research. Current Anthropology, 29: 681-702.

Cooper-Driver, G. A. and Balick, M. J. 1978. Effects of field preservation on the flavonoid content of Jessenia bataua. Botanical Museum Leaflets (Harvard University) 26: 257-65.

Croom, Jr, E. M. 1983. Documenting and evaluating herbal remedies. Economic Botany 37: 13-27.

Cunningham, A. B. 1993. Ethics, Ethnobiological research and Biodiversity. WWF, Gland, Switzerland.

Elizabetsky, E. 1986. New directions in ethnopharmacology. Journal of Ethnobiology 6: 121-28.

Elizabetsky, E. and Castilhos, Z. C. 1990. Plants used as analgestsics by Amarzonian Caboclos as a basis for selecting plants for investigation. International Journal of Crude drug Research 28: 309-20.

Elizabetsky, E. and de Moraes, J. A. R. 1990. Ethnophamacology: A technological developmental strategy. *In* Ethnobiology: Implications and

Applications. Proceedings of the First Congrss of Ethnobiology. Vol. 2, pp. 111-18. Museu Paraense Emilio Goeldi, Belem, Brazil.

Evans, W. C. 1989. Trease and Evans' Pharmacognacy, 13th end. Bailliere Tindall, London.

Guerrero, R. O. and Robledo, I. 1990. Actividades biologicas de plantas del Bosque Nacional del Caribe (Puerto Rico). Brenesia 33: 19-36.

Hall, P. and Bawa, K. 1993. Methods to assess the impact of extraction of non-timber tropical forest products on plant populations. Economic Botany, 47(3): 234-47.

Jain, S. K. 1989. Methods and Approaches in Ethnobotany. Proceedings of the 2nd training course in ethnobotany, Locknow. Surya Publications, Dehradun.

Johns, T. 1990. With Bitter Herbs They Shall Eat It: Chemical Ecology and the Origins of Human diet and Medicine. The University of Arizona Press, Tucson, Arizona.

Johns, T., Kokwaro, J. O. and Kimanani, E. K. 1990. Herbal remedies of the Luo of Siaya District, Kenya: establishing quantitative criteria for consensus. Economic Botany 44(3): 369-81.

Martin, G. J. 1995. Ethnobotany (A methods manual). Chapman & Ha Co, London. p.xx-xxiv., pp.95-222.

Mehrotra, B. N. 1989. Collection and processing of plants for biological screening. *In* Methods and Approaches in Ethnobotany, (eds jain, S. K.). pp.25-37. Society of Ethnobotany, Lucknow, India.

Omar, S. 1987. Phytochemical expeditions to the Danum Valley conservation area, Ulu Segama, Sabah, in Proceedings of the 3rd Meeting of the natural Products research Group, Kota Kinabalu, Sabah, Malaysia, University Kebangsaan, Malaysia.

Posey, D. A. 1990a. Intellectual property rights and just compensation for indigenous knowledge. Anthropology Today 6: 13-16.

Posey, D. A. 1990b. Intellectual property rights: what is the position of ethnobiology? Journal of Ethnobiology 10: 93-98.

Robineau, L. (ed.) 1991. Towards a Caribbean Pharmacopeia, Scientific

Research and Popular use of Medicinal Plants in the Caribbean, Enda-caribe, Santo Domingo.

Toia, R. 1988. The phytochemical survey in relation to natural product chemistry. Proceedings of the First Meeting of the Natural Products research Group. University Kebangsaan Malaysia, Bangi.

Trotter, R. T. 1986. Informant consensus: a new approach for identifying potentially effective medicinal plants, in Plants in Indigenous Medicine and Diet: Biobehavorial Approaches, (ed. Etkin, N. L.), pp.91-112. Redgrave, Bedford Hills, New York.

제 4 장 인류학적 연구 방법

1. 지역민들과의 대화

인류학적 정보를 얻기 위한 첫 걸음은 사람들과 대화를 하는 것과 그들이 무슨 일을 하며 날마다 어떤 일에 참여하는지를 관찰하는 것이다. 민족지학적 기술(民族誌學的 技術)들이 민족전통식물학적 정보를 얻기 쉽게 보이지만, 신뢰할 만한 데이터를 얻기 위해서는 앞을 내다보는 선견지명과 이 분야에 대한 숙련된 경험이 필요하다.

인류학에서는 다양한 야외 조사 기법들을 이용한다(Kottak, 1991). 참여자 관찰(participant observation)의 대상은 조사 지역의 사람들과 함께 생활하며 조사할 수 있는 생존 활동의 다양한 부분 즉, 식사, 농사, 땔감 채취에서부터 결혼, 종교의식까지 등 다양한 부분을 포함한다.

면담(interview)은 사람들에게 그들이 가지고 있는 신념과 생활 방식에 대해서 물어보는데 중점을 둔다. 자유해답(open-ended) 혹은 반구조식 면담(semi-structured interview)에서는 응답자가 일련의 일반적인 질문들에 대한 광범위한 답을 하는데, 질문들의 일부는 준비되어 있었던 것이고 일부는 대화과정 중에 자연적으로 파생된 것이다. 보다 정선된 대담은 지역 문화의 특정 부분에 대한 깊은 지식을 가지고 있는 지역 전문가(local expert) 또는 주요 정보 제공자(key informant)와 함께 할 수 있다. 일부 인류학자들은 이 전문가들의 일생을 기록하기도 하는데, 이는 전문가가 성장하면서 얻었던 개인적인 경험을 파악하기 위한 것이다. 이러한 접근들은 비공식적(informal) 혹은 정성적 방법(qualitative method)이라 하며, 주로 집단과 그 문화에 대한 민족지학적 자료를 이해하는데 필요한 정보를 얻을 수 있다. 연구자가 통계학적인 방법으로 대답들을 분석하고자 하면, 해석하기 전에 기호화하거나 범주화해야 한다.

계통적(systematic) 혹은 구조식 상호관계(structured interaction)는 일단의 선발된 정보 제공자들에게 동일한 질문을 하고 이에 답을 하도록 한다. 이러한 접근을 공식적(formal) 혹은 정량적 방법(quantitative method)이라 하며, 기호화하거나 범주화하는 과정이 없이 다양한 통계적인 방법을 이용하여 분석을 할 수 있는 축어적 답변을 얻을 수 있다(Brim과 Sapin, 1974; Weller와 Romney, 1988).

인류학적인 연구에 대한 정량적인 접근과 정성적인 접근에 대한 비교가 표 3.11에 있다.

표 3.11 인류학적 연구에 대한 정량적 접근과 정성적 접근

정성적인 접근	정량적 접근
▸ 방법	
-자유 해답식과 반구조식 면담 (open-ended and semi-structured interview)	-구조식 면담과 질문서 (structured interview and questionnaire)
-전통 기술의 직접적인 습득	-자유 기재(free-listing), 자료 분류(pile-sorting)와 선호도 순위(preference ranking) — 삼자와 양자 비교(triadic and paired comparison)를 포함, 체계적 조사(systematic survey) — 즉, 횡단 구획 혹은 헥타르 구획 (transect or hectare plot)
▸ 응용	
-공식적인 방법으로 얻어낼 수 없는 넓은 범위의 정보를 나타내게 함.	-정보 제공자들에서 얻은 자료들의 교차 증명이 용이함.
-지역민과 외부 참여자 사이에 비공식적인 관계를 발전시키는데 유리함.	-특정 종에 대한 이용 가치나 혹은 상대적 경제적 중요성과 요인들을 수량적으로 평가하기 용이함.
-전통 방법에 대한 실제적인 경험을 할 수 있음.	-특정 지역에 특별한 지식을 소유한 참여자를 선택하기 쉬움.

반구조식과 계통적 면담은 사람들이 그들의 삶과 그들 주위의 자연을 자연스럽게 설명할 수 있게 하는 반면에, 참여자 관찰은 사람들이 어떻게 그들의 지식을 실제화 하는지를 알 수 있게 한다. 즉, 사람들이 자신들의 텃밭에서 채취한 식용식물을 어떻게 이용하는지에 대한 관심을 가지고 있다면, 자유 해답식 면담에서는 그들이 재배하는 식물 종류를 어떻게 선택하는지, 어떻게 채취하는지 그리고 어떻게 먹는지 등에 대한 것을 물을 수 있다. 계통적 면담에서는 정보 제공자들에게 텃밭에 기르는 식용식물들의 선호도를 물어 볼 수 있다. 또한, 텃밭에 자라는 식물을 직접 관찰할 수도 있으며, 그들이 재배하고, 채취하며, 요리하고 먹는 방법에 대해 직접 참여하여 파악할 수 있다. 데이터를 모으는 각 방법들은 다른 방법들을 보완하여 인류가 주변의 식물세계와 어떻게 상호작용을 하고 있는지에 대한 전체적인 생각을 파악하게 한다.

데이터를 모으는 방법은 연구 과정을 통해 변경될 수도 있다. 만약 집단과 함께 잠시 생활을 하면서 프로젝트를 시작한다면, 지역 문화의 전반적인 특징들을 관찰할 수 있는 시간을 가질 수 있을 것이다.

사람들을 알고 난 이후 기본적인 개념과 범주들에 친숙해지는 동안 실험적인 면담을 할 수도 있다. 심도 있는 연구를 위한 주제를 선정한 이후에, 연구자가 물어야 할 사항과 문의할 사람을 좀 더 정확하게 선정할 수 있는 공식적인 방법을 적용할 수 있다.

자신의 문화 내에서 일을 하는 민족전통식물학자들은 자신의 필요에 따라 방법들을 변경하여 적용할 수 있다. 이 책에서 논의 되는 다른 방법들을 적용하는 것과 구전 전통을 기록하는 것은 연구자의 집단에서는 특이한 일이 될 수도 있음을 명심하고, 연구자 자신의 문화에 대한 외부의 관찰자를 선택하는 것이 바람직하다. 특히, 연구자가 집단 내에서 세대, 성 그리고 계급에 억매여 있다면, 지역의 믿음과 관습에 대한 다른 관점을 얻을 수 있는 외부 관찰자로 행동할 수 있는 적절한 기회이다.

(1) 조사 지역의 상대역

지역에서 자신들의 문화와 거주지의 생태적인 지식을 공유한 사람들을 인류학자들은 정보 제공자(informant)라 한다. 일부 국가의 독특한 문화적인 배경 하에서는 이를 좋지 못한 의미로 받아 드려 면담자, 참여자, 응답자, 협력자 혹은 지역의 상대역 등을 사용하기도 한다.

누구에게 식물, 동물 그리고 자연환경의 다른 요소들에 대해서 물을 것인가? 페루 인류학자인 Stefano Varese는 소형 비행기를 이용해야 할 만큼 먼 Oaxaca 산악지역의 원주민 마을에 처음 방문했을 때를 다음과 같이 회고하였다. 그가 비행기에서 내리자마자 '당신이 인류학자인가?' 하고 묻는 마을 주민과 인사를 나누었다. 그는 '예'라고 대답을 했을 때 마을 주민은 나는 정보 제공자라고 했다. 그 사람은 정보는 많이 가지고 있었지만, 그곳의 전형적인 주민은 아니었다.

많은 민족전통식물학자들이 지역의 상대역을 무심결에 선택한다. 그들은 처음 만나는 사람에게 집단 내에서 식물에 대해서 가장 많이 알고 있는 사람 혹은 그들이 대화를 원하는 어떤 사람과도 면담을 할 수 있는 사람을 부탁한다.

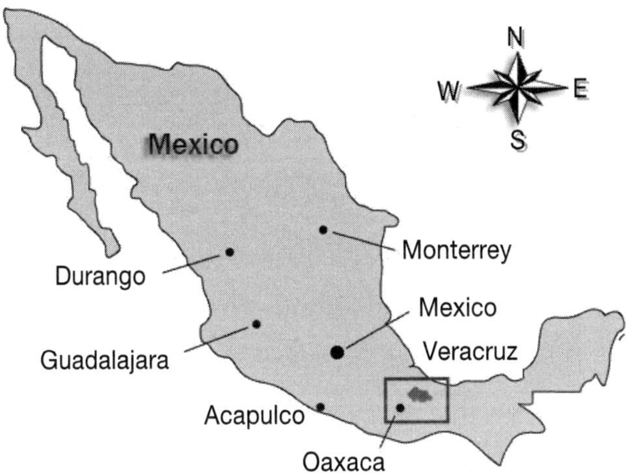

그림 3.34 Mexico의 Oaxaca지역.

그림 3.35 Mexico의 Oaxaca 산악지역.

프로젝트가 시작할 때에는 처음 만난 사람과 일을 하지만, 연구의 진행에 따라 체계적인 방법으로 정보 제공자를 선택해야 한다고 인류학자들은 말하고 있다. 만약 자신의 데이터를 통계적으로 해석하기를 원한다면, 집단을 대표할 만한 무작위 표본선택(random sample)이 가장 좋다. 개체군의 모든 구성원들이 똑같은 통계적 기회를 보장받는 상황에서 정보 제공자가 무작위적으로 선택되었다면, 선택은 어느 특정 사회적 군(예를 들면 여성보다는 남성, 젊은 사람보다는 늙은 사람)에 치우치지 않는 것임을 확신할 수 있다. 이는 우세한 사회적 군(남성, 연장자, 부자 혹은 높은 교육을 받은 사람)이 면담에 나오는 순서 중 처음이 될 가능성이 있는 상황에서는 더욱 중요하다. 무작위 선택과 집단의 다양성을 대표하는 최소한 한 사람을 선택하는 것은 연구자가 침묵하는 대다수 즉, 여성과 어린이, 가난한 사람과 야외 조사에서 무시되기 쉬운 부류와 대화할 수 있는 기회를 가질 수 있게 한다.

무작위 표본 선택에는 다양한 방법이 있다. 인명록 또는 집 지도를 통해 두 번째(세 번째, 네 번째 등등) 순위의 사람과 집을 선택할 수 있다. 또한, 사람들과 집에 번호를 주고, 식별번호가 주어진 조사용지를 준비한 다음, 방문할 사람과 집만큼 조사용지를 골라낸다. 이와 비슷한 결과는 임의대로 숫자를 선택할 수 있는 무작위 수 표(random numbers table)를 이용함으로써 얻을 수 있다. 또 다른 방법은 사람과 집마다 동전을 던져 앞면이 나오면 면담을 하고 뒷면이 나오면 하지 않는다.

정보 제공자의 무작위적 선택은 연구자가 집단에서 식물에 대한 전반적인 지식을 기록할 때 유효하다. 이와 다른 경우, 즉 연구자가 전통 치료사 또는 사회적으로 특정 부류 즉, 어린이, 여성 혹은 연장자들이 가지고 있는 특별한 지식을 기록하고자 할 때에 정보 제공자의 선택은 연구의 주제에 따라 달라진다.

연구자가 정보 제공자를 무작위적으로 선택한 것과 무관하게 연구자와 함께 일을 하는 지역민의 특성은 정리하여야 하고, 그들이 집단의 전체 개체군을 대표하고 있음을 보여야 한다. 한 표본 집단을 보다 큰 집단과 비교하여 특징화할 수 있는 여러 가지 요소들을 표 3.12에 정리하였다.

표 3.12 인류학적 연구에서 지역 참여자를 설명하는데 이용되는 사회학적 변수들

- ▸ 나이
- ▸ 인종
- ▸ 종교
- ▸ 출생지
- ▸ 성
- ▸ 직업
- ▸ 결혼이나 일을 위해 다른 지역으로 이주
- ▸ 결혼 연령
- ▸ 친족과 결혼 관계
- ▸ 자녀 수
- ▸ 가족 수
- ▸ 가족의 세대 수
- ▸ 읽고 쓰는 능력
- ▸ 교육
- ▸ 언어 능력

사회학적 변수(Sociological variable)라 부르는 이 특징들은 사람들이 행동하는 방식과 그들이 가지고 있는 신념에 대해 분석을 할 수 있다. 정보 제공자의 이름과 거주지(주소 혹은 집단)를 기록한 후에 성(여성 혹은 남성)과 출생지를 기록하고 나이로부터 출생일은 계산한다.

교육과 문자 해독 정도에 대해서는 여러 가지 질문을 할 수 있다: '그 사람이 읽고 쓸 수 있습니까?' '얼마나 많은 언어를 말할 수 있습니까?' '몇 해 정도 정규 교육을 받았습니까?' 생존과 임금을 포함하여 정보 제공자의 직업에 대해서 물어야 한다. 이주하였다면, 무슨 목적으로 집단으로부터 얼마 정도 떨어져 있을 것인지에 대해서도 물어야 한다.

다른 항목들은 조사되는 지역의 상황과 연구의 목적에 의해서 조절한다. '피조사자의 종교와 인종은 무엇인가?', '결혼하였을 때 남편의 부모와 함께 거주(patrilocal residence)하거나, 아내의 부모와 함께 거주(metrical residence)할 것인지 혹은 새로운 가정(neolocal residence)을 꾸미는지?', '부모와 자녀만 사는지(nuclear family) 혹은 조부나 다른 사촌 등 친족과 같이 사는지(extended family)?' 가능하다면, 위의

그림 3.36 Mexico의 Chinantec 지역.

그림 3.37 Backstrap 직조기로 길쌈하는 Chinantec 지역의 노인.

항목들은 원주민들의 범주에 맞도록 한다. 예를 들면, 미국의 인류학자인 Carole Browner는 멕시코 Oaxaca의 Chinantec 집단의 조사에 응한 사람들의 나이를 기록하였다. 그녀는 공공기관에서 일을 할 수 있는 사람을 결정하기 위하여 면담자들을 세 부류로 나누었다: 젊은 성인 18~35세, 중년 36~45세, 노인과 은퇴자 46세 이상. 이어 이 세 부류의 개인들에게 출산의 조절과 생식에 이용되는 식물들에 대한 면담 결과를 비교하였다.

사람들에 대한 정보를 기록한 이후에, 이 표본 집단과 집단 전체를 어떻게 비교할 것인지 논의를 하여 그 결과를 제시할 수 있어야 한다. 가능하다면, 모든 거주자들의 나이, 성, 직업 그리고 다른 많은 사회적 변수들에 대한 정보를 포함하는 인구조사(census)를 언급할 수 있다.

인류학자들은 집단 내에서 첫 번째 활동 중 하나로써 인구조사를 한다. 그들은 모든 집들의 위치를 보여주는 지도를 그림으로써 일을 시작한다. 각 집에 번호를 매긴 후, 위 언급된 정보를 조사하기 위해 모든 거주자들을 방문한다. 이런 자료들은 집단에서 출생과 사망에 대한 기록과 다른 이차적인 자료들을 참고하면서 점검할 수 있다. 집의 수와 위치 그리고 각 가정의 가족 수에 대한 사회적인 변수들은 자료의 분석을 쉽게 하는 데이터베이스에 포함될 수 있다.

만약 조사를 수행할만한 충분한 시간이 없다면, 다른 사람들이 모아

놓은 이차적인 정보를 이용할 수 있을 것이다. 일부 마을은 직접 조사를 하거나 인류학자와 정부 당국자들에 의해서 수행된 조사를 이용하거나 혹은 비영리 단체에 의해서 수행된 조사를 이용할 수도 있다. 국가적인 조사는 간혹 집단, 종교 그리고 국가적인 범위에서 광범위하게 분석될 수 있는 정보를 얻을 수 있다.

국가 인구조사는 연구자가 의도하는 바와 같은 목적으로 수행되는 경우가 거의 없다는 점을 유의하여야 한다. 국가 조사는 집단에 친숙하지 않은 사람들에 의해서 짧은 시간 내에 이어지는 경우가 많다. 비록 전체 개체군 특징들은 비교적 정확하지만, 인구 조사자들은 먼 곳에 있는 농장이나 유목 생활을 하는 사람들을 간과할 가능성이 항상 있다. 문맹률, 2개 국어 사용 그리고 수입에 대한 자료는 이들 항목이 개인적으로는 자존심과 질시를 일으킬 수 있으므로 신뢰하기 어렵다. 하나의 원주민 언어가 통용되는 나라에서는 문화적으로 뒤진 것으로 간주될 수 있으므로 2개 언어를 용인하지 않을 수 있다. 부의 축적을 좋지 않게 생각하는 인종에서는 가족 구성원 개개인의 부를 낮게 평가할 것이다. 읽고 쓸 수 없음을 부끄럽게 생각하는 일부 사람들은 그들이 잘할 수 있다고 말할 수 있다. 사실과 다른 이런 자료들은 지역민들의 신뢰를 얻기 어렵고 대답이 정확한 것인지 판별하기 어려운 타지의 면담인들에게서 통상적으로 일어난다. 이러한 이유들 때문에, 국가 인구조사의 정보에 회의적인 생각이 들면 집단의 구성원과 함께 모든 자료를 재점검하여야 할 것이다.

(2) 신뢰감의 설정

이 주제에 대한 좋은 예로 중앙아메리카와 멕시코에서 호박의 생식질을 수집한 식물학자들의 경험이 있다. 이들은 일반적으로 열매에 대한 기록과 사진을 찍은 다음 열매를 깨서 씨를 수집한다. 채집 여행 중에 호박을 거두는 농부와 대화를 한 이후, 농부는 자신의 수확물 중에서 가장 좋은 것을 골라서 자랑스럽게 방문자들에게 주었다. 학자들은 그에게 고맙다고 말을 하고 사진을 찍은 후에 농부가 보는 앞에서 호박을 으깨서 씨만을 채집봉투에 넣어 박스에 보관하였다. 이러한 과정은 식물학자들에게 표준적인 과학적 절차이지만, 농부에게는 자신의 호의를 무시하는 것으로 받아드려질 것이다.

다른 사람들과 이야기를 하려면, 당신의 비언어적인 행동이 사람들에게 끼치는 영향에 대해서 고려를 하여야 한다. 예의와 공손한 행동은 지구촌 어디에서나 받아드려지기 때문에, 지역의 관습에 대해서 잘 모른다면 상식적인 행동을 하는 것이 좋다. 당신의 문화에서 당신은 받은 선물을 땅에 내리칠 수 있는가?

미국의 인류학자인 Frank Lipp은 집단에 대한 연구를 시작하려고 하는 사람에게 유용한 충고를 하고 있다(Lipp, 1989). 성공적인 야외조사를 하려면,

"원주민과 신뢰를 형성하여 원만한 진입이 우선되어야 한다. 노트와 연필 그리고 무작위적인 질문들을 가지고 원주민들에게 접근을 한다면, 분노와 침묵을 만들기 가장 좋은 방법이다. 믿는 분위기를 조성하기 위하여, 야외 조사자는 정보 제공자에 대한 따뜻한 마음, 공감 그리고 존경의 마음을 행동뿐만 아니라 언어를 통해서도 표시하여야 한다. 조사자의 온정과 냉정 혹은 포용성 혹은 외관에 반응하는 능력과 이를 받아들이는 능력은 다른 문화, 인종 및 세계의 사람들을 조사자 자신에 의해서가 아니라 정보 제공자들의 사고와 가치로 그들을 이해하고 평등한 존재로서 대하는 것에 달려 있다. 물론, 야외 조사자는 통상 그의 경험에 의해서 행동하기는 하지만, 기술자로서가 아닌 하나의 사람으로서 행동하여야 하며 정보 제공자와 연구자 사이의 장벽을 만드는 전문가로서의 역할을 벗어 버려야 한다."

집단에 의해서 연구자가 받아드려지는 것은 연구자가 그들과 얼마만큼 친교를 가지느냐에 달려 있다. 행동의 요소 즉, 옷을 입는 태도, 얼굴의 표현, 말하는 태도, 희귀한 음식에 대한 관대함 그리고 새로운 경험에 참여하려는 태도 등은 사람들이 연구자를 신뢰하거나 혹은 멀어지게 할 것이다. 가장 좋은 충고는 연구자 자신의 좋은 태도를 잊지 않고 다른 문화에 행동하기 위한 바른 태도를 기꺼이 배워가야 한다는 것이다.

(3) 야외 자료의 신뢰성

인류학자는 다른 문화에 자신을 매몰시켜 그 지역민의 일원이 됨으로써, 그들이 어떻게 살아가는지에 대한 완전한 이해를 하기 위한 방법을 찾곤 하였다. 그러나 오늘날에는 이러한 연구 방법에 회의적인 시각이 많다. 많은 연구자들이 이제는 그들이 어디를 가고 얼마나 긴 세월을 외지에서 지내는 것에 상관없이, 그들에게는 문화적 여과 즉, 자신이 자라고 교육받은 조건들에 의해서 형성된 세계를 보는 개인적인 관점이 남아 있다는 점을 받아드리고 있다.

비록 객관적인 관찰자가 되기는 어렵지만, 야외 작업에서 주관성을 최대한 배제하는 방법이 있다. 연구자들은 다른 사람들에게서 배워서 바꾸어야 할 많은 태도와 습관들을 야외에 가지고 간다. 연구자는 좋은 청취자로서 자신을 재교육시켜야 하며, 정보 제공자들이 자유롭게 자신의 생각과 의견을 표현할 수 있도록 배려하며 이야기를 해야 한다.

연구자의 이전 관찰이나 결론을 보강하기 위하여 특정 대답을 얻으려는 시도는 피하여야 한다. 지역의 참여자들에게 강압적인 요소가 없이 그들 자신의 언어로 자신들을 표현할 수 있는 기회를 주는 상호작용을 보장하여야 한다.

의도하지 않았지만, 연구자들은 지역민들이 자신의 이야기를 스스로 설명하게 하기보다는 지역민에게 선입견을 주어 대답을 얻는 수가 있다. 자유 해답식 면담에서 인류학자들은 사람들이 그들의 진실된 신념에 전혀 영향을 주지 않는 대답을 할 수 있도록 직접적인 질문을 피한다. 예를 들면 '이 식물의 이름이 무엇입니까? 혹은 이 식물의 이름이 베고니아입니까?' 라는 식의 질문보다는 '이 식물에는 이름이 있습니까?'라는 질문을 한다. 전자의 질문은 정보 제공자에게 그들이 모른다거나 혹은 이름이 없다고 답할 수 있게 한다. 후자의 질문들은 사람들에게 즉흥적으로 답을 하게 하거나 대답에 동의를 구하는 형태이다.

일상적인 회화에서, 우리는 사람들이 두 가지 중 하나 즉, 예 또는 아니오, 옳다 또는 틀리다, 여기 또는 저기와 같이 한정된 방법으로 질문을 한다. 인류학자들은 야외조사를 할 때, 진실은 양쪽 사이에 있을 수 있으므로 양분된 질문을 피하려고 노력을 한다. 열린 방법에서의 질문은 정보 제공자들로 하여금 그들 자신의 문화와 지식에 보다 적절한 질문들로 고치도록 한다. 불분명한 반응을 유도하기 보다는 사람들에게 자신의 언어로 자세하게 설명할 수 있도록 하는 것이 좋다.

좋은 면담자가 되기 위해서는, 좋은 청취자가 되어야 한다. 사람들의 질문이나 의견제시를 방해하거나 혹은 반응을 수정하거나 대답을 도와주는 것은 면담의 흐름을 방해하거나 내용을 부실하게 만들 수 있다.

대화의 리듬, 길이 그리고 내용은 문화마다 달라질 수 있다. 조사 지역의 특수한 상호 관계에 적응하려고 노력을 하고, 사람들과의 대화를 서두르지 말고 그들이 자신의 일에 돌아가기 위해서 서두르는 것에 유의하여야 한다. 연구자 중심이 아닌 지역의 상황에 맞추어 면담 시간을 선택해야 한다. 연구자가 외부인의 상태에서 간혹 부적절한 질문을 할 수도 있지만, 개인의 재산 혹은 종교적인 신념과 같은 미묘한 상황에 대한 논의를 할 때에는 특히, 조심스럽게 행동하여야 한다.

비록 연구자들이 이러한 제안을 충실하게 따른다고 해도, 문화적인 편견은 필연적으로 집단의 구성원과의 대화나 상호관계를 어렵게 할 수 있다. 야외조사의 결과를 재점검할 때 연구자와 지역민이 서로 어떻게 질문을 했는지 그리고 피면담자는 어떻게 반응을 했는지 등을 포함하여 원자료를 충실히 검토하여야 한다. 가능하다면, 녹음기로 면담 내용을 녹음하는 것이 좋다. 또한, 연구자가 연구자의 해석과 수정은 뒤로 미루고 질문과 대답을 한자 한자 정확하게 기록할 수도 있다. 일부 인류학자들은 상호관계를 비디오카메라로 기록하기도 한다.

자신의 문화적인 편견을 감소시키는 또 다른 방법은 집단에 기구들을 넘겨주는 것이다. 비디오카메라, 노트 그리고 녹음기 등을 집단에 넘겨주어 사람들이 직접 지역의 믿음과 관습에 대해 자신의 인식대로 기록하게 하면, 방문 연구자들뿐만 아니라 집단의 가치 있는 기록들이 만들어질 것이다. 예를 들면, Comaltepec의 유명한 Chinantec 치료사인 Roberto Hernández López는 자신의 경험을 기록하였다. 즉, 자신이 어떻게 치료사가 되었고, 어떻게 환자를 진단을 하며 다양한 건강 문제에 어떻게 치료하는지에 대해서도 자세히 기록하였다. 또한, 자신이 치료한 질병과 식물들의 Chinantec 이름의 목록도 모두 기록하였다.

민족서지학자들이 질문을 만들고 상호관계를 기록할 때, 일부 정보제공자들에 의해서 의도적으로 잘못된 정보들이 얻어질 수 있다. 거의 대부분의 집단들에는 외부에 거짓된 정보를 전하거나 다른 사람들과 이야기하는 것에 대해 반대하는 소수의 사람들이 있다. 그러나 이는 단순한 장난이거나 참견하기 좋아하는 인류학자들을 그들의 범주에 포함시키려는 의도일 수가 있다. 자료를 얻는 과정에서 자신의 지식을 과장함으로써 자신의 위신을 높이려는 일부 사람들도 있다. 보상이 부적절한 방법으로 제공된다면, 일부 정보 제공자들은 자신들이 좋은 정보를 가지고 있는 것처럼 자신들의 이야기를 과장할 수도 있다.

잘못된 자료를 추적하는 것은 많은 경험을 필요로 한다. 집단에서 일정 시간을 보내고 난 이후에야 비로소, 대답들이 명확해지고 사람들이 성심성의로 대하는 것을 느낄 것이다. 조사 지역에 방언이 있다면, 질문은 더욱 정확하게 해야 하며 사람들이 자신들의 지식을 보다 정확하고 자세하게 설명하도록 하여야 한다. 좋은 결과는 교차 검정(cross-verification)을 통해 얻을 수 있는데, 이는 여러 사람들의 대답을 종합하여 부족한 부분들을 보충할 수 있기 때문이다. 이러한 검증과정을 연구자들은 삼각검증(triangulation)이라 하기도 한다.

명확한 자료를 얻는 가장 좋은 방법은 조사 집단과 상호 이익이 되는 부분을 찾아 상호협력을 하는 좋은 관계를 조성하는 것이다. 즉, 지역의 건강 증진, 자연자원의 보호, 문화 지식의 보강, 대체 수입 자원의 개발 등은 지역민 전체가 자료 조사에 충실하게 임할 수 있도록 유도할 것이다.

(4) 비밀 지키기

상호 협력을 형성하는데 중요한 부분은 믿음에 대한 지역민들의 요망을 수용하는 것이다. 연구자가 이야기를 나누는 사람들은 자신들이 노출되지 않는 조건하에서 이야기를 할 수도 있다. 외부인이 머무르는 것을 좋아하는 집단이더라도 모든 공식적인 보고서에는 자신의 이름을 사용하는 것을 꺼리고 가명 쓰기를 원할 것이다. 또한, 일부 개인들은 정치적인 압력들 때문에 무기명을 원하기도 할 것이다.

그리고 어떤 형태로든 밝혀지기 원치 않는 정보를 얻는 수도 있다. 아르헨티나의 학자인 Jorge Luis Borges는 젊은 민족전통생물학자의 예를 들고 있다. 그 젊은 민족전통생물학자는 그의 학위 논문의 일환으로 북아메리카 인디언 집단에 정신적인 비밀을 조사하라고 교수에 의해 보내졌다. 몇 달 후 그는 종교적인 집회에 참석을 하게 되었고 누구에게도 말해서는 안 된다는 조건하에 그 종족의 비밀을 알 수 있게 되었다. 대학에 돌아온 이후 그는 그가 발견한 것을 출판을 하느냐 아니면 인류학자로서의 경력을 포기하느냐는 양단의 결정을 하여야 했다. 결국 그의 교수는 매우 실망을 했지만, 그는 인디언들과의 약속을 지켰다.

이는 비록 극단적인 예이긴 하지만, 실제 연구자가 얻은 정보에 대해 비슷한 결정을 내려야 하는 경우가 있다. Mauritius 출신의 민족전통생태학자인 Yildiz Aumeeruddy는 인도네시아 수마트라 지방의 Kerinci Seblat 국립공원 근처에 있는 마을인 Jujun에서 토지 이용을 제한하는 두 가지의 신화를 들었다. 이 중 하나는 다수의 마을에서 모두 알고 있는 것이나 다른 하나는 Jujun에만 알고 것으로 그곳 사람들은 다른 사람들에게 자신들의 신화가 알려져 새로운 땅에 대한 투쟁이

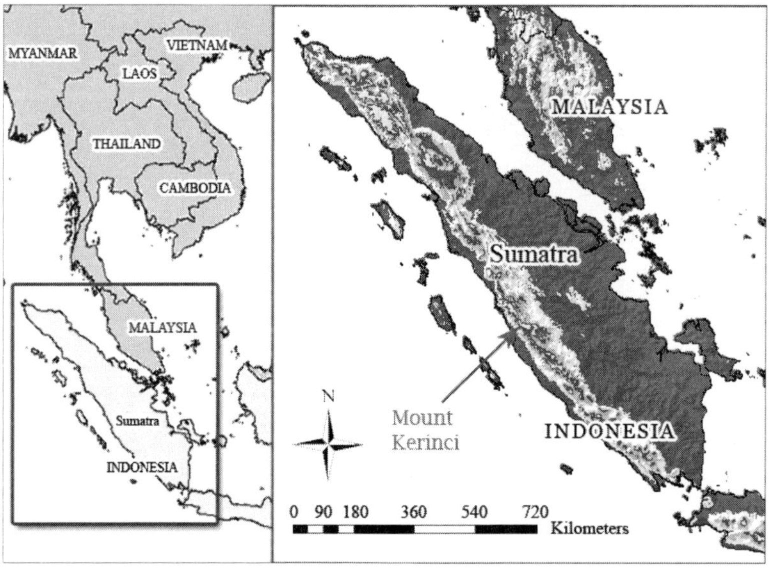

그림 3.38 인도네시아 수마트라 지방의 Kerinci Seblat 국립공원.

발생하는 것에 대한 두려움을 가지고 있었다. 그래서 그녀는 첫 번째 신화만을 가지고 Kerinci 민족생태학에 대한 분석을 하고 원주민들의 터부를 존중하여 두 번째 신화는 밝히지 않았다(Aumeeruddy, 1993).

(5) 참여자 관찰과 야외 일기

참여자 관찰은 연구자가 소속하지 않는 집단에 들어갈 때 모두가 이용하는 연구 방법으로 연구자들은 일반적으로 타 문화에 진입할 때 이질감을 극복하기 위해 연구자는 언어, 식습관 그리고 다른 일상생활 등 자신의 문화와 다른 점과 비슷한 점들을 조사하기 시작한다. 이 때, 연구자들은 새로운 문화에서 이용되는 언어에 대한 제한된 어휘력, 잘못된 문법 그리고 제한된 언어 이해력 때문에 지역민들이 보기에는 어린애처럼 행동할 수 있다. 이외에도 배워야 하는 새로운 기술들이 있다. 즉, 연구자들은 친숙하지 않는 농법, 접하지 못했던 식기로 식사하는 것 그리고 새로운 사냥 기술 등에 서투를 수밖에 없다.

연구의 초기 단계에서는 대개 당황할 수 있지만, 인류학자들은 가능하면 많은 것을 관찰하고 날마다 일어나는 일들에 대한 자신의 생각과 함께 야외 일기에 기록하려고 한다. 예를 들면, 식물에 대한 지식을 얻으려고 한다면, 사람들이 말하는 여러 종류들, 연구자가 이용될 수 있다고 판단되는 종류들 그리고 모으고 처리해야 할 종류들 모두의 지역명과 용도를 기록해야 할 것이다. 이러한 연구 단계에서 연구자는 식물을 동정하거나 지역명을 번역할 수 없을 것이나, 이들에 대한 정보를 잘 기록해 놓으면 후일 잘 검토를 할 수 있을 것이다. 이러한 점들은 아래의 프랑스 인류학자인 Claude Levi-Strauss가 Harold Conklin의 야외 일기를 인용한 것을 보여주고 있다(Levi-Strauss, 1966).

◎ 민족전통식물학 기록의 보존 ◎

미국의 예일 대학교의 인류학 교수였던 Harold C. Conklin은 1954년에 필리핀 원주민들의 민족전통식물학적인 지식을 정리한 "하누누 문화와 식물 세계의 관련성(The relation of Hanunóo culture to the plant world)" 이라는 제목으로 박사학위를 받았다(Conklin, 1954). 이는 비록 출판은 안 되었지만, 지역의 자연 환경에 대한 지식을 연구하는데 있어서 경험적인 접근을 하여 민족 과학의 탁월한 업적 중 하나로 간주된다. Conklin은 야외에서 다양한 기록을 한 이후 집에 돌아 온 뒤에 학명과 참고문헌을 부가하였다.

그림 3.39 Harold C. Conklin(1926~).

Claude Levi-Strauss의 인용: 0600, 비가 약하게 내림. Langba와 나는 Parina를 남겨두고 Binli로 향했다. Aresaas에서 Langba는 내게 거머리를 막는 *anapla kilala* 나무[*Albizia procera* (Roxb.) Benth.]의 수피를 10 × 50cm 크기의 줄기로 잘라 채취하자고 했음. 우리는 이를 비에 젖은 숲에 의해 이미 젖어 있는 발목과 발에 수피의 형성층으로 거품(그리고 독이 있는: Quisambling, 1947, 148)을 만들어 주기적으로 문지르는 것으로 효과적으로 거머리를 퇴치하였음. Aypud 근처 등산로를 따라 한 지점에서 Langba는 갑자기 멈춰 서며 작은 잡초인 *tawag kugum buladlad* [*Buchnera urticifolia* R. Br.]를 채취하였다. 이 식물은 돼지를 잡는 유인 덫에 유인물로 이용될 것이라고 말했다. 수 분 후에 우리는 좋은 장소에 다다르자 땅에 붙은 작은 *líyamlíyam* [*Epipogium roseum* (D. Don) Lindl.]으로 알려진 난초(다른 식물 잎의 밑에 있어서 보기 힘듦)를 채취함. 이 식물은 재배식물을 파괴하는 해충을 막는데 매우 유용한 것이었다. Binli에서 Langba는 이러한 식물들이 상하지 않도록 조심하면서 *apug*[소화시키는 라임]과 *tabaku* [*Nicotiana tabacum* L.]를 후추와 교환하기 위한 제안을 하였다. 후추의 지역 형에 대한 논의를 한 이후에 Langba는 뚜렷하게 구별되는 두 개의 형 *kamuti inaswang*과 *kamuti lupaw*의 덩굴을 잘라내는 것을 허락 받았다. 밭 한 구석에서 각 변종들을 약 75cm 정도를 잘라내서, 재배된 *saging saba* [*Musa sapinentum compressa* Blco. Teoforo]의 넓은 잎으로 잘 싸서 되돌아올 때까지 습기가 남아 있게 하였음. 돌아오는 중에는 사탕수수 일종인 *tubu minuma* [*Saccharum officinarum* L.]의 줄기를 씹었으며, 떨어져 있는 *bunga area* 열매[*Areca catechu* L.]를 주었고, 또한, *bugnay* 관목[*Antidesma brunius* (L.) Spreng.]의 열매를 따서 먹었다. 그리고 오는 도중 지난 수 십 년간에 주변 식생의 변화에 대해서 이야기를 많이 했다.

그림 3.40 *Albizia procera* (Roxb.) Benth.

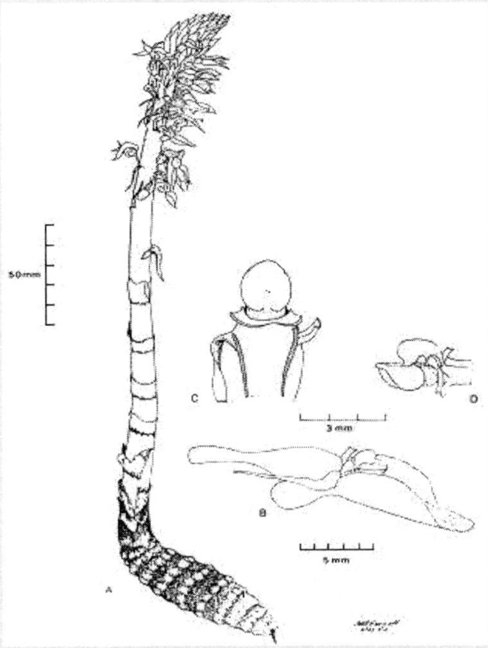

그림 3.41 *Epipogium roseum* (D. Don) Lindl.

그림 3.42 *Nicotiana tabacum* L.

그림 3.43 *Saccharum officinarum* L.

그림 3.44 *Areca catechu* L.

참여자 관찰에 대한 정확한 방법은 없다. 가장 중요한 무기는 다른 사람들로부터 기꺼이 배울 수 있고 그들의 생활과 리듬에 적응하는 능력과 호기심이다. 인류학자들은 그들의 일과 중 대부분을 연회, 결혼, 장례식 그리고 기타 종교적인 행사 등과 같은 지역민의 일상생활과 함께 한다. 지역민이 수확하고 숲에서 수집하는 식물로 그들과 함께 할 수 있는 집을 짓고 동물을 기른다. 오래 머물면 머물수록 좀 더 완벽한 경험을 가질 수 있을 것이다. 대개 인류학자들은 각 계절의 변화를 보기 위해 적어도 일년 이상은 지역 집단에 머문다.

일상생활에서 종교적인 행사는 그들의 문화를 이해하는데 특별한 영감을 준다. 즉, 멕시코의 연구자인 Alejandro de Avila는 서부 Oaxaca 지방의 Mixtec 마을인 Coicoýan에서 오랜 시간을 보낸 후 매년 4월 25일에 열리는 San Marcos 의식에 참여할 수 있었다. 지역민들은 지역의 언덕 위에서 향을 태우고 밀납 초를 켠 다음 San Marcos의 묘 옆에서 닭을 제물로 바치고, 연장자가 기원을 하며 묘 주위에 한 무더기의 골풀을 놓아두었다. 이 의식과 다른 의식들은 Alejandro de Avila가 일상생활에서 전혀 보지 못했던 것으로 Mixtec 사람들이 이용하는 향정신성 식물과 이의 이용에 대해서 잘 이해할 수 있게 되는 기회가 되었다.

(6) 자유 해답식 대화

직관과 경험은 정보를 비공식적으로 얻는데 가장 좋은 지침이다. 야외 조사를 시작할 때, 다른 문화를 이해한다는 열린 마음으로 광범위한 대화로부터 시작하는 것이 바람직하다. 초기 대화는 민족전통식물학과 연관이 없는 주제도 포함될 것이지만, 이런 대화를 통해 지역 농사, 약용식물, 사냥과 기타 자연에서 일어나는 다양한 주제들에 대해서 정보를 얻을 수 있을 것이다. 이런 자유 해답식 면담을 통하여 좀 더 구조화된 면담의 필요성이 제기되기도 한다.

사람들이 연구자의 관심 사항을 이해하기 시작하면서 점차 민족전통식물학 방향으로 논의가 진행될 것이다. 연구자가 숲으로 가서 지역민들과 함께 농사일과 사냥을 하면서 자연스럽게 그들 주변의 자연 환경에 대해서 논의를 하게 될 것이다. 연구자가 지역민의 집을 방문할 때 그들의 정원에서 자라고 있는 희귀한 약용식물들, 숲에서 가져온 열매 또는 다른 자연 물질로부터 만들어진 예술품들 그리고 지역의 식물 지식을 대화를 통해 얻을 수 있을 것이다.

이러한 준비가 없다 하더라도, 식물과 동물은 생존과 각종 의식에 필수품이기 때문에 민족전통식물학 방향으로 대화를 유도하는 데에는 크게 어려움이 없을 것이다. 다만 연구자가 건조된 것이던 생체이던 간에 직접 식물을 가지고 갈 때이다. 대개의 연구자들이 건조시킨 표본을 보여주는데 생육지를 벗어났고 식물체의 일부분이 없다 하더라도 크게 이상이 없는 한 지역민이 인식을 하는 데에는 크게 어려움이 없을 것이다.

연구자가 관심을 가진 식물들이 있는 정원, 농지 그리고 숲 지역을 통해 걸으면서 이야기를 나눌 수 있다. 일부 야외 조사자들은 특히, 관심이 있는 식물이나 식생 형이 지나쳐지는 것을 막기 위해 숲이나 정원을 횡단(forest or garden transect)하는 계획을 하기도 한다. 미국의 인류학자인 James Boster는 페루령 아마존의 Aguaruna 집단 근처 정원에서 카사바(*Manihot esculenta* Crantz)의 여러 지역 변종을 재

그림 3.45 *Manihot esculenta* Crantz.

배했었다. 식물들이 성장한 이후에 정보 제공자들을 정원에 데려가 각 재배종들의 이름과 주요 특징에 대해서 물었다. 이런 과정에서 그는 재배자들 중 여성이 남성에 비해서 많은 것을 알고 있고, 가족마다 재배종에 대한 지식이 매우 다르다는 것을 알아냈다(Boster, 1980; 1984).

또 다른 접근은 동·식물로 만든 민족전통생물학적 공예품(ethno-biological artifact)을 선택하여 이것과 관련된 모든 것에 대하여 물어보는 것이다. 미국의 민족전통생물학자인 Sandra Banack은 폴리네시아에서 배를 만드는 방법에 대해 연구를 할 때 이 방법을 이용하였다. 요즘은 야외용 카누를 만들지 않지만, 그녀는 피지 남성들로 하여금 제작을 하게 함으로써, 선체에 사용되는 나무와 돛으로 이용되는 섬유 식물을 알아냈고 이어 그 지역의 독특한 문화적 터부(cultural taboo)에 따라 배를 건조하면서 먹는 특별한 음식과 절제되는 음식 및 행동을 기록하였다. 마지막에는 항해를 할 때 먹는 음식을 어떻게 준비를 하는지도 기록을 하였다. 결국, 그녀는 하나의 제품을 추적한 끝에 수 십 종의 식물에 대한 이름과 용도를 알 수 있게 되었다(Banack, 1991).

(7) 반구조식 면담

모든 접근들을 통하여 이미 예정된 질문이 더욱 명확해지거나 혹은 새로운 의문점이 생기게 되면 연구자는 반구조식 면담(semi-structured interview)을 할 수 있다. 면담을 하기 전에 연구자가 밝히고자 하는 주제와 질문들에 대한 목록을 잘 준비한다. 질문들은 일상적인 참여와 관찰뿐만 아니라 공예품, 식물표본 그리고 선상 조사법 등에 의해서 유도된 비공식적인 대화 등을 포함한 집단 내에서의 상호 관계에 의해서 도출된다. 이러한 배경은 문화적으로 적절한 질문을 하게 할 것이고, 대답을 잘 이해하게 하며, 다음 질문들을 즉석에서 할 수 있게 한다.

면담 중에 반응에 대한 이해를 도와줄 수 있는 나이, 이름 그리고 기타, 다른 개인적인 정보에 대해서 물어야 한다. 이러한 자료를 각 사람들에 대한 동일한 변수로 기록하려면 토론의 중간에 기술적으로 물어 보는 것이 좋다.

면담의 상호 관계는 면담자 뿐만 아니라 피면담자에 의해서도 결정됨을 유념해야 한다. 나이, 성, 사회적인 위치, 인종 그리고 종교도 상호작용의 질에 영향을 준다. 주제에 따라, 여성 면담자의 경우 다른 여성들에게 보다 더 개인적으로 물어 볼 수 있고 남성들은 어떤 주제에 대해서 더 쉽게 이야기를 할 수 있다. 젊은 사람들은 나이든 사람에게서 정보를 얻기가 쉽지 않다. 그래서 가능하면 면담자들은 문화적으로 다양한 공동 팀을 만들어 면담을 하는 것이 바람직하다. 면담자 팀은 보다 정선된 정보를 얻기 위해 함께 선정된 집을 찾아 가거나 혹은 하루 동안 일정한 간격으로 찾아간다.

개인적인 교감은 면담자의 사회적인 신분뿐만 아니라 피면담자에 대한 태도에도 영향을 미친다. 면담자는 가능하면 조사 지역의 언어 방식이나 행동 그리고 금기나 예절 등 사회적인 관습을 지키며 면담을 해야 한다.

대부분의 반구조식 면담은 한 사람을 상대로 이루어지므로 집단으로 면담하는 것에 비해서 자유스러운 분위기에서 진행될 수 있다. 특히, 소심하고 민감한 피면담자의 경우 주변에 다른 사람들이 있을 때에는 개인적인 건강이나 수입 등과 같은 개인적인 질문에 소극적일 수 있다.

집단 면담도 인류학적인 야외조사에서는 수행된다. 참여자들이 특정 질문에 대해 동의를 하는지에 대한 조사를 할 때 이용된다. 이는 집단 내의 의견의 범위와 반대하는 이유들을 알 수 있게 한다. 이때는 집단의 상호작용에 대한 역학 관계에 유의해야 하고, 개인적인 의견을 제시할 수 있는 기회가 없다는 점을 유의해야 한다.

대개 집단 면담이 우연하게 이루어지지만, 특정 주제에 특히 잘 알고 있는 전문가들 모임도 추진할 필요가 있다. 이런 집중 면담(focus interview)은 특별한 전문가의 경험을 공유하고 그들의 지식을 좀 더 깊게 파악하기 위해 연구자가 알고 있는 주요 정보 제공자들과 함께 사전에 모임을 가질 수 있다.

대화를 하면서 질문을 만들고 대답을 청취하며 신체적 언어를 파악하면서 상호관계에 대한 역학을 탐구하는 것을 동시에 하는 것은 쉬운 일이 아니지만, 가능하면 피면담자의 반응과 자신의 느낌 등을 상세하게 기술하여야 한다. 많은 연구자들이 녹음을 하지만, 대부분의 지역민들은 녹음을 할 경우 침묵하는 경우가 많다. 또 녹음은 해석을 하여야 하므로 일이 두 배로 늘어난다. 전통적인 방법은 모든 질문과 답변을 야외 노트에 적는 것이다. 이 때 노트의 한 면은 대답을 적고 다른 면에는 관찰과 해석을 적고, 일과가 끝날 때 다시 보충을 한다.

어떤 기법을 이용하던지 간에 연구자는 지역의 상대자들에게 대화를 왜, 어떻게 기록하는지 그리고 그 결과가 어떻게 처리될 것인지에 대해서 충분히 설명을 해야 한다. 연구자가 작은 노트나 소형 녹음기를 사용할 수도 있지만, 숨기려는 의도가 없음을 반드시 알려야 하고 지역민이 원할 경우 복사본을 남겨주어야 한다.

2. 민속에서 민족전통식물학 정보의 발굴

야외에서 얻을 수 있는 정보의 대부분은 대화, 면담 그리고 참여자 관찰 등으로부터 얻어지지만, 이외에도 노래, 종교적인 주문, 속담뿐만 아니라 신화와 전설 등도 중요한 정보를 얻을 수 있는 자료임을 명심해야 한다. 신화와 전설에는 해와 달의 탄생, 재배식물의 기원과 같은 자연현상뿐만 아니라 음식에서의 금기, 사냥에시의 터부 그리고 농사의식 등을 포함하는 문화적인 다양한 풍습을 포함하고 있음을 알아야 한다.

프랑스 인류학자인 Claude Levi-Strauss는 여러 편의 신화를 비교하여 사건과 구성 요소들을 밝히는 등 신화를 분석하는 기법에 대해 탁월한 능력을 보여 주었고, 신화에서 자연과 인간 세계의 상호작용을 비롯한 이들에 등장하는 상징성에 대한 관찰도 심도 있게 하였다. 아래의 예는 폴리네시아에서 이용되는 향정신성 식물인 *kava*의 기원에 얽힌 신화에 대한 상징성과 경험적 관점에 대한 탐구를 보여준다.

◎ *Piper methysticum* Forst. f.의 폴리네시아 기원신화 ◎

*Piper methysticum*은 태평양의 파푸아 뉴기니에서부터 타히티까지 재배되는 향정신성 식물이다. 많은 지방명이 있지만 폴리네시아 명으로 kava로 알려진 이 식물은 멜라네시아인, 마이크로네시아인 그리고 폴리네시아인 등이 공식적인 연회 또는 사적인 모임에서 마시는 음료의 재료로 이용된다. 식물학자들은 이것의 기원을 뉴기니아, 솔로몬 제도 그리고 바투아투의 고유식물인 *P. wichamani*로 보고 있다. 지역민들은 유럽인들이 이 지역에 도달하기 오래 전부터 이 종류를 재배해 왔으며, *Piper methysticum*는 이제 완전히 재배종이 되었다. 이 종류는 씨를 맺지 않고 재배자들에 의한 영양번식에 의존하여 번식하고 있다.

그림 3.46 *Piper methysticum* G. Forst.

프랑스 식물학자인 Vincent Lebot는 *kava*의 형태, 식물화학 그리고 문화적인 용도에 대해 심도 있는 연구를 했는데, 특히, 이 종의 기원에 대해서 야외조사나 혹은 민족서지학에서 발굴한 여러 편의 신화를 검토하였다(Lebot, 1991). 그는 아래와 같이 네 곳의 다른 섬에서 이 식물과 관련된 신화를 수집하였다.

① 오랜 옛날 Maewo에 고아 쌍둥이인 오빠와 누이가 행복하게 살고 있었다. 그러던 어느 날 오빠는 누이를 매우 사랑해서 누이가 싫어하는 이방인 청혼자부터 누이를 보호하려 했다. 싸움이 일어났고 당황한 구혼

자는 활을 쏘았고 활은 누이를 죽였다. 오빠는 누이의 몸을 집으로 옮겨 묻고 묘를 만들었다. 일주일 후 그녀의 묘 옆에는 이전에 보지 못한 새로운 식물이 자라고 있었다. 오빠는 그 식물을 캐지 않기로 하였다. 몇 년이 지나는 동안에도 오빠는 슬픔을 잊지 못하고 슬픔에 젖어 그녀의 묘에 가끔 들렸다. 그러던 어느 날 쥐가 그 식물의 뿌리를 먹고 죽는 것을 보았다. 그는 이 식물의 뿌리를 많이 먹으면 목숨을 끊을 수 있을 것이라 생각하고 먹었지만, 그는 죽지 않고 그의 불행을 잊을 수 있었다. 그는 집으로 돌아와서 이 묘한 뿌리를 다른 사람들에게 가르쳐 주었다[Vanuatu의 Maewo섬].

② *Kava*는 최초의 추장 혹은 Matai인 Tagaloa에 의해 사모아인에게 처음 전해졌다. Tagaloa에게는 Ava와 Sa'a라는 두 아들이 있었다. Ava는 죽어가면서 Sa'a에게 사모아 사람들에게 커다란 선물이 될 식물이 그의 묘 옆에서 자랄 것이라고 말했다. Sa'a와 자식들은 Ava의 묘를 지키고 있었는데 Ava가 죽은 지 3일 만에 두 식물이 묘의 옆에서 자라기 시작하였다. Sa'a와 자식이 지켜보는 가운데 한 마리의 쥐가 와 첫 번째 식물을 먹었고 두 번째 식물로 가서 먹기 시작하다 중독되었다. 그 쥐는 비틀거리며 집으로 갔고 사람들은 놀래서 바라보았다. 그들은 첫 번째 식물을 *Taro* 혹은 사탕수수라고 하고 두 번째 식물은 이 식물을 보내준 이를 기려 *Ava*라 이름을 붙였다 [Western Samoa의 Upolu섬].

③ Euaiki섬의 추징인 Loau는 식사 때 사람 고기를 알아보고 사람들에게 그것을 먹지 못하도록 했다. 그것을 땅에 묻은 후 식물로 성장을 하면 가져오게 하였다. 몸은 자라 *kava*라는 식물로 자랐다. 다 자랐을 때 쥐가 *kava*를 먹으면 마비를 일으킨다고 경고했다[Tonga].

④ 한 전설에 의하면, *sakau*의 발견은 쥐가 뿌리를 씹고 중독된다는 것에서 유래한다. 다른 전설에서는 좀 더 복잡해져 그 기원은 Pohnpeian 신인 Luk에서 시작된다. Luk는 죽을 수밖에 없는 사람인 Uitannar의 뒤꿈치 피부를 한 여인의 친절의 대가로 주었다. 그녀는 그 피부를 묻으면 그곳에서 한 식물이 자랄 것이라는 이야기를 들었다. 그 식물의 즙액은 사람들을 중독 시키게 만들었고 사람들의 삶을 바꾸었다. 이 식물이 *sakau*이고 후일 널리 퍼지게 되었다[Pohnpei].

이들의 이야기가 비록 약간씩 다르지만, 여러 가지 공통점이 있다. 이들에는 인간과 자연세계 사이에 상징적인 상호작용이 있을 뿐만 아니라 식물의 향정신성과 약성을 발견하는데 경험적인 방법을 언급하고 있다는 것이다. 각각의 경우에 중독을 일으키거나 혹은 마술적인 특성을 가지고 있는 유용 식물이 인간의 묘 옆에서 자란다는 점이다. 인간 집단 근처에서 사는 야생동물인 쥐가 그 식물을 이용하는 방법을 사람들에게 가르친다는 점이다.

> 자연과 문화현상의 혼합 및 야생과 재배의 경계에 있는 종의 발생은 곡물, 약용식물, 사육 동물 그리고 지역민들의 삶 속에서 중요한 역할을 하는 다른 생물체의 기원을 설명하는 공통적인 신화의 요소이다.

이런 비교 방법을 통해, 연구자들은 신화에서 문화와 자연 사이에 상징적 상호관계를 탐구함으로써 약용과 종교의식에 이용하는 동·식물을 이해할 수 있다. 신화에서의 동·식물들은 사람들을 보호하고 치료하며 기르는 특별한 능력을 가지는 상징적 매개자로서 역할을 한다. 이에는 재배종이나 사육되는 종류들이 포함되는데, 이들의 생존은 사람에게 달려있고 야생 종류와 구별되는 특별한 특징을 가지고 있기 때문에 문화와 자연의 접경지대에 있다고 판단할 수 있다. 이에 대한 좋은 예로 *kava*는 사람의 몸에서 나오는데 이는 이들의 생존이 사람들의 손에 달려있다는 것을 상징적으로 신화에 나타난 것이다. 인간에 의해 창조된 생태적 위치를 가지고 인류 집단의 근처에 자라는 인위 개변의 동·식물들은 상징적 매개자로서 간주된다. *Kava* 신화에서 인간 집단의 근처에서 자라는 야생 동물인 쥐는 인간이 약성을 가지는 식물을 어떻게 이용하는지를 보여주고 있다. 야생과 사육종들 사이의 관계는 상징적 인류학자들이 문화적인 전통을 분석할 때 찾는 반대역 중의 하나이다. 많은 신화들은 낮과 밤, 하늘과 땅, 남과 여, 동물과 식물 그리고 사람들의 우주관을 나타내는 다른 다양한 쌍들의 개념 사이를 비교하거나 혹은 사람들이 우주의 기원과 순서를 어떻게 인식하고 있는지를 나타낸다.

상징의 분석은 달리 방법이 없다. 이는 다른 문화를 통찰하는 직관의 문제로 상징적 인류학자들은 마치 책을 읽듯이 이해를 한다. 영국의 인류학자인 Nigel Barley는 다른 문화의 상징들을 분석하는데 있어서 카메룬의 Dolawayo 사람들에 대한 자신의 경험을 다음과 같이 적고 있다(Barley, 1983).

상징성의 분야에서 연구를 할 때의 문제점은 상징의 이해를 위해 어떤 자료를 이용해야 할지에 대한 어려움에 있다. 하나는 Dolawayo 사람들이 어떤 종류의 세계에서 살고 있고 그들이 그것을 어떻게 만들었으며 어떻게 이해하고 있는지를 설명하는 것이다. 대부분의 자료들을 깨닫지 못할 것이기 때문에 답을 구하는 것이 간단하지 않다. "당신은 어떤 종류의 세계에서 살고 있느냐?" 라는 질문은 Dolawayo 사람들에게는 대단히 어려운 것임에 틀림이 없다. 질문이 너무 애매하다. 이럴 때에 해결 방법 중 하나는 질문을 조각내어 나누는 것이다. 언어의 용도는 종교의식의 구조나 혹은 신념에서 중요하다. 다른 방법은 특정 틀 속에 전체를 넣어보는 것이다.

자연과 문화 사이에 상징적인 관계에 더하여, 신화는 식물, 동물 그리고 자연환경의 다른 요소들에 대한 사람들이 경험적인 지식의 많은 부분을 보여주고 있다. *Kava*의 예에서 각 신화는 뿌리를 먹고 중독되는 쥐에 대한 사람들의 관찰을 잘 표현하고 있다. 동물의 행동과 식물의 특성에 더해 전통 이야기들은 사람들이 어떻게 생물을 분류하는 지를 보여준다. 예를 들면, 재배 식물들과 야생 종류들은 연관된 쌍으로 간주된다.

대개의 신화들은 사회적으로 받아드려지는 방법이던 받아드려지지 않는 방법이던 행동의 결과에 대해 초점을 맞추는 윤리를 가지고 있다. 좋은 행동은 보상을 받고 나쁜 행동은 벌을 받는다. 연구자들은 자연환경을 보호하는 전통적인 방법을 따르지 않는 것에 대한 영향을 기술한 많은 이야기들을 기록하고 있다. 이러한 전설들은 호수를 오염시켜서, 성스러운 지역의 나무를 잘라서, 동물의 영혼의 허락 없이 그 동물을 죽였기 때문에 고통을 받는 사람들을 그리고 있다. 이러한 방법으로 신화는 사람들이 다른 사람들과 혹은 자연과 잘 지낼 수 있는 행동 규범을 준다.

올바른 사회적 행동을 그리는 일부 신화는 자연 자원을 보존하고 관리하는 사람들을 고무하는 이차적인 효과를 내기도 한다. Yildíz Aumeeruddy는 인도네시아 수마트라의 Kerinci Seblat 국립공원 근처의 Jujun과 Keluru 마을에서 근친상간의 신화를 기록하였다(Aumee-ruddy, 1993). 이는 대나무 기름으로 만들어진 미약에 의해 서로 사랑을 하게 된 오빠와 누이동생의 이야기이다. 이 신화가 근친상간이라는 터부와 관계가 되지만, 두 마을 사이에 있는 숲을 보존하는데 중요한 역할을 하였다. 죄를 지은 쌍은 *lura pungok*이라 불리우는 깊은 계곡에 던져졌다. 이 때문에 Jujun 사람들은 이 숲에서 식물을 채취하거나 야생 돼지를 잡지 못하게 되었다.

연구자가 연구의 일부분으로 신화를 수집하려고 한다면, 다수의 다른 사람들로부터 다양한 이야기를 들어야 한다. 만약 이야기를 한번만 들었다면, 집단이나 지역 내의 다른 사람들에게 여러 번 물어야 한다. 처음에는 중요하지 않는 부분으로 생각되었지만 나중에 신화를 이해하는데 중요한 열쇠가 되는 것도 있다. 이러한 이유 때문에 이야기를 정확하게 듣고 주의 깊게 정리하는 것이 좋다. 녹음을 하였다면 단어 하나하나에 신경을 써 번역을 하여야 한다. 사람들이 항상 이야기의 윤리에 대해서 말을 하지 않지만, 각 이야기에 내포된 의미를 묻는 것은 가치 있는 일이다. 한 신화에 대한 여러 편의 이야기를 비교한다면, 지역민들에게 자신이 정리한 내용에 대해서 문의하는 것이 좋다.

3. 조사와 분석 기법

(1) 구조적 상호관계

자유해답식과 반구조식 면담 기법은 구조식 상호관계를 쉽게 적용할 수 있게 한다. 이러한 상호관계는 각 질문에 대한 정보 제공자들의 각 반응을 사각형의 표 즉, 매트릭스에 정리할 수 있어 비교 데이터를 만들 수 있다. 다양한 통계적인 분석을 가능하게 하는 매트릭스에 대한 전형적인 예가 표 3.13에 있다.

표 3.13 n개의 식물 또는 공예품에 m 정보 제공자들의 반응을 비교하는 매트릭스를 어떻게 만드는지를 보여주는 전형적인 표

식물 또는 공예품에 대한 반응					
반응자	1	2	3	4	n
1	1, 1	1, 2	1, 3	1, 4	1, n
2	2, 1	2, 2	2, 3	2, 4	2, n
3	3, 1	3, 2	3, 3	3, 4	3, n
4	4, 1	4, 2	4, 3	4, 4	4, n
m	m, 1	m, 2	m, 3	m, 4	m, n

구조식 상호관계에는 일반적으로 두 가지 형이 있고, 조사(survey)는 선정된 정보 제공자가 질문서에 쓰여 있거나 혹은 면담자에 의해서 주어지는 다수의 특정 질문들에 답을 하는 형태이다. 이 조사는 크고 복잡한 집단에서 다른 부류들 간의 반응에 대한 변이를 측정하는 사회학자들의 기본적인 기법이다.

다양한 분석 도구를 이용하여, 참여자들은 사물의 순위를 매기거나 혹은 유사도나 상대적인 질과 같은 기준으로 나누어 그들의 문화적인 선호도와 경험적인 생태지식을 보여준다. 이러한 다양한 기법들은 사람들이 그들 주변의 세계를 어떻게 분류하고 인지하는지를 나타내는 자료들을 수집하는 체계적인 방법을 찾던 인지분야 인류학자와 언어분야 인류학자들에 의해서 1960년대에 주로 개발되었다.

일부 야외조사자들은 자료의 수집을 비인격적인 일로 간주하기 때문에 조사와 과업을 피한다. 이들은 연구자와 많은 반응자들 사이에 짧은 상호관계만을 가질 수밖에 없어 야외조사자들이 공개 대화와 참여자 관찰 기간 동안에 친밀한 관계를 설정하기 어렵다고 토로하기도 한다.

연구자가 연구의 일부분으로 조사와 과업을 수행하려고 하면 이와 같은 비난을 감수하여야 한다. 이러한 접근은 연구자가 집단의 사람들과 충분히 친해졌을 때 이용하는 것이 좀 더 효과적이다. 시간이 없다면, 참여자 관찰과 같은 방법을 수행하는 것이 좋으며, 연구자와 후일

결과를 분석할 수 있는 지역의 상대자와 조사를 계획하고 수행하는 것이 바람직하다. 만약 참여자가 연구의 목적과 방법을 잘 이해하고 집단 프로젝트에 이용할 수 있는 기술을 받아드린다면, 이러한 구조적 상호관계는 훨씬 더 개인적인 일이 될 것이다.

(2) 조사와 분석 기법의 결과

조사와 분석 기법에 의해서 얻어지는 결과는 다음 질문들이 보여주는 것처럼 4가지 다른 형태가 있다(Weller와 Romney, 1988).

① **목록**(inventory): '모든 자생 식물들의 범주는?' '땔감으로 이용되는 모든 목본 식물들의 이름은?'

② **순위**(ranking): '먹을 수 있는 모든 과일 중 가장 좋다고 간주되는 것은?' '두통에 좋은 식물 중 어떤 것이 가장 효과적인가?'

③ **유사성**(similarity)**의 평가**: '관상용 꽃에서 어떤 것끼리 가장 유사한가?' '한 친족의 사람들은 식물을 동일한 방법으로 분류할까? 아니면 다른 방법으로 분류를 할까?'

④ **자격**(competence): '모든 사람들이 특정 식물에 대한 올바른 이름을 알고 있을까?' '모든 정보 제공자가 일련의 약용식물들에 대한 치유 특성을 정확하게 파악하고 있을까?'

상호작용이 구조화되면 될수록 결과를 분석할 통계적인 방법은 복잡해진다. 고도화된 면담은 지역 지식의 일부에 대한 정확한 자료는 얻을 수 있지만, 연구자와 지역민들이 많은 시간을 투자해야 하므로 많은 인내심이 필요로 한다는 점을 유념해야 한다. 그러므로 구조식 상호관계에 의해서 얻어진 결과들은 자유해답식 면담, 참여자 관찰, 조사 그리고 과업을 통해 얻어진 자료와 비교하며 보완을 하는 것이 지역민이 그들의 자연과 어떻게 서로 작용하는지에 대한 명확한 이해를 할 수 있을 것이다.

(3) 조사

조사에는 두 가지 방법이 있다. 질문서(questionnaire)는 도시에 자리잡고 있는 글을 읽을 수 있는 정보 제공자들로부터 비교할 수 있는 정보를 수집하는데 이용한다. 정보 제공자는 연구자와 전혀 연관이 없이 혼자 질문서를 작성한다. 면담 조사표(interview schedule)는 글을 읽을 수 있는지 아니면 아닌지에 따라 면담을 안내하는 준비된 한 묶음의 질문들이다. 이런 형들은 어느 정도 개인적인 친분 관계가 형성된 면대 면 상호관계에서 연구자들이 이용을 한다. 질문서와 면담조사표는 모든 참여자들에게 동일한 질문을 동일한 방식으로 할 수 있게 인쇄를 한다.

조사의 일부분은 "정보 제공자의 선정"에서 언급하였듯이 각 개인들의 사회적인 특징들을 기록한다. 다른 부분은 연구자가 기록하기 원하는 특별한 정보를 쓰게 한다. 조사가 마무리되면, 연구자는 반응을 이해하고 파악하는 일을 하여야 한다. 예를 들면, 연구자가 약용식물의 목록을 원한다면, 언급된 모든 종류를 표본관의 증거표본으로 만들 필요성이 있다. 만약 정보 제공자에게서 민속 질병 명을 얻었다면, 그 질병들의 증상과 치료에 대해 자세히 정리하려면 지역의 치료사와 개별 면담을 할 필요성이 있다.

TRAMIL 조사는 다양한 연구자 즉, 특히 지역에 영향을 주는 가장 중요한 질병의 치료에 이용되는 식물치료에 지식을 가지는 건강관리 전문가, 연구자 그리고 지역민들에 의해서 수행되었다. 조사에서는 학교 출석상황, 삶에 조건 그리고 건강 서비스 등을 포함한 일반적인 자료는 정보 제공자로부터 얻어졌다. 또한, 선택된 질병의 치료를 전통적인 치료사에게 치료를 받는지 혹은 서양 의학자에 의해서 치료를 받는지에 대해서 물었다. 가정에서 식물치료를 하는 조건을 알아보기 위해서 식물을 어떻게 얻어 어떤 부위를 어떻게 처리하여 이용하는지를 포함하여 다른 민족전통식물학적인 자료도 물어 보았다.

과테말라의 약사인 Lidia Giron은 그녀의 동료들과 함께 TRAMIL을 통해 민족전통식물학적인 조사를 했다(Barley, 1983). TRAMIL의 일반적인 형식에 따른 면담조사표로 과테말라의 Livingston에서 네 개 인종에 속하는 403명의 사람들의 구두 반응을 조사하였다. 이들 중에서 259명(64.3%)은 약용목적으로 식물을 이용하고 144명(37.5%)은 식물치료를 이용하지 않는 것으로 나타났다. 조사의 일부로써 수집된 사회학적 자료를 연구하면서, Lidia와 그녀의 동료들은 약용식물과 가장 친숙한 사람들은 중년에서 노인까지의 여성들이었고, 그들 중 다수가 주부였다. 그들의 대부분은 스페인어를 읽고 쓸 줄 알며, 다수는 아직도 원주민 언어인 *garifuna*를 할 수 있었다. 연구자들은 정보 제공자들이 언급한 각 식물들에 대한 생식기관이 있는 표본들을 수집하고, 과테말라 시의 민족전통식물학 표본관에 소장하였다. 이러한 활동에 의해서 연구자들은 약용식물 119종류 중 102종류의 이름을 바르게 알아낼 수 있었다.

(4) 조사 질문

'조사에서는 보통 어떤 질문들을 하는가?' 자유 해답식과 반구조식과는 달리, 조사에서는 일반적으로 많은 선택 사항들로부터 도출된 짧은 반응을 요하는 질문들을 포함하고 있다. 이분 선택적 질문(dichotomous question)은 '예 혹은 아니오', '참 혹은 거짓' 그리고 '동의 혹은 부동의'와 같은 답을 얻을 수 있는 것이 보통이다. 이것은 답변자가 답변 가능한 제한된 수를 제시하는 다항목 선택 질문(multiple-choice question)의 단순한 형태이다. 예를 들면, 한 식물이 약용, 식용, 양념류, 땔감, 건축용 그리고 관상용 등으로 이용되는지 질문할 수 있다. 자연세계에 대한 지역의 인식과 분류에 영향을 줄 수 있는 것으로부터 다양한 반응을 유추하는 것도 좋다. 더불어 답변자들이 놓치거나 혹은 선택할 항목이 없을 경우에 대하여 '기타' 항목을 제시 하여야 한다.

조사 전에 연구자는 질문에 대한 답변의 범위를 대략적으로 생각하고 있어야 한다. 이분 선택적 질문과 다항목 선택 질문은 자유로운 형식의 상호관계 하에서 이미 논의하였던 문제를 보다 깊이 있게 증명하는 방법이다. 예를 들면, '당신은 카밀레 차를 약으로 이용하십니까?'라는 질문을 할 수 있다. 만약 연구자가 식물을 이용하는 사람과 이용하지 않는 사람을 발견하였을 경우, 집단 내에서 상대적인 이용 빈도를 조사하기 원할 것이다. 질문에 '땔감으로 어떤 나무가 가장 좋습니까? [ ]참나무, [ ]소나무, [ ]마호가니, [ ]기타' 라는 질문이 포함되어 있다는 의미는 연구자가 지역민들이 선호하고 이용할만한 나무들을 이미 조사하였다는 것이다.

조사의 또 다른 중요한 요소는 공란 기입식(fill-in-the-blank format) 인데, 이는 면담자가 답변자의 답변을 적는 공란(___)과 질문으로 구성되어 있다. 이런 형의 질문은 간혹 자유 해답식과 반구조식 면담에서 이용되기는 하지만, 육하원칙 즉, 누가, 왜, 무엇을, 어디서, 언제 그리고 어떻게 등으로 시작되는 모든 질문을 포함한다. 조사에서 이런 질문들은 잘 정리되어 있기 때문에 선정된 정보 제공자들에게 체계적으로 문의할 수 있다. 민족전통식물학자들에게 친숙한 많은 질문들은 공란기입식이다: '이 식물의 이름은 무엇입니까?' '어떻게 처리를 합니까?' '이런 새들은 언제 집단에 들어 왔습니까?' '식물의 약성에 대해서는 누가 당신에게 가르쳐 주었나요?' '이 동물은 어디에서 발견할 수 있을까요?' 그리고 '당신은 왜 이 치료법을 사용하나요?'

이분 선택식과 다항목 선택식 질문들과 같이, 공란 기입식 질문들도 지역에 대한 관습과 지식에 대해 미리 알고 정보 제공자와 공감대를 형성하고 난 이후 만드는 것이 바람직하다. 연구자가 이런 질문들을 집단 내의 첫 날에 한다면 사람들은 즉흥적인 답변을 할 것이다. 연구자가 연구의 기본적인 원칙을 정한다면 지역의 정보 제공자들은 지식을 공유하는 데에 대해서 편하게 생각하고 질문들도 보다 정확하게 만들 수 있을 것이다.

짧은 답변을 요하는 질문의 주요한 장점 중 하나는 자유해답식 면담보다 통계적으로 분석하기가 훨씬 쉽다는 것이다. 대화체 반응은 분석을 하기 전에 해석하고 범주화하고 약호화를 해야만 하는데 이는 결과에 연구자의 편견이 스며들 가능성이 있고 시간 소모가 있는 작업이다. 설명된 조사의 답변들과 과업의 결과들은 축어적 반응(verbatim response) 들이다. 정보 제공자의 정확한 단어 혹은 의견은 자료에 대한 최소한의 가공으로 직접 분석할 수 있다.

통계학자들은 답변과 정보량을 추측하기 쉬운 관련된 개념에 따라 다양한 질문들을 등급화 한다. 이분 선택식에서 정확한 답을 추측할 수 있는 기회는 50대 50이다. 이 비율은 다항목 선택식에서 줄어들며, 공란 기입식에서는 더욱 줄어든다. 사람들에게 자신들을 자유롭게 표현하도록 하였을 때, 그들이 알고 있는 것에 대해 집중을 하는 경향이 있다.

반응에 정보량이 적으면 적을수록 답변을 추측하기 쉬워진다. 이런 이유 때문에, 소수의 다항목 선택식과 공란 기입식 질문들이 이분선택식의 경우보다 통계적으로 중요한 결과를 얻기 위해 필요하다. 면담과 조사에 이용되는 다양한 형태의 질문들이 표 3.14에 있다.

표 3.14 인류학적 연구에 이용되는 다양한 질문 형태의 특징

구 분	연구의 적정시기	정보량	통계 분석의 용이성	주제를 탐구 할 질문 수	주제의 폭
자유해답식	모든 시기	매우 높음	낮음	낮음	매우 넓음
공란기입식	중간부터 말기	높음	중간	중간	넓음
다항목선택식	말기	중간	높음	높음	협소
이분선택식	말기	낮음	높음	매우 높음	매우 좁음

(5) 분석 기법

연구자는 야외 조사 기간 동안 나타나는 주제에 대한 정량적인 자료를 얻는 다양한 분석 기법을 이용할 수 있다. 예를 들면 피면담자가 가장 좋아하는 과일에서부터 가장 싫어하는 과일까지 순위를 매기게 하고, 다양한 땔감들의 질에 대한 등급을 주게 하며, 일련의 플래시 카드를 정리하도록 하는 것이다.

이런 기법들은 면담 기법과 혼합하여 이용한다. 이는 참여자들에게 그들이 왜 다른 종류에 비해 특정 과일을 좋아하는지를 설명하게 하거나 혹은 각 파일에서 물체가 어떤 공통점을 가지는지에 대해서 설명하게 한다. 과업은 지역의 상대역에게 집단의 건강관리에 대한 구조식 면담에서 다양한 약용식물의 특성을 비교하게 하는 것과 같은 조사에 합

칠 수 있다.

비록 아래에 설명된 각 과업들이 약간씩 다른 방법으로 수행되기는 하지만, 전체에 적용되는 일반적인 유의사항과 기법이 있다. 각 분석 기법은 전형적으로 참여자들에 의해서 조절될 수 있는 소품(props)의 이용에 달려 있다. 이에는 건조 표본이나 생체 표본, 풍경사진, 지역의 동물명이 쓰여진 노트카드 그리고 면담자와 피면담자가 동일한 목적을 가지고 논의하고 있다는 확신을 주는 시각적 보조물 등이 있다. 이 소품들은 연구의 초점인 한 영역의 구성원이나 혹은 물체의 종류와 일치하며, 소품의 세트는 땡감의 한 다스, 옥수수 5 변종 등과 같은 것이다.

과업이 소품 없이 수행될 수도 있지만, 대부분의 연구자들은 가장 좋은 결과들은 추상적으로 생각하는 것보다 보고 만질 수 있는 사물과 함께 했을 때 성취된다는 것을 믿는다.

사람들의 주시 범위, 소품의 질 그리고 아이템이 제시되는 순서 등 답변에 영향을 줄 수 있는 요소들에 유의를 하여야 한다. 만약 참여자가 지루해 한다면, 그들의 답변은 집중했을 때 보다 덜 정확해질 것이다. 세트에서 많은 대상물을 선택할 때는 선택되는 수에 따라 과업의 시간이 결정됨으로 신중을 기해야 한다. 사람들의 선택이 대상물을 보는 순서에 의해서 받을 영향을 최소한으로 하기 위해서 대상물의 순서는 과업 전에 무작위적으로 결정해야 한다. 즉, 카드는 섞을 수 있고, 표본들은 다른 순서로 제시 될 수 있으며 각 세트 안에 대상물들의 배열은 변할 수 있어야 한다.

연구자가 제시하는 소품은 질이 좋아야 하고 표준적인 것이어야 한다. 녹색 바나나, 익은 사과 그리고 농익은 배를 사람들에게 제시하면, 그들의 선택은 과일의 선호도보다는 과일의 성숙도에 의해서 영향을 받을 것이다. 희미한 사진, 불완전한 표본 그리고 잘 안 써진 플래시카드 등은 연구자가 얻을 자료의 질을 낮게 한다. 그림은 대상을 파악할 수 있도록 모든 형태적인 특징들을 잘 보여주어야 하고 비슷한 종류와도 잘 구분될 수 있도록 해야 한다. 생물학적 표본은 지역민들이 익숙하게 보아왔던 특징들의 대부분을 포함하여야 한다. 표본, 사진 그리고 다른 자극물을 한 소품으로 이용한다면 사람들이 대상물을 인식하는 능력을 높여줄 것이다. 예를 들면 사람들에게 새들의 사진을 보여 주려면, 이와 함께 사람들에게 새의 노래를 들려주고 새의 깃털을 만지게 한다. 제작된 표본은 그림과 함께 보여주고 되도록이면 작은 봉지에 마른 과일이나 잎을 넣어 사람들이 만지거나 냄새를 맡을 수 있도록 한다.

다른 대상물과 혼동이 일어나지 않도록 조심해야하는데, 만약 이름 카드를 이용한다면, 각 라벨에 대한 종합된 의견을 들어 의견 일치를 보아야 한다. 많은 이름들이 한 대상물이나 한 개념이상을 의미하는 다의성(polysemy)을 가지고 있다는 것을 유념해야 한다. 더불어 동·식물의 이름들은 학명과 항상 일대 일로 일치하지 않는다. 답변자가 별 어려움 없이 각 표본을 인식할 수 있다면, 그들이 분류하거나 순위를 주기 전에 이름을 묻고 모든 대상물을 설명하게 한다.

연구자가 열심히 과학적인 방법으로 과업을 수행하려면 한 번에 한 사람씩 면담을 해야 한다. 이는 피면담자의 의견이 다른 사람들에 의해서 방해되지 않게 하고 미래에 과업에 참여하는 사람들에게 선입견을 주지 않으려는 것이다.

다음에 제시되는 분석 기법에는 공식적인 것과 비공식적인 것이 있다. 비공식적인 접근에서는 집단 내에 모든 구성원에게 잘 알려진 작은 아이템 세트를 이용하는 것이 일반적이다. 이들 아이템들은 상대적으로 짧은 시간에 분류되고 특징화될 수 있다. 연구자들은 대상물을 제시하는 순서가 무작위적으로 되도록 해야 하고, 과업에서 사람들이 관찰하고 의견을 제시하는 데에 대해서 포용성을 가져야 한다. 과업에서는 토론을 통하여 의견 일치를 하거나 투표에 의해서 다양한 의견을 제시하는 큰 집단에 한 번의 회의만을 배정한다. 소품은 말로 설명하거나 흑판에 써서 설명할 때 유용하다. 결과의 분석에서는 통계처리를 하지 않은 반응들을 제한하기는 하지만, 목표는 지역민들의 자원에 대한 지식과 관리 혹은 집단에서 선택된 다른 주제들에 대한 대화를 적극적으로 유도하는 데에 있으므로 적극적으로 정보를 수집하여야 한다.

인지 인류학자들이 선도하는 공식적인 접근은 통계적 측정을 이용하여 분석하는 자료를 산출한다. 이런 접근을 이용하는 심리학자, 언어학자 그리고 인류학자들은 대상물의 순서를 무작위적으로 하는 것을 고수하고 사적인 면담은 금한다. 또한, 소품의 질은 강조된다. 동·식물 자원들의 용도와 분류에 초점을 맞추는 과업에서는 순위를 결정하거나 분류하는데 많은 시간이 소모되는 수많은 아이템을 분석할 수 있다. 목적은 사람들이 자연 세계를 어떻게 인식하고 분류하는지를 발견하는 것이다.

(6) 우선순위

가장 간단한 분석방법 중의 하나는 집단 내에서 논의되고 있는 중이거나 연구의 초점인 한 범주 내에서 5개 혹은 7가지 아이템을 사람들에게 묻는 것이다. 사람들 각각은 개인적인 선호도에 따라 아이템을 배열한다. 각 순위는 가장 중요하거나 선호되는 아이템에 높은 수를 배정하는데 숫자는 정수로 한다. 예를 들면, 5개 세트의 대상에서 가장 선호되는 것은 5로 등급 되며 가장 낮은 것은 1로 등급 된다. 이 숫자들은 모든 답변자들이 평가하며, 답변자들이 선정하는 횟수에 따라 전체적인 순위가 결정된다.

이런 선호도의 순서는 반응과 일치되는 것으로 판단되는 다른 자료들과 면담자들로부터 얻어지는 자료들에 의해서 교차 검정되어야 한다. 널리 인식된 아이템의 선호도 순위에서, 과업은 구두로 수행하거나 모든 사람이 알 수 있는 커다란 종이에 그릴 수 있다. 아이템의 수가 증가되면, 손쉽게 다룰 수 있는 실질적인 표본이 좋고, 각 참여자가 순서를 정하기 전에 그들의 순서를 무작위적으로 만드는 것이 좋다.

선호도 순위는 사람들이 그들의 공공 숲에서 점차 희귀해져 간다고 느끼는 식물자원의 목록을 파악하는데 이용할 수 있다. 각 참여자들에게는 드물게 나타나는 것에서부터 가장 희귀하게 나타나는 종류까지 배열을 하도록 할 수 있다. 선호도 순위의 또 다른 적용은 사람들에게 지역에서 가장 가치 있는 비목재 임산물의 목록을 작성하도록 하고 이를 통해 그들이 얻는 수입의 순위를 작성하도록 하는데 이용할 수 있다.

제6장 경제학적 연구 방법의 (4)노동의 회수율 계산에 설명된 인도 Gujarat의 Montisingloti 마을의 예를 보자. Shashi Kant와 Neel Guarav Mehta는 다음과 같이 일년 동안 임산물을 팔아 126,000 루피

를 벌었다: timru 잎(전체의 39%), mahua 꽃(23%), mahua 씨(18%), bhindi 씨(15%) 그리고 sag 씨(5%). 표 3.15는 다섯 명의 가공 참여자들이 그들이 생산한 임산물을 통해 얻은 수익을 토대로 그들의 선호도 순위를 만들어 보았다. 답변자들은 서로 다른 방법으로 다양한 식물들의 순위를 매겼는데 전체 순위는 순 수입에 영향을 주었다.

표 3.15 인도 Gujarat의 Motisingloti 마을의 경제를 토대로 다섯 가정이 선정한 임산물 가치의 선호도 순위(5, 가치가 가장 높음; 1, 가치가 가장 낮음)

구 분	참 여 자					전체 점수	순위
	A	B	C	D	E		
Timru 잎	5	4	5	5	5	24	a
Mahua 꽃	4	5	3	4	3	19	b
Mahua 씨	2	3	4	3	2	14	c
Bhindi 씨	3	1	2	2	4	12	d
Sag 씨	1	2	1	1	1	6	e

(7) 직접 모형 순위

직접 모형 순위는 선호도 순위보다 복잡하다. 정보 제공자는 가치나 호감 같은 하나의 특성으로 일연의 대상물을 정하는 대신에 동시에 여러 가지 속성을 고려한다. 다시 말하면, 선호도 순위는 일차원인 반면에 직접 모형 순위는 다차원으로 설명을 한다.

구성원을 한정하고 대상물의 부류를 선택한 다음, 참여자들은 각각의 장단점을 정의한다. 표 3.16에 제시된 예는 사람들이 다양한 관점에서 관찰을 하고 있음을 알 수 있다 — '당신은 야자나무로부터는 땔감을 얻을 수 없지만 유칼리, 아카시아 그리고 소나무로부터는 얻을 수 있다.' '유칼리 열매는 유용하지 않다' 혹은 '아카시아는 좋은 사료로 이용된다.'

표 3.16 중동과 북미 지방에서 참여전원평가(participatory rural appraisal)에서 예로 이용되는 7가지 기준에 의한 4종류의 나무에 대한 한 사람의 직접모형순위의 결과(4, 최고; 1, 최저)

구분	유칼리	야자나무	아카시아	소나무
연료	4	1	2	3
건축	4	1	2	3
과일	1	4	2	3
약용	4	1	3	2
사료	3	-	4	2
그늘	4	3	1	2
목탄	2	-	3	4
총계	22	10	17	19
순위	A	D	C	B

이런 기준들은 왼쪽을 따라 적고 위쪽에는 아이템들의 이름을 적는다. 점수를 간단하게 만들기 위해서, 서술적인 진술은 간단한 기준으로 바꾼다. 예를 들면, '유칼리의 열매는 유용하지 않다'는 일반적인 기준인 '열매'로 바꾸고 유칼리에 낮은 점수를 준다.

표가 완성이 되면, 사람들은 가장 높은 숫자는 가장 좋은 대상물이고 가장 낮은 숫자는 가장 좋지 않는 대상물이라는 수리적 척도를 이용하여 각 기준을 따라 아이템들의 순위를 매긴다. 수리적으로 정리된 개인 반응들은 집단을 대표하는 모형을 만들 수 있다. 또한, 직접모형순위는 참여자들이 각 아이템의 순위에 대해 의견 일치를 볼 때나 혹은 개인적인 평가에 의해 투표를 하는 집단에도 적용할 수 있다.

(8) 삼자 비교

삼자 비교에서 아이템은 아래와 같이 3쌍의 참여자에 의해 나타난다. 영역을 결정하고 가장 중요한 구성원을 파악한 이후 삼자는 서로 다른 아이템들로 구성된 3개의 조합으로 정렬된다. 삼자의 배열과 각 삼자 내에 순서는 무작위적으로 만든 이후 정보 제공자에게 3자 세트를 보여주고 '가장 좋은 것에서부터 나쁜 것으로', '가장 선호하는 것에서부터 가장 덜 선호하는 것까지' 혹은 다른 비교할만한 방법으로 아이템의 순위를 정하게 한다. 즉, 참여자는 가장 비슷하지 않는 아이템을 선택하거나 비슷한 두 개를 선택하는 전체 유사도에 따라 3개 아이템을 판단한다. '어떤 과일이 가장 다른 맛을 가지는가?'와 같은 질문을 만들어 면담자가 특별한 속성에 근거하여 유사성의 양상을 기록한다.

이런 검정은 전에 했던 것보다 복잡하기는 하지만, 지역의 참여자들이 이런 과정에 친숙해질 수 있도록 처음에는 일부 표본 질문을 가지고 조사를 시작하는 것이 좋다. 이러한 질문들은 진짜 삼자비교에서 참여자의 행동에 영향을 주지 않도록 연구자가 탐구했던 다른 주제로부터 가져와야 한다. 예를 들면 연구자가 화목의 유사성이나 과일들에 대한 선호도에 대해서 검정을 한다면, 꽃, 열매 형이나 다른 친숙한 대상을 가지고 과업을 시작한다. 삼자비교를 어떻게 하는지 잘 이해한 사람들이라면, 연구자가 선정한 아이템을 이용하여 시작한다.

❂ 삼자 검증으로 프랑스 콩의 유사도의 판단 ❂

시장에서 구입한 프랑스 콩에 알파벳 순서에 따라 번호를 매겼다: (1) *chevriers* [다 성숙한 마른강낭콩(*Phaseolus vulgaris* L.)]; (2) *haricots rouges* [붉은 꽃잠두(*Phaseolus vulgaris* L.)]; (3) *lentilles blondes* [편두(*Lens culinaris* L.)]; (4) *lingots blancs* [해군콩(*Phaseolus vulgaris* L.)]; (5) *pois cassés* [말려 쪼갠 완두콩(*Pisum sativum* L.)]; 그리고 (6) pois chiches [병아리콩(*Cicer arietinum* L.)]. 이 콩들을 가능한 모든 3개의 조합의 표를 만들었다.

표 3.17 6가지 콩이 3쌍의 가능한 모든 조합으로 만든 알파벳 순 목록

번호	순서	아 이 템
1	1,2,3	*Chevriers, Haricots rouges, Lentilles blondes*
2	1,2,4	*Chevriers, Haricots rouges, Lingotes blancs*
3	1,2,5	*Chevriers, Haricots rouges, Pois cassés*
4	1,2,6	*Chevriers, Haricots rouges, Pois chiches*
5	1,3,4	*Chevriers, Lentilles blondes, Lingotes blancs*
6	1,3,5	*Chevriers, Lentilles blondes, Pois cassés*
7	1,3,6	*Chevriers, Lentilles, Pois chiches*
8	1,4,5	*Chevriers, Lingotes blancs, Pois cassés*
9	1,4,6	*Chevriers, Lingotes blancs, Pois chiches*
10	1,5,6	*Chevriers, Pois cassés, Pois chiches*
11	2,3,4	*Haricots rouges, Lentilles blondes, Lingotes blancs*
12	2,3,5	*Haricots rouges, Lentilles blondes, Pois cassés*
13	2,3,6	*Haricots rouges, Lentilles blondes, Pois chiches*
14	2,4,5	*Haricots rouges, Lingotes blancs, Pois cassés*
15	2,4,6	*Haricots rouges, Lingotes blancs, Pois chiches*
16	2,5,6	*Haricots rouges, Pois cassés, Pois chiches*
17	3,4,5	*Lentilles blondes, Lingotes blancs, Pois cassés*
18	3,4,6	*Lentilles blondes, Lingotes blancs, Pois chiches*
19	3,5,6	*Lentilles blondes, Pois cassés, Pois chiches*
20	4,5,6	*Lingotes blancs, Pois cassés, Pois chiches*

그림 3.47 *Phaseolus vulgaris* L.

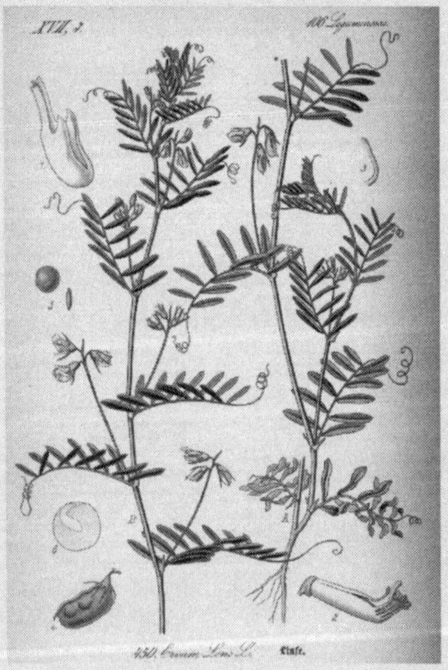

그림 3.48 *Lens culinaris* L.

그림 3.49 *Pisum sativum* L.

그림 3.50 *Cicer arietinum* L.

이 표에서 삼자는 연구의 결과에 영향을 줄 수 있는 인위적인 순서를 가지고 있기 때문에 두 가지 방법으로 무작위적으로 섞었다: (1) 삼자가 제시된 순서를 바꿈 그리고 (2) 각 삼자 안의 아이템들의 순서를 바꿈. 첫 번째 순서는 난수표를 가지고, 셋째 행에서 시작하여 밑으로 내려가며 표 3.17의 삼자세트의 번호들과 일치하게 1과 20 사이의 첫 두 자리 수를 조사하기 시작하였다. 첫 두 자리 수를 배정하고 난 이후에도 모든 조합을 찾을 수 없었기 때문에 다시 첫 두 자리 수 대신에 중간의 두 수를 이용하여 찾는 것을 계속하였다. 이 때 항상 세 번째 열의 위에서부터 시작하였다. 그리하여 13; 01; 08; 02; 06; 03; 09; 14; 16; 19; 05; 20; 17; 12; 18; 11; 07; 10; 15; 04와 같은 무작위적인 순서가 결정되었다.

두 번째 단계로, 각 세트에서 대상물의 순서를 무작위적으로 만들기 위하여 1부터 6까지 번호가 주어진 접지를 이용하였다. 이어 임의대로 접지가 다음과 같은 순서로 나올 것이라 결정하였다: (1) 순서는 알파벳 순서에 따라 1st 대상물, 2nd 대상물, 3rd 대상물 그리고 (2)=2nd 대상물, 1st 대상물, 3rd 대상물 (3)=3rd 대상물, 1st 대상물, 2nd 대상물 (4)=1st 대상물, 3rd 대상물, 2nd 대상물 (5)=2nd 대상물, 3rd 대상물, 1st 대상물 (6)=3rd 대상물, 2nd 대상물, 1st 대상물. 접지를 선택한 결과 다음과 같은 결과였다: 4; 1 ; 4; 6; 2; 25; 5; 4; 5; 3; 6; 1; 3; 3; 5; 6; 6; 1.

표 3.18 여섯 가지 콩의 모든 가능한 삼자의 무작위적 목록

번호	순서	아이템
13	2,6,3	*Haricots rouges, Lentilles blondes,* Pois chiches
01	1,2,3	*Chevriers, Haricots rouges,* Lentilles blondes
08	1,5,4	*Chevriers,* Pois cassés, *Lingotes blancs*
02	4,2,1	*Lingotes blancs,* Haricots rouges, *Chevriers*
06	3,1,5	*Lentilles blondes,* Chevriers, *Pois cassés*
03	2,1,5	*Haricots rouges, Chevriers,* Pois cassés
09	4,6,1	*Lingotes blancs,* Pois chiches, *Chevriers*
14	4,5,2	*Lingotes blancs,* Pois cassés, *Haricots rouges*

16	2,6,5	*Haricots rouges,* **Pois chiches,** *Pois cassés*
19	5,6,3	*Pois cassés,* Pois chiches, *Lentilles blondes*
05	4,1,3	*Lingotes blancs, Chevriers,* Lentilles blondes
20	6,5,4	Pois chiches, *Pois cassés, Lingotes blancs*
17	3,4,5	*Lentilles blondes,* Lingotes blancs, *Pois cassés*
12	5,2,3	*Pois cassés,* Haricots rouges, *Lentilles blondes*
18	6,3,4	Pois chiches, *Lentilles blondes, Lingotes blancs*
11	3,4,2	Lentilles blondes, *Lingotes blancs, Haricots rouges*
07	6,3,1	Pois chiches, *Lentilles blondes, Chevriers*
10	6,5,1	*Pois chiches,* Chevriers, *Pois cassés*
15	6,4,2	Pois chiches, *Lingotes blancs, Haricots rouges*
04	1,2,6	*Chevriers, Haricots rouges,* Pois chiches

표 3.18는 각 삼자 내의 순서와 삼자 배열의 무작위화를 보여준다. 완전하게 무작위적으로 표가 만들어져 대상물의 각 삼자를 특정인에게 보여주고 가장 비슷하지 않는 아이템을 지적하도록 하였다. 그의 반응은 표 3.18에서 굵은 글자들이다. 콩의 각 쌍은 20개 삼자의 세트에서 4번 나타나기 때문에 0-4의 척도로 유사성의 순위를 매길 수 있다. 그림 3.51의 매트릭스에 제시된 결과들은 콩의 형태적인 유사성이 반영된 것이다. 세 종류의 *Phaseolus vulgaris*는 모두 신장형을 가지기 때문에 자주 만난다. 말려 쪼갠 완두콩과 편두는 비슷한 크기이기 때문에 같은 부류로 묶이고, 둥근 모양은 완두콩과 병아리 콩은 유사하지 않다. 병아리 콩은 그들 자신의 부류이다. 이 결과는 병아리 콩이 그들이 나타나는 삼자에 10번 중에서 9번 정도로 가장 비슷하지 않게 나타남으로써 확인된다. 다른 콩들은 1번과 3번 사이의 가장 비슷하지 않은 아이템으로 간주 된다.

다른 개인의 삼자 비교의 결과는 집합 매트릭스를 얻기 위해 함께 더할 수 있다. 집단 내에서 대다수 의견이 조합된 반응은 일치된 형태를 나타내는 다차원적 평가와 군집 평가 같은 복잡한 통계적인 방법으로 분석할 수 있다.

삼자 비교는 순위를 매기는 기법으로 이용될 수 있다. 3개의 세트로 나타나는 모든 아이템은 1,2,3(3이 가장 높음)으로 등급화 할 수 있다. 각 아이템들의 등급은 전체 순위를 얻기 위해 합칠 수 있다. 여섯 가지 프랑스 콩들의 경우,

각 아이템은 삼자 20세트에서 10번 나타나고 0과 30으로 나누어진 전체 점수를 가질 수 있다.

삼자 비교는 대상물이 늘어나면 날수록 분석하는데 소모되는 시간이 기하급수적으로 늘어나기 때문에 상대적으로 적은 아이템일 때 적용하는 것이 좋다. 필요한 전체 삼자 수는 n!/3!(n−3!)으로 계산된다. !는 순차계승이므로 3!은 3 × 2 × 1 = 6으로 계산한다. 그러므로 6가지 콩 종류는 [6!/3!(6−3)!=20]이므로 20개의 삼자가 요구된다. 이런 식으로 8가지이면 56개, 10가지이면 120개의 삼자가 필요하게 된다.

일부 면담자들은 답변자들에게 과업 중이나 끝났을 때, 특정 삼자에 선택한 것을 설명해 달라고 한다. 이 때, 삼자를 순위를 만드는데 이용하느냐 혹은 유사성을 측정하느냐에 따라 연구자의 질문이 달라질 수 있다. 즉, '당신은 왜 이 두 아이템이 비슷하다고 생각하는가?', '어떤 점이 이 아이템과 다른 아이템이 다르게 생각하도록 했는가? 혹은 '왜 이 아이템이 다른 두 가지보다 선호되는가?'

	Chevriers	Haricots	Lentilles	Lingots	Pois cassés
Chevriers					
Haricots	3				
Lentilles	1	1			
Lingots	4	3	1		
Pois cassés	0	1	4	1	
Pois chiches	0	0	0	0	1

그림 3.51 6가지 콩의 삼자 검정을 위한 매트릭스. 두 아이템 사이에 짝을 이루는 수는 0에서 4까지 이다.

유사성의 비교를 위한 반응들은 그림 3.51에서와 같이 매트릭스에 넣을 수 있다. 선호도 순위에서 각 아이템의 전체 순위는 각 삼자에서 주어진 순위를 함께 더함으로써 얻을 수 있다. 사과, 오렌지, 배 그리고 복숭아 등 네 가지 아이템의 삼자 비교에서 각 대상물은 세 가지 다른 삼자로 나타난다. 만약 배가 출현되는 3개의 삼자가 3, 2 그리고 3으로 등급 된다면 전체 등급은 8이 될 것이다.

(9) 양자 비교

양자 비교에서는 피면담자는 두 개가 한 세트로 이루어진 아이템을 보게 된다. 집단에서 이전의 면담이나 참여자들과 행한 토론에 근거하여, 중요한 조건들 또는 탐구될 주제를 특징화한 대상물을 5가지에서 10가지 정도 선정한다. 각 조건이 쓰여진 노트카드를 만들거나 대상물의 경우 양질의 표본들을 준비한다.

시작하기 전에 아래의 예와 같이 모든 가능한 조합으로 이루어진 목록이나 매트릭스를 만든다. 이것은 연구자가 반응들을 추적할 수 있게 하고 과업 과정 중에 모든 쌍을 보여줄 수 있다는 확신을 갖게 한다. 쌍의 순서를 무작위적으로 정한 이후 피면담자들이 선호하는 것이나 가장 중요하게 생각하는 것을 선택하도록 하는 질문들 즉, '가장 중요한 과일', '가장 질이 좋은 화목' 혹은 '숲이 파괴되는 가장 중요한 원인' 등과 같은 질문들을 보여준다.

과일들에 대한 양자비교

양자 비교에 대한 예를 설명하기 위하여 다섯 가지 과일 즉, 사과, 바나나, 포도, 오렌지 그리고 배 등을 특정인에게 보여주었다. 알파벳 목록을 출발하기 전에 쌍의 배열과 각 쌍 내의 순서를 무작위적으로 정했다. 배열은 알파벳 순서로 우선 번호를 매긴 이후 난수표를 이용하거나 접지를 이용하여 재배정하였다. 각 쌍 내에서의 순서는 동전을 던져서 결정하였다. 앞면이 나오면 원래 순서를 유지하고 뒷면이 나오면 아이템의 배열을 바꾸었다. 이러한 순서와 특정인의 선택을 표 3.19에 제시하였다. 답변들은 그림 3.52에 제시된 바와 같이 직접 대조할 수 있다.

표 3.19 각 쌍 내의 순서와 쌍의 배열이 무작위적으로 된 5 가지 과일의 양자 비교. 각 쌍 내에서 정보 제공자가 선호하는 종류는 굵은 글자이다

쌍	순서	아이템
9	5,3	**배**, 포도
5	3,2	포도, **바나나**
6	2,4	바나나, **오렌지**
8	4,3	**오렌지**, 포도
10	5,4	배, **오렌지**
1	1,2	**사과**, 바나나
4	1,5	**사과**, 배
2	1,3	**사과**, 포도
7	5,2	배, **바나나**
3	4,1	오렌지, **사과**

사과	바나나	포도	오렌지	배		점수	순위
	사과	사과	사과	사과	사과	4	A
		바나나	오렌지	바나나	바나나	2	C
			오렌지	배	포도	0	E
				오렌지	오렌지	3	B
					배	1	D

그림 3.52 다섯 가지 과일의 순위 매트릭스.

순위에 의한 선호도 사슬을 만든 후에 선호도의 연관성이 실제에서와 일치하는지 알 수 있다. 표 3.19에 따라 과일들을 사과〉오렌지〉바나나〉배〉포도와 같이 배열할 수 있다. 이 결과에서는 정보 제공자가 배보다는 바나나를, 포도보다는

배를, 바나나보다는 포도를 좋아하는 것과 같이 완벽한 이행성(transitivity)을 보여준다. 완벽한 이행성은 자료에 대한 신뢰성을 더욱 갖게 한다. 일관성이 없는 결과는 연구자가 답변이 모호하거나, 사람들이 강한 선호도를 가지지 않거나, 양자 순위가 조사된 문화적 영역을 위한 분석 기법으로 적합하지 않다는 것을 의미한다.

정보 제공자들의 대표군들에 반응들을 더한다면, 일반적인 문화 성향에 대한 결과를 얻을 수 있다. 연구자는 각 정보 제공자에 의해서 선택된 과일의 전체 횟수를 더함으로써 빠르게 이를 얻을 수 있다. 좀 더 복잡한 방법은 매트릭스의 각 셀 내에 결과들을 함께 더하는 것이다. 이런 조합된 결과들은 통계적으로 중요한 방법으로써 집단 선호도를 얻을 수 있게 한다. 집단 점수들은 군집 분석이라고 부르는 통계 기법으로 분석할 수 있다. 군집분석 기법은 정보 제공자들이 나타내는 유사성과 차이점을 평가할 수 있다.

양자 순위는 대상물이 늘어나면 분석하는데 필요한 시간은 기하급수적으로 늘어나기 때문에 상대적으로 적은 아이템들에 이용된다. 필요한 쌍의 전체 수는 공식 $n(n-1)/2$로 구할 수 있다. 5개 과일의 예는 [$5(5-1)/2=10$]으로 10쌍이고, 10개의 아이템은 [$10(10-1)/2=45$]로 45쌍이 필요하다. 연구자가 선정한 아이템의 수는 연구의 복잡성을 증가시키는 것뿐만 아니라 참여자들의 인내를 요구한다.

연구자가 사람들의 사고에 대해 조사를 하려면 참여자들에게 하나의 조건이 다른 것에 비해 왜 더 좋거나 나쁜지를 설명하도록 하여야 한다. 이와 더불어, 선호하는 아이템이 좋지 않은 질을 갖고 있지는 않는지 혹은 선택되지 않은 것이 좋은 점을 가지고 있지는 않는지 등에 대해서 물어야 한다. 일부 연구자들은 각 선택이 끝난 이후 이러한 질문을 하지만, 다른 이들은 답변자가 조사 과정에 대한 전체적인 판단을 하기 전에 과업이 마무리되기를 선호한다. 만약 연구자가 누군가에게 그들이 왜 다른 것들보다도 특정 과일을 좋아하는지에 대해 선택이 끝난 후 물어 본다면, 그들은 '포도가 너무 시다'거나 '바나나는 향기는 좋지만, 너무 느끼하다' 혹은 '배는 달고 즙이 많기 때문에 맛이 좋다'라는 답을 할 것이다. 만약 작업이 끝난 이후 그들의 선택에 대해 물으면, 그들은 '나는 달고 즙이 많은 과일을 좋아하지만, 시고 느끼한 것은 싫어한다.'라고 그들의 관찰을 일반적인 진술로 합성하려 할 것이다. 이러한 결론들은 과일의 선호도와 같은 일부 영역에서는 명백하지만, 한편으로는 면담자들과 답변자들이 사람들의 행동을 설명하는 규칙이나 경향성을 발견할 수 있게 한다.

과업이 끝난 이후 연구자가 참여자들에게 원래 목록을 바꿀 수 있는 부가적인 아이템이나 기준을 가지고 있는지 물어 볼 수 있다. 만약 가지고 있다면, 적절한 순위에 넣을 수 있거나 정보 제공자가 검토하고 의견을 제시할 수 있는 새로운 쌍 세트를 만들 수 있을 것이다.

연구자는 또 다른 날 동일한 과일에 대한 답변자들의 선호도 순위를 조사함으로써 답변의 일관성을 규명할 수 있을 것이다. 점검하는 간단한 방법은 면담이나 열린 대화를 통해 다음과 같은 직접적인 질문을 하는 것이다: '당신의 좋아하는 과일은 어떤 것인가?' 혹은 '집단 내에서 숲을 파괴하는 가장 큰 원인은 무엇인가?'

(10) 자료 분류

자료 분류는 참여자가 대상물들을 아이템의 전체적인 유사성에 따라 많은 부류로 나누는 것이다. 누군가 당신에게 당신 집의 정원에 자라는 식물들을 유사한 것끼리 묶으라고 한다면, 당신은 우선 과일, 채소, 약용식물 그리고 관상용 등으로 나누기 시작할 것이다. 이러한 분류작업을 계속한다면, 당신은 과일들을 장과류, 밀감류 그리고 이과류 등으로 다시 나눌 것이다. 결국, 오렌지, 포도 그리고 레몬의 파일을 만들게 될 것이다. 이런 작업은 모든 대상이 분류될 때까지, 다른 과일, 채소, 약용식물 그리고 꽃 등의 파일화가 계속될 것이다.

실제로, 자료 분류는 카드와 함께 수행되는데, 이는 많은 사물을 상대적으로 짧은 시간 안에 분류할 수 있기 때문이다. 연구자가 영역을 결정하였다면, 우선 작은 카드에 관련된 모든 아이템들의 이름을 적어야 한다. 만약 함께 일을 하는 정보 제공자가 글을 읽지 못한다면, 카드에 분류하거나 인식하는데 중요한 핵심 특징이 포함된 그림을 그리거나 실물을 보여준다.

각 참여자들은 유사성에 대한 자신들의 견해에 따라 카드를 정리하여 파일들을 만들 것이다. 어떤 경우에는 연구자가 특별히 관심이 있는 상업성, 희소성 혹은 이용성 등과 같은 속성에 따라 아이템들을 분류하기 원할 것이다. 일부 연구자들은 피면담자들 만큼의 파일을 만들 것이지만, 다른 사람들은 '카드를 유사성에 의해 두 파일로 나누어 주시요'와 같이 수를 제한하기도 한다. 연구자가 참여자들에게 동일한 파일에 있는 대상물은 무엇 때문에 같이 묶였는지 혹은 다른 파일에 있는 것들은 무엇에 의해 나누었는지에 대해 물어봄으로써, 결과를 해석하는데 도움이 되는 부가적인 정보를 얻을 수 있다. 대부분의 사람들은 이런 작업을 모든 파일이 만들어진 이후에 하는데, 이는 참여자들이 작업 중간에 분류하는 방법을 바꾸지 않게 하려는 것이다.

파일이 만들어진 후, 결과는 삼자 비교와 양자 비교같이 유사성 매트릭스에 넣을 수 있다. 만약 당신이 바나나, 근대, 당근, 옥수수, 레몬, 오렌지 그리고 감자 등을 제한되지 않은 수의 파일로 분류하려 한다면, 그림 3.53과 같이 배열할 것이다.

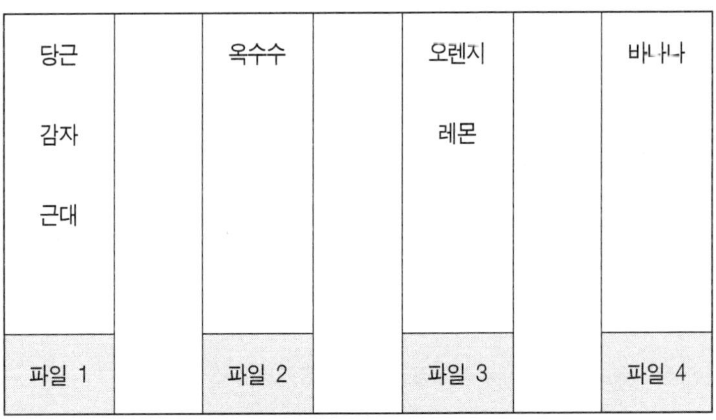

그림 3.53 가정 정원에서 수확한 식물의 자료 분류.

모든 아이템들을 양자 비교함으로써, 그림 3.54와 같이 매트릭스를 만들 수 있다. 동일한 파일에서 발견되는 쌍은 점수를 1로 주고, 두 개의 아이템이 다른 파일에서 발견되면 매트릭스의 해당란에 0을 넣는다.

더 많은 사람들을 이 작업에 참여하게 하여, 대상물들에 대한 집단 수준의 유사성 양상을 후일 다양한 통계적인 방법으로 분석하여 알아낼 수 있다.

	바나나	근대	당근	옥수수	레몬	오렌지
근대	0					
당근	0	1				
옥수수	0	0	0			
레몬	0	0	0	0		
오렌지	0	0	0	0	1	
감자	0	1	1	0	0	0

그림 3.54 가정 정원에서 수확한 과일과 채소에 대한 자료 분류의 결과에 근거한 유사도 매트릭스.

여기서 그림 3.51, 3.52 그리고 3.54를 비교하면, 자료 분류에 비해 삼자와 양자 비교는 한 사람에 대한 자료를 더 많이 제공할 것이다. 이러한 이유에서 20명 이상의 참여자인 경우, 통계적으로 신뢰할 만한 결과들을 얻으려면 자료 분류하고 10명 이하이면 삼자나 양자 비교가 효율적이다.

자료 분류에는 연구자들이 자신들의 연구에 적절하게 활용할 수 있게 여러 가지 변형된 형태들이 있다. 예를 들면 일부 사람들이 임의 한 아이템이 한 파일 이상에 속한다고 생각한다면, 부가적인 카드를 만들어 다양한 부류에 놓을 수 있는데, 이것은 사람들로 하여금 투표를 통해 나눌 수 있도록 할 것이다. 과업 중 사람들이 원래의 카드에 없는 부가적인 아이템을 생각할 수 있을 것이다. 그러면, 이를 카드에 써서 과업 중 적절한 파일에 넣는다. 참여자가 첫 파일을 만든 후에 연구자는 결과 파일을 더 쪼갤 것을 부탁한다. 이러한 연속적인 분류는 하나의 분류와 같이 동일한 방법으로 점수를 준다. 즉, 두 번째 분류 후에 동일한 파일에 함께 남아 있는 쌍들에는 적당한 매트릭스 란에 값을 더할 수 있는 1의 값을 준다. 세 번째 분류의 이후에도 함께 있다면, 1을 더하는데, 이런 작업은 다른 파일들로 나누어질 때까지 혹은 분류작업이 끝날 때까지 계속한다.

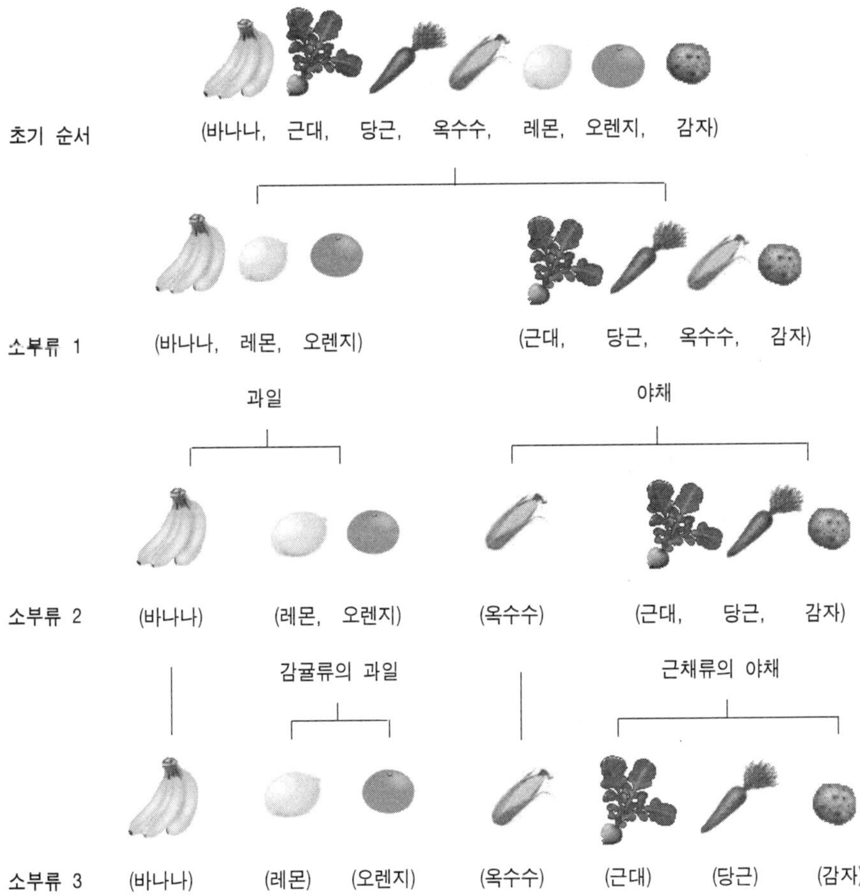

그림 3.55 가정 정원의 식물에 대한 자료 분류를 통해 얻어진 분류학적 구조. 파일은 괄호 안에 있고 소부류의 이름은 굵은 글자이다.

분류가 각 파일에 하나의 아이템만 가질 때까지 계속한다면, 이는 종이에 그릴 수 있을 정도로 아이템들에 대한 완전한 분류가 된 것이다. 연구자가 지역의 참여자와 함께 이런 분류 체계를 만들면, 연구자는 다양한 소부류의 이름들을 파악할 수 있을 것이다. 완벽하게 계속된 분류와 이에 의한 분류학적 구조에 대한 좋은 예가 그림 3.55에 있다. 이 기법은 지역 동·식물의 분류를 연구하는데 특히 유용하다.

참고문헌

Aumeeruddy, Y. (n,d.), 1993. Agroforêts et aires de forêtes protégées. Representations et practiques agroforestières paysannes en périphérie du Parc National Kerinci Seblat, Sumatra, Indonésie. Doctorial Thesis, Université de Montpelier II, France.

Banack, S. A. 1991. Plants and Polynesian voyaging. *In:* Cox, P. A. and Banack, S. A. (eds) Islands, plants and Polynesians: An introduction to Polynesian Ethnobotany. Dioscorides Press, Portland, Oregon, pp.25-40.

Barley, N. 1983. The Innocent Anthropologist, Notes from a Mud Hut, Henry Holt, New York.

Boster, J. S. 1980. How exceptions prove the rule: An analysis of informant disagreement in Aguaruna Manioc classification. Unpublished PhD dissertation, University of California, Berkeley.

Boster, J. S. 1984. Classification, cultivation and selection of Aguaruna cultivars of *Manihot esculenta* (Euphorbiaceace). *In:* Prance, G. T. and Kallunki, J. A. (eds) Ethnobotany in the neotropics (Advances in Economic Botany 1). New York Botanical Garden, New York, pp.34-47.

Brim, J. A. and Sapin, D. H. 1974. Research design in Anthropology: Paradigms and Pragmatics in the testing of Hypotheses, Holt, Rinehart and Winston, New York.

Kottak, C. P. 1991. Anthropology, the Exploration of Human Diversity. 5th edn, McGrew-Hill, New York.

Lebot, V. 1991. Kava (*Piper methysticum* Forst. F). The Polynesian dispersal of an Oceanian plant. *In:* Cox, P. A. and S. A. Banack (eds) Islands, Plants and Polynesians: An Introduction to Polynesian Ethnobotany. Dioscorides Press, Portland, Oregon, pp.169-201.

Levi-Strauss, C. 1966. The Savage Mind, University of Chicago press, Chicago, Illinois.

Lipp, F. J. 1989. Methods for ethnopharmacological fieldwork. Journal of Ethnopharmacology, 25: 139-50.

Weller, S. C. and Romney, A. K. 1988. Systematic Data Collection. Qualitative Research Methods Series 10, Sage Publications, Newbury Park, UK.

제 5 장 생태학적 연구 방법

1. 미세 환경의 기록과 식물 자원의 정량화

민족전통식물학의 또 다른 접근 방법인 생태학적인 연구는 정량적인 요소와 정성적인 요소로 구성되어 있다. 연구자들의 접근은 지역민들에 의해서 많은 부분들이 변형되고, 인식되어지고 있는 생태지구 혹은 미세 환경(microenvironment)을 조사하면서 시작된다. 이러한 지구들은 지역민들과 과학자들이 분류하는 토양, 식생 그리고 다른 요소들에 의해서 특징화되며, 미세 환경을 분류한 이후 민족전통식물학자들은 각 지구에서 식물자원의 정량적인 평가를 한다.

2. 정성적인 접근

지역의 식물학적 지식은 지형, 토양, 기후, 식생 형, 천이의 단계, 토지 이용 그리고 기타, 다른 자연 환경의 부분들의 인식과 연관이 있다. 이런 주제들 각각에 대해 과학자들에 의해서 깊이 있는 연구를 하고 있기 때문에, 지역민들에 의해서 이들이 각각 어떻게 분류되는 지에 대한 문헌은 날로 증가될 것이다.

토양을 제외한 다른 영역들의 재료는 수집할 수 없지만, 조사를 통해 자료화를 할 때는 현지에 대한 지식을 가지고 있는 지역민의 도움을 얻어 직접 확인하여야 한다. 예를 들어, 지역민은 경사지를 따라 천이의 다른 단계를 지적하거나 혹은 멀리 떨어져 보이는 식생을 보여줄 수도 있는데, 이때에는 다양한 각도에서 사진을 찍어 다른 지역민들의 의사도 확인하는 것이 좋다. 또 다른 접근은 지형지물에 대한 지도를 그린 후에 기후대와 식생 형을 지도에 채워 넣는 것이 있다. 이러한 야외 관찰과 시각적 자료들은 지역에서 일을 하는 생태학자, 기후학자 그리고 토양학자들의 기록을 비교할 수 있게 한다. 각 영역을 연구할 때 고려해야 되는 주요 요인들에 대해 표 3.20에 정리하였다.

표 3.20 민속 생태학적 지식의 다양한 영역들과 지역민들이 분류하고 있는 주요 요인들의 일부

영 역	요 인
지형	고도, 위치 그리고 형상 언덕의 정상부, 강, 계곡 바닥, 고원대지, 절벽 그리고 다른 형태
토양	색, 구성, 비옥도, 산성도-알칼리성도, 가용성, 습도, 농도, 배수 그리고 측면
기후	온도, 강우량, 증발산량, 고도, 조사량, 지세, 바람 그리고 계절성
식생	상관, 식물상 구조, 생육지의 매개변수, 인간 관리 혹은 간섭의 정도
천이의 단계	식물상의 구조, 식생의 높이, 다른 환경 조건 하에 재생, 개별 종류의 생활사, 휴경지로 남겨 두는 년 수, 현재 인간 관리, 원래 간섭의 정도
토지이용 지구	생산품, 적용기술, 환경 관리의 정도, 집단 거주지로부터의 거리, 소유권, 위의 다른 영역에 포함된 다른 요인들이 잠정적으로 모두 포함됨

(1) 지형과 지리적인 위치

민족전통식물학적 연구를 시작하는 좋은 방법은 지역민들이 강, 언덕 그리고 그 지역에 특수한 지리학적인 특성을 어떻게 이해하는가를 파악하는 것이다. 자연의 힘에 의해서 지표면에 형성된 형상을 지형(landform)이라 한다. 일반적으로 공유지는 정치적이고 상징적인 중요성이 있는 강, 산, 그리고 산마루에 의해서 제한되어 있다. 시간이 흐름에 따라 이런 지역은 거주자들에 의해서 특별한 장소명 혹은 지명(toponym)을 가지게 된다.

지형이 어떻게 분류되는지를 파악하려면, 지역민들과 함께 넓은 지역에 나아가 돌아보며, 연구자가 볼 수 있는 것들에 대해 물어보는 방법이 있다. 이때, 각 지형물에 대한 명칭이 있는지를 먼저 묻고, 있다면 그 이름의 유래와 의미를 파악한다. 많은 이름들이 그 지역에 풍부한 동·식물, 과거나 현재의 소유자 혹은 지형의 현저한 특징들과 관련이 있을 것이다. 이름이 불명확하다면, 시간이 지남에 따라 그 의미를 잊었을 것이다.

지형을 파악하는 또 다른 방법은 지역민들에게 그들이 살고 있는 지역을 모든 지리적인 경계와 중요한 지형을 포함하여 그리게 하는 것이다. 전체적인 지도가 만들어졌으면, 이어 강의 지류 체계와 같은 좀 더 세부적인 그림을 그들과 함께 그릴 수 있다. 그러면, 집단 자체 내에서 지명의 밀도가 높은 지역이 있을 것이다. 이는 지명의 수가 토지를 이용하는 밀도와 관련이 있고 지역민들에게 그 가치가 어떻게 투영되는지를 알 수 있다.

가능하다면, 야외 방문은 지역민들을 동반하여야 하고, 지도 위에 해당 지역의 고도, 위도 그리고 경도들을 정확하게 적고, 이어 지역민들이 인식하고 있는 식생, 토양형 그리고 기타 특징들에 대해서 기록한다. 이러한 기록들은 후일 인공위성을 이용하여 만들 지도와 비교할 수 있다.

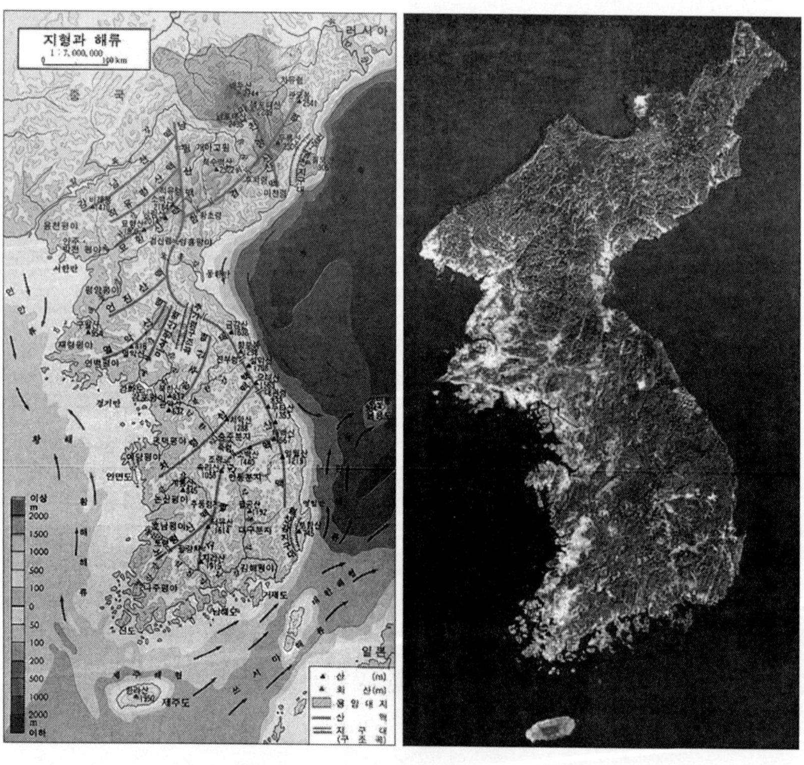

그림 3.56 대한민국의 지형도와 위성사진.

(2) 토양

토양학자들은 자신들이 특징화하는 요소들 즉, 토양의 기원, 조성 그리고 질 등에 대한 연구를 한다(Anderson과 Ingram, 1993). 그들은 토양 입자의 수와 크기에 의해서 결정되는 조성 그리고 토양 입자들의 배열 상태에 의해서 결정되는 구조 등에 관심을 많이 갖는다. 또한, 토양 연구자들은 토양의 다양한 유기물과 화학적 조성도 측정을 한다. 다양한 장소에서 표본을 채취한 이후, 실험실로 가져가 식물조직 등 각종 부식질에서 유래하는 유기물과 모래, 진흙, 그리고 자갈 등에서 유래한 무기물을 분석한다. 마지막으로 토양의 pH를 측정한다. 이와 함께 토양의 분류에 중요한 요소인 토양의 조성과 물리적 특징들인 색깔과 농도 등을 결정한다.

토양 분류에서 중요한 발전의 하나는 지표면으로부터 1~3m 정도 깊이에서 채취한 토양이 노출된 수직면을 만들면서 관찰된 층들 즉, 표토층(horizon)의 인식이다. 지구의 이런 수직 경사면을 토양 측면(soil profile)이라 한다.

토양의 색, 구성, 농도 그리고 이용성 등은 지역에 따라 고유성을 가지고 나타난다. 습도, 배수, 염도, 비옥도 그리고 가용성 등과 같은 이차적인 특징들은 일부 체제에서 중요하다. 지역민들은 토양 측면을 관찰하여 모암층의 형태나 뿌리의 성장을 방해하는 점토층의 유무를 알 수 있으며, 지상의 생물체들의 양도 잘 알고 있다, 또한, 그들은 숲 지역, 경사지의 밑부분 그리고 강 근처의 땅에 대한 상대적인 비옥도를 포함하여, 토양의 분포와 지세 사이의 상관관계에 대해서도 잘 이해하고 있을 것이다. 뿐만 아니라, 식생을 보고 토양의 질을 판단하기도 하고, 지표 종으로 토양이 유실되거나 침출된 지역이나 영양분이 풍부한 지역을 찾아내기도 한다.

연구자는 지역 토양의 범주를 파악하고 이들에 대한 일반적인 특징을 이해한 이후에, 지역민들과 함께 현장을 나가 지명, 식생 상태, 인간의 이용지역과 특정 지형지물에서의 상대적 위치 등을 기록한다. 이때, 각 토양형을 잘 구별하려면, 토양 색상표나 다른 부수적인 기구들을 이용하여 습도, 구성 그리고 pH 등을 측정하여야 한다. 토양층의

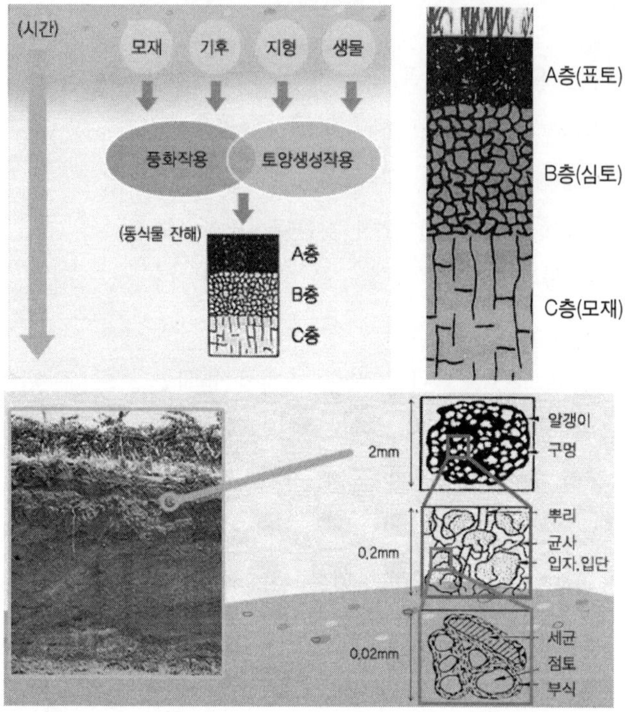

그림 3.57 토양의 구조.

특성을 파악하기 위해 표본을 채취한다.

연구용 토양의 채취는 식물 리터층을 제거하고, 다른 토양이 섞이지 않도록 하여 표토층만을 채취한 이후 토양입자와 습기가 잘 섞이도록 하여 밀봉한 다음 실험실로 옮겨 분석을 한다. 자세한 채취 방법은 토양학자들에게 문의를 하여 수집하는 것이 바람직하다.

토양학자들은 위에서 언급된 다양한 특징들에 대한 조사를 하는데, 만약 토양이 농경지의 것이라면, 곡물이나 식물이 성장하는 것을 제한하는 부족한 영양분들을 조사할 것이다. 결국, 그들은 지역조사에 있어서 가장 보편적인 체계에 따라 토양을 분류하여 보고할 것이기 때문에 토양을 보고 생산성을 판단하는 원주민들의 방법과 과학적인 방법을 비교할 수 있게 된다.

(3) 기후

성공적인 수확을 위해서 적절한 온도와 강수량에 의존해야 하는 농부들과 지역민들은 날씨를 주의 깊게 관찰을 한다. 이들은 대기의 관찰, 동물들의 움직임, 기온 변화의 시기 그리고 강우의 시작 등을 이용하여 올해부터 다음해까지 기후의 변화를 정교하게 예측할 수 있는 방법들을 가지고 있다. 이는 씨를 파종하고, 식물을 가꾸며 수확하는 때를 기록하고 있는 농사력과 밀접한 관계가 있다. 지역민들은 특정 식생 또는 재배식물들에 영향을 주는 자신들의 미소기후에 매우 날카로운 감각을 가지고 있다.

기후에 대한 지역 명칭의 완전한 목록을 얻었으면, 지역민들에게 집단 내에서 각 기후들의 한계를 보여줄 수 있는 지도를 그리게 한다. 지역민들은 온도와 강우량에 의한 광범위한 기후대를 그릴 것이다. 그들은 각 기후대에서 계절적으로 이런 요인들과 다른 요인들이 어떻게 변화하는지 작성을 할 것이다. 집단 내 날씨 기록과 기후와 지세에 대한 지도를 얻었으면, 연구자는 각 지역의 온도, 강수량 그리고 고도의 한계 등을 측정할 수 있다.

만약 지도와 기록을 얻기 힘들다면, 참여 전원평가(participatory rural appraisal)로부터 얻을 수 있는 계절도를 이용할 수 있다. 지역민이 새로운 해를 시작하는 때와 어떻게 시기를 계절이나 달로 나누는지를 파악한다. 다음으로는 연중 기후를 특징화하는 요인들 즉, 강우량, 온도, 바람일기 혹은 일출과 일몰 등을 파악한다. 이렇게 하여, 그림 3.59와 같이, 요인들과 단위 시간을 한 종이 위에 도식화한다. 마을 주민들은 각 특징들의 상대적인 정도와 양을 기록할 것이다. 예를 들면, 온도 란에 점 하나는 춥고, 두 개는 따뜻함, 세 개는 뜨거움을 나타낸다. 강수량 란에 점이 없으면 강수가 전혀 없는 것이고, 네 개가 표기되면 우기를 의미한다. 이 그림은 마을 주민들이 인식하는 기후대이다. 이 그림에는 이 후에 지세와 고도 같은 것을 첨가할 수도 있다.

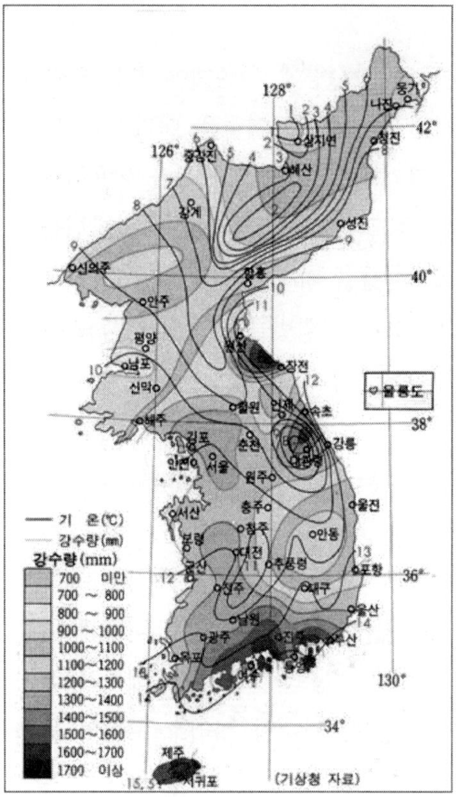

그림 3.58 대한민국의 기후도.

온도	●●	●●	●●	●● ●	●● ●●	●● ●●	●● ●	●●	●●	●	●	●●
강우량	●	●●	●●	●● ●	●● ●●	●● ●●	●● ●	●●	●			
바람	●●	●	●	●	●	●	●	●	●	●●	●● ●	●● ●
햇빛	●●	●	●	●	●	●	●	●	●●	●● ●	●● ●	●● ●
월	3월	4월	5월	6월	7월	8월	9월	10월	11월	12월	1월	2월

그림 3.59 기후의 다양한 요소들에서 계절 변이에 대한 그림.

(4) 식생

자연 식생형은 정확하게 말하면 자연 식생이 인위적 식생으로 얼마만큼 변화되었는지를 결정하는데 이용된다. 생태학자들은 자연 식생에 대한 연구를 하지만, 농학자들은 경작지에 대한 연구를 주로 한다. 농업생태와 인간 생태에 대한 영역에 종사하는 사람들은 이 두 분야를 합치기도 한다. 오늘날에는 가장 원시적인 숲은 인간에 의해서 영향을 많이 받고 다양한 경작지는 주변 식생에 합쳐지면서 야생 종류들을 많이 포함해 가고 있다.

자연 식생을 특징화한다는 것은 동·식물 집단의 형성에 영향을 끼치는 수많은 요소들 때문에 쉬운 일이 아니다. 식생형을 설명할 때, 생태학자들은 서식지를 정의하면서 시작한다. 서식지는 동·식물의 상호작용뿐만 아니라 위도, 토양, 고도, 지세, 평균온도 그리고 강우량을 포함한 많은 생태학적, 지리학적 지표들의 변화에 의해서 정의된다.

많은 분류 체계는 상관(physiognomy) 혹은 식생의 일반적인 외형에 의해서 결정된다. 구조적이고 기능적인 속성들의 넓은 영역은 비슷한 높이의 숲 식물들에 의해서 형성된 수직층(strata) 뿐만 아니라 전형적인 잎들의 모양과 크기 그리고 잎의 광택과 전체적인 색상 등을 포함한 외형을 결정하는데 이용된다. 다른 생활형들의 상대적인 비율과 잎이 나오기 시작하는 때부터 꽃이 피고, 열매를 맺으며 잎이 떨어지는 전체적인 주기도 유의해야 한다.

다른 분류는 식생형을 특징화하는 식물 종류들의 집합체인 식물상의 구조(floristic composition)로 할 수 있다. 가장 간단한 분석은 우점종(dominant species)이라는 가장 많은 종류를 정성 평가하는 것이다. 식물상 구성을 파악하는데 가장 보편적인 측정 기준은 다른 종류들의 수인 풍부성(richness), 특정 지역에서 발견되는 한 종류의 개체수인 다수성(abundance)이다. 열대지방에서 보면, 나무 종류가 높은 다양성을 가지고 대부분의 종류는 낮은 밀도를 나타내지만, 온대지방에서는 숲의 나무들은 낮은 다양성을 가지고 있고 일부 종류들이 매우 풍부하다.

자연 식생의 분류와 마찬가지로, 농학자들은 다양한 재배 체계를 인식하고 있다. 그들의 첫 번째 기준은 우점하는 작물로써, 재배지에 한 종류만 재배되는 단일경작(monoculture)이나 여러 작물이 재배되는 혼합경작(polyculture)으로 재배하는 지역들을 구분한다. 이와 더불어, 재배 식물의 서식지도 고려한다. 대부분의 지역은 일년생 또는 다년생 초본류가 자라며 다른 지역은 과수원이나 커피나무와 같은 목본성 식물로 덮여있고 포도와 같은 덩굴성 식물로 덮여있다. 작물 재배지에 강수량이나 관개와 같은 수자원 그리고 영구적으로 농사를 짓거나 휴경지인 부분도 유의를 해야 한다.

농업 생태학자들과 인간 생태학자들은 어떻게 하면 야생 식생지와 재배 식생지를 공존하게 하는가에 대한 연구를 한다. 이들은 잡초와 반재배식물을 재배화하는 혼합경작과 유용한 교목들과 관목들을 초본성 재배 식물과 어떻게 하면 함께 재배할 수 있는지에 관심을 가지고 있다.

농업 생태학자들과 같이 지역민들도 재배지, 폐경지, 관목지역 그리고 숲 등이 형성하는 식생형의 군집연속(continuum)을 생각하고 있다. 상관, 생육지 그리고 식물상의 구성에 의해 구분되는 식생의 단위들은 간혹 우점하는 종류의 이름이나 문화적으로 중요한 식물들의 이름을 붙인다. 멕시코의 혼혈 집단에서는 야생지역과 재배지역에 '지역'으로 번역되는 *kam*이라는 단어를 붙인다. 예를 들면, 초지는 *tsoots kam,* 참나무 지역은 *xo̲jkam,* 검은 딸기 지역은 *tsa'am ju'u kam* 그리고 양치식물 지역은 *tsimkam*으로 부른다. 재배지도 마찬가지로 옥수수 재배지역은 *mo̲kkam*, 사탕수수 지역은 *vaxkam* 그리고 커피 지역은 *cafekam* 등으로 부른다. 이렇게 식생형과 농업 생태계는 우점종 뿐만 아니라 다수의 재배 식물과 비 재배식물들에 의해서 특징화된다.

식생형의 분류를 밝히는 문제도 지형의 연구에서와 동일한 방법으로 한다. 즉, 지역민들에게 다른 군집들을 손으로 직접 그린 지도 위에 표기하도록 한다. 이때, 위에서 언급된 것처럼, 특별한 어미에 우점종의 이름이 더해있거나 특정 지명이 더해 있는 것을 발견할 것이다. 명명체계를 발견하면, 지역민들이 공동으로 사용하는 다른 이름들에 적용하여 보자. 즉, 참나무 지역이 있는가?, 감자가 재배되는 장소?, 검은 딸기가 자라는 장소는? 일부 이름들의 소리는 사람들에게 우습게 들릴지 모르지만, 일부는 쉽고 또 일부는 친밀감을 느낄 수 있는 것도 있다.

이런 작업은 지역민들이 중요하게 생각하는 많은 수의 식생을 조사하게 도와 줄 것이다.

(5) 생태학적 천이의 분류

식물생태학자들은 식생 성장에 대해서 오랜 동안 관심을 가지고 있어서, 시간이 지남에 따라 나타났다 사라지는 종류들의 천이(succession)를 관찰하고 식생의 상관에 있어서 초래된 변화를 주시하였다. 그들은 새롭게 이식된 지역(일차 천이: primary succession) 혹은 인간과 자연에 의해서 간섭을 받은 지역(이차 천이: secondary succession)이 성숙한 숲으로 자라는 데에 몇 년이 걸리는 지를 측정한다.

최근 들어 많은 연구들이 숲의 가장자리나 나무들이 쓰러진 틈을 따라 이루어지는 자연식생의 재성장인 재생(regeneration)에 초점이 맞추어지고 있다. 이런 지역은 태양빛이 직접적으로 뚫고 들어가 휴면중인 씨앗들이 발아하도록 할 수 있는 온도, 습도 그리고 토양 습기에 변화를 일으킨다. 숲의 재생은 교목의 생활사(life history)에 직접적으로 영향을 끼친다.

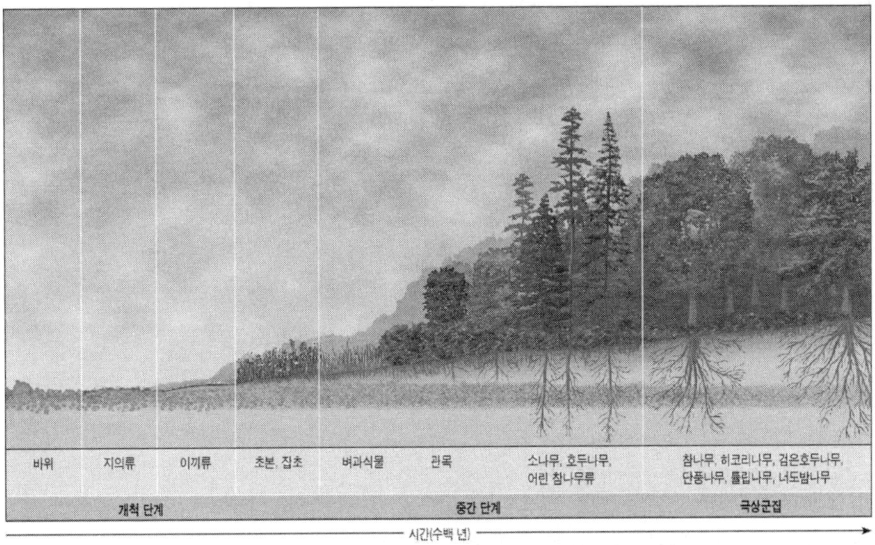

그림 3.60 1차 천이.

그림 3.61 2차 천이.

천이에 있어서 동·식물이 안정한 집단으로 오랜 동안 공존하는 상태를 평형(equilibrium)이라 하는데 일부 학자들은 인간이나 자연적인 원인에 의해서 방해를 받은 후 식생이 재생하기 시작하여 세월이 흐른 후 자연적인 평형 상태를 이루면, 극상(climax) 단계에 도달한다고 한다. 이러한 개념은 생태계를 생물체와 같다고 생각하는 것으로, 즉 생태계를 서로 많이 분리되어 있지만 서로 연관되어 있는 단위들이 하나로 합쳐진 것으로 본다. 이 설에 의하면, 일부 집단은 폐쇄적이지만(다른 종류의 침입을 허락하지 않음), 다른 집단은 개방적일 수 있다(동·식물의 새로운 집단이 진입하는 것을 허락함). 반면에 많은 학자들은 자연적인 평형 상태가 없다고 믿는데, 이런 생각의 저변에는 거의 모든 식생들의 종조성과 구조가 인간을 포함하여 다른 다양한 간섭에 의해서 영향을 받는다는 사고가 있다.

지역 주민들은 지역 환경에서 식생이 성장하는 다양한 단계에 대해서 자세한 이해를 가지고 있다. 이러한 지식은 불이 난 숲을 언제 어느 곳을 잘라야 하는지, 특정 지역에서 몇 년 정도 농사를 지어야 하는지, 어떤 곳에서 비재배 식물들을 채취해야 하는지 그리고 어디에서 사냥감을 찾아야 하는지 등을 결정하는데 지침이 된다. 각 천이 단계는 식생의 구성과 높이를 관찰하고, 여러 해 방치된 땅을 되돌리며 그리고 원래 어느 정도 파괴되었는지를 측정함으로써 파악된다. 생태적 천이에 대한 지역민들의 인식은 아래에 예시된 바와 같이 멕시코의 Mixe 집단이 인식하는 천이 단계의 분류로 살펴볼 수 있다.

◎ 생태계 천이 단계에 대한 멕시코 Mixe 집단의 분류 ◎

이들은 생태적 천이의 여러 단계를 인식하고 있다. 1차림은 *yukjootm*으로 부르고 키가 크고 넓은 둘레를 가진 나무들로 구성된 오래된 1차림은 *maj_yukjootm*이라 부른다. 화전으로 생긴 농지를 *yu'u*라 부르고 재배지역을 *kam*이라 부른다.

토양의 비옥도에 따라 다양한지만, 여러 해 농사를 짓고 나면 농지는 휴경지로 놓아둔다. 여기에 잡초성 초본들이 들어오게 되는데 이러한 휴경지를 *kam_tajk*라 부른다. 수년 후에 빠르게 성장한 관목들이 이 지역을 뒤덮으면 이를 *peji kam*이라 부른다. 결국, 이 지역은 *aa'my*라 부르는 2차림으로 바뀐다.

이들은 2차림이 결국 1차림으로 돌아갈지에 대해서 확신하지 못하는데 이는 대개 간섭을 받은 지역들이 천이의 초기 단계에 머무르거나 혹은 농경지로 되돌아가기 때문이다. *peji kam*과 *aa'my*의 나무들이 새로운 농사를 위하여 잘려지고 태워지는 동안, *kam_tajk*에서는 재경작이 될 수 있다.

농업학자들은 간혹 의도적으로 생태계의 천이 과정을 변화시키기도 한다. 예를 들면, 폐농지는 많은 유용식물 종류들을 가지고 있을 뿐만 아니라, 사냥감들이 모여들어 사냥하기 쉬운 열린 공간을 가질 수 있는 천이의 초기 단계를 구성하고 있다. 가축을 기르는 낙농가들은 목장, 초원 그리고 목축과 관련이 있는 숲의 종 조성에 있어서 변화를 유의 깊게 본다. 들불과 같은 방법을 통해 가축들이 먹기 어려운 거친 풀과 독초들을 제거시켜서 먹기 좋은 식물들의 비율을 높이려고 한다.

지역민들은 전혀 다른 상관과 종조성을 가지는 식생형을 낳게 하는 다양한 방법들로 숲을 재생할 수 있다고 생각하지만, 자신들이 천이의 완전한 순환을 관찰할 수 있는 시간이 충분하기 않기 때문에 숲의 재생이 1차림으로 갈 수 있을지 아니면 갈 수 없을지 확신하지 못한다.

지역민들이 생태적인 천이에 대해서 인식하고 있는 정도를 파악하려면, 처음에는 식생의 변화를 관찰하고 다음으로 야외나 숲으로 나가 각 단계의 종과 구조를 기록한다. Kinabalu산에 대한 조사를 예로 들면, 벼농사지역, 마을, 들판, 숲 그리고 산 등의 천이 단계를 관찰할 수 있다. Kina 마을의 농부와 Bundu Tuhan의 공원 관리자는 벼농사지역(*padi*)이 재생되는 숲(*temulek*)과 1차림(*pura*)으로 변화해 나가고 있다고 지적해 주었다. 1차림으로 변화되기 전에 천이의 상태를 기록하고, 인접한 집단에서 다양한 단계들이 어떻게 분류되는지 비교를 하기 위하여 이런 상황을 사진으로 찍어놓았다.

천이의 단계들을 보다 명확하게 인식하기 위하여, 인도 남서 벵갈의 서부 Midnapore에서 일단의 학자들이 행한 조사를 예로 보면(Malhotra 등 1992; Malhotra, 1993) 이들은 최근에 간섭을 받은 *sal*(Shorea robusta) 숲과 3년, 5년, 20년 동안 보호를 받는 지역을 선정하였다. 각 조사 지역에서 이들과 지역의 참여자들은 20년 이상 숲을 재생시켜 옴에 있어서 다양한 자원들에 대한 상대적 유효성을 알아보기 위해서 10m 정도의 간격을 따라 식물들을 측정했다. 더 나아가 그들은 이 기간 동안 숲의 구조와 종조성에 어떻게 변화가 일어났는지를 보여주는 그림을 그렸다.

그림 3.62 인도 남서 벵갈의 서부 Midnapore 지역.

(6) 토지 이용

환경의 각 영역은 서로 상호 보완적인 관계를 가지고 있다. 지형지세는 기후에 영향을 주고 기후는 토양에 영향을 주며, 토양과 기후는 식생의 구조와 조성에 영향을 준다. 식생은 토양의 발달과 비옥도를 변화시키며 기후를 조절한다.

식생형의 분포, 기후 그리고 토양은 지역민들이 어디에 정착을 하고 어디서 농사를 지으며 어느 곳에서 식물을 채취하는 지에 영향을 준다.

인간에게 영향을 주는 풍경의 분류는 인간 생태 지구, 생산 지구, 인위개변 지구 혹은 토지 이용 형이라 지칭되는 단위들에 의해서 된다.

우리나라에서는 토지의 용도에 따라 토지의 종류를 구분하여 지적 공부에 등록한 것을 지목이라 한다. 지목을 설정하는 목적은 토지의 효율적 이용과 보존, 관리를 위해서, 그리고 토지의 이용형상과 부합하는 토지의 특정성을 부여하기 위하여 인위적으로 표현한 것이다.

지목은 크게 5가지의 분류를 가지는데, 농경지목으로 전, 답, 과수원, 유지, 제방, 양어장이 있으며, 도시지목으로 공장용지, 학교용지, 주유소용지, 창고용지가 있으며, 산림지목으로 임야, 목장용지, 묘지가 있으며, 공공지목으로 도로, 구거, 하천, 공원, 유원지, 수동용지, 철도용지, 체육용지, 기타지목으로 염전, 광천지, 사적지, 종교용지, 잡종지 등으로 분류할 수 있다.

풍경의 인위적 관리에 대한 연구는 상대적으로 최근의 일이라서, 아직 토지 이용의 단위들을 어떻게 나누어야 할지에 대한 분명한 이론은 없다. Tropenbos(네덜란드 말로 열대 숲이라는 의미)라 부르는 프로그램에서 일을 하는 연구자들은 3개의 요소들에 의해 토지 이용의 형을 구분하자고 제안하고 있다(Touber 등, 1989). 첫째는 눈에 보이는 사물(나무, 동물, 농작물, 잎, 과일 추출물, 섬유 그리고 수지 등)과 눈에 보이지 않는 이익(생물다양성의 보호, 수질과 공기질의 유지 혹은 휴식)으로 구성된 토지의 산물(produce)이다. 두 번째는 인간의 노동, 기술, 비료와 같은 외부 유입물, 농약 그리고 관개와 계단 농지와 같은 지형의 변화 등 땅에 적용되는 기술(technology)이다. 마지막으로 영역의 크기, 형 그리고 방향, 농사의 강도, 수확의 방법, 식생의 재생, 목축의 강도 그리고 방화의 강도 등이 고려되는 관리(management) 이다.

지역민들은 자신들의 지역 환경에서 토지이용 단위들을 인식하고 명명한다. 이러한 단위들은 대개 집으로부터의 거리 즉, 옥수수 재배지, 땔감 채취지 혹은 약용식물 채집지 등까지 얼마나 걷는가로 결정을 한다. 인간의 정착지는 보통 이들의 중간 지점에 위치한다. 이런 식의 인식을 통해서 보면, 집은 집단, 재배지, 목장 그리고 야생지역 등으로 둘러싸인 중심부에 위치한다. 인간 생태 지구는 토양, 기후, 식생 혹은 이 요소들의 조합 등의 영역들과 상호 관련이 있다.

이 요소들 전체에 대한 지역주민들의 인식을 파악하려면 주민들과 함께 야외 조사를 나가는 것이 좋다. 이때, 연구자는 주민들이 인식하고 있는 환경에 대해서 주민들의 이야기를 듣는데 유의를 하여야 한다. 때로는 동· 식물과 무생물과의 관계에 대해서도 물어보아야 한다.

만약 조사구역이 넓다면, 참여자의 분포를 여러 지역 출신의 지역주민들을 고루 이용하는 것이 바람직하다. 특히, 지형지세에 대한 그림을 가지고 다니며 관찰한 것을 대략적인 거리와 고도를 포함하여 적어 넣는다. 이것은 후일 구획조사 또는 지역주민들이 그린 그림과 합하여 3차원적인 그림으로 바꿀 수 있다.

3. 정성적인 접근과 정량적인 접근 사이의 연결

이미 앞서 언급되었던 정성적인 논의에서도 정량적인 관찰의 유용성이 여러 차례 언급되었다. 최근 민족전통식물학 연구들은 정량적인 접근을 하는 경우가 두드러지게 많아지고 있다. 따라서 다음 절부터는 임상 생태학자들이 이용하고 있는 기법, 기술 그리고 정량적인 측정들을 간략하게 설명하고, 민족전통식물학자들이 이들을 어떻게 이용할 것인지에 대해서 논의를 할 것이다. 이러한 접근의 기본적인 요소는 연구자와 지역민들이 유용한 식물들의 중요성과 수를 정량화하는 측정 구역을 정하는 것이다.

4. 정량적인 접근

(1) 연구 지역의 선택

숲 지역에서 구역을 정하여 정량적인 자료를 얻는다는 것은 많은 시간과 노력이 소요된다. 그러므로 자세하게 연구를 할 수 있는 작은 구역을 선정하는 것이 좋다. 일부 민족전통식물학자들은 장기간 생태적인 변화 추이를 연구하기 위하여 영구적인 구역을 잡기도 하지만, 대부분의 연구자들은 일시적인 조사 구역을 선정한다.

어떤 지역이든지, 쉽게 접근할 수 있고, 연구지역 내에 다양한 민족전통생태학적 지역을 포함하고 있어야 한다. 연구지역을 선정할 때에는 자신들이 살고 있는 지역에 대해 정량적인 방법에 이용할 수 있는 토지 이용, 기후, 토양, 식생, 천이단계 그리고 지세 등에 대한 인식을 확실하게 하고 있는 지역민들과 함께 선정하는 것이 좋다. 마을 사람들은 현지에 익숙하지 않는 생태학자들보다 토지 이용에 대한 최근 현황이나 1차림과 2차림 사이의 차이에 대해서 잘 알고 있을 수도 있다. 다른 방법으로 다양한 형태의 숲을 연구 구역으로 선정할 수 있다. 영국의 민족전통식물학자인 Oliver Philips는 페루 남부의 건조지, 늪지 그리고 범람원에 6개의 조사구역을 설정하였다(Philips와 Gentry, 1993a; 1993b). 조사구역 중 4곳은 낮은 지역, 높은 지역, 이전에 범람한 지역 그리고 오래 전에 범람한 지역 등으로 구분할 수 있는 식생의 마지막 형태이었다. 이 연구는 지역민들에 의해서 이용되는 식생 단위별로 자원식물이 이용되는 강도를 비교할 수 있게 하였다.

또 다른 방법은, 지면에 일정한 간격으로 조사구역을 설정하는 것이다. 만약, 식물에 대한 지역의 지식이 어떻게 변해 가는지에 대한 연구에 관심이 있다면, 마을 중심부를 중심으로 1km, 5km, 10km로 구획을 나누어 조사한다. 즉, 집 근처에서 발견되는 가장 유용한 식물은 무엇이며, 이 식물을 이용하는 강도가 거리에 비해 어느 정도 줄어드는지? 이 경우 조사구역이 산지라면 조사구획을 고도에 따라 설치할 수 있다.

대개의 민족전통식물학 연구는 소수의 조사구역 만을 조사한다. 이

때 시간이 다소 많이 소요되기는 하지만, 과학적이고 합리적인 기법으로 조사구역을 선정할 수 있다. 이 방법들은 장기간 조사할 수 있는 구역이나 장차 보호구역이 될 예정으로 해당 지역의 자원에 대한 평가가 필요할 때 이용된다.

연구자들은 지도, 항공사진 그리고 위성사진 등을 이용하여 조사구역을 미리 선정한 다음 현지에 나아가 직접 확인하는데, 이러한 방법을 지상실사(ground-truthing)라 한다. 10~100ha 면적을 측정하는데 전체 면적의 3~5%를 조사구역으로 선정을 한다. 표본 조사구역의 선정은 체계적으로 거리에 따라 일정하게 하거나 단순 표본추출 방법 또는 계층적인 표본추출방법을 이용한다.

조사구역의 선정과 관계없이 조사지역에 도달할 수 있는 교통편과 자연적인 표식 등을 자세하게 지도에 표시한다. 이는 연구자 본인은 물론이고 다른 사람들이 식생의 변화를 관찰하거나 측정을 하기 위하여 다시 현지를 방문할 수 있다는 점을 감안하라는 것이다.

(2) 식물자원의 다수성과 다양성의 측정

연구자들은 간혹 숲에서 식물학적 풍부함이나 한 종류의 다수성에 대한 정성적 측정을 해야 할 때가 있다. 즉, '이 숲은 식물 다양성이 높다' 또는 '이 종류는 고산 지역에서는 흔하지만, 해발 1500m 이하에서는 상대적으로 적다' 혹은 '이 미세 환경에는 3종류의 우점종이 있다.'

어떤 점에서는 이런 평가를 정량화하는 것이 중요하다. 예를 들면, 다양한 식생형들에서 발견되는 전체적인 종류들을 비교하거나 경제적으로 중요한 나무들의 분포 형태를 파악할 수 있다. 특정 식물자원에 관심이 있다면, 한 마을의 공유지에서 전체 다수성을 평가하기 원하거나 혹은 종의 개체군 역학을 이해하는 첫 걸음으로 다른 크기의 부류에서 발견되는 개체의 수를 측정하려고 할 것이다.

최근에 들어서는, 다수의 민족전통식물학자들은 자신들이 관심을 가지고 있는 조사구역에서 유용식물들을 이러한 방식으로 조사를 한다. 특히, 뉴욕식물원과 연관이 있는 식물학자들에 의해서 시도되고 있는 이러한 방법은 아마존 분지의 조사에서 많은 연구결과들을 내게 하는 밑거름이 되었다(Boom, 1989; Campbell, 1989; Prance, 1991; Salick, 1992). 또 다른 연구자들은 아프리카와 아시아에서 이러한 방법들을 적용하였다. 미국의 스미소니언 연구소와 UNESCO 등이 지원한 생물 다양성 프로그램에 참여한 생태학자인 Francisco Dallmeier가 이끄는 일련의 연구팀은 참여하여 볼리비아, 페루, 푸에르토리코, 미국령 버진 아일랜드, 카리브 해안과 라틴 아메리카의 다른 지역들의 생물 보존지구에서 조사구역을 설정하여 열대의 1차림과 2차림의 다양한 형태들을 조사하였다(Dallmeier, 1992). 볼리비아, 페루 그리고 다른 라틴아메리카 국가들에서는 식물들의 이름과 지역적 용도에 대한 정보들이 조사되었다. 이들의 연구는 궁극적으로는 생물보호구역의 관리를 높이려는 목적을 가지고 조사구역 내에서 식생변화의 역학과 식물상의 다양성에 대한 자료들을 수집하였다.

이러한 정량적인 방법들을 이용하여 조사를 하려면 3명 이상의 사람들이 참여하는 것이 효율적인데, 이는 일부는 식물들 사이의 거리와 크기를 측정하는 동안 다른 사람들은 확증표본을 만들거나 각종 자료들을 노트에 기록하기 때문이다. 이 작업은 대학에서 임산학이나 생태학을 전공한 학자들과 식물의 이름과 용도에 친숙하고 지형에도 익숙한 지역민들이 함께 수행하는 것이 바람직하다. Tony Cunningham은 아프리카의 우간다에서 연구를 할 때 그의 연구팀에 공원 관리원, 젊은 대학원생 그리고 지역 주민들을 포함하였고, 2달 동안의 조사기간 동안 약용식물의 이용, 바구니 재료, 대나무, 목재 그리고 다른 자원들을 조사하였다. 당시, Tony가 공원관리자와 대학원생들의 도움을 받아 자원평가의 방법에 대한 감정을 할 때, 현지의 주민들은 임산물의 질과 위치에 대한 그들의 지식을 알려주었다.

(3) 방형구(quadrat)와 선조사법(transect)

조사 지구를 정하면 크기와 모양을 결정하여야 한다. 연구자들은 보통 생태학적인 연구들을 위하여 사각형이나 직사각형인 방형구를 설치한다. Francisco Dallmeier와 그의 동료들에 의해서 채택된 방형구를 설정하는 방법은 그림 3.63과 같다. 25ha면적이 각 1ha인 25개 조사구역으로 나누고, 이것을 다시 20 × 20m 크기의 25개 방형구로 세분화하였다.

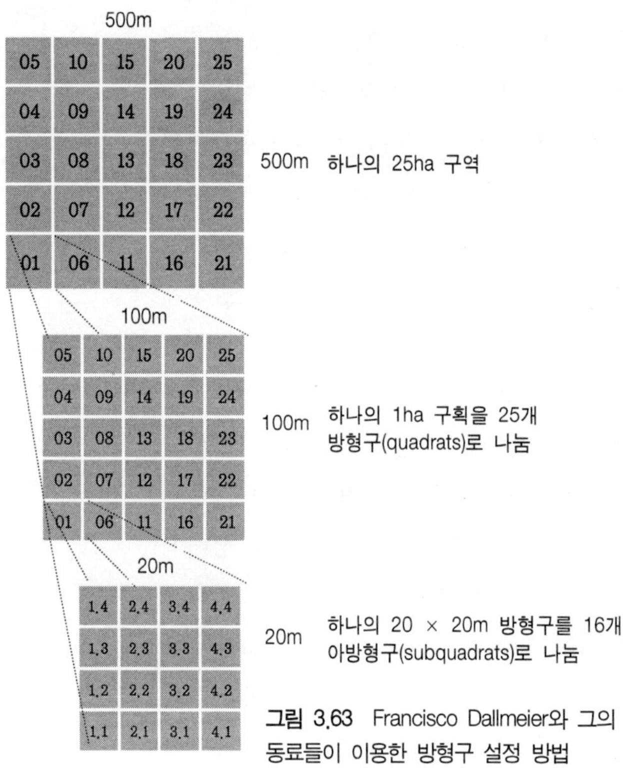

그림 3.63 Francisco Dallmeier와 그의 동료들이 이용한 방형구 설정 방법

이들은 그들의 방형구들을 400㎡ 면적으로 한정하였으나 다른 학자들은 다른 형태의 방형구를 만들기도 하였다. 뉴욕식물원의 Brian Boom은 베네주엘라의 키가 큰 목본이 자라는 사바나와 산지 숲에 사는 Panare인에 의해서 이용되는 식물들을 연구하기 위하여 20m × 200m 크기의 방형구를 설정하였고, 볼리비아 북부 Chacobo 지방에서는 10m × 1,000m 조사구역을 이용하였다. 이런 조사 방법을 선조사법이라 한다.

조사구역의 크기는 연구의 목적, 조사팀의 사람 수 그리고 시간들을 고려하여 결정한다. 조사구역끼리 비교를 하려면 같은 크기와 모양을 하는 것이 좋다. 장기간 조사나 단기간 조사 모두 1hr 크기의 조사구역이 기준으로 사용된다. 특정 자원에 대한 정성과 정량적인 조사에는 작은 조사구역이 효율적이다. 예를 들면, Tony Cunningham은 우간다에서 단위지역 내에 대나무 줄기들의 수와 질을 평가하기 위하여 10 × 10m 방형구를 이용하였고, Jan Salick은 Amuesha인디언 본초학자들과 함께 페루령 아마존에서 비목재 자원의 양을 측정하기 위하여 5 × 5m의 방형구 22개를 무작위적으로 설정하였다(Salick, 1992).

현지에서 조사구역의 표시는 어떻게 할 것인가? 대표적인 표시 방법은 줄자와 표식막대이다. 표식막대는 방형구와 선조사법에서 각 모퉁이를 표시할 때 사용하며 줄자는 거리를 측정할 때 이용한다. 특히, 밀도를 비롯한 다른 생태학적인 측정들은 평지를 기준으로 하므로 경사지는 이를 감안하여 설치하여야 후일 다른 조사구역과 비교를 할 때 문제를 일으키지 않는다. 경사면을 평지의 면적으로 환산하는 방법과 공식이 있다.

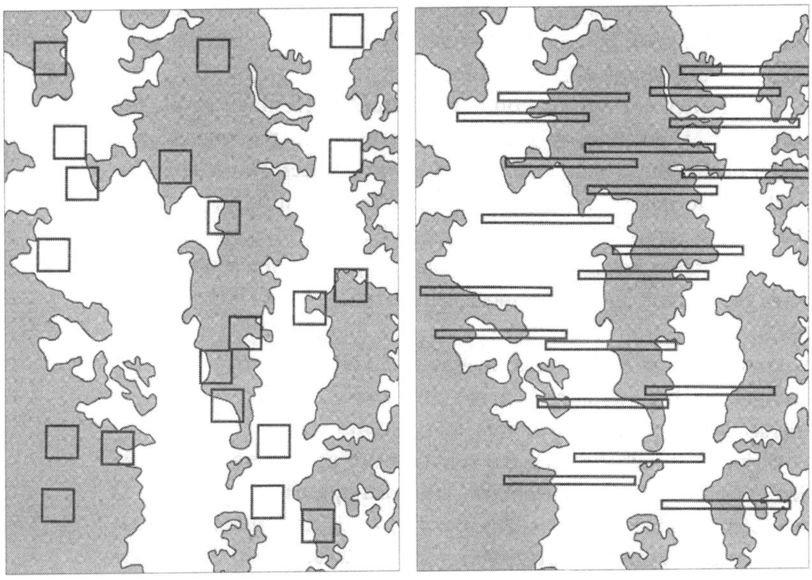

그림 3.64 방형구(quadrat)와 선조사법(transect).

조사구역의 경계를 표시할 때, 일부 학자들은 철사를 사용하기도 하는데, 이는 나무를 상하게 하므로 바람직하지 못하다. 표식막대는 나무로 할 경우 나무가 쉽게 상하기 때문에 오랜 기간 동안 조사구역에 설치할 수 없고, 철 막대로 만들었을 때에는 현지 주민들에 의해서 뽑혀질 수 있다. 그리고 페인트로 표시를 할 경우는 벗겨지므로 해마다 새롭게 다시 칠해야 하는 어려움이 있음을 유의하여야 한다.

방형구나 선조사법 모두 지형, 토양 그리고 상대적인 조사량 등을 자세히 기록하며, 조사팀내의 현지인들에게 자신들의 환경인식으로 조사구역을 정성적으로 기록하도록 한다. 현지인들은 토지가 과거에는 어떻게 이용되었는지 설명을 해줄 것이며 벌목, 경작, 자원수탈 그리고 식림 등에 대한 역사를 통해 현재 숲의 구조와 조성에 대해 많은 것을 설명해 줄 것이다.

(4) 개별 식물들의 평가와 측정

조사구역이 정해지고 만들어지면, 조사구역 내에 식물들을 조사할 수 있는데, 이때 어떤 방법으로 개체들을 선정할 것인가? 보통 1ha 내에 식물들을 모두 조사한다면 너무 많기 때문에 조사구역 내에 조사할 식물들의 수를 제한할 필요성이 있다. 만약 일반적인 민족전통식물학적 조사를 한다면 광범위한 유용식물들을 수집하여야 할 것이다.

목본 식물 개체들을 선정하는데 이용되는 기준은 일반적으로 지상에서 위로 1.3~1.5m 높이의 나무 직경을 측정하는 것이다[이를 흉고직경(diameter at breast height = dbh)이라 한다]. 나무 둘레를 감아 직경을 직접 재는 것은 직경자(diameter tape)로 한다. 직경자가 없을 때에는 둘레를 재서 직경을 산출한다.

대부분의 연구자들이 1ha 조사구역에 생육하는 직경 10cm 이상인 모든 목본 식물을 선정한다. 이때 직경의 한계를 높이면 조사할 개체수가 줄어들 것이다. 초본, 지피식물 그리고 무관속식물 등을 포함하여 모든 식물들을 선정한다면, 시간이 많이 소요될 것이지만, 완벽한 종목록이 만들어 질 것이다.

뉴욕식물원에 있는 식물학자인 Brad Boyle은 멕시코, 코스타리카 그리고 에쿠아도르에 있는 세 지역의 우림에 대한 조성, 구조 그리고 용도 등에 대한 조사를 하였을 때, 0.1ha 조사구역에 생육하는 직경 2.5m 이상의 모든 나무들을 조사하였다. 이런 조사법은 생식기관이 없는 어린 식물들이나 채집하기 어려운 덩굴 식물 표본이 많이 수집되는 단점도 있었지만, 채집하기 어려운 큰 나무들을 보다 적게 만난다는 장점이 있었다. 조사된 개체와 종류의 수는 1ha/10cm와 0.1ha/2.5cm가 대략 비슷하였다. 이런 작은 조사구역은 1ha 내에 100 종류 이하 생육하는 상대적으로 밀도가 낮은 숲에서 특히 적당하다.

Francisco Dallmeier와 그의 팀들이 이용한 흉고직경 측정의 방법을 그림 3.65에 예시해 놓았다.

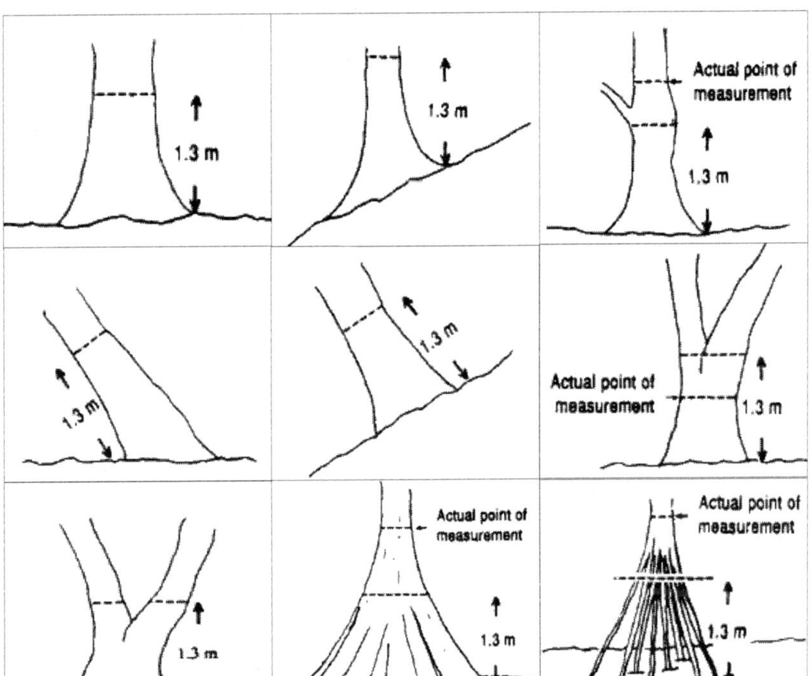

그림 3.65 다양한 환경에서 나무의 흉고직경을 측정하는 기법들.

나무들의 위치를 방형구의 지도 내에 표시하여 후일 다시 재측정할 수 있도록 한다. 5 × 5m 혹은 10 × 10m 방형구에서는 눈대중으로 위치를 표시할 수 있지만, 방형구의 표식막대로부터의 거리를 경사도도 감안하여 정확하게 기록한다. 이 방법은 그림 3.63에 나와 있는 방형구를 나누는 방법을 이용하여 나무의 위치와 상대적인 직경을 기록한다. 일부 학자들은 수관의 넓이를 기록하기도 한다.

(5) 임산물의 수확량 측정

상업용 목재의 부피를 측정하는 산림학자들은 나무의 지상부 중 가장 밑에서부터 가지까지의 거리를 측정하는데 이렇게 가지가 없는 줄기를 나무줄기(bole)이라 부른다. 그리고 나무 전체 높이를 재는데 열대림의 나무들은 보통 dbh가 10cm인 경우 높이가 20~60m에 이른다. 많은 생태학자들은 눈대중으로 높이를 측정하는데, 민족전통식물학 연구에서도 이 정도의 자료면 충분하다. 그러나 정확한 높이가 필요할 경우는 경사계(clinometer)를 이용하여 측정하는데, 나무들이 밀집해 있는 곳에서는 사용하기 어렵다.

비목재용 임산물의 양을 측정하는 표준 방법은 없기 때문에 연구자들은 현지에서 적당한 방법을 찾아야 한다. 즉, 자원을 이용하는 사람들과 함께 현장에 나가 관찰해야 되는 부분을 모으고 수확량을 측정한다. 사람들에 의해서 실질적으로 수집되는 양과 잠재적인 양을 비교함으로써, 수집 활동의 효율성을 측정할 수 있다.

덩굴식물들도 목재와 비슷하게 직경과 길이를 측정한다. 열매가 달린 식물들의 경우는 개체당 산출량을 나무에 달린 열매들을 쌍안경을 이용하여 산출하거나 땅에 떨어져 있는 것들을 세어서 산출한다. 이외에 약용으로 이용되는 수피의 두께나 표면적을 측정하고, 조사구역 내에서 수확되는 약용이나 식용 초본의 수와 양을 기록해야 할 때도 있다.

조사팀의 일부가 이런 측정들을 하고 있을 때, 다른 사람들은 나무의 증거표본을 만들거나 해당 식물들에 대한 지역에서의 용도와 분류에 관한 정보들을 자세히 기록한다. 실제 조사구역에서 만나는 많은 식물들은 생식기관이 없어서 좋은 표본을 만들 수 없다. 열매나 꽃이 달린 가지들은 높이 있어 채집하기 어려울 때가 많으므로 눈으로 정확하게 동정이 되면, 목록에 추가를 하는데 이때, 주의할 점은 지방명의 경우 하나의 이름이 많은 식물명으로 이용될 수도 있음을 유의하여야 하고, 채집에서 돌아오면 다른 지역민들에게 물어보아 재확인하는 것이 좋다.

적은 수의 지역민과 야외조사를 하였을 때, 그들이 숲에 대해서 많은 지식을 가지고 있었을지라도 인접한 집단들에 거주하는 다양한 지역민들이나 혹은 증거표본을 가지고 집집마다 방문하여 민족전통식물학적인 정보를 모으는 것이 좋다.

후일 현지를 다시 찾은 연구자들이 지역민들에 의한 이용의 영향과 나무들의 성장을 측정할 수 있도록 다음과 같은 두 가지 일을 하는 것이 바람직하다. 첫째, 나무들의 수를 정확하게 세어야 한다. 둘째, 나무들의 재측정을 위하여 수피에 정확하게 표식을 한다. 이때, 페인트를 칠하면 수피가 벗겨져 유실될 수 있으므로 알루미늄 표식을 붙이는 것이 좋은데 나무의 성장을 방해하지 않도록 하여야 한다. 수확된 양을 정확하게 측정하려면, 사람들의 눈에 띄는 표식은 정상적인 수집을 방해할 수 있으므로 나무의 밑동지에 철사로 표식을 달아 놓는 것이 바람직하다.

번호를 붙이는데 있어서 좋은 방법은 한 부분은 조사지역을 그리고 다른 부분은 개체들의 수를 나타내게 하는 것으로 Francisco Dallmeier는 4부분으로 구성된 번호체계를 이용하였다. 첫 번째 두 숫자는 25ha 지역 혹은 한정된 식물군집을 나타내고 두 번째 두 숫자는 1ha 조사지역을 세 번째 두 숫자는 20 × 20m 방형구를 그리고 네 번째 두 글자는 개체들을 나타낸다. 야외노트에는 이 번호들이 증거표본의 번호들과 잘 일치하도록 유의해야 한다.

초본, 양치식물, 기타 작은 식물들에 대한 조사는 연구자가 관심이 있는 식물들에 따라 적절한 방법을 적용해야 한다. 즉, 한 종류의 군집이 덮고 있는 지면의 면적을 측정하는 것도 하나의 방법이다. 혹은 단위면적 내에 있는 줄기 수나 덤불 수를 셀 수도 있다. 어떤 방법을 이용하던지 대표적인 식물이 적절한 시간과 여유 속에서 조사되어야 한다.

(6) 밀도, 우점도, 빈도 그리고 가치의 분석

표준화된 조사구역 내에서 나무의 관찰과 측정은 임산 생태학자들이 원하는 여러 가지 지표들을 산출할 수 있게 한다. 즉, 이들은 원래 종의 풍부성과 숲에서의 목재 수확량을 측정하기 때문에 쉽게 민족전통식물학적인 연구들에 접근할 수 있다.

간단한 공식을 이용하는 법을 푸에르토리코의 Luquillo 생물보존지구에 대한 생태학적 연구를 통해 알아보자. Bisley 생물다양성 조사구역은 Smithsonian/MAB Biological Diversity Program의 일환으로 1988년에 설치되었다. 첫 번째 조사가 이루진 다음 얼마 되지 않아 허리케인이 조사지역을 휩쓸어 1989년 주요 폭풍에 의한 피해를 예측하기 위한 목적으로 두 번째 조사가 이루어 졌다.

첫 번째 얻어진 결과는 각 조사구역에서 발견되는 종과 개체들의 수이었다. 1ha Bisley 조사구역에서는 33 종류에 달하는 흉고 직경 10cm 이상의 434 개체를 조사하였다. 이것은 상대적으로 낮은 다양성을 나타내는 것인데, 이는 이곳이 섬 지역이고 폭풍뿐만 아니라 커피 농사, 땔감 그리고 작물재배 등에 의해서 2차림이 상당히 파괴되어서 나타난 결과로 파악되었다.

흉고 직경 10cm 이상의 나무들의 종류 수들을 보면, 다른 열대지역에서는 훨씬 높게 나타난다. 즉, 미국의 식물학자인 Gentry는 페루령 아마존에서 1ha에 300 종류 이상을 채집하였고, 아프리카와 아시아의 상록수 지역에서는 이보다 많은 종류들이 조사되었다. 하지만, 열대지방의 1차림을 보면, 보통 ha당 100종류 이하가 조사되며, 경사가 급한 산지에서는 고도가 올라가면 올라 갈수록 종류 수는 줄어든다. Peter Howard는 해발 2,000~2,200m에서는 45~50종류, 2,400m 위에서는 20여 종류만이 조사되었다고 보고하였다(Howard, 1991).

종 풍부성은 한 개체의 수를 전체 종류의 전체 개체수로 나누어 100을 곱하여 구할 수 있는 각종의 상대적인 밀도로 확인할 수 있다. Bisley 조사구역의 2차림에서 빨리 성장하는 *Cecropia scherberiana* 8 개체를 1ha에서 발견하였다. 이 지역에서 발견되는 전체 개체 수는 434 개체이므로 상대적인 밀도는 8/434 × 100 = 1.84 이다.

상대적인 밀도는 한 종류의 전체적인 숫자는 알 수 있게 해주지만, 분포의 형태는 알 수 없다. 이런 점을 알 수 있게 한 것이 조사된 전체 방형구 중에서 한 임의의 종류가 발견되는 방형구의 수를 의미하는 빈도(frequency)이다. 예를 들면, Bisley 조사구역에서 *Cecropia*는 1ha 조사구역의 25개 방형구 중 6개에서 발견되었다. 25개 방형구에서 발견된 전체 종류 수는 189개였다. 따라서 상대적인 빈도수는 6/189 × 100 = 3.18 이다.

이제 조사된 종류들이 어느 정도의 공간을 점유하고 있는지를 조사해보자. 각 나무의 기저부 면적(basal area) 혹은 흉고 높이의 면적은 여러 가지 공식으로 구할 수 있다. 즉, 나무의 dbh가 0.33m라면, 이 나무의 기저부 면적은 $(0.33/2)^2 \times 3.14 = 0.085m^2$ 이다. 통상, 기저부 면적은 전체 표본 면적으로써 각 종류들을 계산한다. 그러므로 Bisley 조사구역에서 *Cecropia* 8개체는 1988년에 $0.94m^2$/ha의 기저부 면적을 가진다. 임산학자들은 이 기저부 면적을 한 종류에 속하는 모든 개체의 기저부 면적을 모든 종류의 전체 기저부 면적으로 나누어 100을 곱하여 구할 수 있는 상대적 우점도를 측정하는데 이용한다. Bisley 조사구역에서 모든 종류의 기지부 면적은 $28.23m^2$/ha이다. *Cecropia*의 상대적 우점도는 0.94/28.23 × 100 = 3.33 이다.

임산학자들이 통계학을 이용하여 여러 가지 자료를 구하는 동안, 민족전통식물학자들은 다양한 방법으로 임산자원의 가치를 산출한다. 이들은 시장에서 과일의 값을 조사하고, 이들 토대로 1ha에서 발견되는 개체로부터 얼마나 많은 과일이 산출되는지를 산출할 수 있다. 자세한 내용은 제3부 민족전통식물학의 연구 방법론의 제6장 경제학적 연구 방법에서 설명한다.

식물의 가치는 지역민들이 생각하는 중요성에 의해서 측정할 수 있다. Ghillean Prance와 그의 동료들은 일련의 1ha 조사구역에서 종의 이용가치를 두 가지 방법으로 계산하였다. 즉, (1) 문화적인 중요성에 따라 major 군과 minor 군으로 나누고 (2) 식물들을 용도에 따라 분류하는 것이다(Prance, 1991). Major 군은 임의로 1.0의 값을 주었고, minor 군에는 0.5의 값을 주었다. 아마존의 다양한 인종 집단에서는 식물학적인 과를 기준으로 모든 종류들의 이용 가치를 합하여, 어떤 종류들의 식물들이 보다 중요한 것인지를 파악하였다.

물론 이러한 임의 수에 의한 척도는 상대적인 문화적 가치의 잘못된 표현일 수도 있다. 즉, 이용가치 5인 종류는 이용가치 2.5를 가지는 종류에 비해 두 배 반드시 더 중요하다거나 혹은 이용가치 2.5를 가지는 두 종류가 지역민들에 의해서 똑같이 인식된다는 것은 아니다. 이런 임의 척도는 연구자들의 주관적인 생각이 들어가 결과를 왜곡시킬 수도 있다.

또 다른 방법은 페루령 아마존에서 조사 활동을 한 Oliver Phillips와 그의 동료들이 제안한 것으로 아래에 설명되어있다(Phillips와 Gentry 1993a, b). 이는 다양한 종류들의 이용성에 대한 지역민들의 의견 일치와 연관이 있는 정보 제공자-색인 기법(informant-indexing technique)에서 문화적 중요성의 측정에 근거를 두고 있다.

지역의 인식에 근거한 이용가치 측정을 위한 공식

Oliver와 그의 동료들은 페루의 남부지방에 있는 Zona Reservanda Tambopata의 여섯 종류 숲에서 조사구역을 설치하여 조사에 임하였다. 이들은 흉고 직경 10cm 이상인 나무와 덩굴 식물 수 백 개체 혹은 6.1ha 면적 전체에 있는 식물들의 용도를 조사하였다. 이 자료들은 조사구역 내 혹은 그들의 집단 내에서, 면담을 할 수 있는 29명의 mestizo로부터 얻었다. 결과를 분석하기 위하여 한 종류의 용도와 지역명에 대해 하루에 한 지역민만을 면담하였고 이를 'event'라 하였다. 만약 한 종류가 하루에 한 번 이상 조사되었다면, 사람들의 반응들을 조합하였다. 5년에 걸쳐 12개월의 야외조사 기간 동안 연구자와 지역의 참여자들은 1,885회 event에 참여하였다.

Oliver Phillips는 이 연구 결과 다음과 같은 수식을 얻어냈다.

$$UV_{is} = \frac{\Sigma U_{is}}{N_{is}}$$

UV_{is}는 정보 제공자(i)에 의해서 얻어진 특정 종류(*s*)의 이용가치(UV)를 나타내고 이 값은 정보 제공자에 의해서 얻어진 각 event에 언급된 모든 용도들의 합(U_{is})을 정보 제공자가 종에 대한 정보를 주는 전체 event 수(N_{is})로 나누어 계산한다.

예를 들면, Juan Torres라는 마을 주민과 함께 에쿠아도르의 숲으로 들어가 보면, Juan은 특정 나무 앞에 서서 목재는 건축용이고, 열매는 식용이며, 잎은 피부 상처에 이용한다고 말한다. 이날 오후 그는 다시 동일한 종류를 발견하고 오전에 말했던 것을 반복하고, 이에 더해, 수피가 일부 사람들에 의해서 정력제로 이용된다고 언급했다. 이 event에서 그가 언급한 용도 수는 4이다. 다른 야외조사 날에 Juan은 동일한 종류의 덜 익은 과일은 비상식품으로 이용된다고 했다. 또 다른 날 이전의 자신이 언급했던 바를 반복하며, 여기에다 잎을 마법의 효과를 줄이는 준비물에 이용된다고 말했다. Juan의 눈에 비친 이 종류의 이용가치는 위의 공식에 의해서 다음과 같이 계산할 수 있다.

$$UV_{is} = \frac{4 + 1 + 5}{4} = 2.5$$

이 결과에 다른 지역민으로부터 얻은 이용가치($\Sigma i\ UV_{is}$)도 더할 수 있다. 이것을 특정 종류 *ns*에 대해 면담한 사람들의 전체 수로 나누면 전체 이용지수(UV_s)를 얻을 수 있다. 즉,

$$UV_s = \frac{\Sigma i\ UV_{is}}{ns}$$

이 방법은 숲의 조사구역에서 얻은 면담의 결과에 대해 처음 이용되었지만, 많은 사람들이 다양한 식물자원에 대한 정보를 줄 때 자료를 모으는 다양한 기법들에도 적용할 수 있다. 예를 들면 많은 양의 민족전통식물학 수집물을 만드는 지역의 채집자들과 함께 일을 한다면, 각 데이터 기록지가 딸린 각 증거표본들을 'event'로 간주할 수 있다. 각 채집자들이 각 종류를 수차례 만나는 것처럼, 각 데이터 기록지에 용도의 수는 UV_{is} 즉, 개체의 이용가치를 얻는데 함께 더할 수 있다. 이때 모든 채집자들의 것을 더하면 특정 종류를 위한 이용가치를 얻을 수 있다(UV_s).

이와 같이 생체 표본이나 건조 표본을 가지고 집집마다 방문하여 물어볼 수도 있다. 또한, 동일한 종류를 다른 날에 다시 물어서 민족전통식물학적인 정보를 파악할 수 있다. 사람들이 특정 종류에 대한 정보를 주는 때를 event로 생각하여 계산할 수 있다. 결과를 얻었다면 다양한 가정을 검정해 볼 수 있다. 예를 들면, Oliver Philips와 Al Gentry는 *Tambopata* 데이터를 식물학적 종들과 과들의 비 시장 가치의 비교, 정보 제공자들 사이의 지식의 유사성 그리고 사람들의 나이와 식물에 대한 그들의 지식의 양 사이의 관계를 파악하는데 이용하였다.

좀 복잡하기는 하지만, 정보 제공자-색인 기법은 신뢰할만한 결과를 얻으려면 다른 야외 지역에서의 검정이 필요하다. 생물학적 자원에 대한 이용가치를 계산하는 것은 민족전통식물학적 방법론에서 논란이 계속될 것이다.

연구자들이 이와 같은 방법을 이용한다면, 여러 가지 점을 유의하여야 한다. 첫째, 모든 용도들이 똑같이 중요하지는 않다. 날마다 먹는 식용 괴경을 가지는 한 종류와 염료로써 가끔 쓰이는 또 다른 종류를 생각해 보자. 이러한 식물들을 단순히 이용의 횟수만으로 비교할 수 있을 것인가? 이는 사람들이 생물학적 자원들에 대한 중요성을 어떻게 측정해야 하는지에 대한 잘못된 견해를 줄 것이다. 예를 들면 다섯 가지 중요하지 않는 용도를 가지는 식물이 한 가지 중요한 용도를 가진 식물에 비해 지역민들에게는 더 중요할 수 있다. 이러한 문제를 풀려면 지역에서 생존의 중요성에 따라 용도에 순위를 주면 될 것이지만, 이 방법에도 분석할 때 연구자의 주관적인 편견이 들어갈 수 있는 위험이 있다.

반대 토론에는 문화적으로 중요한 식물들은 전형적으로 용도가 다양하다는 것이다. 중부 아메리카에서는 옥수수가 식용으로도 중요하지만, 사료, 약용 그리고 다른 방법으로 이용된다. 옥수수의 높은 문화적 중요성은 용도들의 다양성에 근거한 접근으로 밝혀질 것이다.

Oliver Phillips는 그가 페루에서 연구를 할 때는 야자류가 식물과들 중에서 가장 높은 순위를 가졌으며, 이러한 결과는 아마존에서 수행된 민족학적인 연구들의 결론과도 일치하는 것이다. 야자나 옥수수 모두 문화적으로 중요하며 다양한 방법으로 이용된다는 것을 알고 있다. 그러나 한 가지 용도를 가지는 문화적으로 중요한 식물들은 이 기법에서는 낮게 평가된다.

기록되는 용도들의 수는 면담에 내용, 연구자와 지역민들 사이에 상호작용의 질 그리고 다른 개인들의 수다에 의해서 달라질 수 있다. 민족전통식물학자들이 처음 집단에 도착했을 때에는 마을 주민들이 식물 세계에 대한 지식을 덜 이야기하지만, 상호 관계가 발전하면, 더 많은 정보를 얻을 수 있다. 야외조사가 끝날 무렵의 면담에서는 처음보다 더 많은 용도들이 파악될 것이다.

좋은 관계가 설정되면 인용되는 용도의 수는 면담의 내용에 따라 달라진다. 만약 약용 초본식물에 대해 논의를 원한다면 많은 치료 용도들이 이야기될 것이다. 반대로, 사람들에게 식용 식물에 대해서 묻는다면 식물을 먹는 다양한 방법에 대해서 듣게 될 것이다.

이런 왜곡을 피하는 가장 좋은 방법은 비슷한 방법으로 각 상호관계를 유도하는 것이다. 예를 들면 동정하기 전에 각 종류에 대한 모든 용도들을 기록하도록 강조를 한다. 야외에서 새로운 종류를 만났다면, 용도들에 대한 완벽한 목록을 만들도록 사람들에게 말하는 것이 좋다. 자료 수집에 대한 이러한 구조적 접근은 연구자가 자유해답식과 참여자 접근을 통해 지역의 생태학적인 지식들을 탐구한 이후에만 이용할 수 있다.

(7) 식물 자원들의 전체 양의 측정

집단, 보호구역 그리고 특정 식생형 내에서 자원의 전체적인 중요성과 유용성을 조사할 때, 측정의 정확성은 조사구역의 수와 조사지역의 다양한 미세 환경의 정확한 조사에 달려있다.

최근에 식생의 질과 양에 대한 판단은 위성사진과 항공사진뿐만 아니라 지상 실사와 다른 데이터 수집 방법들을 컴퓨터로 분석하는 복잡한 방법들이 개발되어 있다. 지리정보체계(Geographical Information

Systems: GIS)는 서식지 파괴에 의한 식생의 변화를 보여줄 수 있고, 식생의 전체적인 분포와 풍부성에 대한 평가를 함으로써 다른 임산 자원이 발견되는 장소를 보여줄 수도 있다. 일부 민족전통식물학자들은 그들의 데이터를 GIS에 합치기도 하지만, 다른 사람들은 비슷한 결과들을 수작업을 이용함으로써 훨씬 저렴한 비용으로 얻는다.

수작업을 이용하든지 혹은 컴퓨터를 이용하든지 다양한 지역들로부터 얻어진 민족전통식물학적인 연구들의 결과들은 특정 식생형이나 혹은 특정 나라에 존재하는 유용식물들의 전체 수를 평가하는데 이용할 수 있다. Toledo와 그의 다른 멕시코 동료들은 이런 접근을 통해 멕시코 열대지방의 저지대 숲에서 수확되는 유용 산물들의 전체적인 수를 계산하였다(Toledo 등, 1992). 이들은 문헌 조사를 통해 멕시코의 습도 높은 저지대에 살고 있는 18개 부족들에 의한 용도들을 자신들의 연구 결과에 더했다.

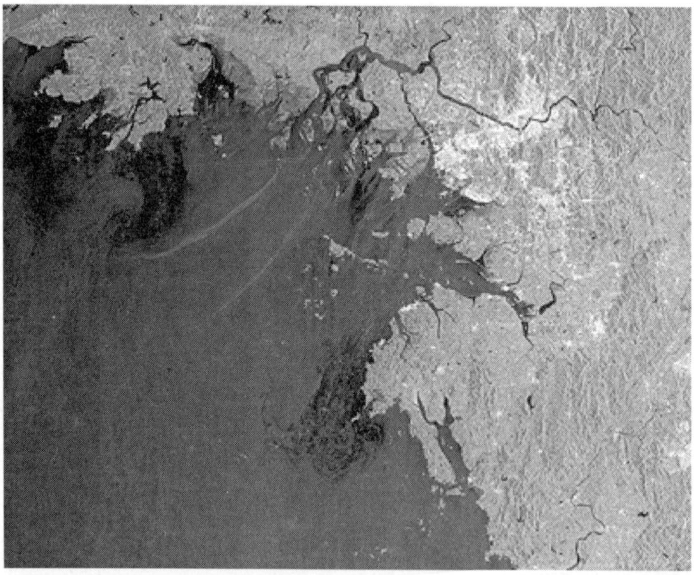

그림 3.66 기름 유출사고가 있었던 태안반도의 사진. 2007년 12월 11일 유럽 우주기구 ESA의 엔비셋(Envisat) 위성이 촬영한 영상으로 가공되지 않은 기름이 바다를 오염시키는 것을 볼 수 있다.

이 부족들 중 11개 부족에 대한 정보 즉, 열대 숲의 식물상 조성에 대한 자료를 포함한 민족전통식물학적인 데이터베이스는 문헌을 이용하여 교차 검정함으로써, 다양한 크기의 지역 즉, 1 ha부터 전체지역까지 그리고 멕시코 전체 저지대 숲에서 수확할 수 있는 유용산물들의 수를 예측하였다. 이 결과 그들은 멕시코의 습도가 높고 열대 기후인 20,000,000ha 이상의 면적에서 1,024 종류의 식물들로부터 수확된 1,923가지에 달하는 유용 산물들을 기록할 수 있었다. 이 산물들의 대부분(69.7%)은 1차림보다는 2차림에서 나온 것들이었다. 용도의 대부분(83%)은 열대 숲이 목재 자원으로써 중요하다는 생각과는 달리 식물의 비목재 부분들로부터 만들어진 것들이었다.

(8) 집의 정원에서 자라는 식물들의 조사

집의 정원은 거주자들에 의해서 상대적으로 집중 관리되는 작은 조사구역이다. 식용, 약용, 관상용 그리고 다른 유용 식물들의 보고로써, 정원은 세계적으로도 농업 집단들에 대한 민족전통식물학적인 정보가 풍부한 곳이다. 정원에 대한 많은 연구들이 집의 소유자에 의해서 재배되거나 관리되는 식물들의 목록과 같은 정성적인 자료가 대부분이지만, 생태학적인 방법을 이용하여 정량적인 평가를 할 수 있는 이상적인 곳이다.

일부 특별한 특징들을 가지고 있는 정원들은 숲에서 이용되는 방법들을 변형하여 조사하는 것이 좋다. 조사구역의 표본 추출은 방문하고자 하는 가구의 선정에 달려있지만, 기본적으로 집의 거주자들이 참여한다는 동의를 받아야 한다. 각 조사구역의 크기와 모양은 집 정원의 경계에 의해서 미리 결정되므로, 집마다 다양하다. 조사구역 내에서 발견되는 거의 모든 식물들은 문화적으로 중요하다.

이런 차이들을 떠나서, 조사는 위에서 언급된 바대로 비슷하게 진행된다. 정원이 그려진 지도에 각 식물들의 위치, 조사구역의 형태, 집과 담 등을 표시한다. 식물들은 명확하게 동정하고 그 수도 정확하게 산출한다.

증거 표본은 가능하다면 수집한다. 식물들은 보통 눈으로 쉽게 동정할 수 있다. 어떤 종류들은 극히 소수여서 뿌리까지 직접 채취해야 할 상황이 될 수도 있으나 이는 소유자들의 성향에 따라 야책에 넣지 말고 작은 화분에 옮겨 심어 온다.

각 정원의 크기와 조성을 기록하면, 자료들을 분석할 수 있다. 결과들은 Victor Rico-Gray 등이 수행한 연구와 같이 각 조사구역 별로 큰 변이를 보일 것이다(Rico-Gray 등, 1990). 이들은 유카탄 반도의 Tixpeaul과 Tixcaccaltuyub 등 두 마야 집단에서 집 정원에 대한 연구를 하였다. 이들이 방문했던 Tixpeaul의 20개 조사구역(정원)은 400~5,000㎡ 이고, Tixcaccaltuyub는 800~3,200㎡ 이었다. 이 두 지역의 전체 면적은 40,000㎡에 이르렀다. 각 마을에서 130 종류에 걸쳐 5,600 개체 이상이 조사되었다. 표면상의 유사성에도 불구하고 마을 자체 내부와 마을 간의 종 유사성, 조사구역의 크기와 개체와 종류의 수 사이에 상호 관계를 포함한 여러 통계학적인 측정치에 커다란 변이가 있었다.

이런 정량적인 접근과 함께 각 정원의 배치를 이해하기 위하여 참여자 기법을 이용할 수 있다. 각 집의 소유자들과 함께 정원의 지도를 그리고 어떤 이유로 식물들을 배치하였는지에 대하여 파악한다. 처음에는 정원의 무질서 때문에 황당할 수 있으나, 사회적, 문화적 혹은 지리적인 특징들을 감안하여 어떤 형을 찾아야 할 것이다. 하나의 집단 내에서 집 정원의 차이는 민족성, 상대적인 부 그리고 소유자의 가족 조직 등과 관련이 있다.

그림 3.67 마야 사원.

그림 3.68 마야인의 달력.

마을 사이에 정원을 비교할 때 기후, 지세 그리고 도시 지역과의 거리 등의 차이에 유의하여야 한다. Victor Rico-Gray와 그의 동료들은 Merida 시와 인접한 지역 집단의 마을 정원에서는 조금 더 먼 집단과 비교할 때 관상식물이 상대적으로 높다는 점을 밝혔다. 이러한 집 정원의 기능에 있어서의 변화는 즉, 도시 지역에서 먼 곳은 생존과 관련된 식물들이 많이 재배되고 도시 인접 지역에서는 심미적인 기능이나 도시의 시장에 공급하기 위한 관상용 식물이 심어진다는 것에 따른 것이다.

참고문헌

Anderson, J. M. and Ingram, J. S. I. 1993. Tropical Soil Biology and Fertility: A Handbook of Methods, 2nd edn, CAB International, Wallingford, Oxon, UK.

Boom, B. M. 1989. Use of plant resources by the Chacobo. Advances in Economic Botany, 7: 78-96.

Campbell, D. G. 1989. Quantitative inventory of tropical forests, in Floristic Inventory of tropical Countries (eds Campbell, D. G. and Hammond, H. D.), The New York Botanical Garden, New York.

Dallmeier, F. 1992. Long-term Monitoring of Biological Diversity in Tropical Forest Areas, Methods for Establishment and Inventory of Permanent Plots. MAB Digest 11. UNESCO, Paris.

Howard, P. C. 1991. Nature Conservation in Uganda's Tropical Forest Resources. IUCN, Gland, Switzerland.

Malhotra, K. C. 1993. People biodiversity and regenerating tropical sal (*Shorea robusta*) forests in West Bengal, India, in Tropical Forests, People and Food. Biocultural Interactions and Applications to Development, (eds Hladik, C. M. *et al.*), UNESCO, Paris, and Parthenon Publishing, Carnforth, UK.

Malhotra, K. C., Poffenberger, M., Bhattacharya, A. and Dev, D. 1992. Rapid appraisal methodology trials in Southwest Bengal: assessing natural forest regeneration patterns and non-wood forest product harvesting practices. Forests, Trees and People Newsletter 15/16, 18-25.

Philips O. and Gentry, A. H. 1993a. The useful plants of Tambopata, Peru: I. Statistical hypotheses tests with a new quantitative technique. Economic Botany 47: 15-32.

Philips O. and Gentry, A. H. 1993b. The useful plants of Tambopata, Peru: I. Additional hypothesis testing in quantitative ethnobotany. Economic Botany 47: 33-43.

Prance, G. T. 1991. What is ethnobotany today? Journal of Ethno-pharmacology, 32: 209-16.

Rico-Gray, V., Garcia-Franco, J. G., Chemas, A. and Sima, P. 1990. Species composition, similarity and structure of Mayan homegardens in Tixpeual and Tixcacaltuyub, Yucatan, Mexico. Economic Botany 44(4): 470-87.

Salick, J. 1992. Amuesha Forest Use and Management: an integration of indigenous use and natural forest management, in Conservation of neotropical forests: Working from traditional Resources Use (eds Redford, K. H. and Padoch, C.), pp.305-32, Columbia University Press, New York.

Toledo, V. M., Batis, A. I., Becerra, R., Martinez, E. and Ramos, C. H. 1992. Products from the tropical rainforests of Mexico: an ethnoecological approach, in Sustainable Harvest and Marketing of Rain Forest Products (eds Plotkin, M. and Famolare, L.), pp.99-109. Island Press, Washington DC.

Touber, L., Smaling, E. M. A., Andriesse, W. and Hakkeling, R. T. A. 1989. Inventory and Evaluation of Tropical Forest Land, Guidelines for a Common Methodology. TROPENBOS Technical Series 4. The Tropenbos Foundation, Ede, The Netherlands.

제 6 장 경제학적인 연구 방법

1. 경제학과 민족전통식물학

상업과 무역은 수천 년 전부터 존재하여 왔지만, 유럽의 학자들에 의해서 경제학이라 부르는 학문분야가 정착되는 시기는 18세기이었다. 지역민들이 어떻게 식물을 이용하는지에 대한 연구에서 경제적인 평가는 항상 중요한 부분이었다. 학자들은 지역의 시장이나 세계의 시장에서 나라와 집단의 발전에 기여를 할 수 있는 식물자원에 대한 연구 분야를 경제식물학(economic botany)이라 부르며, 현재는 연구자들이 숲과 야외들판으로부터 수확되는 비 재배 자원의 가치를 평가하는데 노력을 경주하고 있다(Alcorn, 1989; Balick과 Mendelsohn, 1992; Godoy 등, 1993; Padoch, 1987, 1988; Peters 등, 1989; Pinedo-Vasquez 등, 1992). 이는 숲을 보존하고 전통적인 생태지식을 보존하는 것에 대한 경제적 이익을 나타내는 노력의 일환이었다(Guerrero와 Robledo, 1990; Nepstad와 Schwartsman, 1992; Plokin과 Famolare, 1992; Swanson과 Barbier, 1992).

2. 환경의 가치

경제학자들은 자연자원을 석탄과 석유같이 양이 한계가 있어 재생할 수 없는 비 재생자원(non-renewable resources)과 몇 년 내 혹은 세대 내에 생산되는 잠재적으로 무한히 이용할 수 있는 재생자원(renewable resources)으로 분류한다. 동·식물과 이들로부터 파생된 자원들은 재생자원으로 간주되며, 이들을 유지하는 능력은 이들을 어떻게 관리하느냐에 달려있다. 과도한 소비는 상업적 가치와는 상관없이 특정 종류만을 남겨 놓을 수 있거나 혹은 그들을 멸종시킬 수도 있다.

최근에 환경론자들과 경제학자들은 자연 환경에서 파생된 가치의 다양한 구성요소들을 설명하려하고 있다(Munasinghe, 1992). 미국의 생태학자들인 Paul과 Mary Ehrlich는 사람들이 자연으로부터 얻을 수 있는 가치를 4개의 범주들로 나누었다(Paul과 Ehrlich, 1992). 직접적인 경제적 가치(direct economic value)는 식용, 건축용, 약용식물과 자연 지역으로부터 수확된 자원들뿐만 아니라 휴식 시설과 다른 서비스와 같은 것으로부터도 파생된다. 간접적인 경제적 가치(indirect economic value)는 기후를 조절하거나, 물을 정수하고, 토양의 비옥도를 유지시키며, 쓰레기를 흡수하는 것 등을 포함하는 다양한 환경 서비스들에 의해서 파생되는 이익들이다. 자연의 아름다움에 기초한 미적 가치(Aesthetic value)는 탐조활동, 자연 풍광의 사진촬영, 스쿠버 다이빙 그리고 등산 등과 같은 생태관광에 사람들이 참여함으로써 명백해진다. 윤리적 가치(ethical value)는 생은 본질적으로 중요하다는 신념으로부터 나오는데, 이런 가치는 존재한다는 사실 자체로부터 파생된다. 이러한 4가지 범주에 근거한 자연지역들의 총체적 중요성은 잠재적으로야 두말할 나위 없이 광대하지만, 직접적인 경제 가치만을 평가하는 전통적인 경제학들에 의해서는 거의 고려되지 않는다.

3. 임산물의 가치

경제적인 가치를 파악하려면, 가치에 대한 각 요소들을 독립적으로 평가하여야 한다. 임산자원에 대한 직접적 이용가치의 평가를 할 때에는, 후일 이들의 간접적, 심미적 그리고 윤리적 용도도 평가할 수 있다는 점을 배제하지 않아야 한다. 또한, 경제적인 가치에 대한 다른 평가는 숲의 전체적인 경제적 가치를 측정하면서 평가할 수 있다. 경제학의 전체 분야에서 보면, 전체 가치를 평가하는 과정은 상대적으로 새로운 분야이기 때문에, 접근 방법들이 실험적으로 잘 설정되어 있거나 세계적으로 널리 받아 드려지고 있는 것은 아니다. 따라서 대부분의 민족전통식물학자들이 임산물의 경제성을 분석하는 연구는 처음일 가능성이 높아서, 가치를 측정할 수 있는 모든 요소들을 평가한다는 것은 쉬운 일이 아니다.

미국 예일대학교의 임상환경과학부에 있는 Miguel Pinedo-Vasquez, Daniel Zain 그리고 Peter Jipp 등은 페루령 아마존에 거주하는 한 지역 집단의 경제를 분석한 자료의 근원과 접근 방법의 한계에 대하여 다음과 같이 지적하였다(Pinedo-Vasquez, 1992).

토지 이용에 대한 경제적 이익을 완벽하게 분석하려면, 시장과 비시장에 대한 완전한 지식을 필요로 한다. 많은 열매와 숲에 사는 사냥감들에 관한 생산과 값에 대한 자료는 이용할 수 없다. 생존 경제학에서 임산물들의 가치를 평가하려는 노력도 없다. 더 나아가, 유역보호와 같은 직접적인 숲의 생태계에 대한 가치를 측정할 수 있는 지역적 자료도 없다.

그들은 이렇게 이용 가능한 자료가 없을 때 토지이용에 대한 상대적인 수익성과 구매력을 측정하는 가장 좋은 방법은 지역 주민들이 그들을 관리하는 경제적인 기회를 조사하는 것이다. 숲의 조사구역, 가구, 지역 집단 그리고 시장에 대한 경제적 분석을 통해, 임산물들의 현재 가치와 잠재적 가치를 측정하는 다양한 방법들에 대해 알아보자.

(1) 조사구역 내의 임산물들의 가치 측정

숲의 가치를 측정하는 한 가지 방법은 회수율(rates of return)을 비교하거나 혹은 고용 자본과 노동 등 다양한 방법으로부터 산출되는 잠재적인 이익들을 비교하는 것이다. 숲을 어떤 방식으로 개발하여야 단위면적당 최대한의 수입을 얻게 되는지에 대한 측정을 경제학자들은 토지에 대한 회수율(rate of return to land)이라 부른다. 예를 들면 숲을 목장으로 바꾸거나, 목재 식림을 하거나 혹은 비 목재 임산물을 수확하게 놓아두는 것 중 어느 것이 좀 더 이익을 남기는 것인가? 이런 형태의 비교 경제학적 분석은 다양한 생산 전략에서 유도할 수 있는 직접적 이용가치를 측정할 수 있게 한다. 이런 접근을 경제학자들은 생산성의 변화 방법(change of productivity method)이라 한다.

상업적 농업, 목재생산 그리고 가축 사육 등의 수익율에 대한 분석은 문헌상에서 상대적으로 쉽게 발견할 수 있다. 이에 비하면 임산 자원에 대한 연구의 수는 적지만, 다음에 예로써 언급되는 " 페루의 임산물의 가격 결정"과 "벨리즈에서 약용식물의 수익 산정"과 같이, 최근에는 비 목재 임산물의 가치를 측정하는데 이용할 수 있는 다양한 기법들에 대한 여러 가지 예를 찾을 수 있다.

임산물의 가치 측정을 위한 첫 단계는 특정 식생에서 유용 생물에 대한 전체 목록을 만드는 것이다. 이는 조사구역을 한정하고 경계 내에 있는 유용식물들을 조사하는 것으로써, 이러한 조사로부터 얻어진 결과들은 더 넓은 면적에 적용할 수 있다. 대부분의 연구자들은 흉고 직경이 10cm 이상인 나무와 덩굴식물들을 조사하지만, 이러한 방법은 초본이나 양치류 그리고 버섯 등에 변형시켜 적용할 수 있다. 다른 기법들은 숲에서 유용한 동물들의 양을 측정하는데 이용할 수 있는데, 이는 현재 혹은 잠재적인 시장 가치를 가지고 있는 자원의 폭을 완전히 이해할 수 있게 해준다.

어떤 자원이 유용한 것인가를 조사한 이후에는 각 종류들로부터 거두어 드릴 수 있는 잠재적인 수확량을 측정할 수 있다. 가장 정확한 방법은 각 자원들의 수를 세거나 무게를 재는 것이지만, 이는 시간 소모가 많은 일이다. 개개 식물들이나 개체군들 수로부터의 측정은 조사구역에서 성숙한 개체의 수로 곱하거나 평균을 낸다.

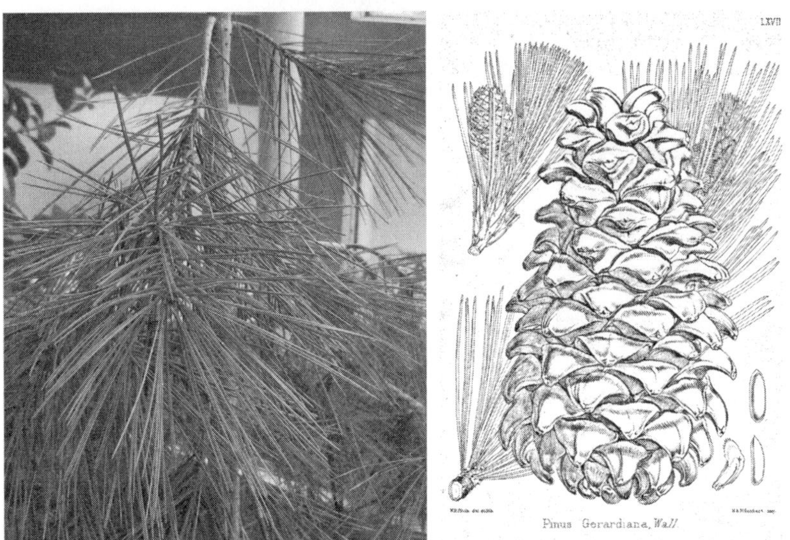

그림 3.69 *Pinus gerardiana* Wall. ex D. Don.

그림 3.70 Dipterocarp 산림지대(A), Dipterocarp 산림(B), Dipterocarp 나무(C), Dipterocarp 종자인 시과(D).

숲에서 유용한 수확물의 양을 측정하는 또 다른 방법은 수집자들과 이야기하는 것이다. 이들은 그들의 수입과 생존을 숲의 산물에 의존하고 있기 때문에, 그들은 다른 종류들의 산출량과 확실성에 대한 자세한 지식을 가지고 있다. 반응들을 교차검정하기 위하여, 일 년간 다양한 자원들의 상대적인 이용성에 대한 계절별 변화도를 만들 수 있다. 이때 수확된 각 산물의 상대적인 양을 파악할 수 있는 순위 기법(인류학적 연구 방법론)을 이용할 수 있다.

생산물의 양을 직접 측정할 때나 혹은 지역 수집자들과 면담을 통해 파악할 때, 생산량은 연연히 다르다는 것을 유념해야 한다. 예를 들면, 파키스탄 Suleiman 산맥에 거주하는 원주민 집단에서 Chalghoza 소나무(*Pinus gerardiana*)에서 수확되는 식용열매의 생산량을 보면 수확이 매우 좋은 해는 13,000 명의 수입이 되지만, 평년작일 때에는 아주 소수의 사람들만이 이 자원으로 생활을 영위할 수 있다. 동남아시아의 디프테로카프(dipterocarp) 숲은 몇 년 동안의 낮은 생산에 뒤이어 대량 생산이 오는 연간변화의 양상을 보인다. 이와 같은 여러 해 주기의 수확을 평균하고 이런 변화를 조사하는 것은 이런 숲들의 생산물에 대한 보다 정확한 측정을 하게 한다.

페루령 아마존의 열대 우림에서 잠재적 열매 수확량에 대한 사세한 연구를 한 Oliver Phillips는 연구자들은 지역민들이 수확할 수 있는 전체적인 양에 영향을 주는 여러 가지 다른 요인들에 대해서 주의를 해야 한다고 강조하고 있다. 생산성은 숲의 형마다 다양하게 변하였다(Phillips, 1993). 그는 1ha 당 과일과 열매의 생산량을 보면 계절적으로 늪지를 형성하는 숲에서의 수확량이 아마존에서 가장 보편적인 마른 땅으로 이루어진 식생보다 많았다. 생산은 1년 중 한 계절에만 되었다. 예를 들면 아마존에서는 과일이 11월과 4월 사이인 우기인 달에 가장 많이 생산되었다. 과일과 열매 수확의 어려움은 종류에 따라 다양하다. 땅에 떨어지는 과일이나 가슴 높이 보다 조금 높게 달리는 과일들은 꼭대기에 달리는 것보다 쉽게 수확할 수 있다. 이렇게 자원의 다양성을 감안함으로써, 연구자들은 평균적인 수확량을 정확하게 측정할 수 있다.

각 종류의 잠재적인 총 생산량을 결정한다면, 해당 종류의 미래 생산량이나 재생에 영향을 주지 않는 한도 내에서 각 해에 모아지는 수확량을 측정하면 된다. 재생을 위해 임산물들의 일부 양을 남겨두는 것은 자원관리의 원리를 지키는 것인데, 실제로 꾸준하게 유지가 되는 최대의 산출이 보장될 수 있도록 남겨두어야 하는 정확한 비율을 계산하기는 쉽지 않을 뿐더러, 이 비율은 종류들마다 다양하다. 최대의 수확을 유지시키는 수준에 대한 정확한 계산은 수년에 걸친 개체군의 조사가 요구되는데, 이 기법은 많은 시간이 요구된다. 대개의 연구자들은 순 현재 가치의 평가를 간단하게 하기 위하여 모든 종류들을 위한 임의수준을 결정한다. 아래에 논의 되듯이 페루의 경우, 연구자들이 숲의 재생을 위한 과일 수확의 25%를 남겨둔 것은 이 정도의 양이 다양한 종류들의 생존을 위한 충분한 양으로 판단했기 때문이다.

페루의 임산물 가격 결정

비목재 임산물에 달러 가치를 부여한 유명한 시도는 생태학자, 식물학자 그리고 자원경제학자 등으로 이루어진 다학문적 연구팀에 의해서 수행되었다(Peters, 1989). Charles M. Peters, Alwyn H. Gentry 그리고 Robert O. Mendelsohn 등은 페루 Mishana 근처 마을의 열대 1차림인 1ha 면적에 생육하는 식물들의 목록을 작성하였다. 이들은 흉고 직경 10cm 이상의 나무들을 50과, 275종류에 속하는 842개체를 조사하였다. 이들 중에서, 72종류(26.2%)와 350개체(41.6%)는 Iquitos 인근 시에서 시장 가치를 가지는 산물을 생산하였다. 60종류는 목재를, 11종류는 식용과일을 그리고 한 종류의 나무는 고무를 생산하였다.

이 연구자들은 과일과 유액을 함유한 종류의 연간 생산량을 산출하고 각 나무의 상업적 목재의 양을 측정하였다. 이 산물들의 가격은 지역 시장, 목재소 그리고 고무의 가격을 결정하는 정부 관리를 만나거나 방문하여 평가하였다.

이들은 Mishana의 1ha 숲에서 매년 650$ 가량의 과일이 생산되고 고무 생산량은 매년 50$ 정도 생산된다는 점을 알아냈다. 또한, 이들은 이들 총액에서 인건비와 수송비를 공제하고 연간 순 수입은 과일의 경우 400$ 그리고 고무로부터는 22$를 산출하였다.

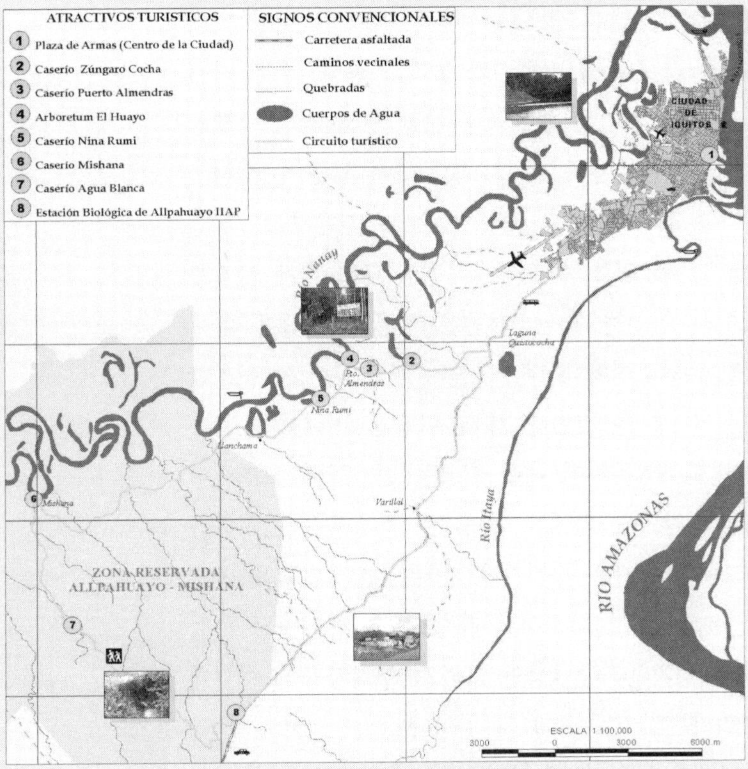

그림 3.71 페루의 Mishana 지역.

방정식 NPV = V/r을 이용하여, 할인율 r을 5%로 산정하여서, 그들은 1ha당 6,330$의 순 현재 가격(net present value)을 얻었다. 더 나아가, 그들은 과일이나 고무나무들의 생산에 피해를 주지 않는 방법으로 수확할 때, 각 조사구역의 목재들은 490$의 경제적인 가치를 가지는 것으로 계산하였다. 이로써 전체 NPV는 6,820$로 계산되었다. 이와 비교해서, 한 번의 작업으로 모든 나무들을 잘라서 얻을 수 있는 돈의 양은 1,000$를 조금 넘었다. 결국, 이들은 숲의 지속 가능한 관리가 벌목보다는 장기간에 걸쳐 경제적으로 큰 이득을 준다고 결론을 내렸다.

(2) 시장 가치의 설정

유용 종류의 목록과 이들의 연간 생산량이 측정된다면, 이제 각 자원에 대한 시장가치를 결정해야 할 것이다. 고무와 브라질 호두(brazil nut)

와 같은 국가적인 혹은 국제적인 수준에서 중요한 일부 생산물들은 무역에 의해서 가격이 결정된다. 일부 경우는 정부가 최소가격이나 최대가격을 결정하거나 특정 가격 수준을 고정시켜 놓기도 한다. 이런 자원들의 경우, 현재 가격과 과거 가격은 임산물에 대한 경제 정책을 책임지고 있는 정부의 관리나 임산 분야의 관리를 방문하여 얻을 수 있다.

지역 시장에서 거래되는 소수의 임산물들의 경우, 가격은 많은 상인들을 주기적으로 방문함으로써 얻을 수 있다. 자원에 대한 현재 가격을 설정하는 방법에서 있어서 농산물과 임산물들은 공급과 수요에 따라 폭넓게 변동한다는 것을 유념하여야 한다. 시장의 역학 속에서 이러한 일시적인 변화들은 상품의 가격이 1년을 통해 어떻게 변하는지 혹은 최근에 가격이 어떻게 변화하였는지에 대한 기록을 함으로써 고려하여야 할 것이다. 연구자가 만약 생산자에게 돌아가는 회수율을 산정하는 데 관심이 있다면, 임산물을 모으는 사람들은 충분한 시장가격을 반드시 받지 않는다는 점을 유의해야 한다. 시장 가격으로부터 거꾸로 추적을 한다면 판매자들, 도매업자들, 중간상인 그리고 수집자들의 순서에 따라 가격이 어떻게 변화하는지 기록해야 할 것이다.

수확량에 시장가격을 곱하면 임산물로부터 얻을 수 있는 총 수익이 산출된다. 총수익은 임산물의 수확과 가공에 들어가는 비용과 시장에 가져오는 비용이 공제되지 않았기 때문에 순수익은 아니다. 상품으로부터 얻어지는 이익 중에서 이상적인 순수익은 모든 노동과 수송비용을 총수익에서 뺀 가격이다.

노동 비용을 계산하는 첫 단계는 수확, 수송 그리고 판매에 포함된 다양한 사람들에 의해서 소요되는 시간의 총량을 측정하는 것이다. 지역의 수집자들 또는 야외 참여자 관찰을 이용한 면담을 통할 때, 숲에서 얼마나 오랜 기간에 걸쳐 수확되어 시장에 조달되었는지 혹은 구매자들이 모이는 장소는 어디인지를 파악하여야 한다. 처음으로 이런 일을 하다 보면 자원을 관리하는 일 즉, 파종, 가지치기, 잡초제거 혹은 현재 생산을 유지시키는 일에 직접적으로 관련이 있는 다른 원예학적인 기법들을 적용하는 것과 같은 일부 노동은 불분명해질 수 있다. 전체 노동 비용은 일하는 전체 시간이나 날짜에 임금 율(일반적으로 국가에서 정한 최소한의 임금이나 지역에서 농업 노동자들이 버는 일당)을 곱해서 산출한다.

노동 비용에 더해, 임산물 판매와 관련이 있는 다른 비용이 있다. 수확용 도구들은 노후화됨으로 때때로 교체해야 한다. 수송비에는 자동차를 유지하고 연료비를 충당하거나 혹은 버스, 트럭, 비행기 그리고 다른 형태의 공공 수송수단들을 이용하는데 필요한 비용을 포함한다는 것을 의미한다. 판매되는 물건들의 값에 따라 할당되는 공식적인 세금이 또 있다.

수송비용을 정확하게 계산하려면, 예를 들어, 과일을 산지에서 시장에까지 버스나 배와 같은 수송 수단을 이용하여 조달하는데 소요되는 비용을 계산하면 된다. 다른 경우들에서는 산물의 시장가격의 일정 부분을 수송비로 계산할 수도 있다. 페루의 예를 보면, 수송비는 과일과 고무수지의 총 시장가격의 30% 정도일 것으로 추정된다. 산지에서 판매 장소까지 산물을 수송하는 비용은 거리와 접근성에 의해서 증가되는데, 이런 비율은 장소마다 달라진다.

(3) 순 현재가격의 결정

전체 가치의 평가는 1년 수확에 대한 현재 시장 가격뿐만 아니라 오는 해에 잠재적인 생산량 그리고 이익에 투자하고 토지를 이용하는 기회 등을 고려하여야 한다. 페루의 열대 숲에 소수 임산물의 평가에서, 연구자들은 소수 임산물의 순 현재가격(net present value: NPV)을 평가하는데 다음과 같은 간단한 식을 이용한다.

$$NPV = V/r$$

여기서 V는 매년 생산되는 순수익이고, r은 당해년도 수익의 인플레이션이 없는 할인율(inflation-free discount)이다. 이런 계산을 위하여 연구자들은 통상 인플레이션이 없는 할인율을 5%로 잡고 과일의 25%를 재생을 위해 숲에 매년 남겨둔다고 가정한다.

사실 할인율은 논란이 있는 개념으로 할인율을 평가하는 올바른 방법에 대한 조건들은 연구자들마다 다르다. 할인율을 이해하기 위하여, 첫 번째로 수입을 창출하는 자산이 있는지를 관찰하여야 한다. 이에는 즉시 현금화하거나 혹은 미래 가치에 유리하도록 자산을 보존하는 방안과 후일 더 높은 수입을 창출하는 곳에 이익을 투자하는 방안 사이에 선택이 필요하다는 점을 이해해야 한다. 예를 들어 숲의 경우, 미래의 가치를 위해 보존하거나, 벌목하고 목장으로 바꾸는 것 혹은 다른 돈을 만들 기회들에 투자할 수 있는 부를 얻기 위하여 식림을 할 수도 있다.

수입을 위한 가장 좋은 경제적 조건을 결정하기 위하여, 자산을 관리하는 다양한 방안들로부터 잠재적인 회수율을 비교해야 한다. 이러한 때 경제학에서는 이자율(rate of interest)을 계산한다. 만약 자연보존에 초점을 맞춘다면, 자원수확이나 숲의 변화로부터 발생되는 수입을 계산하는 것은 숲을 보존하는데 들어가는 비용을 평가할 수 있게 한다. 이런 야생 지역을 보존함으로써 얻어지는 미래의 수입은 다른 자산들에서 얻어지는 이자율에 의해서 할인되어야 하는데, 이는 보존에 대한 경제적 이익들에 대해서 현실적인 평가를 할 수 있게 한다.

이론은 좋지만, 실제로 어떻게 적용할 것인가? 페루의 경우에서 볼 수 있듯이, 많은 연구자들이 임의대로 5% 할인율을 선택한다. 좀 더 신중한 접근은 다른 할인율들을 적용하였을 때, 얻어지는 순 현재가치를 비교하는 것이다. 예를 들면, Miguel Pinedo-Vasquez와 동료들은 위에서 언급된 "페루의 임산물 가격 결정"에서 이용하였던 할인율을 5%, 10%, 15%로 재계산하였다. 할인율이 5%일 때에는 6,330$ 이고, 10%일 때에는 3,165$, 15%일 때에는 2,110$로 계산되었다. 특정 지역에 대한 할인율은 그 나라에 적용되는 경제적인 요인들에 의하여 결정되기 때문에 모든 민족전통식물학 연구들에 적용할 만한 세계적인 해결책은 없다.

임산 자원의 가치를 설정하기 위하여 이용되는 첫 단계를 검토하기 위하여, 위에서 언급된 페루의 경우를 예로 보자. 1ha 조사 구역에서 연구자들은 지역의 스페인어로 naranja podrido(rotten orange)라 부르는 협죽도과 식물인 *Parahancornea peruviana* Monarch 3개체를 발견하였다. 지역 수집자들과 면담을 통해, 하나의 나무에서 1년 평균 150개 정도의 과일을 수확한다고 조사되었다. Iquitos 시장에서 매월 가격조사를 통해 과일 하나 당 가격은 평균 25센트 정도이라는 것을 알아냈다. 연간 전체 가치 혹은 총 수입은 (3 그루) × (한 그루 당 150 개 과일) × (과일 한개 당 25 센트) = 112.50$ 이다.

만약 한 그루 당 과일을 수확하는데 2일이 걸렸고 하루의 임금을 2.50$를 사용하였다면, 노동 비용을 총15$(하루 2.50$ × 그루당 2일 × 3 그루= 15$) 제해야 한다. 수송비 33.75$(총 수입 112.50$ × 기준 수송비 30% = 33.75$)이다. 이 경우 수집자가 과일을 시장에 내다 판다면, 순 이익은 63.75$ 이다: (순 이익 112.50$) - (15$ 노동비용 + 33.75$ 수송비용). naranja podrido의 순 현재 가치는 63.75$ / 0.05 =1,275$ 이다.

과일과 수지는 잠재적으로 매년 모을 수 있으나, 모두 잘라 내고 재생시켜 재 수확하려면 몇 년 후에나 가능할 것인가? 이와 같은 주기적인 벌채에 대한 순 현재가치의 계산은 Faustman 공식으로 부르는 다른 식을 이용한다.

$$NPV = R/(1-e^{-rt})$$

여기서, R은 매년 발생되는 순 수익이고, r은 올해 수입에서 인플레이션 배제 할인율이며, t는 자원이 재생되는데 걸리는 햇수이다. e는 자연 log 지수이다. 아래에 이런 계산의 예가 있다.

벨리즈에서 약용식물의 수익 산정

자원 경제학자인 Robert Mendelsohn과 민족전통식물학자인 Michael Balick은 중앙아메리카의 벨리즈에서 약용식물의 가치를 평가하기 위하여 연구를 하였다 (Balick과 Mendelsohn, 1992). 이들은 벨리즈에서 약용식물을 채취하는 가장 보편적인 방법이 나무를 쓰러트리고, 목본의 수피를 모두 벗겨내며, 초본과 덩굴식물은 뿌리 채 뽑는 등 파괴적이라는 점에 유의를 하였다.

이 방법과 같이 그들은 현지 2차림 내에 2개의 작은 조사구역을 설정하고 모든 약용식물들의 순 현재가치를 평가하였다. 면적의 한 조사구역은 해발 200m의 약 30년 된 계곡 아래에 위치한 숲에 0.28ha면적으로 설정하였다. 이곳에서는 지역에서 팔리는 5 종류의 약용식물로부터 수확된 건조중량 86.4kg의 약재가 모아졌다. 두 번째 조사구역은 고도 350m 정도인 마야 산맥의 능선부에 약 50년 정도 된 숲에 0.25ha를 설정하였다. 이곳으로부터는 4가지 종류로부터 건조중량 358.4kg의 약재를 모을 수 있었다.

1ha 면적에서는 얼마나 많은 약재들이 산출되는지 파악하기 위하여 각 산출물을 조사구역의 크기로 나누었다: 30년 된 숲에서는 1ha당 86.4kg/0.28ha = 308.6kg 그리고 50년 된 숲에서는 1ha당 358.4kg/0.25 ha = 1,433.6kg이 산출되었다. 지역의 본초학자, 치료사 그리고 농부들의 평가에 의하면, 처리하지 않는 약재는 1kg당 2.80$ 정도의 가격을 받는다고 조사되었다. 그러므로 약용식물들로부터 총수익은 30년 된 숲의 경우 308.6kg × 2.80$ = 864$이고 반면에 50년 된 숲은 1,433.6kg × 2.80$ = 4,014$ 이었다.

노동비용은 현지의 일당 임금이 12$이었고 수확을 하는데 30년 숲은 7일, 50년 숲은 20일이 걸렸다. 그러므로 수확비용은 30년 숲은 1ha당 300$, 50년 숲은 960$가 들었다. 수송비는 무시하기로 한다면, 1ha당 순수익은 30년 숲은 864$ − 300$ = 546$이고 50년 숲이 4,014$ − 960$ = 3,054$ 이었다.

만약 약용식물들을 죽이지 않고 계속하여 채취할 수 있다면, 순 현재 가치는 페루의 예처럼 NPV = V/r을 이용하여 간단하게 계산할 수 있다. 그렇지만, 약용식물은 조사구역에서 전체적으로 완전하게 수확하였으므로, 재 수확하기 전에 재생 기간이 포함되어야 한다. 연구자들은 재생 시간(회전 길이: rotation length)을 숲의 현재 나이 즉, 30과 50으로 산정을 하였다. 기준 할인율을 5%로 하고 공식 $NPV = R/(1-e^{-rt})$을 이용하여 계산하면, 30년 숲은 $564\$/(1-2.178^{-0.05\times30}) = 726\$/ha$이고, 50년 숲은 $3,054\$/(1-2.178^{-0.05\times50}) = 3,327\$/ha$으로 산정되었다. 이런 수치들은 집중적인 농업, 생존농법 그리고 나무 식림 등을 포함하여 열대 지방에서 대안적인 토지 이용에 의해 발생된 수익과 좋은 비교가 되었다.

(4) 비 시장성 생물자원의 가치 계산

대부분의 민족전통식물학자들은 시장성 재생자원의 직접적 이용 가치에 대한 야생지역의 상업적 가치를 평가하는 데에 열중한다. 이는 숲의 가치를 이해하는데 일차 단계로써, 지역민들의 생존에 중요한 역할을 하는 비시장성 동·식물을 잊지 말아야 하며, 이들이 아직은 개발이 안 되었지만 미래에는 시장가치를 가지게 될 것임을 잊어서는 안 된다.

지역민들은 시장의 가판에서는 찾을 수 없는 수많은 식용식물의 종류들을 이용하며, 간혹 국제적으로나 혹은 지역적으로 판매되지 않고 있는 목재를 가지고 집을 짓기도 한다. 시장에서는 판매가 되지 않지만, 지역민들에 의해서 이용되고 알려진 수천 종류의 약용식물들이 있다. 만약 이 식물들이 많은 세계인들을 치료해주고, 영양분을 주며, 보호처를 제공한다면 이들은 경제적인 가치를 가지고 있는데, 왜 이제까지 평가가 되지 않고 있는 것인가?

경제학자들은 교환가치가 없는 중요한 이용 가치를 가지는 자원들에 대한 가격을 산정하기 어려워한다. 일부는 그들을 요구하는 현재의 시장이 없기 때문에 금전적인 가치가 없다고 주장하기도 한다. 다른 연구자들은 그들의 가치를 무한적이고 현찰 가격으로 측정할 수 없다고 하기도 한다. 이런 두 가지 주장들은 사실 그들이 자연 지역의 경제적인 평가로부터 비시장 자원을 남겨두었기 때문에 문제가 있는 것이다.

특별한 경우의 연구에서 민족전통식물학자들은 임산물에 대한 임의 가격을 결정하기도 한다. 예를 들면 지역 시장에서 대부분의 약용식물들이 한 묶음에 0.50$이라면, 이러한 동일한 가격이 현대 시장에 없는 약용식물도 해당될 것이다. 이러한 접근은 가구의 경제 혹은 집단의 경제를 조사할 때 유용할 것이다. 세계적으로 보면, 자원의 실제 가치는 평가 절하되고 있고, 일부 종류에 대한 지역의 지식이 수백만 불의 신약의 발견으로 이어질 가능성을 무시하고 있다.

경제학자들은 여러 가지 실험적인 해결책들을 제시한다. 예를 들면 그들은 아이템 즉, 기회비용이라 언급되는 가치를 대체할 비용이 얼마인지에 대해 직접적으로 조사할 수 있다고 한다. 만약 두통을 치료할 식물이 사라진다 하면, 사람들은 동일한 약을 약국에서 구입하는데 얼마나 많은 비용을 지불할 것인지? 만약 지역의 약용식물을 이용하는 대신에 의사를 만나러 병원에 가서 약을 구입한다면 얼마나 많은 시간, 에너지 그리고 돈이 소모될 것인가? 이와 비슷한 접근은 특정 상품이나 서비스에 대한 접근을 유지하기 위하여 얼마나 지불할 수 있는지 사람들에게 물어보는 것으로 지불의사액 기법(willingness to pay technique)이라 부른다.

이 방법이 숲의 전체 가치에 대해 영향을 주는 연구자들과 정책입안자들에 의해서 많이 이용되기는 하지만, 대부분의 민족전통식물학적인 연구들에 적용하는 것은 어려운 일이다. 이 방법에는 사람들이 물물교환과 생존 활동들을 통해서 얻는 모든 상품들과 서비스들에 대해 현금 가치를 부여하기 어려운 시골 사람들로부터 일관된 반응들을 얻어내기에는 질문들이 너무 어렵다.

일부 연구자들은 자연에서 자라는 동·식물들에 금전적 가치를 부여하는 것을 포기하기도 한다. 그들은 생존을 위해 필요한 각 생물의 상대적인 중요성과 같은 다른 지표들을 이용하기 좋아한다. 예를 들면 식용식물의 가치는 영양 성분의 질을 분석하고, 매일 음식요구량을 최소화하는데 기여하는 비율을 판단하여 측정할 수 있다. 식용 동·식물들의 가치를 평가하는 또 다른 방법은 소모시킬 때 그들이 내놓는 에너지의 양에 비교하여 그들을 수확할 때 얼마나 많은 에너지가 들어가는지를 측정하여 할 수 있다.

이러한 접근들은 광범위한 자료들을 모아야 하고 실험실에서 검정을 하여야 하기 때문에 대부분의 민족전통식물학 연구들에서는 채택되기 어렵다. 그러므로 대부분 연구자들은 시장성 자원의 직접적인 이용가치에 대해 초점을 계속하여 맞출 것이다. 이때 중요한 것은 환경의 전체 가치에 더해 비시장 자원들과 생존활동의 중요성을 잊지 않아야 한다는 것이다.

(5) 임산물의 지역적 그리고 국제적 무역

임상물의 잠재적인 가치를 측정하는 방법에 대한 논의를 했으나 정확한 계산을 하는 데는 몇 가지 고려해야 할 점이 있다. 과일 생산은 해마다 달라지므로 이에 따라 시장 가격도 변동이 된다. 사람들이 얼마나 필요로 하는지에 대해 예측하는 사람도 토지로부터의 회수율은 노동에 대한 회수보다 신뢰도가 낮다고 한다. 생물자원에 대한 잠재적인 가치를 측정하는 대신에 임산물로부터 가정, 집단 그리고 국가가 얻는 매년 수입과 실질적인 산출량과 수확에 들어가는 시간의 양을 직접적으로 계산할 수 있다.

1년 동안 수확된 임산물로부터 얻어진 실제적인 수입을 어떻게 측정할 것인가? 열쇠는 공식적인 기록을 통해서 자료를 얻거나 지역민과 상호관계를 통해 얻을 수 있다. 먼저, 정부 관청, 수확자 조합 그리고 사기업 등에서 자료를 찾아야 한다. 만약 정부가 생물자원에 대한 수출을 조절하고, 세금을 매기거나 수매를 한다면, 전체 무역에 대한 양과 가치에 대한 연간보고서가 있을 것이다. 자료들이 나라나 지역에 따라 나누어져 있거나, 일부 경우는 마을 단위로 혹은 가족 단위로 되어 있음을 발견할 수 있을 것이다. 예를 들면 앞으로 언급될 "인도 Gujarat의 임산물에 근거한 마을의 경제"를 보면, 임산개발회사는 비목재 임산물을 그 지역의 마을 단위로 추적하고 있다(Kant와 Mehta, 1993).

사기업들은 산물들을 구입하지만, 그들은 연구자들에게 매년 가공된 자원의 양에 대한 자료를 줄 것이다. 카메룬의 남서부 지방에 있는 프랑스 소유의 Pantecam Medicam이라는 회사는 공장에서 출하되는 *Prunus africana*의 수피에 대한 보고서를 매년 작성하고 있다. 이러한 자료들은 무역의 연속성에 대한 연구를 하는 Tony Cunningham과 Fonki Mbenkum이 9,309톤의 수피가 1985년부터 1991년까지 회사에 의해서 공식적으로 구매된 것으로 계산할 수 있게 하였다(Cunningham과 Mbenkum, 1993).

생산자들과 매수자들은 그들의 이익을 위하여 거래량을 저 평가하거나 고 평가하기도 한다는 것을 유념해야 한다. 일부 사람들은 자존심과 위신 때문에 그들이 얻는 매년 수익을 과장하기도 한다. 다른 사람들은 정부의 세금을 피하거나 이웃의 질시를 피하기 위하여 그들의 부를 줄이기도 한다. 동물을 사냥하고 관상식물을 수확하는 곳이 불법 지역이라면, 생산자들과 구매자들은 그들의 거래에 대해 논의하기 꺼려할 것이다.

그림 3.72 *Prunus africana*의 잎, 수피, 열매, 수피 채취모습.

지역이나 국가적인 수준에서, 임산물의 가치와 무게는 정부의 세금과 관세를 피하기 위하여 줄여서 보고하는 것이 보통이다. 많은 경우에, 임산물은 경제에서 작은 영역을 차지하기 때문에 공식적인 기록들이 부실하거나 없는 경우가 많다. 예를 들면, 모든 약용식물은 수출의 한 아이템으로 묶어 처리하므로 개개 종류별로 이용할 자료가 없다. 이러한 이유들 때문에, 연구자들이 공식적인 자료들에 대해 회의적으로 생각하고 확실한 자료를 얻는 다른 방법을 찾아야 된다. Tony Cunningham과 Fonki Mbenkum은 다른 자료 즉, 지역 수확자들로부터 수피를 구입한 지역 기업인이 가지고 있는 계량명세서를 점검하였다. 이에 따르면, 카메룬의 독점 구매자인 Plantecam Medicam에 의해서 1985년부터 1991년까지 구입된 *Prunus* 수피는 11,537 톤이었다. 다양한 자료들을 조합하여, 매년 나라에서 수확되는 양에 대한 신뢰할 만한 측정치를 얻었다.

4. 가정 경제와 지역집단 경제에 대한 조사

공식적인 보고서의 정확성이 떨어질 수 있는 가능성을 제외하고라도, 가정 혹은 집단에 대한 이용할 만한 자료는 거의 없다. 특히, 시골 사람들은 대부분 생존을 위해서 그날그날의 일 즉, 목재 채취, 화전농업,

임산물의 수확 그리고 그들 자신의 집단 또는 다른 곳에 이주하여 일을 함으로써 생활비를 버는 것 등을 날마다 결정하며 살아간다.

조사는 지역 경제에 대한 정보들을 얻는데 이용되지만, 사람들은 자신의 개인적인 부와 자연과 관련이 있는 생산 활동들에 대한 질문들에는 답을 하기 어려워한다. 사실 그들이 1년 동안 사냥하는데 소요하는 시간의 양과 특정 임산물의 산출량을 계산하는데 익숙하지 않지만, 그들 나름대로 지역의 자원을 가치들로 평가하고 부를 측정하는 다른 방법을 가지고 있을 것이다. 이러한 이유들 때문에, 가정이나 집단의 분석에는 직접 면담보다는 참여자 전원 평가를 이용한 기법들이 가장 적합하다.

(1) 부의 순위

지역민들이 수행할 수 있는 첫 조사 활동은 집단의 구성원들의 상대적인 자산과 수입을 비교하는 부의 순위(wealth ranking)를 결정하는 것이다. 이런 순위결정은 제4장에서 설명되었던 바와 같이 사회적 지위, 토지 소유권, 행동 그리고 생산 활동 등과 연결되어 있는 가정의 부에 있어서 차이로부터 이루어진다. 예를 들면, 계층화된 사회에서 연구를 하는 연구자는 대개 임산물을 수집하는 사람들은 가난한 사람들임을 발견할 수 있을 것이다.

집단에서 가정의 상대적인 위치를 밝히는 것을 떠나서, 연구자들은 부의 순위를 통해 지역민들이 부를 측정하는 기준을 발견하게 될 것이다. 이 조사의 결과는 자원을 수확하고 있는 소집단을 규정하고, 광범한 주제에 대해 면담이 가능한 가족들을 선정하는데 이용될 것이다.

시작은 집단 내에 모든 가정의 목록을 작성하고 번호를 준다. 이 명부는 자신이 이전에 수행했던 조사를 이용하거나, 간단하게 조사의 초기에 모든 가정을 열거했던 참여자로부터 작성할 수 있다. 주 목록에는 각 가정에 가장의 이름을 쓰고 분리된 노트카드에 일치된 번호를 적는다. 부의 범주나 혹은 다른 수준에 일치하도록 이름 카드를 분리된 자료철로 분류하기 위하여 집단에서 오랜 동안 살아온 3명 이상의 사람들을 초청한다. 모든 카드들이 분류되면, 참여자들에게 각 분류철의 구성원들에 대해서 설명하게 하여 각 부류를 특징화하는 부나 재산에 대한 근원적인 지표를 알아낸다.

이런 조사에서의 면담은 대부분의 지역민들은 경제적인 문제를 공적으로 이야기하는 것을 주저하기 때문에, 한 번에 한 사람씩 사적으로 하는 것이 좋다. 카드는 사람들에게 무작위적으로 제시되도록 분류하기 전에 섞어 놓는다.

부에 대한 이런 전체적인 분류는 다양한 연구의 기초가 되므로 각 가정의 상대적인 점수를 계산함으로써 좀 더 자세한 순위를 얻을 수 있다. 주 목록에는 적절한 가정 다음에 분류철 번호를 쓰고 각 참여자가 해당 이름 카드를 놓도록 한다. 가장 부유한 사람들의 분류철을 #1이라 하면 부가 줄어드는 순서에 따라 #2, #3, #4로 한다. 모든 사람이 동일한 수의 분류철을 사용한다면, 함께한 수를 더하고 참여한 사람들의 수로 나누면 된다.

다양한 참여자들에 의해서 다양한 부의 범주가 밝혀졌다면, 결과들을 비교하기 위하여 간단한 처리를 해야 한다. 참여자들에 의해서 이용된 분류철의 전체 수로 각 가정의 점수를 나누고 여기에 100을 곱한다. 예를 들면, 카드를 5개 분류철로 나눈 사람의 경우 네 번째 분류철에 놓은 가정의 점수는 80(4/5×100 = 80)이다. 카드들을 4개의 분류철에 나눈 사람이라면, 세 번째 놓여진 가정의 점수는 75(3/4×100 = 75)이다. 이렇게 변경된 점수를 더하고 참여자의 수로 나누면 가정의 부에 대한 자세한 순위를 얻게 된다.

후일 집단 내에 사람들을 좀 더 알게 되면 좀 더 자세한 면담을 통해 순위를 검정할 수 있다. 이 때, 부의 순위에 대한 결과와 연구자가 다른 방법을 이용하여 관찰한 지표와 모순점이 있는지를 면밀하게 검토하여야 한다. 일부 집단에서는 부를 축적하는 것에 대해 터부가 있어서, 집단의 구성원들을 다른 부류들로 나누는 것을 꺼려하기도 하며, 참여자들이 그들이 자신들을 높이고 싶거나 마을 사람들의 곤궁함을 감추려고 집단의 부에 대해 조직적으로 과장하거나 수준 이하로 평가하기도 한다. 이러한 이유들 때문에 집단들 사이에 순위를 비교하는 것은 어렵다.

(2) 생계분석

사람들이 살아가는 방법은 생계분석에 의해서 신속하게 개념화할 수 있다. 이런 분석의 중심요소인 조사지는 맨 위에 가장의 이름과 해당 집의 번호 그리고 왼쪽 열에는 수입의 근원, 소유하고 있는 동물들의 수, 가장 최근에 수확한 양 그리고 부의 순위나 다른 접근들을 통해 연구자가 발견한 부수적인 지표들을 포함한 범주들을 적는 자료표이다. 이 자료는 면담, 참여자 관찰 그리고 집단 내에서 이전에 수행된 분석 작업을 포함한 다양한 자료들을 이용하여 얻을 수 있다.

자료표의 좋은 예가 표 3.21에 있다. 참여자들은 그림 3.73과 같이 막대그래프나 파이 도표로 그들 자신이 소유하고 있는 가축이나 토지를 비교하고, 가구의 구성을 설명하며, 그들이 다양한 생산 활동에 참여하는 시간과 이로부터 얻는 상대적인 수입을 나타낼 수 있다. 자료에 대한 이차적인 출처가 없다면, 참여자들은 기억을 이용하여 자신들의 경제적인 상태를 설명하기 위하여 즉석에서 그림을 만들 것이다. 예를 들면, 그들은 농지에서 일을 하거나, 벌목을 하고, 가축을 돌보며, 임산물을 수확하는데 소요하는 시간의 양을 원의 조각으로 나누어 그릴 수 있다.

부의 순위와 생계 분석으로부터 얻은 결과들의 비교는 연구자들에게 임산물을 모으는 집단의 구성원들의 경제적인 상태를 파악하게 해주고 집단이 이런 생산 활동에 얼마만큼 시간을 할당하는지를 알 수 있게 한다.

표 3.21 중동과 북부 아프리카에서 행해진 참여자 조사로부터 얻어진 생계분석을 위한 자료 표(Theis와 Grady, 1991)

구 분	가구 수			
	Obi	John	Clara	Unoka
가구 구성원				
남자	3	1	0	1
여자	4	2	1	4
어린이	5	6	4	10
노동 이주자	2	1	0	3
동물 소유				
소	5	0	0	16
양	24	8	1	56
염소	15	7	3	16
닭	18	23	4	17
수입의 근원				
농업	25%	23%	66%	25%
축산	17%	8%	17%	21%
무역과 공예	41%	54%	17%	32%
송금	17%	15%	0%	21%
소비				
매달 현찰 비용(디나르)	380	265	85	650

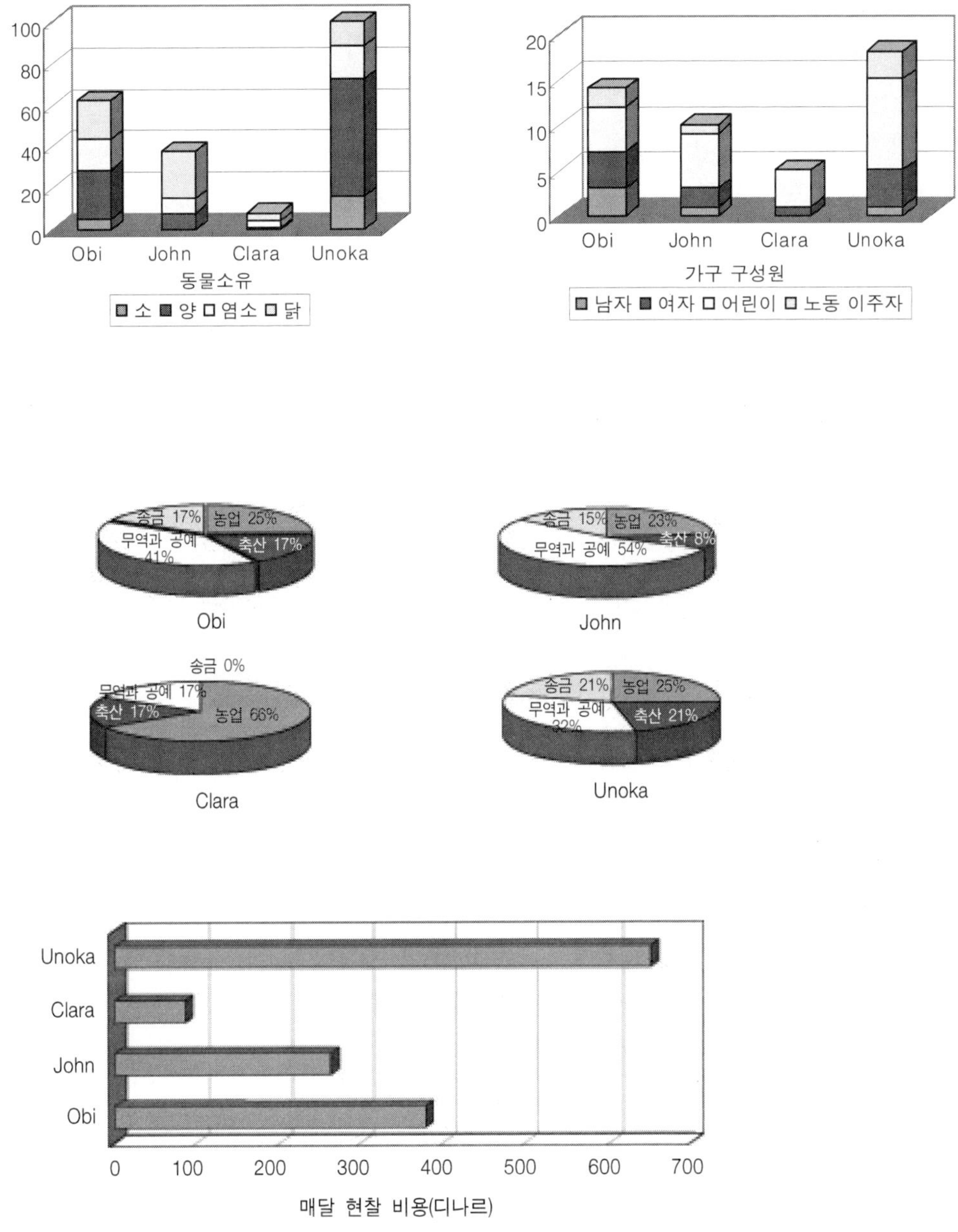

그림 3.73 중동과 북부 아프리카에서 수행된 참여자 조사로부터 얻어진 생계 분석에 대한 각종 그래프.

(3) 가구 조사

신속 평가 기법(rapid appraisal technique)들을 통해 지역 경제에 대한 기초 조사를 하였다면, 집단 내에서 각 가족의 생산 활동들에 대한 자세한 정량적인 자료들을 산출할 수 있는 가구 조사를 해야 한다. 조사는 가능하다면, 집단 내에 모든 가구를 방문하던지 혹은 지역의 사회와 문화적인 다양성을 나타내는 최소한의 표본을 추출하여 해야 한다. 마을에 대한 인구조사 결과가 있다면, 가구의 크기와 수 그리고 토지의 수용 등에 대한 기초적인 자료를 얻을 수 있을 것이다. 반구조식 면담이나 질문서를 이용하면, 각 가족에 의해서 소모되고 판매되는 임산물의 양, 이들을 모으고 재배하거나 혹은 다른 행동을 하는데 소모되는 시간의 양 그리고 다른 자료들 중에서 가구의 총 수입 등에 대한 자세한 자료를 얻을 수 있을 것이다. 다양한 접근의 적합도를 검정하기 위하여 모든 자료들은 참여자 전원 평가(participatory rural appraisal) 기법으로부터 얻어진 결과들과 비교할 수 있다. K. C. Malhotra가 이끄는 인도의 연구자들은 벵갈 서부의 Midnapore 지방의 마을 경제에서 비 목재 임산물의 역할을 연구하는 일환으로 가구 조사를 수행하였다. 제5장에서 설명된 바와 같이 Sal 숲의 재생을 위한 참여자전원조사에 따라 임산 자원의 이용을 감독할 마을 사람들로 12개 임상 보호위원회를 구성하였다(Malhotra 등, 1992). 참여한 마을과 숲에 대한 자료를 수집한 이후, 집단의 사회경제적 그리고 인종적 다양성을 대표해서 선택된 216명의 가장에 대해 반구조식 면담을 수행하였다.

이들은 다른 지역에서 수행되었던 비슷한 가구조사를 기준으로 하여 다음과 같은 주제들을 선정하였다: 1) 가족 크기, 2) 가족의 나이와 성구조, 3) 가족의 각 구성원의 문자 해독 수준, 4) 가축, 5) 토지 소유와 생산성, 6) 일차와 이차직업, 7) 가족의 연간 수입, 8) 가족에 의해서 이용되는 식물종류와 부분, 9) 비 목재 임산물의 용도와 이용 목적, 10) 각 아이템의 이용과 계절적 이용성, 11) 비 목재 임산물들의 시장 가치/기회 비용, 12) 요리, 밥 짓는데, 술을 증류하는데, 옷을 삼는데 등등에 이용되는 땔감의 연간 소모량, 13) 연료 재료의 근원, 14) 숲에서 얻어지는 사료의 양, 15) 소소한 가구를 만들기 위해 숲에서 조달하는 재료의 양,

16) 숲에서 얻어지는 식용 재료의 양. 이들이 비 목재 임산물의 이용을 정량화하는데 이용한 방법은 아래에 자세히 설명되어 있다.

◎ 가구 수준에서 비 목재 임산물의 정량적인 흐름을 이용한 양의 측정 ◎

K. C. Malhotra와 그의 동료들은 벵갈 서부 지역의 Midnapore 지방에 거주하는 다수의 임상보호위원회에 소속된 216 가구를 표본으로 비 목재 임산물을 정량화하였다. 프로젝트 참여자들에 의해서 이용된 조사서에는 바이오매스(biomass)의 측정방법과 임산 수확에 대한 여러 가지 관점들이 설명되고 있다:

강조가 된 부분은 모든 임산물의 궁극적인 이용과 각 가구에 대한 면밀한 조사로써 (a) 식물종류의 가능한 용도, (b) 이용되는 부분들, (c) 지역달력에 따른 계절적 이용성, (d) 이용되는 계절, (e) 처리 과정, (f) 이용의 특정 목적, (g) 집단에 의해서 종류에 주어지는 관례적인 보호, (h) 보호되지 않는 아이템들의 근원, (i) 지역 시장에서의 아이템의 수요. 이러한 비 목재 임산물의 양에 대한 신뢰할만한 자료들을 얻는데 도움을 주었다.

항구적으로 모아지는 비 목재 임산물들의 바이오매스와 마을 사람들의 생존에 필요한 양이 정량화되었다. 여러 계절에 걸쳐 모아진 아이템들의 양을 확인하는 첫 번째 시도는 회수법에 의해서 이루어졌다. 정확한 양은 정보 제공자들에 의해서 주어지는 수와 양에 의해서 얻어졌다.

일부 경우에서는 회수법이 충분한 정보를 보장하지 않았다. 마을 사람들은 생존을 위한 아이템의 필요성과 유용성이 매우 다양한 식물들을 모으므로 회수하기가 매우 어려웠다. 버섯의 다양한 종류들은 우기 때나 혹은 이후에 채집되었다: '어떤 때는 한 광주리 정도', '어떤 때는 한 바가지 정도'의 표현이 양에 대한 질문에 전형적인 대답이었다. 이렇듯 정보제공자들은 측정하고자 하는 식물의 소모량에 대한 실마리를 주기도 하였다. 예를 들면, 시장에서 아이템들의 판매는 정보 제공자들에게 수집물에 대한 좋은 평가의 기회가 되었는데, 모든 마을 사람들이 아이템을 팔지는 않는다. 이때, 가족을 위한 한 끼 반찬으로 요리하는 양과 같이 가정에서 소모하기 위하여 수집을 하는 사람들은 양을 말하는데 있어서 변화가 심하였다.

종족에 의해서 사냥되는 동물들의 수는 정글에서 동물군이 희귀하므로 항상 불분명하였다. 비슷하게, 약용목적으로 이용되는 식물들도 특정 질병들을 치료하는데 필요한 아주 작은 양을 수집하기 때문에 수량을 파악하기 어려웠다. 종교적이나 관상용으로 숲에서 채집되는 꽃이나 잎 등의 양도 역시 수량을 파악하기 어려웠다. 숲을 탐사하는 어린이들에 의해서 때때로 수집되는 야생 열매들과 과일들도 수량 파악이 어려우므로 평가에서는 제외되었다.

각 선정된 가구에 의해서 수집되는 모든 비 목재 임산물의 바이오매스의 직접적인 측정은 마을 사람들에게 흘러가는 비 목재 임산물의 양들에 대한 좀 더 정확한 정보들을 얻을 수 있게 하였다. 이런 결과는 선정된 모든 임상보호위원회의 마을 사람들에게서 많은 수의 훈련된 야외 조사자들에 의해서 유도된 연중 치밀하게 진행된 조사가 있었기 때문에 가능하였다.

정량화는 가능한 많은 정보 제공자들과 함께 한 교차 검정과 직관적인 판단에 의해서 입증된 직접적인 평가에 의한 것이다. 바이오매스에 대한 평가들을 표준화하기 위하여, 비 목재 산물들의 여러 가지 표본들은 저울로 잰다. 이는 임산물의 아이템들에 대한 '한 주머니', '한 자루', 혹은 '한 광주리' 등과 같은 평균 무게에 대한 기준을 정확하게 해주기 때문이다.

(4) 노동의 회수율 계산

공공기관의 보고서, 참여자 전원 조사기법 그리고 가구의 경제조사 등은 연구자에게 노동 행위 당 얻게 되는 돈과 소요되는 날 수들을 포함하여 집단 수입의 다양한 근원을 파악할 수 있게 한다. 연구자는 거래되는 산물들과 마을 사람들에 의해 소모되는 자원들이 마을 경제에 상대적으로 기여하는 정도를 평가할 수 있다.

이런 자료들로부터 만들 수 있는 또 다른 계산은 수집된 임산물로부터 얻을 수 있는 노동에 대한 회수율이다. 위에서도 언급되었지만, 이는 토지로부터의 회수보다 사람들의 경제적인 행동을 훨씬 더 잘 이해할 수 있는 지침이 된다.

아래와 같이 Kant와 Mehta는 Motisingloti 마을 사람들은 평균적으로 1년에 60일을 일하는데 하루에 5시간씩 Bhindi 종자 960kg을 수집한다. 하루에 8시간씩 일을 한다면, Bhindi 종자를 모으는 데 소요되는 전체 날짜는 37.5일이고 종자를 가공하는 날짜가 1년에 3일이므로 전체적으로 40.5일 동안 일을 하게 된다. 종자는 회사에 판매하기 전에 말려서 생체중량의 10%를 줄인다. 건조된 종자는 3루피/kg 비율이므로 이로 인한 수입은 288루피이다. 이 자원을 수집하고 가공하는데 소요된 40.5일을 나누면, 하루에 적어도 7루피 이상은 벌었다는 결론이 나온다.

❂ 인도 Gujarat 지방에서 조사된 숲에 기초한 마을 경제 ❂

인도의 임산학자인 Shashi Kant와 Neel Gaurav Mehta는 Gujarat의 Bharuch 지방의 마을인 Motisingloti의 경제에 대한 임산물의 기여도를 계산하였다(Kant와 Mehta, 1993). Motisingloti는 목재와 열매 나무뿐만 아니라 대나무와 약용식물과 같은 다른 자원식물들을 포함하여 습기가 많은 티이크 숲에 둘러 싸여있다.

마을 거주자 400명 거의 모두는 Vasva족에 속하며, 83ha 농지를 가지고 있고, 835ha의 숲에서 동 · 식물을 채취한다. 이와 더불어, 다수의 마을 사람들은 정부의 임상관개부와 지역의 농민들에게서 일당을 받고 품을 팔고 있다. 공식적인 보고서와 가구조사를 합하여, 연구자들은 마을 수입의 구성, 고용의 계절적인 변화 그리고 이런 생산 활동들에 관계되는 노동의 회수율을 분석하였다.

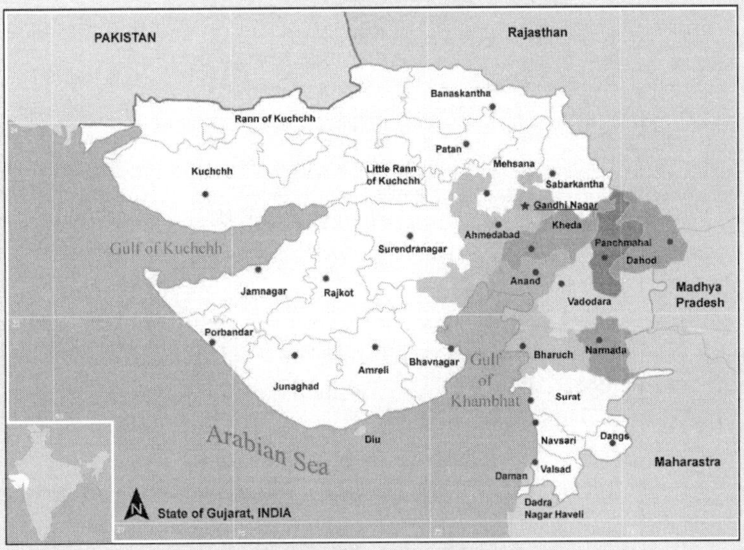

그림 3.74 인도 Gujarat주의 Bharuch 지방.

60가구 중 55가구에 의해서 수행되는 숲에서의 채집은 마을 경제의 중요한 부분임을 파악하였다. 마을 사람들은 다양한 종류들의 종자들, 꽃들 그리고 잎들을 포함한 7가지 비 목재 임산물들을 Gujarat주 임산개발 회사에 팔았다. 이들 산물에 대한 공식적인 가격과 구입 양은 회사의 기록에 남아있어, Kant와 Mehta는 이 거래에 의해서 얻는 전체 수입을 계산할 수 있었다. 많은 다른 임산물들은 건축재료, 땔감, 사료 그리고 야채를 포함하여 생존을 위해 이용되었다. 이들 산물들의 금전적 가치를 계산하기 위하여, 마을 전체에서 소모되는 각 자원의 전체 양에 현재 시장 가격을 곱하였다. 많은 경우에, 현재 시장 가격은 직접적으로 회사로부터 얻었거나 혹은 지역 시장의 상인들을 면담하여 알아냈다. 식용 괴경과 인경같은 비 시장성 상품도 가격이 평가되었다.

이런 평가에 의해서, 마을 수입의 17%는 비 목재 임산물의 판매에 의해서 얻어지는 반면에, 마을 사람들에 의해서 직접 소모되는 임산물의 금전적인 가치는 연 수입의 47%에 이르렀다. 부가적인 13%의 수입은 임산부에 의한 일당에서 산출되었으므로, 마을 수입의 77%가 숲과 관련이 있다고 결론지었다. 나머지 23%는 생계와 상업적인 농업뿐만 아니라 품을 팔아 획득한 것을 포함하여 숲에서 일을 하여 얻은 것이 아니다.

표 3.22 인도 Motisingloti에서 다른 수입 활동 일들에 대한 매월 분포

월	임산부	관개부	다른 농부	비 목재임산물 수집					전체	
				Mahua 꽃	Mahua 종자	Timru 잎	Sag 종자	Bhidi 종자	임상 활동	합
1월	-	-	-	-	-	-	262	266	528	528
2월	-	-	-	126	-	-	104	1,064	1,294	1,294
3월	1,100	-	-	506	286	-	-	1,064	2,956	2,956
4월	1,100	-	-	885	1,145	564	-	266	3,960	3,960
5월	1,100	-	-	632	1,145	1,972	-	-	4,849	4,849
6월	500	350	-	253	286	282	-	-	1,321	1,671
7월	625	400	100	126	-	-	-	-	751	1,251
8월	-	-	100	-	-	-	-	-	-	100
9월	-	-	50	-	-	-	-	-	-	50
10월	-	-	50	-	-	-	-	-	-	50
11월	-	-	110	-	-	-	-	-	-	110
12월	-	-	115	-	-	-	156	-	156	271
전체	4,425	750	525	2,528	2,862	2,818	522	2,660	15,815	17,090

가구조사로부터 Kant와 Mehta는 각 가족이 한 달에 며칠을 현금 수입을 위해 일하는지를 파악했다. 마을 전체로부터 관찰된 것이 표 3.22에 있듯이 11,390일이 임산물을 채취하는데 그리고 4,425일이 임산부에서 일을 하는 데에 소요되었다. 이는 연간 17,090일로부터 산출된 것으로 사람들의 시간의 92.5%가 숲과 관련된 일에 소모되는 것이다. 이러한 일은 12월부터 7월까지 모여 있고, 이 기간 동안 대부분의 현금이 벌어진다. 8월부터 11월까지는 마을 사람들은 다른 농부들의 농사에 품을 팔거나 자신의 농작물을 경작한다.

연구자들은 임산물 수집에 대한 노동의 회수(return on labor: ROL)를 이런 활동에 소모하는 날 수에서 파생된 전체 수입을 나누어서 계산하였다. 비 목재 임산물들의 수집에 대한 전체적인 ROL은 하루당 13.8루피 이지만, 이런 율은 자원의 수확에 따라 달라진다. Bhindi 종자는 하루당 7.2루피, timru 잎은 하루당 17.6루피를 주지만, 임산부는 하루 임금을 22루피, 관개부는 14루피 그리고 농사를 크게 짓는 농부는 5루피를 하루 일당으로 준다. 이런 숫자는 표 3.22에 설명된 노동의 매월 분포를 설명하는데 도움이 된다. 임상부와 관개부 혹은 임산물 채집이 없을 때만, 다른 사람들의 농사를 짓는 곳에서 품을 팔 것이다.

5. 지역 시장

(1) 지역 시장에서 판매되는 생물학적 자원의 조사

생물자원에 대한 경제적인 연구는 지역 시장에서 판매되는 동·식물들의 양에 대한 자세한 조사가 되지 않으면 완전할 수 없다. 많은 약용, 관상용, 식용, 식용곤충 그리고 다른 산물들의 지역적인 가치는 생산자들, 판매자들 그리고 소비자들과 이야기를 나누어서 파악할 수 있다. 지역 집단에서 이러한 산물들을 판매하고 얻을 수 있는 수입의 양은 수요와 공급에 의해서 결정된 상품들의 현재 가치와 시장의 접근성에 의해서 결정된다.

과테말라 서부 지방에서 시골시장의 체계에 대해서 연구한 바 있는 미국의 인류학자인 Carol Smith는 시장의 4가지 요소들을 제시하였다. 첫째는 민족전통생물학 연구에서 판매를 할 수 있는 식물, 동물, 버섯, 곤충 그리고 기타, 다른 생물자원들과 같은 상품의 다양성이다.

둘째는 상인의 여러 종류이다. 예를 들면, 과테말라에서는 파트타임 상인들이 자신들의 집단에서 수확한 산물들을 판매할 뿐만 아니라 다른 지역들의 상품들을 사기 위하여 시장에 나온다. 이들은 중간 상인과 먼 거리로 거래를 하는 무역상을 포함한 많은 전업 상인들과 연관을 맺기도 한다. 세계의 많은 지역에서 상품 시장에서 중요한 역할을 하는 사람은 남자들인데, 상인들을 통해 여러 가지 다른 사회적 계급과 인종의 단면을 볼 수 있다.

세 번째는 교환 거래와 현금을 받고 거래를 하는 것을 포함하는 경제적인 거래의 형이다. 수확된 많은 양의 물건들을 산지의 밖으로 재분배하는 도매 거래가 있다. 또, 수입되거나 지역의 산물들을 판매하는 많은 소매업자들이 있다. 시골 지역에서 생산되는 일부 물건들은 도시 지역의 최종 목적지에 도달할 때까지 여러 단계를 거친다. 다른 상품들도 도시에서 구입되어 시장 거래를 통해 작게 나누어진 다음 먼 마을로 보내진다.

마지막으로 시장성 상품이 생산되는 집단에서 생산된 상품과 들어온 상품의 판로를 시장에 의존하고 있는 집단의 수, 크기 그리고 생태학적 지구를 포함하는 일반적인 지리적 환경(general geographical setting)이다. 이런 집단들이 얼마나 먼 거리에 있는지도 조사하여야 한다. 시장은 여러 집단들이 만나는 장소이며 다양한 생태지역과 문화지역에서 생산된 생산물들의 재분배가 이루어지는 곳이다.

(2) 시장의 상호관계에 대한 관찰

시장 조사를 하려면 아침 일찍 떠나는 것이 좋다. 적은 양의 임산물들은 첫 구매자가 온 후 즉시 사라질 수 있기 때문이다. 장날이 시작되자마자 판매되는 신선한 식물들은 대개 가장 좋은 수집물들이어서, 상인들은 시장이 정점에 도달하기 전에 매매를 끝내려고 한다. 정오 무렵의 분주한 시장에서는 많은 소비자들과 상인들을 그리고 민족전통식물학적인 관심의 대상이 될 수 있는 공예품들과 다른 다양한 상품들이 전시된 것을 볼 수 있다.

시장에 도착하면 시장 전체를 돌아보고 구매해야 될 상품들을 눈 여겨 보아둔다. 상인들이 위치하고 있는 장소와 상인과 소비자와 교환하는 화폐의 종류도 조사한다.

시장에서 민족전통식물학자들은 구매자로서 대부분 동일한 질문을 하게 될 것이다. 그들이 전에 보지 못한 과일에 관심을 보일 때 그들에게 무엇이라 부르며, 어디로부터 왔고, 어떻게 먹을 수 있는지 등에 대해서 물을 것이다. 약용식물을 구매한다면, 어떤 질병에 효험이 있는지, 어떻게 준비하는지 그리고 얼마나 오랫동안 보관할 수 있는지 등에 대한 질문을 하게 될 것이다. 조사자들은 이런 의문들을 아이템의 가격을 지불하면서 배우게 될 것이다.

그림 3.75 한국의 전통 장날의 모습.

팔려고 내놓은 물건들을 관찰하면서 조사자 자신이 구매자가 되어 시장 조사를 계속할 수 있다. 가판대에서 가판대로 옮겨가며 상인들과 대화를 하면서 과일의 맛도 보고, 식물의 이름과 용도 등을 알아보며 낮은 가격에 흥정하여 구입할 수 있다. 이렇게 되면 조사자 자신이 바로 다른 소비자들과 같이 자신의 집을 치장하고, 질병을 치료하며, 식용할 식물들을 구입할 수 있을 것이다. 이렇게 지역의 정서와 환경에 맞게 구입을 하고 나면 그 지역의 시장이 어떤 기능을 하는지 파악하는데 큰 도움을 얻을 수 있다.

시장조사의 가장 중요한 점은 상인들과 돈독한 관계를 유지하는 것이다. 그들은 하루 종일 물건을 판매하면서 지내기 때문에 소비자들의 질문에 답하는 것에 능숙하다. 만약 상인이 왜 식물에 관심을 가지냐고 묻는다면, 조사자가 수행하고 있는 연구에 대해 간략하게 설명을 하는 기회를 갖는 것이 좋다. 특정상인, 구매자 혹은 생산자를 깊이 있게 면담하고 그들의 집단을 방문할 때, 그들과 지역 당국에 조사자의 목적을 자세하게 설명해야 한다.

(3) 시장에서 민족전통식물학적인 자료의 기록

전형적인 구매자들과 달리 조사자는 자신의 질문 사항들을 체계적으로 관리하여야 한다. 시장에 나가기 전에 물어보아야 하는 사항들에 대해서 정리를 하여야 하고, 상품, 상인 그리고 시장의 다른 점들에 대한 자료들을 하루 종일 노트에 잘 기록하여야 한다. 이런 기록은 그림 3.76의 예와 같은 형태로 조사를 마칠 무렵 수집물들을 정리할 때 옮겨 적는 것이 좋다.

여러 가지 면에서, 시장에서 유용식물을 조사하는 것은 집단 내에서 민족전통식물학적인 목록을 작성하는 것과 비슷하다. 구매한 식물 전체는 압착하여 건조시켜 석엽표본으로 만든다. 신선한 과일과 야채들 같은 다른 증빙재료들은 액침표본으로 만들어 보관한다. 약용식물 묶음, 향신료 봉지, 종자꾸러미 등을 포함한 따로 정리가 필요 없는 많은 표본들은 프라스틱 봉지에 넣어 보관한다. 수집물들의 준비, 명명 그리고 분배는 "제2장 식물학적 연구 방법"에서 설명한 대로 한다. 광주리, 직물 그리고 목재 조각품 등을 포함한 동·식물의 가공 물품들은 특별하게 정리를 한다(Etienne-Nugue, 1990).

수집한 물건들을 처리하기 전에 사진을 찍기 원한다면, 이들이 판매되던 형태 그대로 찍어야 한다. 특히, 물건이 진열되고 있는 상태와 흥정하고 있는 모습 그리고 판매 장소를 포함한 다른 관련 사물들이 들어간 사진을 찍는 것이 바람직하다.

시장에서 구한 물건들을 보관하기 전에 모든 수집물들이 곤충에 피해를 입지 않도록 처리를 하는 등 일부 특별한 처리가 필요할 수 있다. 항상 보이지는 않지만, 많은 작은 곤충들과 알들이 마른 과일이나 종자

【시장 수집물의 정보 기록지】

시장의 위치: ______________________________

수집자 : __________ 수집번호 ________ 날짜 : / /

◎ 상인에 대한 정보

이름 : ____________________________

상인 형태 : 영구 상점 한적 상점 이동 상점

상인의 마을 : __________ 성별 : 남성 여성 나이 : __________

몇 번 정도 이곳에서 판매하는가? ____ 다른 시장에서는? _____

◎ 수집물에 대한 정보

지역이름 : ______________ 생활형 : ______________

마을 : ________ _______ 식생형 : __________________

경작 상태 : 재배 관리 야생

판매 상태 : 상인에 의해 수집 재판매

수집물의 종류 수 : 하나 ____ 종류의 혼합물

다른 성분들의 이름 : ________ ____________

식물의 상태 : 생체 건조물 ________에 보관된 것

가격/단위 : ______ 시장에 나오는 때 : 매일 주간 간혹

조사된 양 : 상인 ________ 전체 시장 __________

유용시기 : 1월 2월 3월 4월 5월 6월 7월 8월 9월 10월 11월 12월

과거에 비해 얼마나 많이 판매되는가? 더 많이 동일 적음

왜? 수확량이 작아서 구매자가 적어서 기타

용도 : ______________________________

이용 부위 : ________________ __________

처리 : ______________________________

기타 : ______________________________

◎ 표본관 정보

식물과명 ____________ 학명 ______________

처리 : 표본관 표본 액침표본 비닐봉투

분포 :

부본 : ______________

그림 3.76 시장에서 민족전통식물학적인 수집물의 정보를 기록하기 위해 만들어진 기록지 형태.

에 있을 수 있다. 이들은 대부분 수집물들이 건조될 때 높은 온도와 알코올과 같은 보존 용액에 액침될 때 죽는다. 이미 건조된 초본, 종자 그리고 다른 표본들은 식물건조기에서 24시간 열을 또 가해진다.

만약 살려야 할 재료들을 수집하였다면, 재료를 번식시킬 수 있도록 살충제나 기타, 다른 방법으로 처리를 해야 한다. 일부 연구자들은 온실이나 정원에서 번식시킬 종자, 뿌리 혹은 줄기들을 여분으로 수집하기도 한다. 가능하면 식물학자들에게 도움이 될 수 있도록 열매나 꽃이 달린 재료를 수집하여야 한다.

완전한 목록을 만들기 위해서는 얼마나 많은 표본들이 필요한가? 답은 연구자가 방문한 시장에 종사하는 사람들의 수와 조사하는 지역의 생태학적인 다양성에 달려있다. Oaxaca의 Central Valley와 Sierra Norte의 시장에 대한 민족전통식물학적 조사에서는, Martin은 여러 지역 대학의 학생들과 함께 625 관속식물, 17 버섯류, 7 이끼류 그리고 1 지의류를 포함하여 651 종류의 증거표본을 채집하였다(Martin, 1992). 이들은 97과 256속 300여 종류로 구성되어 있었는데, 이는 이 지역의 다양한 생태 지구로부터 생산되어 도시와 시골에 거주하는 수천 명이 이용하고 있는 식물들의 거의 완벽한 목록이다. 만약 동·식물에 대한 시장조사를 계획한다면, 1년에 걸쳐 여러 번 주기적으로 방문해야 할 것이다. 이는 판매되고 있는 상품들의 계절적인 변화를 기록할 수 있게 할 것이다. 많은 향신료, 약용식물 그리고 전분성 식용식물들이 연중으로 공급되고 있지만, 다른 식물들은 공급과 수요의 흐름에 따라 달라진다.

(4) 시장성 상품들의 공급, 수요 그리고 가치의 정량화

시장을 주기적으로 방문하는 것 이외에 시장에서 민족전통식물학적인 조사와 같은 체계적인 조사를 할 수 있는 다른 접근 방법이 있다. 이 기법은 시장을 통해 거래되는 상품들의 다양성과 양에 대한 예측을 할 수 있기는 하지만 시간이 많이 소요된다. 만약 일부 상인들과 절친하다면, 그들의 상점에서 거래되는 식물에 대한 모든 목록을 작성할 수 있을 것이다. 이들이 얼마나 많은 생산물을 가지고 있는지 그리고 생산물들의 가격을 기록할 수 있다면, 그들이 저장하고 있는 상품의 완전한 가치와 연간 판매되는 식물들의 전체 양을 측정할 수 있을 것이다. 멕시코 시장에서 판매되고 있는 식물들에 대한 연구를 수년간 수행한 Robert Bye와 Edelmira Linare는 멕시코시티의 Mercado de Sonora의 여러 약용식물 상점을 통해 완전한 조사를 했다. 이 체계적인 조사는 이들로 하여금 시장을 통한 상품들의 흐름을 기록하게 하였으며 또한, 이들은 무작위적인 구매를 통해 얻은 정보들을 이용하여 모아진 정보들에 대한 교차검증을 했다(Bye와 Linare, 1983).

자료를 정량화하는 또 다른 방법은 특정 종류를 파는 상인들의 수를 계산하는 것이다. 이에 더해 각 상점에서 판매되는 양을 측정하고 단위별 가격을 기록한다. 이는 특정 장날에 유용한 전체 공급량과 자원의 전체 가치를 계산할 수 있게 할 것이다. 만약 한 사람은 기록을 하고 다른 한 사람은 구매자가 집으로 가져갈 구입한 상품들을 포장해준다면, 소비자들에 의해서 얼마나 많은 양이 구매되는지 즉, 전체 수요의 대략적인 양을 산출할 수 있다. 이런 조사를 1년을 통해 한다면 공급, 수요 그리고 가격뿐만 아니라 1년을 통한 자원의 가치와 양에 대한 변동을 계산할 수 있을 것이다. 만약의 경우 공급과 수요의 정량적인 측정을 하기가 어렵너라도, 각 종류의 상대적인 유용성은 기록할 수 있다. 예를 들면, Robert Bye와 Edelmira Linare는 Mercado de Sonora에서 생산물의 유용성에 대한 계절적인 변이를 측정할 때 0(없음)부터 5(풍부함)까지의 6 단계의 척도를 이용하였다.

(5) 생산자 집단의 방문

동·식물들의 시장 조사가 끝나면, 이들이 생산되는 집단을 방문하고 싶을 수 있다. 자원을 모우는 지방민과 함께 시장에서 판매되는 다양한 종류들의 증거표본들을 수집할 수 있는 생산지를 방문할 수 있다. 그들은 매년 숲에서 수집하는 재료들의 양과 수확에 참여하는 사람들의 수를 결정하는데 도움을 줄 것이다. 그들은 매매에 참여하는 이웃 집단들에 대한 정보도 줄 것이다.

마을 경제에 대한 이런 평가는 채취 활동에 의해서 하게 되는 역할들을 이해할 수 있게 할 것이다. 가축 사육, 낚시, 농장 농업 혹은 품

팔이로부터 충분한 수입을 얻는 집단들이나 가구들은 약용식물들, 손공예품 혹은 다른 소수의 상품들을 매매하는데 억매여 있지 않다. 조사의 일부로써, 지역 집단이 시장으로부터의 어느 정도 떨어져 있는지 거리를 계산하고, 유용한 수단으로 농산물을 수송하는데 들어가는 비용이 어느 정도인지 평가해야 한다. 물건이 시장에 도달하기 전에 집단 내에서 구입을 하는 중간 상인이 있는지 그리고 이들이 다양한 자원들을 위해 어느 정도의 가격을 지불하는지에 대해서도 물어 보아야 한다. 마을 사람들이 제한된 지역에 분포하는 식물들에 의해서 생산된 과일이나 특정 인종에 유일한 공예품과 같은 주변의 집단들에서는 구할 수 없는 상품들을 생산하고 있는지도 조사해 보아야 한다. 채취활동의 참여는 가구마다 다를 수 있으므로 임산물 거래에 관련된 가족의 수와 이들이 가지는 집단 내의 상대적인 위치를 파악해야 한다. 부의 순위와 같은 참여전원평가기법은 짧은 기간에 사회경제적인 역학을 이해할 수 있게 할 것이다.

생산자 집단의 방문은 수확이 계속될 것인지 혹은 반대로 자원의 생산이 생물학적 자원이나 지역민의 생존에 위험을 줄 수 있는지 확인할 수 있는 기회가 될 것이다. 또한, 여러 해에 걸쳐 꾸준하게 생산할 사람들에 의해서 이용되는 특별한 수확 기법들을 관찰할 수 있을 것이다. 특히, 지역의 수확인들에게 자원의 상대적인 풍부성에 대해 물어야 한다. 즉, 생산이 증가하는가? 혹은 줄어드는가? 이제 자원에 좀 더 효율적으로 접근할 수 있는가? 혹은 농산물을 수확하는데 과거보다 더 집으로부터 멀리 여행을 해야 하는가?

(6) 시장 조사

일부 연구자들은 시장에서 판매되는 식물, 동물 그리고 곤충 등을 수확하는 모든 장소에 방문하는 시간을 가지는 것이 좋다. 이러한 이유는 시장에서 구입한 것들에 대한 자세한 정보를 기록하는 데에 유리하고 이러한 기록은 매우 중요하기 때문이다. 이런 기회에 민족전통식물학적 증거 표본에 대한 지역명, 생활형, 용도, 이용부위 그리고 처리 과정과 이용량 등의 자료를 수집할 수 있다. 가능하다면, 소비자와 상인을 같이 면담하여 명칭, 용도 그리고 기타 다양한 다른 속성들의 변이 형태에 유의하여 기록한다.

그림 3.76에 예시된 조사표에 대해서 Oaxaca Valley 시장 조사를 예(Martin, 1995)로 다음과 같이 제시된 부가적인 설명을 참고하면 좋다.

♣ 상인에 대한 정보

상인이 영구적인 상점을 가지고 있는지, 일시적인 가판을 가지고 있는지 혹은 이동식 가판을 가지고 있는지에 유의하면서 그들이 소매를 하는지 혹은 도매를 하는지에 대한 조사도 한다. 또한, 그들이 판매하고 있는 것들이 약용, 식용, 관상용, 종교용 혹은 이런 용도를 망라한 상품들을 판매하고 있는지 유의해야 한다. 집단 조사에서 참여자들의 이름, 나이, 인종, 고향 그리고 다른 개인적인 사항들을 포함하여 참여자의 사회적인 정보를 기록하여야 한다. 더 나아가, 얼마나 오랜 동안 시장에서 판매를 하고 있는지도 중요하며, 정규적으로 판매하는지 혹은 어느 곳에서든 판매를 하고 있는지에 대해서도 물어본다.

Oaxaca의 Valley 시징에서 상인들과 면담을 통해 조사한 결과는, Zapotec 인디언과 mestizo 상인들이 숲에서 나온 지역 상품과 농업 상품들을 조절하고 있고, Chinantec, Mixe, Mixtec 그리고 다른 원주민들은 시장에서 구매자와 소비자로써 좀 더 작은 역할을 하고 있을 뿐이라는 사실이 밝혀졌다.

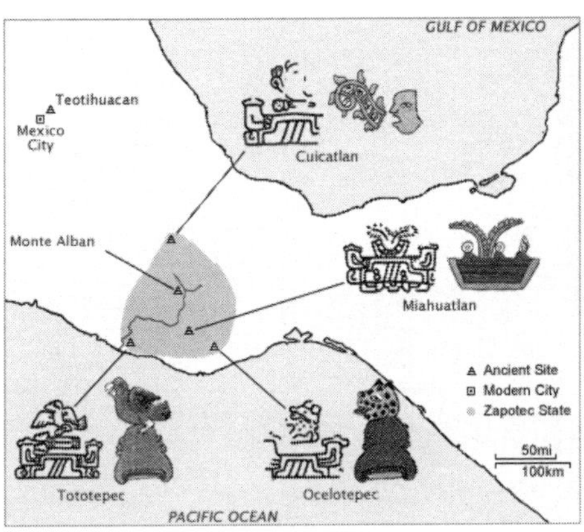

그림 3.77 Oaxaca의 Zapotec 인디언들.

♣ 농산물의 기원

: 자원이 수확된 지역이나 명칭을 물어야 한다. 자원을 수확한 곳의 기후조건이나 생태적 조건들을 알아본다. 해당 종류가 집단내의 야생지역에서 모아졌는지 혹은 재배지역이나 관리되는 지역에서 수확되었는지도 결정하여야 한다. 시장 주변 지역에 대한 전반적인 조사는 넓은 지역의 기후와 지역의 식생지도를 얻을 수 있다.

Oaxaca의 경우, 해안, 해협, 산악지역, 만의 낮은 지역 그리고 기타, 다른 지역에서 출하된 농산물들이 발견되었는데, 이는 열대 상록수림, 우림, 소나무-참나무림 그리고 열대 낙엽수림과 같은 광범위한 생태지구를 포함하는 것이다. 세계의 다른 지역과 같이, Valley와 Sierra 지역의 시장은 다양한 지역의 농산물들을 분배하는 중심지이었다.

♣ 상품의 조건

: 농산물이 생체, 건조물 혹은 다른 방법으로 저장된 것인지? 어떻게 포장되었는지? 한 종류로만 이루어졌는지 혹은 다른 첨가물이 들어갔는지? 전체 식물들이 언제 수집하였는지? 표본들에 생식기관들이 있는지 등에 유의를 해야 한다.

Oaxaca Valley 시장의 조사에서 만들어진 표본 651점 중에서 260점은 석엽표본으로 만들었고, 다른 391점은 건조하여 플라스틱 백에 넣었으며, 생체 재료는 알코올에 액침표본을 만들었다. 수집된 대다수의 식물들은 한 종류씩이었지만, 약용식물들은 혼합된 것이 많았다.

♣ 자원의 시장성과 관리

: 자원이 재배되었는지 혹은 야생인지 알아야 된다. 상인들이 농산물을 자신들이 직접 모았는지 혹은 다른 사람들이 재판매하는 것을 샀는지도 물어 보아야 한다.

Oaxaca Valley 시장에서 판매되는 재배식물들 대다수는 생산자로부터 중간상인을 거쳐 상인들에게 전해지는데 일부 관리되거나 야생에서 채취된 식물들은 지역 주민들이 직접 시장의 가판에서 판매를 하기도 한다. 이들과 가족들은 관상용 소철, 꽃이 핀 난초 그리고 약용식물을 포함하여 대부분의 식물들을 자신들의 거주 지역 내 들판이나 숲에서 채취한 것들이다.

♣ 양, 가격 그리고 유용성

: 가능하다면 상품을 취급하는 상인들의 수를 세고, 각 상점에서 얼마나 판매되는지 조사하여야 한다. 각 단위당 가격과 다른 상인들 사이에 가격이 어떻게 달라지는 지에도 관심을 가져야 한다. 농산물이 연중 이용할 수 있는지 혹은 드물게 자란다면 판매되는 특정 기간이 있는지 알아본다. 후일 시장에 방문할 때, 이들이 계절적으로 혹은 일시적으로 판매되는지도 알아본다.

Oaxaca 중부 계곡에서, 테페질로테 야자(*Chamaedorea tepejilote* Liebm.)는 꽃대가 나오는 이른 봄 몇 달만 이용 가능하다. 브롬엘리아드는 1년 내내 산지 숲에서는 이용 가능하지만, 이들의 꽃이 피는 시기와 일치하는 크리스마스와 부활절과 같은 축제기간에만 시장에서 관상용으로 판매된다. 이에 비해, 마른 약초들은 1년 내내 계속적으로 공급된다.

A B

그림 3.78 *Chamaedorea tepejilote* Liebm.(A), Bromeliads(B).

♣ 수요와 공급의 변화

: 특정 종류의 공급에 감소와 증가가 왜 일어나는지에 대해서 상인들에게 물어야 한다. 만약 그들 자신들이 자원들을 수확한다면 그들의 집으로부터 채취 대상인 동·식물까지 얼마나 여행을 해야 하는지도 알아보아야 한다. 소비자들이 예년에 비해 구매를 더하는지 아니면 덜하는지에 대해서도 조사를 해보아야 한다.

Ocotlán의 장날, Oaxaca의 Central Valley에 있는 Zapotec 마을인 Santa Cecilia Jalieza로부터 왔으며 지역 시장에 아주 자주 방문을 하는 이동 상인들과 이야기를 나누었다. 그들은 손으로 만든 편지 개봉용 칼을 주로 관광객들에게 팔고 있었다. 이 물건들은 노박덩굴과 *Wimmeria persicifolia* Radlk.의 목재인 yagalán으로 부르는 나무로 만든다. 관광객이 증가하자 이와 더불어 수요도 늘게 되었다. Santa Cecilia에서는 yagalán이 사라진지는 오래되었고, 장인들은 이제 시장에서 나무를 사서 만든다. San Miguel Pers라 부르는 지역 집단에서 온 목재 공급자는 yagalán을 발견하기 위하여 훨씬 먼 거리를 걸어야 한다. Jalieza의 목공들은 이제 재료의 대용으로 질이 낮은 나무를 이용하고 있다.

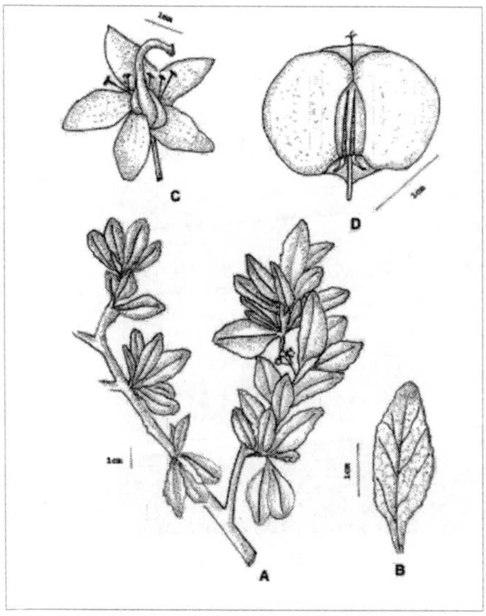

그림 3.79 *Wimmeria persicifolia* Radlk.

♣ 부가적인 정보

: 수집자의 이름, 표본과 일치하는 수집 번호, 시장 집단의 이름 그리고 상품의 구매 일을 기록하는 공간을 정보 기록지에 남겨두어야 한다. 또한, 표본들의 처리, 분포 그리고 과학적 동정 등을 기록할 수 있는 여지를 남겨두어야 한다. 식물 수집물은 표본을 압착 건조하여 석엽표본으로 만들었는지, 액침표본으로 만들었는지 혹은 플라스틱 봉지에 보관하였는지 기록을 한다. 전체 부본 표본들의 수와 이들이 표본관이나 박물관 등 어디에 보관되는지도 기록을 한다. 표본들이 동정되었다면, 가능하다면 속하는 과명은 물론이고 변종, 아종 등을 포함하여 완전한 학명을 기록한다.

이러한 정보들은 수집물들의 용이한 분석을 위하여 컴퓨터 데이터베이스로 전환시킨다. 정보기록지에 더해, 야외에는 고도, 기후, 방위 좌표 그리고 생산자 집단의 인종 등을 기록한다. 또한, 수집된 종류의 자료에 전체적인 분포와 이들이 자생하는지 혹은 전래된 종류인지 기록을 한다.

Oaxaca 시장의 민족전통식물학적 데이터베이스는, 식물의 32%가 약용이고 31%는 식용, 23%는 관상용 그리고 8%는 양념류이다. 나머지 6%는 가정용품이나 종교적으로 이용되는 등 다양한 목적으로 이용되는 종류들이었다. 65%는 자생 종류이고 35%는 전래된 종류이었다. 약용식물 중 자생 종류들은 76.1%이고 식용식물은 59.6%이며 관상용은 55.7%이고 양념류는 47.9%이었다.

정보는 주로 시장을 방문하여 얻었고, 생산자 집단은 시장조사에서 파악된 종류들의 보존 상태와 가치의 측정에 이용하였다. 이러한 예는 아래에 잘 예시되어 있다.

❂ 시장조사에서 파악된 종류들의 가치와 보존 상태의 기록 ❂

Jerzy Rzedowski는 1960년대 Zacatecas의 Juchipila 마을에서 만들어진 시장 상품을 통해 piñon 소나무(*Pinus maximartinezii* Rzedowski)의 새로운 종을 발

견한 멕시코 식물학자이다. 지역 상인들에 의하면, 그는 Sierra de Morons의 작은 산에서 이 소나무의 유일한 개체군을 발견하였다는 것이다. 이 나무들에 대한 소유권은 매년 솔방울의 견과를 수집하여 시장에 내다 파는 3명이 가지고 있었다.

그림 3.80 piñon 소나무(*Pinus maximartinezii* Rzedowski).

헝가리 임산학자인 Zsolt Debreczy는 1992년 이 지역을 방문하여 이 세 명의 주인들 중에서 Antonio Benavides Gómez와 면담을 하였다. 자신의 소유인 40ha 숲에서 가족들의 도움을 얻어 9월에 솔방울의 견과를 커다란 50개의 자루에 수확하였다. 각 자루의 무게는 약 25kg이고 1992년 가격으로 미화 125$와 동등한 가격으로 거래되었다. 이런 활동으로 Benavides 가족은 그 지역의 대부분 사람들의 연간 수입의 4배가 넘는 6,000$ 정도 이상을 벌어들인다.

수확은 현재의 정도로 수십 년 동안 이루어져 와서, 해당 종류의 자연적인 재생에 커다란 영향을 주고 있다. 멕시코와 중앙아메리카의 소나무 전문가인 Jesse P. Perry, Jr는 1980년대에 이곳을 방문한 결과 이 piñon 소나무의 번식에 대한 어떤 증거도 찾지 못했음을 밝히고 있다. 화재, 염소와 소에 의한 먹이 그리고 과도한 솔방울 견과의 수확이 이 희귀식물의 생존을 위협하고 있는 주요인이다.

참고문헌

Alcorn, J. B. 1989. Process as resource: the traditional agricultural ideology of Bora and Huastec resource management and its implications for research. *In:* Posey, D. A. and Balee, W. (eds) Resouce Management in Arizona: Indigenous and Folk Strategies (Advances in Economic Botany 7). New York Botanical Garden, New York, pp.63-77.

Balick, M. J. and Mendelsohn, R. 1992. Assessing the economic value of traditional medicines from tropical rain forests. Conservation Biology 6: 128-30.

Bye, Jr R. A. and Linares, E. 1983. The role of plants found in the Mexican markets and their importance in ethnobotanical studies. Journal of Ethnobiology 3(1): 1-13.

Cunningham, A. B. and Mbenkum, F. T. 1993. Sustainablility of Harvesting of Prunus Africana Bark in Cameroon: A Medicinal Plants in International trade. Perple and Plants working paper 2, UNESCO, Paris.

Ehrlich, P. R. and Ehrlich, A. H. 1992. The valuation of biodiversity. Ambio 21: 219-226.

Etienne-Nugue, J. 1990. Crafts, Methodological Guide to the Collection of Data. UNESCO, Paris.

Godoy, R. A., Lubowski, R. and Markandaya, A. 1993. A method for the economic valuation of non-timber forest products. Economic Botany 47(3): 220-33.

Guerrero, R. O. and Robledo, I. 1990. Actividades biologicas de plantas del Bosque Nacional del Caribe (Puerto Rico). Brenesia 33: 19-36.

Kant, S. and Mehta, N. G. 1993. A forest-based tribal economy: a case study of Motisingloti village. Forest, Trees and People Newsletter 20: 34-39.

Malhotra, K. C., Poffenberger, M., Bhattacharya, A. and Dev, D. 1992. Rapid appraisal methodology trials in Southwest Bengal: assessing natural forest regeneration patterns and non-wood forest product harvesting practices. Forests, Trees and People Newsletter 15/16, 18-25.

Martin, G. 1992. Searching for plants in peasant marketplaces. In Sustainable Harvest and Marketing of Rain Forest Products (eds Plotkin, M. and Famolare, L.), pp.212-23, Island Press, Washington DC.

Martin, G. J. 1995. Ethnobotany (A methods manual). Chapman & Ha Co, London. p.xx-xxiv., pp.95-222.

Munasinghe, M. 1992. Biodiversity protection policy: environmental valuation and distribution issues. Ambio 21: 227-36.

Nepstad, D. C. and Schwartzman, S. (eds.), 1992. Non-timber Products from Tropical Forests: Evaluation of a Conservation and Development Strategy. Advances in Economic Botany, Vol. 9, The New York Botanical garden, New York.

Padoch, C. 1987. The economic importance and marketing of forest and fallow products in the Iquitos region. Advances in Economic Botany 5: 74-89.

Padoch, C. 1988. Aguaje (Mauritia flexuosa L. f.) in the economy of Iquitos, Peru. Advances in Economic Botany 6: 214-224.

Peters, C. M., Gentry, A. H. and Mendelsohn, R. O. 1989. Valuation of an Amarzonian rainforest. Nature 339: 655-656.

Phillips, O. 1993. The potential for harvesting fruits in tropical rainforests: new data from Amazonian Peru. Biodiversity and Conservation 2: 18-38.

Pinedo-Vasquez, M., Zarin, D. and Jipp, P. 1992. Economic returns from forest conversion in the Peruvian Amarzon. Ecological economics 6: 163-173.

Plotkin, M. and Famolare, L. 1992. Sustainable Harvest and Marketing of Rain Forest Products, Island Press, Washington DC.

Swanson, T, M. and Barbier, E. B. 1992. Economics for the Wilds: Wildlife, Wildlands, Diversity and Development. Earthscan Publications, London.

Theis, J and Grady, H. M. 1991. Participatory rapid Appraisal for Community Development. International Institute for Environment and Development, London.

제 7 장 언어학적 연구 방법

1. 지역 언어의 습득

만약 새로운 집단에서 연구를 하려면 지역민들이 사용하는 언어를 배우는 기회를 가져야 한다. 세계적으로 약 6,000개의 살아있는 언어가 있으며 이들 대부분은 수십 명에서 수천명 정도의 사람들로 구성된 소수 인종들이 사용을 하고 있다. 이러한 언어들 대부분은 전통적으로 기록할 수가 없으며, 비록 간단한 어휘와 문법을 가지고 있지만 짧은 과정으로는 이들 언어들을 이해하기 어렵다. 중요한 것은 이러한 언어들은 민족전통식물학자들이 일을 하기 원하는 집단들에 의해서 대부분 사용되고 있다는 사실이다.

만약 이들 지역에 1년 이상을 머무를 것이라면 날마다 말하는 것과 쓰는 방법을 배워야 할 것이다. 민족전통식물학적으로 깊이 있는 연구를 하려면 언어를 알아야 한다. 지역민들은 연구자가 그들의 문화와 언어를 이해하기 시작했다는 사실을 알고 나서야 그들이 알고 있는 자연환경에 대한 자세한 지식들에 대해 논의를 하려고 할 것이다. 만약 연구자가 집단의 구성원으로서 언어를 구사할 수 있다면, 자신의 언어를 언어학자들이나 다른 사람들이 이해할 수 있도록 해야 한다.

구비언어를 배우는 데에는 야외조사를 나가기 전에 반드시 알아두어야 할 특별한 기술을 요한다(Pike, 1971). 세계의 언어들에서 발견되는 다양한 소리들을 어떻게 발음하고 쓰는지에 대한 세미나 혹은 언어학 기초 과정을 이수하는 것이 좋다(Ladefoged, 1982). 언어를 배우는 데에는 3가지 기본적인 과정이 필요하다: (1) 사람들이 무엇을 말하는지를 이해해야 한다. (2) 대화로 자신을 표현해야 한다. (3) 정확하게 쓸 수 있어야 한다. 한 영역에서 발전되면 다른 영역으로 자동으로 넘어갈 것이다. 예를 들면 대화에 참여하거나 혹은 연설의 의미를 이해하기 전에 특정 단어들이나 구절들을 쓰고 반복해서 읽어야 한다. 문법책이나 어휘 책은 해당 언어를 공부하는데 도움을 줄 것이고, 끈기 있게 듣고, 반복하며 그리고 쓰는 노력을 경주해야 된다.

많은 야외조사자들은 지역민의 언어를 이해하는 원주민을 고용한다. 이때, 교육자는 조사자들이 쉽게 이해할 수 있도록 설명이나 번역을 할 수 있는 2개 국어를 할 수 있는 사람이 좋다. 한 사람 혹은 더 많은 교육자와의 꾸준한 관계유지를 하는 것이 생산적이며, 자신이 습득한 언어의 정도와 변화를 점검하기 위하여 다른 원주민들과 이야기하는 것도 열심히 해야 한다.

2. 언어학자들과의 협력

많은 민족전통식물학자들은 야외조사에 활용할 언어를 배우는 적절한 기술과 충분한 시간을 가지고 있지 않다. 식물의 화학 성분은 생약학자에게, 수집물의 동정은 식물학자들에게 의뢰하듯이 언어학자들의 도움을 얻어 연구과정에서 얻어지는 주요단어와 개념들을 이해하고 기록할 수 있다.

야외에서 연구자들과 함께 할 수 있는 언어학자들을 구하는 데에는 여러 가지 경로를 이용할 수 있다. 연구 지역에 특수한 두어 가지 언어를 사용할 수 있는 언어학자들이 대학에 있을 수 있으므로 대학의 언어학과를 방문하면, 다년간 언어학 이론의 최신 주제인 전환 언어학(transformational linguistics)이나 사회 언어학(sociolinguistics)과 같은 연구에 몰두하고 있는 학자들을 찾을 수 있다. 어쩌면 소수의 학자들은 민족전통식물학자들이 대부분 흥미를 가지고 있는 기술적 그리고 역사적 면에 연구를 하기 위하여 수년간 지역민들과 함께 생활했던 기회를 가지고 있을 것이다.

한 집단에 여러 해 머무르는 선교단은 지역 언어를 자세히 공부하는데 특별한 위치를 가지게 된다. 기본적인 혹은 전문적인 언어학 훈련을 받을 수 있는 Summer Institute of Linguistics와 다른 국제 기독교 신교조직과 연계된 많은 종교인들이 있다. 이들의 중요한 목적 중의 하나는 성경을 다양한 지역 언어로 번역하는 것이다. 이러한 일을 하기 위해서는 실제적인 서술체계 즉, 이전에 연구가 안 된 많은 언어들에 대한 문법, 표현학, 의미론 등에 대해 자세히 분석하고 연구해야 할

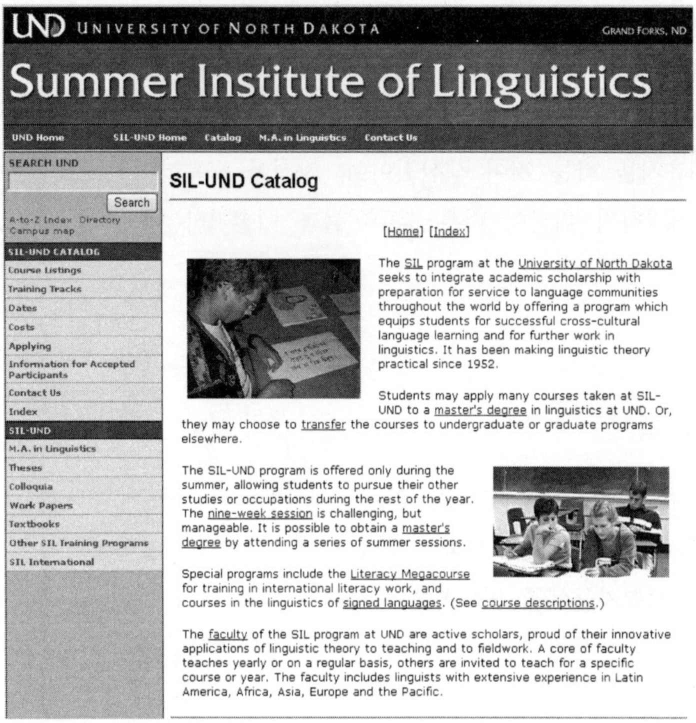

그림 3. 81 North Dakota 대학교에 있는 Summer Institute of Linguistics의 웹사이트.

것이다. 이들의 이러한 언어학적인 연구는 지역민들을 신교로 개종시키기 위한 것으로, 기독교에 이질감을 갖는 많은 나라에서는 지역민들이나 정부 관리들이 이들의 활동을 반대하고 있다. 그러나 일부 지역에서는 지역민들을 읽고 쓰게 가르치는 이들의 노력을 받아드리기도 한다. 하지만 대부분의 지역에서 이는 민감한 문제이기 때문에, 연구 대상지의 지역민들과 다른 참여 연구자들에게 선교사들과 함께 일하는 것에 대해 물어보는 것이 좋다.

지역민들 중에서 자신들의 언어를 가르치는 능력이 있는 사람들을 찾는 것이 좋다. 지역민들 중에서 그들 자신들의 노력이나 혹은 정부주도의 교육 프로그램, 선교사, 전문적인 언어학자 등에게 배워서 이미 통역에 경험이 있을 수 있다. 지역민들은 집단 내에서 여러 해 동안 보낸 비원주민 언어학자에 비해 단어들의 발음이나 의미 분석에 뛰어난 직관을 가지고 있을 수 있다. 지역민들은 연구를 위해 지역을 방문하는 사람들에 비해서 연구를 계속할 수 있는 위치를 가지고 있어서 언어 분석을 보다 세련되게 할 수 있고 동·식물들에 대한 새로운 명칭들을 기록할 수 있다. 지역의 도우미들이 언어학에서 깊이 있는 훈련들을 받지 않았다면, 그들의 통역이나 분석의 방법들은 학술적인 언어학자들과 선교사들보다 능력이 뒤질 것이다.

언어학적 훈련을 받은 협력자를 구하였다면, 연구자는 자신이 일을 하게 될 지역 언어들의 독특한 소리들에 대해 듣기, 발음하기 그리고 쓰기 연습을 해야 한다. 이런 연습은 언어를 쓰는 데는 물론이고 말하고 듣는데도 좋은 결실을 내게 할 것이다.

3. 언어학자가 없는 곳

연구자가 조사 지역의 언어를 배울 수 없고 도움도 얻을 수 없는 지역에서는 어떻게 할 것인가? 가장 좋은 방법은 야외에서 녹음기에 녹음하여 후일 그 지역의 언어를 전공한 언어학자에 번역을 부탁하거나 연구자 자신이 언어학적인 경험을 쌓은 후 번역하는 것이다.

번역하고자 하는 중심 단어를 파악하고자 하면, 각 어휘를 분리하여 한 사람 이상의 지역민에게 발음해서 물어 보아야 한다. 이때, 단어의 발음은 한 번은 늦게 그리고 다음은 정상적인 음색과 속도로 한다. '우리는 x를 위장병 치료제로 이용한다.' 'x는 나무 형태이다'와 같이 구절에 있는 단어를 발음하여 물어야 한다. 이는 언어학자가 분명한 소리를 명확하게 들을 수 있도록 하고 단어가 일상생활에서 어떻게 발음되는지를 이해할 수 있게 한다.

연구자가 지역 언어에 상대적으로 유창하다면, 연구 기간 동안 발견한 동·식물들의 이름을 녹음하여야 한다. 이 테이프는 언어학적인 증거자료로써, 박물관이나 연구 센터에 이를 남겨두어 다른 동료들이 자신의 연구를 참고하고 번역의 정확성을 검토할 수 있게 한다.

식물명을 테이프에 기록하는 효과적인 방법은 집단 내에서 수집된 민족전통식물학적인 증거 표본들을 가지고 지역민들과 함께 일을 하는 것이다. 각 표본의 수와 채집자의 이름을 녹음하고 난 이후 식물들의 이름을 물어야 한다. 위에서도 언급되었지만, 첫 발음은 단어의 소리들이 인식될 수 있도록 주의 깊게 발음하고, 이에 더해 평상시와 마찬가지로 녹음을 한 번 더 한다. 각 명칭은 식물학자들에 의해서 동정되는 증거 표본에 연결되어 있으므로 이러한 체제는 민속과 과학 사이에 조화를 이룰 수 있도록 해 줄 것이다.

또한, 생활형, 용도 그리고 처리뿐만 아니라 식물과 관계된 신화나 이야기들을 포함한 각 증거 표본들에 대한 부가적인 정보들을 녹음하고 번역해야 할 것이다. 그렇지만 야외를 떠날 때에 분석하고 번역해야 할 정보들을 너무 많이 기록하는 유혹에 빠져서는 안 된다. 60분짜리 테이프를 번역하고 이해하는 일은 쉬운 일이 아님을 명심해야 한다.

4. 지역 언어의 전사

표기할 수 있는 언어학적 기호로 언어를 기록하는 과정을 전사(transcription)라고 한다. 정확한 말을 기록하기 위하여 음성학자들은 음소(phoneme)라고 하는 각 소리 단위의 발음을 분석한다. 그들은 이

그림 3.82 Journal of the International Phonetic Association의 표지.

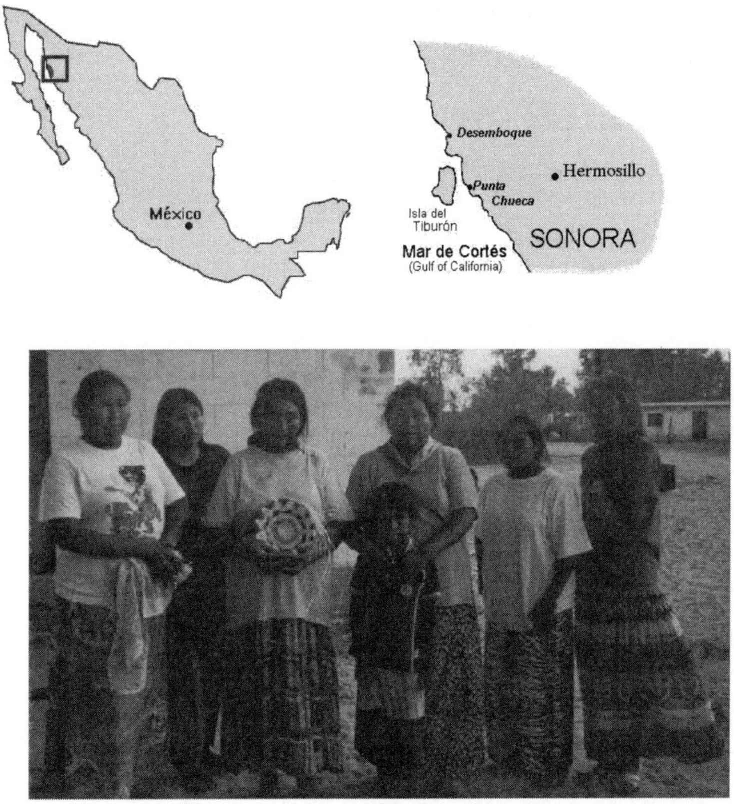

그림 3.83 Mexico의 Sonora 지역과 그 지역에 거주하는 Seri 인디언들.

런 소리 조각들이 다른 단어와 구절들의 음소와의 상호 관계 속에서 어떻게 변하는지를 설명하는 규칙을 설정하려 노력을 한다. 음성학(phonology)은 단어들과 문장들이 어떻게 발음되는지를 결정하는 규칙과 소리에 대한 학문이다.

다른 동료들이 이해할 수 있는 언어로 전사하기 위하여 음성학자들은 국제 음성 협회(International Phonetic Association; IPA)의 표준화된 기호들을 이용한다. 특별한 지역에 초점을 두고 있는 언어학자들은 다른 연구자들이 널리 이해할 수 있도록 이 체제를 약간씩 변화시키기도 한다. 쓰기 체제를 개발한 언어학자들은 표준적인 언어학적 표시법보다 쉽게 이해할 수 있는 간단한 기호들을 이용할 수 있다.

철자에 대한 기호를 기록한 민족전통식물학 관련 저서들이 많이 있는데, 그 중 Richard Felger와 Mary Beck Moser는 Seri 인디언의 민족전통식물학에 대한 자신들의 책에서 그들이 이용한 Seri 철자 기호를 보여주고 있는데 이는 IPA와 동등한 것으로 취급된다(Felger와 Moser, 1985). 그들은 영어로 Seri 기호의 대부분을 어떻게 발음하는지를 보여주는 좋은 예를 보여주었다.

5. 민족전통식물학에서 언어학적 분석

(1) 단어에 대한 의미 분석

알고 있는 것을 지역 언어로 정확하게 전사를 하려면 자연환경을 설명하는 어휘와 식물명의 의미들을 이해해야 할 것이다(Balee, 1989; Carroll, 1956). 통상적인 민족전통식물학적인 논문들에서는 지역명에 대한 어떤 번역도 하지 않은 저자들이 있다. 심지어는 후일 다른 민족전통식물학자들이 지역민들의 원어로 '나는 모른다' 혹은 '저것은 바위이다'라고 말한 것을 지역의 식물명으로 기록한 연구자들의 이야기들이 있다. 이러한 오류는 각 식물명에 대한 의미를 지역민과 함께 분석하지 않았기 때문이다.

언어학자들은 직역(literal translation)과 의역(free translation)을 명확히 구분한다. 해설이라고 부르는 의역은 원주민 단어와 동일한 의미를 가지는 가장 근접한 번역이고, 직역은 문자 그대로의 번역을 의미한다. 예를 들면 Mixe 식물명 *tsapxöj*의 의역은 quince(마르멜로의 열매)인데 직역은 heaven-oak이다. *tsap*는 글자 상 heaven의 뜻이지만, 통상적으로 스페인 사람들에 의해서 소개된 물건들에 붙이는 수식어로 이용된다. *xoj*는 원주민들이 oak를 일컫는 말이다. 결국, Mixe인들은 자생 oak를 생각하면서 이와 유사한 외형을 가지는 스페인에서 들어온 열매 나무인 *Cydonia oblonga* Miller(quince)를 지칭하는데 두 단어를 합하여 이용하였던 것이다.

세계의 많은 지역들은 프랑스어, 스페인어 혹은 영어와 같은 주요 비원주민 언어들에 유창한 원주민들의 도움을 받아 식물명과 다른 어휘들에 대한 초벌 번역을 할 수 있다고, 명칭들의 일부를 이해하는데 도움이 될 수 있는 지역 언어에 대한 사전들로부터 많은 도움을 얻을 수 있다. 지역 어휘를 영어, 프랑스어 혹은 스페인어와 같은 널리 알려진 언어들로 번역하려면, 정확하게 동일한 의미를 가지는 단어는 개념상 없다는 것을 유념하여야 한다. 이태리어로 'traduttore, traditttore' (translator or traitor: 번역사 혹은 배반자)는 한 언어의 어휘의 의미를 다른 언어로 정의 하는 과정에는 항상 오류가 따름을 경고하는 의미가 있다.

때로는 단어를 부분적으로 나누어 명칭의 의미를 찾아낼 수 있다. 예를 들면, Mixe 집단에서 *tsapxoj*라는 단어를 들었다면, '*tsap*는 어떤 의미를 가지고 있는가?', '*xoj*는 어떤 의미를 가지고 있는가?'라는 질문을 하여 명칭의 의미를 이해할 수 있다. 식물목록을 가지고 있다면, 비슷한 접미사, 접두사 그리고 어근을 찾아야 한다. 통상 명칭이 무엇을 가지고 있는지에 대한 질문을 하여, 그들의 의미를 이해할 수 있는 실마리를 발견할 것이다. 예를 들면, Mixe 식물명에는 *tsap*로 시작하는 많은 식물들이 있다. 이는 자생식물과 유사한 모든 도입종류들의 명칭에 적용되어 있음을 깨닫고 난 이후 이의 의미는 정확하게 정리되었다.

그림 3.84 Quince (*Cydonia oblonga* Miller).

그림 3.85 Aaydum (*Annona cherimola* Miller).

그림 3.86 Maydum (*Mimosa albida* Kunth).

일부 어휘들을 번역하는 데에 기술적인 언어학 작업을 의뢰하여야 할 것이다. Totontepec 민족전통식물학 목록을 보면, 여러 식물명들이 '-dum'으로 끝나는 aaydum(*Annona cherimola* Miller)과 maydum (*Mimosa albida* Kunth) 같은 여러 식물명들을 발견할 수 있을 것이다. Totontepec 사람들은 접미어를 이해할 수 없었지만, 네덜란드 언어학자에 의해서 수행된 많은 Mixe 방언들에 대한 체계적인 분석은 '-dum'은 둥근 물건을 언급할 때 사용하는 고대 Mixe 접미어로써, *Annona*의 둥근 과일과 *Mimosa albida*의 공 같은 화서를 묘사하기 위한 것이었다.

다른 언어에서 빌려온 식물명에도 유의를 하여야 한다. 인도네시아의 보르네오 북부에서 원주민들이 부르는 Dusun 식물명들을 분석할 때, guavas(*Psidium guajava* L.)의 Dusun 명칭인 bayabas는 포르투갈어인 guayabas에서 온 것이었다. 포르투갈인들에 의해서 말레이시아에서 옮겨진 guavas와 같은 도입 식물들은 차용된 명칭을 갖는다. 자생식물들은 두 문화가 오랜 동안 접촉을 거쳐 차용된 명칭을 가지는 경우가 있다.

그림 3.87 Guavas (*Psidium guajava* L.).

명칭들의 의미에 대한 과도한 연구를 피하는 것이 좋다. 만약 연구자의 이해가 지역민들이나 언어학자들에 의해서 인정이 안 될 때에는 바로 확신을 하지 않는 것이 바람직하다. 다수 동·식물들의 명칭들은 생물체들을 특별히 언급하는 고유명이라는 점과 이들은 더 이상 분석할 수 없다는 점을 유의해야 한다. 만약 다른 사람들이 'maple(단풍)'이나 '참나무(oak)'의 의미를 설명해달라고 한다면 어떻게 설명할 것인가? 이들 이름들은 북미나 유럽에서 영어로 말을 하는 사람들에게는 별다른 의미를 가지지 않고 있지만, 그들은 단순히 단단한 나무인 다른 종류들을 지칭하기도 한다. 어떤 문화에서든지 독특하고 중요한 종류들에 주어진 명칭들의 대부분은 분석되지 않을 것이다.

명칭들의 정확한 번역은 그들의 의미를 이해하는 것이 첫 걸음이다. 그럴 것이면 먼저 각 명칭이 언급하는 사물이나 지칭하는 물체를 파악해야 할 것이다. 식물의 경우를 예로 들면, 종류들이 각 지역명과 일치하는지를 확인하여야 한다.

이런 의미의 파악은 민속분류의 의미론적 분석의 한 관점일 뿐이다. 식물명의 의미는 신화와 종교가 투영되어 있는 상징적인 중요성을 포함하기도 하지만, 대부분 식물들이 집단 내에서 어떻게 인지되고 이용되는 지로부터 유래된다. 명칭을 정확하게 번역하고 대상물을 결정하는 첫걸음은 문화에서의 중요성을 파악하고, 전체적인 의미를 설명해 주는 민족전통서지학적 자료들을 충실하게 모으는 것이다.

(2) 같은 어원의 추적

다른 방언들과 언어들로부터 유래한 어휘들 중에서 동일한 단어의 변화형을 보여주거나 같은 사물을 지칭할 때 동일 어근(cognate)이라고 말한다. 사람들이 동일하거나 혹은 서로 연관이 있는 언어로 의사소통을 하는 지역의 여러 집단에서 조사를 할 때면, 각 지역 집단에서 다수의 동·식물 종류들이 유사한 명칭으로 불리우는 것을 알 수 있다(Balee와 Moore, 1991). 이러한 유사성들은 동시에 나타나거나 한 집단에서 다른 집단으로 전달되어서 나타나는데, 이런 명칭들의 대다수는 동일 어근으로 간주될 수 있다.

멕시코 남부 지역에서 Mixe어와 Zoque어 사이에 연관성을 연구하던 네덜란드 언어학자인 Søren Wichmann은 그 지역에서 동일 어근인 많은 식물명들을 발견하였다. 콩과의 나무속인 *Erythrina*의 경우, 북부 고산지대 Mixe 방언을 사용하는 Totontepec에서는 *tsejst*로 불리 운다. 반면에 남부 고산지역의 Mixe와 중부 지역 Mixe는 *tsejch*로 부르고 저지대 Mixe들은 *tsejchk*를 사용한다. 이 모든 형태들을 조사한 결과, 그들은 모든 변화형들을 파생시킨 조상형 어휘를 찾을 수 있었다.

그림 3.88 *Erythrina bidwillii* Lindl.

이 조상형 어휘는 언어학자들이 조어(protolanguage)로 부르는 부분을 형성하고, 수천 년이 지난 오늘날에 이르러 수많은 방언들로 나누어졌다는 것이다. Søren Wichmann은 오늘날 남부 고지대와 중부 지역의 Mixe 방언으로 이용되는 동일한 단어인 **tsejch*는 *Erythrina*를 의미하는 조상형으로 간주하였다.

조어로 재구성된 어휘는 별표 '*' 를 앞에 붙이는데, 이는 언어학자들도 실제로 발음을 들어 보지 못했겠지만, 단어의 원형을 의미한다. 연구자가 야외에 있을 때는 동·식물 명칭들의 조상형을 재구성하는 기회를 가질 수는 없으므로, 언어의 역사에 대해서 연구를 하는데 유용한 자료들을 언어학자들에게 보내 협조를 구해야 한다. 일단의 동·식물들이 수천 년전에 지역에서 중요했었다는 고고학적 연구 결과들은 민족전통생물학자들이 재구성된 어휘들에 관심을 갖게 한다. 언어학자들은 하나의 단어가 조어를 말하던 사람들의 보통 어휘들 중 하나였다면, 언급된 물체나 개념은 당시에 지역 문화에 중요했음에 틀림이 없다고 확신한다. 즉, 하나의 조상 집단이 수많은 고립된 집단들로 분리되면서 원래 하나였던 언어들은 각 지역의 방언들로 진화했으나 중요 단어는 남아 유지되고 있다는 것이다.

동·식물 개체군들은 특정 지리학적인 분포들을 가지고 있기 때문에, 언어학자들은 조어의 재구성된 어휘를 연구하여, 특정 인종의 원래 영역과 고향을 추적할 수 있다. 인류 집단은 수천 킬로미터를 이주하지만, 그들의 언어에 있어서 동일 어원을 가지는 어휘들은 그들이 친숙한 특정지역(고향으로 가정됨)의 수천 년전 식물상과 동물상을 반영하고 있다.

언어의 역사에 대한 연구와 관련 없이, 동일 어원을 추적하는 것은 언어학적으로 관련이 있는 집단들의 식물들의 용도와 현재의 분류에 대한 더 많은 정보를 얻게 한다. 이런 접근이 연구자의 민족전통식물학적인 연구에 적절하다면, 동일 어원의 어휘를 어떻게 파악할 것인가? 첫째는 다양한 집단들을 위한 식물명의 거의 완벽한 목록을 준비하고, 어떤 종류가 각 민속 범주에 일치하는지 결정을 한다. 카드 자료 혹은 컴퓨터 데이터베이스를 이용하여 학명에 따른 순서로 표를 만드는데,

이 표에는 각 집단에서 얻은 지역명들을 포함시킨다.

Kinabalu 민족전통식물학 프로젝트에서 얻는 예를 표 3.23에 예시하였다. Dusun어를 하는 5개 집단의 사람들에게 그들이 알고 있는 비덩굴성 야자들에 대한 모든 목록을 작성하게 하였다. 영국 큐 왕립 식물원의 남동아시아 야자 전문가인 John Dransfield는 참여자들과 함께 각 민속 범주의 용도와 형태적인 특징들을 논의한 후, 과학적인 예비 동정을 하였다. 빈랑나무 열매(*Areca catechu*)와 같은 일부 종류들의 정확한 명칭은 모든 집단들에서 이용되었다. 다른 종류들은 약간 씩 다른 명칭들을 가지고 있기는 하지만 동일 어원이었다. 즉, *Arenga brevipes*는 *karumbohoko* 혹은 *karumohoko*와 같이 다양하게 불리운다. 다른 종류들은 동일 어원이 아닌 별개의 명칭들을 가지고 있다. *Salacca*는 Kiau와 Bundu Tuhan에서 *terintid*로 불리우고, 다른 집단들에서는 *begung*으로 불리운다.

표 3.23에 제시된 결과들을 이용하여 서로 다른 집단들 사이에 식물들과 다른 사물들에 대한 유사성을 비교할 수 있다. 간단하게 각 집단들 쌍 사이에 일치하는 수를 센다. 이러한 결과를 표 3.24와 같이 나타낼 수 있는데, 이는 표 3.23에 예시된 비덩굴성 야자의 다양한 종류

그림 3.89 *Areca catechu* L.

들에 대한 집단들 쌍 사이에 동일 어원 식물명의 수를 보여주고 있다. 다섯 집단들 중에서 가장 고립된 Serinsim 집단은 다른 지역보다 상대적으로 일치하는 쌍이 적음을 보여주고 있다.

그림 3.90 *Arenga brevipes* Becc.

그림 3.91 *Salacca magnifica* Mogea.

다양한 집단들에서 분류의 유사성에 대한 분석은 식물에 대한 지역 지식에 대한 교육적 재료의 준비에 적용할 수 있다. 지역 식물상에 대한 용도와 명칭에 대한 소책자를 만들고 배포하기 전에, 모든 집단들에서 동일한 방법으로 종류에 표식을 주는지 파악해야 한다. 만약 명칭에 변이가 있다면, 각 집단에서 사용되는 정확한 명칭들에 대해 유의하여야 하며, 이때 각 식물들의 용도와 관리에 있어서 차이들도 주의하여 기록하여야 한다. 예를 들면, *Oncosperma horrida*에 대해 Poring과 Serinsim에서는 *melugus*라 하지만, Takutan의 거주자들은 *telibung*이라 한다. 명칭 *telibung*은 Kiau와 Bundu Tuhan 집단에서 이용되지만, 야자는 실제 이런 고지대에서는 자라지 않는다.

그림 3.92 *Oncosperma horrida* (Griff.) Scheff.

표 3.23 Kinabalu 민족전통식물학 프로젝트의 첫 훈련 과정에서 5개 집단의 Dusun 참여자에 의해서 얻어진 비덩굴성 야자의 자유기재 결과. Dusun 주변의 괄호는 집단 내에 야자가 자라지 않지만 거주자들이 해당 식물에 친숙하고 명칭을 가지고 있다는 의미이다. /: 집단 내에 야자에 대한 명칭이 없음을 나타냄

	Kiau	Bunda Tuhan	Poring	Serinsim	Takutan
Areca catechu	*lugus*	*lugus*	*lugus*	*lugus*	*lugus*
Areca kinabaluensis	*bumburing*	*bumburing*	*bumburing*	*bumburing*	*bumburing*
Pinanga spp.					
Arenga brevipes	*karumbohoko*	/	*karumbohoko*	/	*karumbohoko*
Arenga undulatifolia	(*polod*)	(*polod*)	*polod*	*polod*	*polod*
Caryota mitis	*betu*	*betu*	*betu*	/	*betu*
Caryota no	/	/	/	*giman*	*giman*
Cocos nucifora	*piasau*	*piasau*	*piasau*	*piasau*	*piasau*
Eugeissona utilis	(*luba'*)	(*luba'*)	*luba'*	*luba'*	(*luba'*)
Licuala spp.	/	(*silad*)	*silad*	/	*silad*
Metroxylon saga	*rumbioh*	*rumbioh*	*rumbioh*	*rumbioh*	*rumbiyoh*
Oncosperma horridum	(*telibung*)	(*telibung*)	*melugus*	*melugus*	*teilung*
Salacca spp.	*terintid*	*terintid*	*begung*	*begung*	*begung*
Unidentified	*toyon*	*toyon*	/	/	*toyon*

표 3.24 비 덩굴성 야자의 다양한 종류들에 대한 각 집단쌍 사이에 동일 어원 수의 비교

	Serinsim	Takutan	Poring	Kiau
Bundu Tuhan	6	10	8	10
Kiau	6	10	8	
Poring	8	10		
Takutan	8			

동일 어원을 파악하는 것은 쉽게 파악할 수 있으면, 다른 언어로부터 차용된 어휘들이나 다양한 집단들에서 동시에 나타나는 간단한 서술 구절인 어휘들로부터 진짜 동일 어원이 분화되는 이유를 찾아야 한다. 멕시코와 페루에서 연구를 한 미국의 인류학자인 Brent Berlin과 스미소니언 연구소의 언어학자인 Charles Laughlin은 멕시코 남부의 마야인들의 2개 방언으로부터 얻은 식물명의 논의로부터 진짜 동일 어원을 판단하는 지침을 세웠다. 그들은 두 개의 방언으로부터 많은 다른 단어 쌍들이 공통으로 작은 음성학적 변이를 보이는 일부 명칭 쌍들을 발견하였다. 예를 들면, 'pine(소나무)'에 대해 Tzeltal 마야에서는 *tah* 라하고 Tzotzil 마야에서는 *toh* 라 하고, 비늘이 있는 열매를 가진 초본인 'beggar ticks(서양도깨비바늘)'를 Tzeltal에서는 *mahtas* 라하고 Tzotzil에서는 *matas* 라 한다. Tzeltal에서 'a'는 Tzotzil에서의 'o'와 일치하고 Tzeltal에서의 'h'는 Tzotzil에서 동일한 음성학적 변화를 가지지 않는데, 이러한 현상들은 다른 예들에서도 공통으로 발견되는 차이들이다. 언어학자들은 이런 차이들을 규칙적 음소 일치(regular phonemic correspondence)라 한다.

Berlin과 Laughlin은 이외에도 아주 유사한 일부 명칭들을 발견하였지만, 규칙적 음소 일치에 의해서 설명을 할 수 없었다. 예를 들면, 'dogwood(말채나무)'는 Tzeltal에서 *siban* 으로 부르고, Tzotzil에서는 '*isbon*'으로 부른다. Tzeltal에서 마지막 'a'는 Tzotzil에서 'o'와 일치한

다는 음성학적인 규칙은 있지만, Tzeltal의 첫 음절의 'si'가 Tzotzil의 'is'로 된다는 이유는 찾을 수 없다. 이러한 현상을 비규칙적 음소 일치라고 하고 싶겠지만, 언어학자들은 이러한 현상을 단정 짓기에는 좀 더 많은 증거를 제시할 것을 요구한다.

식물 명칭 쌍들이 유사한 것은 이들이 각기 다른 집단들에서 식물을 설명하는 독자적인 방법으로 만들어질 수도 있거나 혹은 다른 언어에서 차용된 것으로 간주된다. Berlin과 Laughlin은 Tzeltal의 *yašal ni wamal*과 Tzotzil의 *yašal nič c'i'lel*과 같이 복합 명칭들의 경우는 'blue-flowered plant(푸른 꽃 식물)'이라 번역하고 동일 어원으로는 취급하지 않았다. 그들은 또한, Tzeltal의 *cacames*와 Tzotzil의 *sat mes*와 같은 단 하나의 구성요소에 의해서 연결된 다른 복합명칭들 역시 배제하였다. 이들은 지난 500여 년 동안에 걸쳐 스페인에서 도입된 유사한 명칭들 64쌍을 분리하여 분석하였다. 각 방언들이 스페인어를 사용하는 사람들에 의해서 어떻게 영향을 받았는지에 대한 지표에 흥미를 가지고 있지만, 조어로써 단 하나의 조상형으로부터 파생된 진짜 동일 어원으로 간주하지는 않는다.

마지막으로, Berlin과 Laughlin은 그들이 동일 어근 표현으로 간주한 111개 식물 명칭들을 발견하였다. 이들을 4가지 척도 즉, (1) 재배되는 식물, (2) 보호되는 식물, (3) 유용한 야생식물 그리고 (4) 중요하지 않은 야생식물 등에 따라 민속범주들로 특징화함으로써, 식물들의 문화적 중요성과 동일 어원 명칭들에 의해 표식 되는 경향성 사이에 상호관계를 발견할 수 있었다. 표본에서 재배종류 87%는 두 집단 사이에 유사한 명칭들을 가졌으며, 이런 수준은 문화적인 중요성이 감소함에 따라 낮아졌다. 즉, 보호되는 종류의 80%, 유용한 야생식물의 45% 그리고 중요하지 않는 야생식물의 17%는 동일 어원으로 간주되는 명칭이었다.

(3) 식물과 동물 명칭들의 구조 분석

민속 식물학 명명법에는 필기하는데 있어서 특별한 규칙이 없지만, 세계적으로 보면 지역민들에 의해서 식물들이 명명되는 방법에는 놀랄만한 유사성들이 있다(Conklin, 1962; Berlin, 1973; Frake, 1980). 민속 명칭들의 구조를 설명하는 기술적인 용어들은 과학적인 문헌에 잘 설정이 되어 있지만, 연구자들이 언어학적인 배경 없이 이해하기는 어렵다. 민속 식물학 명명법의 구조를 분석하는 첫 단계는 일차 명칭과 이차 명칭의 차이를 아는 것과 일차 명칭의 다양한 종류들 사이를 구별하는 것이다.

일차 명(primary name)은 하나 이상의 구성요소로 이루어져 있더라도 하나의 표현을 의미하고, 의미론적으로도 하나인 것으로 간주되는 것이다. 사실, 대다수의 일차 명들이 영어의 새 명칭인 eagle(독수리)와 hawk(매) 같이 보통 하나의 구성요소로 이루어져 있다. 하나 이상의 구성요소로 된 일차 명도 있지만, 이들은 사실상 하나의 명칭으로 기능을 한다. 예를 들면, 영어에서 bluebird(푸른 새)는 두 개의 구성요소로 이루어져 있지만, 하나의 단어로 생각한다. 그러므로 일차 명은 사람들이 하나의 단어로 생각하고 쓰기 때문에 하나로 이루어져야 한다.

이차 명은 일차 명에 동·식물을 설명하는 수식어를 더해 형성된다. 영어에서 예를 들면, eagle의 다른 형 즉, bald eagle(흰머리 독수리), golden eagle(검독수리) 등이 있다. 이들 각 경우를 보면, 일차명인 eagle에 수식어인 bald나 golden이 더해져 이차 명이 되었다.

실제로, 일차 명은 다양한 방법으로 이차 명과 구별된다. 일부 일차 명은 그들이 단 하나의 구성요소로 구성되었기 때문에 바로 알 수 있다. Bluebird와 blue finch(전갱이) 같은 복합 명칭을 어떻게 구분을 할 것인가? 이들 명칭들 사이에 명확한 언어학적 구분은 없지만, 일상생활에서 이 명칭들을 들을 때나 혹은 다양한 사회적 배경 속에 있는 민속 범주들에 대해 물을 때 차이를 발견할 수 있다.

진짜 명칭들은 비슷한 방법으로 서술구와 구분된다. 예를 들면, 영어에서 'bluebird'와 'blue bird'를 말할 때, 하나의 경우는 특정 종류를 일컬을 것이고 다른 하나의 경우는 푸른색을 가지는 모든 새를 의미한다. 다른 언어들을 공부할 때도 유사한 경우를 만날 수 있는데, 즉, 민속 범주의 명칭인 'red flower'로 번역되는 어휘나 혹은 붉은 꽃을 가지는 모든 식물들의 설명이다.

일차 명에는 여러 가지 형들이 있다. 예를 들면, 영어에서 oak(참나무)는 단단한 나무들의 일반 명칭이고, crabgrass(바랭이 종류)는 잡초성 초본의 여러 속들에 대한 미국식 명칭이며, redwood(미국삼나무)는 미국의 서부 해안에서 자라는 소나무들에 대한 일반 명칭이다. 이 세 가지 명칭들은 모두 일차 명이지만, 각 구조는 다르다. Oak는 더 분해할 수 없는 단 하나의 단어로 구성되어 있어 단순(simple) 명칭이다. 다른 명칭들은 'crab' + 'grass'와 'red' + 'wood'로 분리할 수 있기 때문에 복합(complex) 명칭이다.

Crabgrass에는 식물이 속하는 생활형이나 혹은 더 높은 범주인 'grass'를 포함하고 있다. 이런 형태의 명칭을 생산적인 복합 일차 명칭(productive complex primary name)이라 한다. redwood에는 포함되는 생활형 즉, 'tree'의 명칭을 포함하고 있지 않다. 이런 종류의 일반적인 명칭은 비생산적 복합 일차 명칭(unproductive complex primary name)이라 한다. 이런 형태의 명칭들의 예가 그림 3.93에 있다.

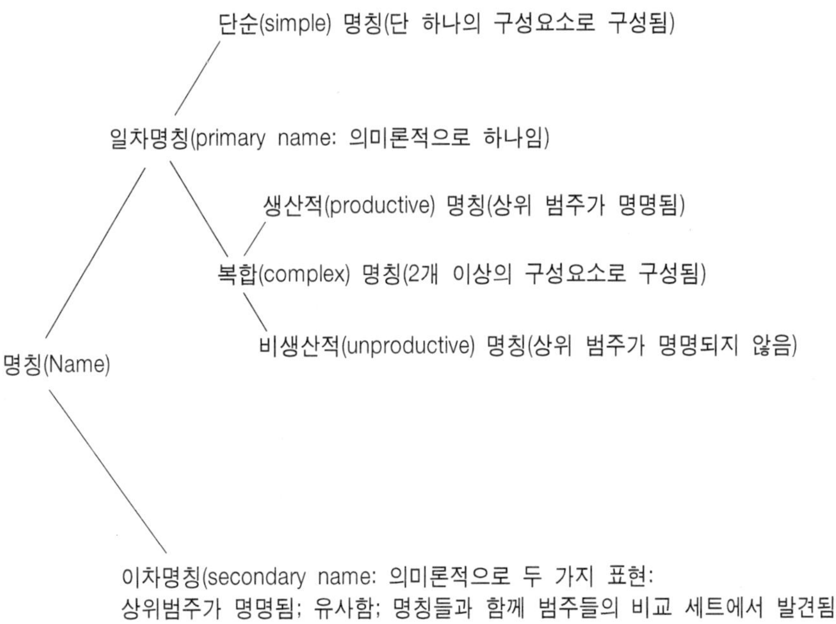

그림 3.93 괄호 안에 언급된 중요한 특징을 가진 식물 명칭들의 여러 가지 형태.

대개의 원주민들의 언어에서 일차 명칭에 대한 각 유형들에 대한 많은 예를 찾을 수 있다. 표 3.25는 다양한 생활형에서 유도된 Mixe의 여러 가지 예들을 보여주고 있다.

표 3.25 Mixe의 4가지 식물 생활형으로부터 얻어진 3가지 일차 명칭의 예

생활형	일차 명칭의 유형		
	단순 명칭	생산적인 명칭	비생산적인 명칭
Kup	*xijts*	*alivia kup*	*iitsum tsi'ik*
나무	아보카도	구황나무	멧돼지 사향
ojts	*ko'on*	*jan ojts*	*kaaj aaxk*
초본	토마토	열병 초본	동물 진드기
aa'ts	*ejkx*	*aya'ax aa'x*	*eex taats*
덩굴	불수과	울보덩굴(cry-baby vine)	게 이빨(crab teeth)
tsoots	*veek*	*tsookun tsoots*	*pa'a peetun*
풀 (grass)	골풀 (spikerush)	비막이풀 (rain-cover grass)	길옆 금작화 (pathside broom)

위에서 언급되었듯이, 일차 명칭과 수식어로 만들어진 식물명들은 이차 명칭(secondary name)이라 한다. 이는 식물이 포함된 상위 범주를 나타내는 일차 명칭과 식물을 설명하는 하나 이상의 단어들로 구성된다. 예를 들면, 영어 사용자들은 oak의 여러 형들에 대해 여러 특별한 명칭들을 가지고 있다: pin oak, red oak, white oak. 이들은 일차 명칭인(oak)와 수식어(pin, red, white)로 구성되어 있다. 이차 명칭들에 의해 구별되는 범주들은 다른 것들과 비교되는 2개 이상의 구성원을 가진 세트에 속한다.

과학적인 명칭들과 달리 민속 명칭들은 식물의 외형, 용도 그리고 분포에 대한 정보를 나타낸다. 이는 식물의 색깔, 기원 혹은 다른 특징을 나타내는 수식어를 전형적으로 포함하는 종과 변종에 대한 범주의 명

칭들과 유사하다. 이렇게 특징을 언급하는 것은 아마 사람들이 명칭이 어떤 식물에 연결되는지에 대한 기억을 유지하는데 도움을 줄 것이다.

명칭들의 의미를 분석하고 설명하는 것으로 단순 일차 명칭, 복합 일차 명칭 혹은 이차 명칭으로 분류를 할 수 있다. 이는 연구자가 연구하는 민속 범주들에 대한 이해를 돕는다. 일반적으로 단순 일차 명칭들은 형태적으로 독특하거나 혹은 문화적으로 중요한 식물과 연관이 되어 있다. 생산적인 복합 명칭들은 특정 범주에 속하는 생활형에 대한 정보를 가지고, 두 복합 명칭들은 식물의 형태, 용도 혹은 상징에 대한 정보를 가지고 있다. 이차 명칭들은 통상 비교 세트로 나타나기 때문에 연구자가 전에 알지 못한 다른 종과 변종의 범주들을 발견할 수 있게 한다.

민속 범주와 명명 사이에는 흥미로운 상호관계가 있다. 종과 변종 범주들이 일반적으로 이차 명칭들에 의해서 표식 되듯이 생활형과 속명들은 일차 명칭들이다. 계와 다른 중간 범주들은 일반적으로 명명되지 않는다.

6. 자유기재

민족전통생물학적 연구를 위한 언어학적인 자료들을 모으는 첫 단계는 연구하려 하는 주제에 대한 지역의 어휘 목록을 얻는 것이다. 다시 말하면, 관심이 있는 영역(domain)을 정하고 지역민들이 그것에 대해 어떻게 말하는지 파악하는 것이다. 참여자 연구 방법은 영역에 속하는 범주들의 명칭의 목록 작성을 지역 집단의 구성원들에게 부탁하는 것이다. 예를 들면, Mixe 사람들에 의해서 이용되는 땔감의 유형들에 관심이 있다면, Totontepec에서 연료로 이용되는 목본 식물을 의미하고 *ja'axy*로 언급되는 '땔감'에 대한 원 범주를 결정해야 한다. 그리고 나서 집단의 구성원들에게 그들의 언어로 당신이 알고 있는 *ja'axy*는 어떤 종류인가? 라고 물어 보아야 한다.

이런 기법을 자유기재(free listing)라 하는데, 이는 면담을 할 사람들이 쉽게 인식할 수 있고 문화적으로 중요하다고 간주되는 특정 영역을 이해하는데 도움을 줄 것이다. 사막에 살고 있는 아메리카 인디언에게 선인장 목록을 작성해 달라고 부탁하고 아마존 인디언에게 덩굴 식물에 대한 목록을 부탁한다면, 공히 긴 목록을 얻을 수 있을 것이다. 그러나 질문을 바꾸어 한다면, 특정 문화에 부적절한 질문을 한 셈이 된다. 열대 숲에 사는 거주자들에게는 '선인장'이라는 일반적인 어휘가 없고 사막의 사람들에게는 '덩굴'이라는 어휘가 없기 때문에 이러한 생활형들에 대한 일반적인 식물 명칭들이 없을 뿐만 아니라 이러한 질문을 하기도 어려울 것이다.

만약 올바른 질문들을 했다면, 자유기재는 원 범주들의 완전한 세트를 얻을 수 있을 뿐만 아니라 문화적으로 가장 중요한 것들에 대한 정보들도 얻게 할 것이다. 사람들에게 사물들을 자유롭게 회상하라고 하면, 일반적으로 가장 중요하게 생각하는 것을 가장 먼저 기록한다. 이 때, 두드러진 범주들은 거의 모든 사람들에 의해서 언급되지만, 덜 중요한 것은 소수의 정보 제공자들에 의해서 언급될 뿐이다. 범주를 언급했던 사람들이 간단하게 계산되므로 이러한 관찰은 쉽게 정량화 된다. 각 범주들이 언급된 평균 순서는 각 응답자가 언급했던 범주의 순서를 함께 더하고, 응답자 전체의 수로 나누어 계산할 수 있다.

이런 두 개의 변수들을 함께 고려한다면, 중요한 것에서부터 덜 중요한 범주들의 순위인 상대적 중요성 지수(index of relative saliency)를 계산할 수 있다. 이 지수는 특정 식물이 후일 과업을 유도할 수 있을 지 그리고 공개 면담에서 언급되지 않은 중요한 범주들을 알려줄 수 있는 지를 결정하게 하는데 이용된다. 많은 계산 없이 이런 결과들을 예시할 수 있는 가장 중요한 방법은 x축은 범주를 언급한 사람들의 수에 일치하게 하고, y축은 범주가 언급된 평균 순서에 일치하게 한 도표를 준비하는 것이다. 두 변수들 사이에 상대적으로 높은 상호관계가 있다면, 도표의 오른 쪽 아래에 있는 범주들은 왼쪽의 위에 위치하는 것들 보다 좀 더 중요할 것이다.

자유기재를 이용한다면 얼마나 많은 사람들에게 질문을 해야 하는가? 답은 영역의 크기에 달려있다. 만약 50개의 범주들을 포함하고 있다면, 500개의 영역보다 적은 반응자들이 필요할 것이다. 중간 크기의 영역(100 또는 더 적은 수의 범주들)들은 약 20에서 30명의 사람을 조사하면 될 것이다. 새로운 정보 제공자에게서 얻어진 대부분의 반응들은 이전에 얻어진 반응의 반복들이라는 것을 관찰되기 시작하였다면, 충분한 사람들이 참여했었음을 확인할 수 있다.

100개가 넘는 범주들을 포함하는 영역에서 일을 한다면, 완벽한 목록을 만드는 데에 많은 사람들에게 물어야 하므로 시간의 소모가 심하다. 예를 들면, 지식을 많이 가지고 있는 일부 사람들은 수백 개를 알 수 있기 때문에, 모든 민속 식물학적 일반명에 대해 수많은 정보 제공자들에게 물어보는 것은 비현실적이라는 것이다. Brent Berlin과 그의 동료들은 멕시코의 Chiapas에서 연구를 하는 동안 Tzeltal어를 사용하는 13명의 정보 제공자들로부터 완벽한 목록을 유도해 냈다. 얻어진 목록은 187개에서 565개이었으며, 평균 한 사람당 398개 이었다. 많은 수의 정보 제공자들로부터 유사한 자료를 얻어 분석하기는 어려운 일이다. 30명의 정보 제공자들일 경우, 전사하고 분석해야 하는 12,000개 반응들이 얻어진다.

큰 영역의 경우에서는 각 반응자들에게 전체 목록을 바래는 것보다는 제한된 수의 범주들의 이름을 말하도록 하는 것이 좋다. Totontepec에서는 25개 유용식물들의 명칭들을 만드는데 150명의 어른들에게 물었나. 이 결과, 목록에는 거의 300개의 민속명이 포함되었고, 이는 집단에서 얻은 민족전통식물학적인 목록의 완벽성을 판단할 수 있게 하였다.

7. 지역 식물 지식의 체계적 조사

식물명들에 대한 체계적인 목록을 만드는 것은 지난 30년 동안 언어학적 인류학자들이 주요 관심 대상이었던 민속 분류학에 대한 탐구이다. 식물이나 동물의 목록을 얻은 후에 자유기재를 통하거나 혹은 민족전통생물학적 목록을 만들어 민속 범주들의 구조와 그들에 대한 원주민들의 명칭들을 분석할 수 있다. 비록 시간은 들겠지만 특히, 빠른 문화적인 변화를 겪고 있는 집단들에서, 민족전통분류학적인 깊은 연구는 생물 지식에 대한 지역 체계의 보존을 위해서 중요한 것이다. 식물에 대한 연구 결과를 소책자로 발표하거나 혹은 생물체를 설명하는 2개 국어 사전을 발간하기 전에, 민족전통생물학 분류에 대한 지역 체계의 기본적 구조를 이해하고, 과학적 분류학과 어떻게 일치하는가에 대한 탐구를 하여야 한다.

8. 민족전통생물학적 분류

많은 민족전통생물학자들이 식물과 동물들에 대한 지역사람들의 범주를 분석하는 방법을 제안했었지만, Brent Berlin이 제안한 민속 분류학의 개요가 연구자들 사이에 일반적으로 받아드려진다(Berlin, 1973; 1992). 이는 세계적으로 다양한 지역민들의 생물학적 범주들을 비교하는 데에도 유용하다. 표 3.26은 각 순위의 범주들이 어떻게 명명되는지에 대한 예로 붉은 꽃 강낭콩(*Phaseolus coccineus* L.)에 대한 Mixe의 분류를 이용하여 민속 식물학적 범주들의 다양한 순위들에 대한 연구를 보여주고 있다.

그림 3.94 붉은 꽃 강낭콩 (*Phaseolus coccineus* L.).

가장 일반적인 범주는 지역민들에 의해서 동물과 비교해서 암묵적으로 인지되고 있는 식물 계(kingdom)이다. 이에는 모든 고등 식물들을 포함하며 이끼, 지의류 그리고 다른 유사한 생물체들 또한 포함한다. 생활형은 생육지, 특정 생태지구에서의 분포, 용도 혹은 이러한 요인들의 조합에 의해서 인식되는 나무, 덩굴 그리고 풀과 같은 넓고 분명한 부류들이다.

표 3.26 예로써 붉은 꽃 강낭콩(*Phaseolus coccineus* L.)의 Mixe 범주화를 이용한 민속 분류에 대한 Brent Berlin의 연구. NA는 적용이 안됨

순위	명칭의 유형	한 체계 내에서 구성원의 수	Mixe의 명칭과 영어 주석
계	간혹 명명이 안 됨	1	명명 안 됨
생활형	일차명	5~10	*aa'ts* vine(덩굴)
중간형	간혹 명명이 안 됨	많음	*xajk* bean(강낭콩)
속	일차명	300~600	maj_xajk large bean(큰강낭콩)
종	통상 이차명	보통 속명의 20%는 종명을 포함함	yak maj_xajk black large bean(검은 큰 강낭콩)
변종	이차명	상대적으로 적은 수의 변종들이 존재함	NA

중간형(intermediate)은 비슷한 방법으로 인지되는 여러 속들의 작은 모임이다. 이런 부류들은 민속 계급에서 가장 중요한 범주들인 생활형들과 속들의 사이에 있기 때문에 중간형이라 부른다. 중간형은 간혹 민속분류에서 추적되지 않기 때문에 은둔 범주(covert category)라 부르며, 일반적으로 집단 내에서 많은 사람들에 의해서 명명되지 않고 있으

며, 인식되지도 않고 있다. 예를 들면, Oaxaca의 북부 Sierra에서는 매우 다양한 참나무 속은 Comaltepec 사람들에 의해서 명명된 여러 민속 속으로 나누어진다. Chinantec으로 말하는 사람들은 모든 참나무들은 하나의 나무 부류에 속하는 것으로 인식은 하고 있지만, Chinantec 식물분류에서는 중간형인 이런 범주 전체에 명칭을 주지 않고 있다.

속명(generics)들은 민속식물학에서 가장 중요한 범주들이다. 이들은 일반적으로 어린이들에게서 처음 배우지만, 면담, 조사 그리고 일반적인 대화를 통해서도 자주 언급된다. 이는 수가 많고 인식하기 쉽기 때문이다. 이들 하나하나는 간혹 집단의 특정 부분에서 발견되고 문화적인 중요성에 의해서 구별이 되는 형태적으로 분명한 단위를 형성한다.

대부분의 속들은 생활형에 병합되거나 혹은 포함되지만, 일부 형태학적으로 분명하게 구별되거나 혹은 경제적으로 중요한 식물들은 병합되지 않고 모든 생활형들에 독립적으로 분리되기도 한다. 예를 들면, 많은 식용 강낭콩들은 덩굴에 속하는 Mixe 생활형에 포함되지만, 옥수수는 병합되지도 않고, 초본, 풀, 나무 혹은 여느 다른 생활형의 부분으로도 간주하지 않는다. 이러한 이유는 옥수수가 지역민들의 식량 측면과 경제적인 면이 일차적으로 중요하기 때문이기도 하겠지만, Sierra Norte에서 자라는 일반적인 다른 식물들과 다르기 때문이다.

일부 속들은 종의 범주(specific category)들로 분리된다. 예를 들면, 영어에서 '참나무'라는 속에는 '분홍 참나무', '검정 참나무', '거친 참나무' 등으로 불리우는 다양한 종들로 세분된다. Chinantec 사람들도 옥수수를 '검정 옥수수', '하얀 옥수수' 그리고 '붉은 옥수수' 등과 같은 명칭들로 명명되는 다양한 종의 유형으로 세분한다. 이러한 종명들은 마른 옥수수 알의 색깔, 식물이 주로 재배되는 지리적 위치, 옥수수 속이 성숙하는데 걸리는 시간 그리고 다른 특징들에 의해서 구분하기 쉽게 명명된다.

매우 희귀하지만, 종들은 다시 변종으로 나누어진다. 예를 들면, Mixe는 '고대 옥수수(ancient corn)'으로 불리우는 특정 옥수수 범주가 있는데, 이는 다시 '노랑 고대 옥수수', '하얀 고대 옥수수', '큰 고대 옥수수', '붉은 고대 옥수수' 그리고 '검정 고대 옥수수'로 알려진 변종으로 세분된다.

일반적으로 종과 변종은 색깔, 크기 혹은 식물부분의 모양과 같은 소수의 형태적인 특징들에 의해서 구분되며, 집단에서 특별한 용도와 미기후 등과 연관이 되어 있을 수 있다. 종과 변종들은 농업이나 다른 문화적으로 중요한 식물들과 일치하기도 한다. 이들은 일반적으로 생존을 위해 사냥을 하고 채취에 의존하는 유목민들보다는 전통적인 농부사회의 민속 분류에서 많이 나타난다.

표 3.27 Comaltepec Chinantec 그리고 Totontepec Mixe의 식물학적 분류에서 각 민족전통식물학적 계급에서 범주들의 대략적인 수

민족전통식물학적인 계급	Chinantec 범주들의 수	Mixe 범주들의 수
계	단하나	단하나
생활형	11	10
공간형	많음	많음
속	388	416
종	306	394
변종	6	20

세계적으로 전통적인 재배업자들의 민속 분류들은 각 계급에 비슷한 수의 범주들을 포함하고 있다. Totontepec Mixe와 Chinantec의 식물 분류에서 얻은 예를 표 3.27에 요약하였다. 이는 하나의 계, 여러 생활형들 그리고 300에서 600개 사이의 속들로 구성된 전형적인 체제이다. 속의 약 20%는 2개에서 10개까지로 구성된 종의 범주들로 세분된다.

종들의 전체 수는 매우 다양하여 보통 민속 생물학 분류에서 수백 가지로 나누어지고, 드물게는 속의 범주 수를 초과하기도 한다. 아주 드문 예이기는 하지만, 극히 일부 종들은 변종으로 세분되기도 한다. 중간형 범주들의 상대적 빈도에 대하여 평가를 한 문헌들은 많지 않다.

(1) 크로스 커팅(cross-cutting) 범주들과 병렬 분류

지역민들에 의해서 이용되는 일부 식물범주들은 위에서 언급된 민속분류의 일반적인 체계로 세분되지 않는다. 예를 들면, Chinantec은 과일(*'o*^{L}*huii*^{L})과 땔감(*kuii*^{LH})을, Mixe는 식용채소(*tsu'up*), 약용식물(*tsoojy*)에 대한 어휘를 가지고 있다. 이렇게 명명된 범주들은 일차적으로 그들의 용도에 의해서 제한된 것으로 생활형, 속 혹은 다른 여타의 민속 계급의 범주들과 일치하지 않는다. 이런 형태의 부류들을 크로스 커팅(cross-cutting) 범주라 하는데, 이는 식물에 대한 일반적인 목적의 분류를 동시에 보여주는 것과 같이 여러 가지 다른 형태의 생활형들의 식물들을 포함하고 있기 때문이다.

일부 크로스 커팅 분류들은 용도와는 다른 기준에 근거한다. 예를 들면, 멕시코의 대부분 인종들은 사람의 몸에 식물들이 뜨겁게 작용할 것인지 혹은 차갑게 작용을 할 것인지에 대한 인지된 기질 즉, 체액성 특질(humoral property)에 따라 식물들을 분류한다. 분류의 냉온 체계(사람들의 일부는 원주민들의 것이라 생각하고 다른 사람들은 스페인에 의해서 유입된 것이라 생각함)는 약용이나 식용으로 사용되는 식물에만 적용하고 있다. 박하와 겨자 같은 정유를 많이 함유하고 있는 식물들은 따뜻한 것으로 간주되고, 베고니아와 돌나물과의 종류들과 같이 다육성 식물들은 차갑다고 생각한다. 체액성 특징은 식물을 생활형으로 세분하는 것과는 관련이 없다. 일부 초본들은 따뜻한 것으로 다른 것들은 찬 것으로 간주되는데, 이들은 모두 함께 나무, 덩굴 그리고 다른 넓은 민족 분류군으로 분리된다.

이런 분류 체계는 광범위하고 복잡한데, 이는 특정 문화의 사람들에 의해서 알려진 대다수 식물들을 정리하는 다른 방법으로 병렬분류(parallel classification)라 한다. 프랑스 생물리학자인 Jacques Tournon은 페루령 아마존에서 민족전통생물학적 연구를 하였는데, 이를 통해 그는 Shipibo-Conibo인은 두 개의 방법 즉, 민속 속의 범주들과 인간의 건강과 행동에 영향을 주는 방법에 의해서 분류되는 식물, 동물 그리고 광물의 범주인 *rao*로 많은 식물들을 분류한다는 사실을 발견하였다. Shipibo-Conibo인들은 그들이 논의하고 있는 배경에 따라, 속명이나 혹은 *rao* 명 혹은 때로는 둘 다 사용하였다. 예를 들면, 진하고 유독한 수지를 가지고 가시가 달린 *Hura crepitans* L.은 통상 속명인 *anȧ* 로 부르지만, 열대 질병인 리슈만 편모충증(leishmaniasis)에 의해서 발병되는 피부병의 치료제로 이용될 때와 같이 용도의 배경에서는 *peque rao* 라 부른다.

그림 3.95 Shipibo-Conibo인.

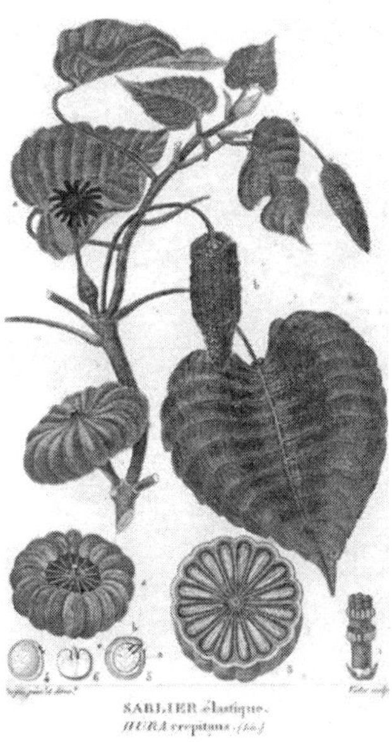

그림 3.96 *Hura crepitans* L.

민족전통식물학자들은 대안적인 분류의 체계가 일부 연구 프로젝트에 도움을 준다는 사실을 발견하였다. 예를 들면, 연구자가 집단의 땔감에 관심이 있고, 땔감을 위한 일반적인 범주가 존재하고 있다면, 이들이 어떻게 구성되어 있는지 결정하기를 원할 것이다. 연구의 영역을 떠나서, 어떤 범주들이 일반적인 민속 분류의 일부를 구성하고 있는지, 어떤 것이 식물세계를 정리하는 대안적인 방법인지 그리고 이 두 체계가 서로 어떻게 연관이 되어 있는지를 명백하게 정리하여야 할 것이다.

9. 민속분류와 과학분류의 대응

미국의 언어학적 인류학자인 Charles O. Frake는 사람들이 세계를 어떻게 인식하고 분류하는지에 관심을 가지고 연구를 하는 데에 있어서, 민족전통서지학자들이 언어학적 자료들을 어떻게 수집하는가에 대해 다음과 같이 설명하였다(Frake, 1980):

> 민족전통서지학자들이 수행하는 사물들에 대한 명칭들을 수집하는 것은 비교적 간단한 일이다. 민족전통서지학자는 사물들에 대한 원래의 명칭들을 유도하고 설명하여, 지역 명칭과 물체에 대한 조사자 자신의 단어와 일치시키는 일을 한다. 즉, 정보 제공자가 물체 X를 *mbubu*라 하고, 조사자는 그 물체를 바위라고 하면, *mbubu*는 바위가 된다. 이러한 방법들은 식물 표본에 대한 학명과 이와 연관된 지역 명칭에 대한 목록이 실리는 일반적인 민족전통식물학적인 연구 논문에서 볼 수 있다.

사실, Frake와 많은 다른 민족과학자들은 민속 범주와 생물학적 범주들 사이의 대응은 이처럼 간단하지 않음을 관찰하였다. 이 장의 나머지 부분은 생물학적 범주들의 폭에 대한 명확한 이해와 자연 환경에 대한 민속 분류와 과학적 분류의 대응에 대해서 설명을 한다.

연구자들은 다양한 문화를 가진 지역 집단에 대한 연구를 통해서 과학과 민속식물학 분류들 사이에 명확한 연관성을 발견하였다. Eugene Hunn은 멕시코 남부 지방에서 민속분류에 대해 연구를 한 후, '지역민은 지역의 식물상과 동물상에 대한 자세하면서도 신뢰도가 높은 지식을 제시하였으며, 생물 세계의 정리된 복잡성에 대한 자신들의 이해도 야외 조사자들과 공유하였다'라고 말했다(Hunn, 1977).

어떻게 이런 공유된 지식을 특징화하고 측정할 수 있을 것인가? 가장 간단한 방법은 민속 범주들과 과학 범주들 사이에 대응을 설명하는 것이다. 이런 접근은 과학적인 종, 종의 모임 혹은 속과 대응되는 속과 아속 분류군들에 있어서 가장 성공적이다. 대응을 특징화하는 가장 보편적인 방법은 그림 3.97과 같이 하나의 민속 속이 어떻게 과학적 종에 대응하는지를 보여주는 것이다.

속들은 간혹 과학적 종들과 일대일로 대응하는 것을 보여 준다. 예를 들면, 말채나무의 Mixe인들의 속은 *Cornus disciflora*와 배타적으로 대응하는데, 이는 Totontepec에서 자라는 이 속의 유일한 종이다.

문화적으로 중요한 종류는 통상 지역민들에 의해서 과도하게 분화되었거나 혹은 다양한 범주들로 세분되어 있다. 아보카도 즉, *Persea americana*는 Mixe에 의해서 2개의 속과 여러 개의 종으로 분리되어있다. 과일이 큰 아보카도에 속하는 *kooydum*은 재배되어 상업적으로 판매되지만, 아니스 향과 맛을 가지는 작고 껍질이 얇은 과일을 가진 아보카도의 지역 변종은 *xijts*라 한다.

문화적으로 덜 중요하거나 혹은 외형이 분명하지 않는 종류는 일반적으로 덜 분리되어 있다. 이들은 하나의 속으로 묶여진다. 땔감으로 이용되는 *Inga*의 여러 종류들은 Mixe 속인 *ii'k*에 포함된다. 먹을 수 있는 과육을 포함하고 있는 큰 과일을 가진 *Inga*의 두 종류는 민속 속인 *ta'chki*에 들어 있다.

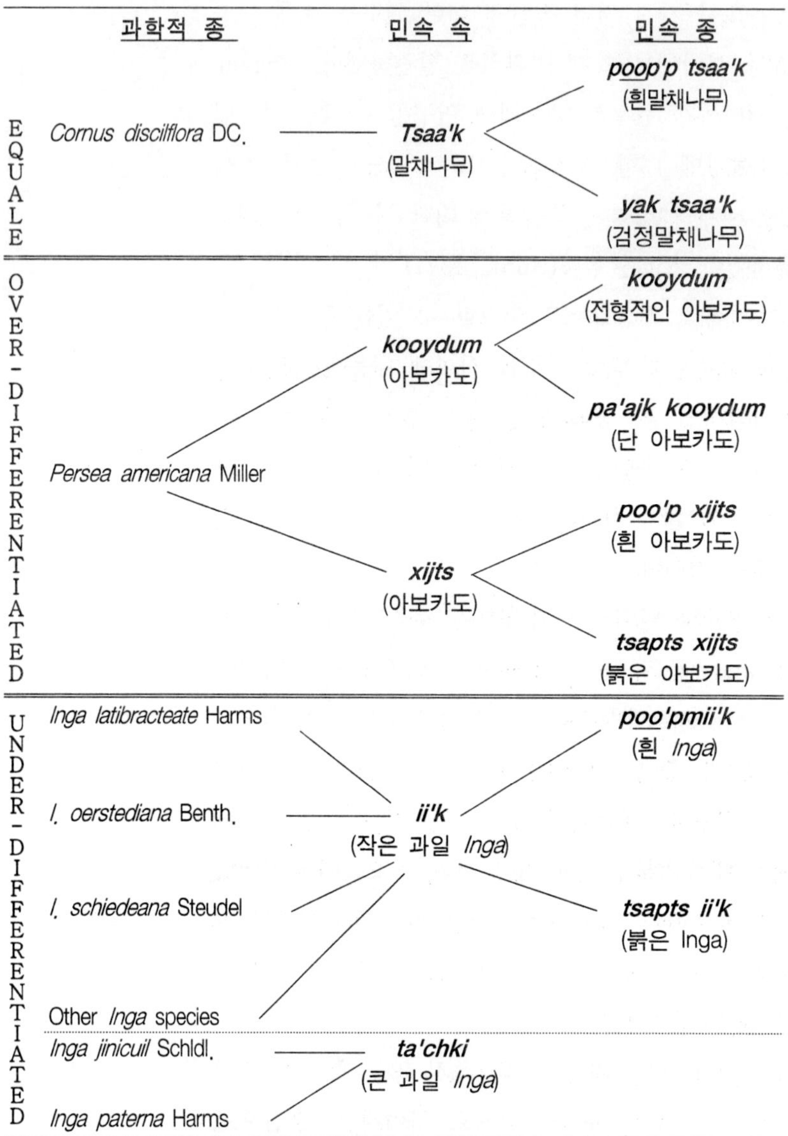

그림 3.97 과학적인 종이 민속 속과 종에 대비되는 예를 보여주고 있다. 즉, 속의 계급에서 일대 일 대응, 과도 분리 그리고 과소 분리를 보여주고 있다.

그림 3.98 *Persea americana* Mill.

대응을 논의할 때는 비교되는 민속 범주와 과학 범주들을 정의하는 것이 필수적이다. 위에서 언급하였지만, 대개의 비교들은 민속 속과 식물학적 종이다. 이는 아래의 예에 자세하게 나와 있다.

◎ Tzeltal 마야 식물 속의 식물학적 종에 대한 대응 ◎

Brent Berlin과 그의 동료들은 Tzeltal 마야에 대한 민속 식물학의 분석에서, 체계적인 방법으로 민속 속과 식물학적인 속 사이에 대응에 대해 조사를 하였다 (Berlin 등, 1974). 이들의 결과가 아래의 표 3.28에 있다.

표 3.28 지역 식물학적 종에 대한 Tzeltal 민속 속의 대응

대응의 유형	속의 수	속의 비율
일대 일	291	61
과소 분리, 형 1	98	21
과소 분리, 형 2	65	14
과도 분리	17	4
합계	n = 471	100

이들은 대부분의 민속 속들이 하나의 과학 종을 포함하고 있었는데, 이를 일대일 대응으로 간주하였다. 아주 소수의 경우지만, 2개 이상의 민속 속들이 하나의 과학 종에 일치하는 할 때와 같은 과도 분리가 있다.

결국, 조사된 경우의 1/3 이상이 과소 분리이었다. Berlin은 과소 분리의 두 가지 유형 즉, 민속 속이 (1) 동일한 과학적인 속에 2개 이상의 종류 혹은 (2) 하나의 과학적인 속 이상에 2개 이상의 종이 있는 경우를 말한다. 첫 번째 형의 예로, 마편초과의 *Lantana*의 일부 5종류를 지칭하는 *ch'ilwet* 범주를 들었다. 두 번째 형의 예로는, 소나무과의 두 속 *Pinus*의 여러 종류들과 *Abies*의 최소한 한 종을 포함하는 *tah*를 들었다.

또한, 민속 계급과 다른 여러 과학 계급과 비교할 수 있다. 그림 3.97과 같이, Mixe는 민속 속 계급에서 *Inga*를 너무 분리하였다. 즉 그들은 2개의 분명한 부류로 나누었다. *Cornus*가 Mixe의 속 *tsaa'k*와 일대일 관계를 가질 때, 2개의 부류로 나뉘는 종 계급을 보면 이는 Mixe가 너무 세분하였다는 것을 알 수 있다.

민속 분류군과 과학 분류군들 사이에 관계에서 상위계급은 속이나 혹은 아속 수준보다 덜 정확하다. 계는 일반적으로 두 체제 즉, 식물을 구성하는 것에 대하여 거의 동의하지 않는 지역민과 과학자들에서 비슷하다. 중간 범주들의 한계는 식물학적 과의 한계와 같이 잘 일치한다. 생활형은 식물학적 분류군과 항상 일치하지는 않지만, 이들이 나무, 덩굴, 초본 등과 같은 습성을 잘 설명할 수 있기 때문에 식물학자들이 잘 이해를 한다. '양치류' 혹은 '야자'와 같은 소수의 생활형들은 식물과나 혹은 더 높은 범주와 일치한다.

조사하고자 하는 집단에서 민속 분류에 대한 분석을 할 때, 다양한 범주들로 분리되는 특징들에 대해서 물을 수 있다. 이때, 식물의 형태, 용도 그리고 습성과 이들이 어떻게 민속 범주와 과학 범주들 사이의 대응에 영향을 주는지 특별한 주의를 가져야 한다.

참고문헌

Balée, W. 1989. Nomenclatural patterns in Ka'apor ethnobotany. Journal of Ethnobiology 9(1): 1-24.

Balée, W. and Moore, D. 1991. Similarity and variation in plant names in five Tupi-Guarani languages (Eastern Amazonia). Bulletin of the Florida Museum of Natural History. Biological Sciences 35(4): 209-62.

Berlin, B. 1973. Folk systematics in relation to biological classification and nomenclature. Annual Review of Ecology and Systematics, 4: 259-71.

Berlin, B. 1992. Ethnobiological Classification: Principles of Categorization of Plants and animals in traditional societies. Princeton university Press, Princeton.

Berlin, B., Breedlove, D. E. and Raven, P. H. 1974. Principles of Tzeltal Plant Classification, Academic Press, New York and London.

Carroll, J. B. 1956. Language, Thought and Reality: selected Writings of Benjamin Lee Whorf, Massachusetts Institute of Technology, Cambridge, Massachusetts.

Conklin, H. C. 1962. Lexicographical treatment of folk taxonomies. International Journal of American Linguistics 28: 119-41.

Felger, R. S. and Moser, M. B., 1985. People of the Desert and Sea, Ethnobotany of the Seri Indians. University of Arizonia Press, Tucson, Arizona.

Frake, C. O. 1980. Language and Cultural Description. Standford University Press, Standford, California.

Hunn, E. 1977. Tzeltal Folk Zoology: The Classification of Discon- tinuities in Nature. Academic Press, New York.

Ladefoged, P. 1982. A Course in Phonetics, 2nd edn, Harcourt Brace Jovanovich, New York.

Pike, K. L. 1971. phonemics: A Technique for Reducing Languages to Writing. University of Michigan press, Ann Arbor, Michigan.

제 Ⅳ 부 민족전통식물학의 역사

지금부터 약 60,000년 전의 네안데르탈인의 유적이 발굴되었던 장소에서는 모두 약용으로 이용되었던 식물들의 꽃가루들이 채집되었다. 이는 당시의 사람들이 어떠한 방식으로든 약용식물을 이용하고 있었다는 것을 증명하는 직접적인 자료로써 의약만능의 시대를 살아가는 우리들은 그 의미를 되새기지 않을 수 없다(손영수와 윤실, 1994; Levetin, E. and K. McMahon, 1996). 따라서 오랜 역사 속에서 지금까지 지역적으로나 혹은 민족적으로 독자적인 생물학적 문화가 보전되고 있는 지역들을 대상으로 그 민족전통식물학의 발전에 대한 역사를 살펴보는 것은 매우 의미 있는 일이 될 것이다.

제 1 장 유럽지역의 민족전통식물학사

1. 유럽지역의 민족전통식물학의 역사적 배경

고고학적인 자료에 입각한 역사적 연표에 의하면 서양문화의 원류는 세계 4대 문명 중에서도 BC 4,000년경 메소포타미아 문명의 영향을 가장 많이 받았다고 볼 수 있을 것이다. 이 메소포타미아 문명의 최초 주인공들은 수메르인(sumerian)들인데, 이들은 놀랄만한 문화를 가지고 있었다는 사실이 밝혀졌다. 즉, BC 2,350년경의 도시국가이었던 라기시에서 나온 점토판의 기록에 의하면 수메르인들은 식물을 이용하여 많은 질병들을 치료하였다는 기록이 있다(그림 4.1).

그림 4.1 수메르인들의 점토판 기록.

이 밖에도 수메르에서의 보리 수확은 파종한 양의 80배에 이르렀다고 한다. 이러한 농경기술의 발달은 유럽의 경우 중세기 초기에 파종량의 겨우 5~6배를 넘지 못했던 수확량과 비교할 때 매우 흥미로운 대조를 보여주고 있다. 이렇게 풍성한 수확을 얻을 수 있었으므로 수메르인들은 보리를 한껏 이용하여 식품은 물론 가축사료, 맥주제조 등에도 이용하였는데 맥주의 종류만 해도 무려 16가지나 되었다고 한다(그림 4.2). 유럽에서 보리가 가축사료로도 이용될 수 있었던 것은 그로부터 무려 4,000년 후인 18세기에 이르러서였던 것도 좋은 비교가 될 수 있다. 심지어는 보리를 파종하는 기계가 유럽에서 사용되기 시작한 것이 겨우 18세기에 이르러서인데 비하여 이미 그보다 4,000여 년 전에 수메르인들은 파종기를 사용했던 것이다(안재세, 1991). 민족전통식물학적인 관점에서 보면 수메르인들의 이러한 식물 이용의 기록은 모두 획기적인 사실들로 인류 역사상 최고의 과학문명 하에서 살고 있다고 자부하는 우리들에게 그 의미가 클 수밖에 없다. 이러한 수메르인들의 생물 이용법의 일부는 수 백 종류의 약용식물들을 치료에 이용했었다는 기록을 파피루스(Papyrus)에 남긴 이집트문명의 일부와 함께 바빌로니아문명을 거쳐 에게문명에 전해졌을 것이다(그림 4.3). 이러한 전통은 각 시대의 주도권을 가졌던 민족들에 의해서 변질되면서 그리스와 로마시대로 연결되었다는 것을 많은 역사서들은 밝히고 있다.

그림 4.2 3,000년 전 수메르인들이 정제가 안 된 맥주를 빨대를 사용하여 마시고 있다(Levetin, E. and K. McMahon, 1996).

그림 4.3 3,000년 전 수메르인들의 생물이용 모습.

그리스시대의 식물에 대한 이해는 그리스시대를 뒤이은 로마시대의 전란과 화재로 많은 기록들이 유실되었지만, 전해오고 있는 문헌들의 대부분은 주로 약용식물들에 대한 기록들이 주를 이루고 있다. 그리스 시대의 민족전통생물학자로는 Hippocrates(BC 460~377)를 빼고는 생각할 수 없다(그림 4.4). 그는 수많은 식물들을 치료에 응용하였다. 이외에는 단연 Aristotle와 Plato의 제자이었던 Theophrastus(BC 370~285)라는 뛰어난 학자를 통해 살펴볼 수 있다(그림 4.4). Theophrastus가 저술했던 "식물의 역사(Historia plantarum)"와 같은 수 백 편의 문헌을 보면 식물에 대한 기술은 매우 정교하여, 초본, 아관목, 관목, 교목 등으로 나누어 약 500여 종을 아주 자세하게 기재하고 있는데 이러한 그의 저서들은 중세까지도 거의 수정 없이 영향을 줄 정도이었다(그림 4.5).

A

B

그림 4.4 A: Hippocrates(BC 460~377), B: Theophrastus(BC 370~285).

그림 4.5 Historia plantarum.

로마시대의 Pliny the Elder(AD 23~79년)는 37권에 달하는 그의 방대한 저서 "자연의 역사(Historia naturalis)" 중 9권을 통해서 주로 약용식물에 대한 기록을 남겼고, 네로 황제의 군의관이었던 Pedanios Dioscorides(AD 1세기)는 군대를 따라서 지중해 지방을 많이 여행하였는데, 이때 수집한 치료용 생물들을 정리하여 "의학 재료(Materia medica)" 라는 저서를 남겼다. 특히, 이 저서에는 약 600여 종의 약용식물들에 대한 자세한 기록이 있다. 이러한 그리스와 로마의 식물을 치료에 이용하는 전통은 현대에 들어와 치료약으로 개발된 것도 있다. 즉, 당시에 버드나무 차는 통풍과 기타, 다른 질병을 치료하는데 이용하였는데, 이것이 곧 오늘날의 아스피린(aspirin)으로 개발되는 밑거름을 제공하였다. 그 외에도 근래에 역사학자들은 그리스와 로마의 여인들이 거의 1,000년 동안 피임약으로 이용하여 거의 절멸된 것으로 추정되는 *Ferula*속 식물을 알아낸 바 있다(그림 4.6).

그림 4.6 3, 4세기에 여성용 피임약으로 널리 이용되었던 *Ferula*속 식물이 그려진 동전(Cyrenain coin).

이러한 전통을 이어받은 중세에는 역시 본초학자(Herbalist)들을 중심으로 식물들에 대한 많은 업적들이 있었다. 즉, 독일에서는 Otto Brunfels(1464~1534), Jerome Bock(1489~1554), Valerius Cordus (1515~1544), Leonhard Fuchs(1501~1566) 등이 있고(그림 4.7), 네덜란드에는 Charles de L'Ecluse(1526~1609), Rembert Dodoens(1517~1585), Mathias del'Obel(1538~1616) 등이 유명하였고, 이탈리아에는 Pierandrea Mattiolia(1500~1577), Luca Ghini(1490~1556) 등이 있었다(Woodland, 1991).

그림 4.7 Leonhard Fuchs(1501~1566).

이외에도 질병을 치료하는 데에 있어서 점성술적인 용법주의(Doctrine of Signature)를 철저하게 이용하였던 영국의 Nicholas Culpeper(1616~1654)와 스위스의 Paracelsus(1493~1541) 등도 있었다(그림 4.8).

A B

그림 4.8 A: Nicholas Culpeper(1616~1654), B: Paracelsus(1493~1541).

이들의 용법주의는 사람의 각 기관의 모양과 같거나 비슷한 동·식물을 그 해당 기관의 질병 치료에 이용하는 것이다. 즉, 우산이끼(liverwort)는 그 모양에 따라 이를 간 질환을 치료하고, 붉은 풀의 적색 즙액은 혈액치료에 이용하는 것 등이다. 이후 1600년대부터 1800년대까지는 본질적으로 민족전통식물학적인 연구만을 한 것은 아니지만 John Ray (1627~1705), Carl Linnaeus(1707~1778, 그림 4.9) J. B. P. de Lamarck (1744~1829), George Bentham(1800~1884)과 Sir Joseph Dalton Hooker(1817~1911) 등이 당시에 유행했던 생물자원을 향한 미지의 세계에 대한 탐험이라는 시대적 조류 속에서 상당한 기여를 했다 (Kim, 1998).

서양에 있어서 이 시기는 질병 치료에 있어 식물성 약을 이용하는 치료사와 정규적인 의사로 분리되는 시기로써, 이후 서양에 있어서 전자는 급격하게 사라지게 되고 후자는 점차 널리 퍼지게 되어 오늘날의 서양 의·약학 체계를 이루게 된다. 이러한 시대적 조류는 약용과 식용 식물 등 자원 식물에 대한 시각을 넓히게 하는 계기가 되어 더욱 활발하게 자원 식물의 탐사가 시작되게 되었다. 결국 이는 세계의 미개척지에 식물에 대한 관심을 드높여 민족전통식물학의 태동에 밑거름이 되게 된다.

그림 4.9 Carl Linnaeus(1707~1778).

2. 유럽지역의 민족전통식물학의 발전

민족전통식물학의 역사를 전체적으로 보면, 1960년대 이후로 현대 민족전통식물학은 미국에서 활성화되기는 했지만, 영국의 Brian Morris와 Roy Ellen은 민족전통분류학(Ethnotaxonomy) 분야에 많은 기여를 하였으며(Morris, 1976; Ellen and Fukui, 1994), 시칠리아(Sicily) 섬의 건조지 농업에 적용된 전통적인 식물 관리법의 효과에 대한 평가가 이루어지는 등(Barbera *et al.*, 1992) 유럽의 민족전통식물학자들 역시 많은 기여를 했다. 하지만, 유럽 민족전통식물학자들의 기여는 무엇보다도 전통적인 약용식물을 다루는 민족전통약학(ethnopharmacology) 분야와 꽃가루 화석을 주로 연구하는 화분학(palynology)에 의한 것이었다(Cotton, 1996).

먼저 민족전통약학적인 면을 보면, John Josselyn과 같은 박물학자들이 신세계의 식물들에 대해서 오래 전부터 정리를 해오고 있었지만, 유럽의 경우를 돌이켜보면, 고대 그리스의 본초학까지 거슬러 올라가는 오랜 전통을 통해 탄생한 다양한 본초 약전(herbal pharmacopoeia)들이 있었으며, 중세 영국의 의사들이었던 John Gerard와 Nicholas Culpeper의 저서들에서 그 정점을 이루었다(Griggs, 1981). 이런 민속 약용식물의 식물학적인 기재는 민속 치료법 즉, 궁극적으로는 본초에 대한 보다 정밀한 연구를 가능하게 하였는데, 이 본초에 대한 현대적 의미의 연구는 또 다른 영국의 의사였던 William Withering이 "수종(dropsy)에 대한 가족치료법"과 관련하여 식물들을 연구한 것이 효시라고 볼 수 있다(Levetin and Mcmahon, 1996).

부종 혹은 수종은 몸의 일부에 액체가 축적되어 몸이 부어오르는 질병으로 종국에 가서는 심장병을 일으키는 질병이다(Mann, 1994). 18세기 영국에서는 이 질병을 치료할 만한 적절한 방법이 없었던 까닭에, Withering은 Shropshire 지방의 노인으로부터 의견을 구하여, 결국 20개 이상의 식물들로 조제되는 치료제를 구하여 치료에 이용하였고, 이에 효능이 입증되자 약효를 내는 식물을 분석하기 시작했다. Withering은 곧 바로 수종에 효과를 보이는 식물이 디기탈리스(*Digitalis purpurea* L. 그림 4.10)인 것을 알아내고 나서 환자에게 적절한 투여량을 결정하기

그림 4.10 디기탈리스(*Digitalis purpurea* L.).

노력하였으며, 더 나아가 약성을 보이는 요소가 잎에 함유되어 있다는 사실과 이들의 효능이 년 중 변화한다는 사실도 발견을 했었다(Griggs, 1981).

Withering은 약 10년 동안 더 연구를 하여 환자의 증상에 알맞은 투여량과 약에 따르는 부작용도 알아냈으며, 당시로써는 혁신적인 생각인 동물 실험을 제안했다는 것은 놀라운 일임에 틀림이 없다. 그러나 그의 이러한 탁월한 실험이 있었음에도 불구하고 애석하게 다른 사람들은 디기탈리스의 약성에 대한 확신을 갖지 못했고, 안타깝게도 1799년 그가 죽은 후 그의 치료법은 사라지게 된다. Withering의 발견에 대한 확신의 부족은 있었지만, 그의 시도로 인해 동시대의 많은 학자들이 디기탈리스를 기관지염에서부터 정신병에까지 이용하려고 노력했다는 것은 의미가 있는 일이다(Mann, 1994). 다행스럽게도 신약에 대한 연구는 꾸준하게 지속되었으며, 이 결과 수세기 후 유기화학과 약학의 발달을 가져왔고 결국, Withering의 발견과 제안이 정말 가치 있는 것이었음이 증명되었다. Withering의 주의 깊은 분석은 현대 생약학의 발전과 민족전통약학의 발전에 이정표가 되었으며 특히, 당시의 민족전통약학의 발견들이 가지는 놀랄만한 가치를 보여주는 것이라 하겠다(표 4.1).

1803년 양귀비(*Papaver somniferum* L. 그림 4.11)로부터 모르핀(morphine alkaloid)의 분리는 식물화학의 효과적인 방법론들이 획기적인 발전을 하는 데에 기폭제가 되었으며, 1841년 디기탈리스에서 효능을 나타내는 물질을 분리하는데 큰 기여를 하게 된다. 후일, 20세기에 들어와서, James MacKenzie는 디기탈리스에서 분리된 물질들이 심장운동에 효과가 있음을 알아냈고 이어 Windaus와 그의 동료들은 디기탈리스로부터 2가지 유용 성분(cardiac glycosides) 즉, digitoxin과 digitalin을 분리해 냈다. 동시대 영국의 학자였던 Sydney Smith는 디기탈리스의 일종(*Digitalis lanata* Ehrh.)으로부터 digoxin(그림 4.12)을 분리하였는데, 이 물질은 *Digitalis purpurea* 에서 분리된 어떤 물질보다도 강력한 효능을 가지고 있어서, 현재까지도 Lanoxin이라는 이름으로 심장 울혈의 치료제로 세계적으로 널리 사용되고 있다(Mann, 1994).

그림 4.11 양귀비 (*Papaver somniferum* L.)

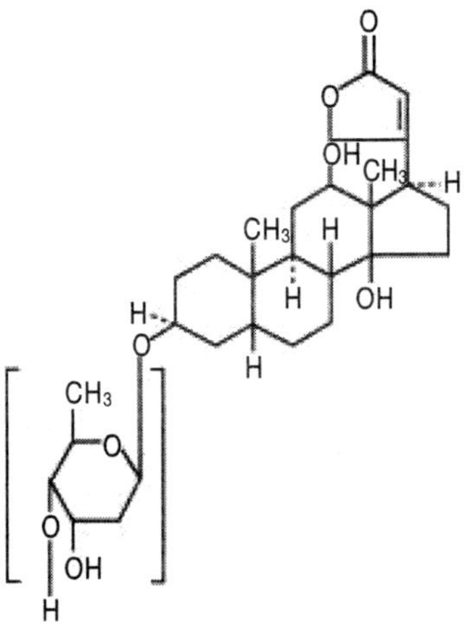

그림 4.12 Digoxin의 구조식.

표 4.1 민족전통약학의 발전에 대한 유럽인들의 기여

연도	역사적 사실	참고문헌
1597	John Gerald가 그의 저서 "본초와 식물의 역사(Herbal or Geneal Historie of Plantes)" 를 출판함.	Griggs(1981)
1651	Nicholas Culpeper가 그의 저서 "영국의 의사(English Physician)" 를 출판함.	Griggs(1981)
1785	William Withering이 그의 연구 결과 "디기탈리스와 그 의약적 이용: 수종과 다른 질병에의 효과(An account of the foxglove and some of its medical uses: with practical remarks on dropsy and other diseases)" 를 발표함.	Griggs(1981)
1803	Friedrich Wilheim Serturner가 양귀비에서 모르핀을 분리함.	Griggs(1981)
1841	Homolle와 Quevenne가 *Digitalis purpurea* 로부터 약효성분을 분리함.	Mann(1994)
1905	James Mackenzie는 *Digitalis purpurea* 가 심장 울혈에도 효과가 있음을 밝힘.	Mann(1994)
1928	Windaus는 digitoxin과 digitalin의 구조를 밝힘.	Mann(1994)
1930	Sydney Smith는 *Digitalis lanata* 로부터 digoxin을 분리함.	Mann(1994)

이러한 노력들이 모아져 1964년에는 민족전통약학회가 결성되어 민족전통약학회지가 발간되기 시작하면서 민족전통식물학적인 연구의 결과들이 많이 발표되기 시작한다. 이어 영국의 왕립 큐 식물원 소속의 학자들을 중심으로 아시아 지역에 대한 민족전통식물학적인 조사가 활발하게 이루어졌다.

유럽인들이 민족전통식물학에 기여한 두 번째 분야는 과거 인류와 식물과의 연관성을 밝히는 민족고식물학(palaeoethnobotany)의 형성에 기초가 되었던 고식물학(archeobotany)의 한 분야인 화분학이다. 화분학에 대한 연구는 1830년 Christian Ehrenberg가 최초로 퇴적암에 보존되어 온 꽃가루 화석에 대한 관찰을 보고하면서, 이 연구가 과거 시대의 환경변화에 대한 지표로 활용될 수 있을 것임을 밝히면서 시작되었다. 그러나 화분학에 대한 관심은 1890년대에 학자들이 화석으로 보관된 과거 식물에 대해 관심을 가질 때까지는 답보 상태를 유지할 수밖에 없었다(Bryant, 1989). 이러한 가운데서도 일부 고식물학자들은 지층에 보존된 화분에 대한 조사를 계속하였으며, 1916년에는 노르웨이의 지질학자인 Lennart von Post가 과거 식생의 변화를 연구할 수 있는 도구로써 화분의 정량적 분석에 대한 획기적인 기술을 제안하기에 이르렀다(표 4.2). 이러한 과정을 거쳐, 이제 세계적으로 볼 때 민족 고식물학자들에게 있어서 화분 분석은 가장 강력한 연구 도구가 되었다.

표 4.2 고민족식물학에 대한 유럽인들의 기여

연도	역사적인 사실	참고문헌
1803	Christian Ehrenberg가 퇴적암에 보존된 화분 화석을 보고함.	Bryant(1989)
1916	Lennart von Post는 과거 식생의 변화를 측정할 수 있는 도구로써 정량적 화분 분석에 대한 기초 이론을 제시함.	Bryant와 Holloway(1983)
1928-1937	Friz Zetzsche와 그의 동료들은 sporopollenin의 존재를 밝힘.	Bryant(1989)
1941	Johannes Iversen은 화분 분석법을 선사시대의 생활에 대한 고고학적인 의문을 푸는데 적용함.	Iversen(1941)

1963	Dimbleby는 화분 재료를 정량하는 새로운 기법을 제시함.	Dimbleby(1963)
1969	영국 런던의 고고학연구소에서 식물의 재배화와 동물의 사육화에 대한 최초의 국제 세미나가 열림.	Ucko와 Dimbleby(1969)
1983	영국의 Southampton에서 개최된 세계 고고학 회의의 일부 행사로써 "식물의 재배화와 고대 농업의 이해에 대한 최근의 진보(Recent Advances in the Understanding of Plant Domestication and Early Agriculture)" 라는 주제의 심포지움이 열림.	Harris와 Hillman(1989)
1992	MacNeish가 "정착생활과 농업의 기원(The origins of agriculture and settled life)" 을 발간하여 고고학의 가치를 재 입증함.	MacNeish(1992)

1937년 스위스의 화학자였던 Fritz Zetzsche는 식물의 포자와 화분을 화석 상태로 오랜 기간 동안 보존하게 하는 물질이 sporopollenin이라는 것을 밝혔고, 4년 후 지질학자인 Johannes Iversen은 화분 분석을 지질학 연구에 응용하여 덴마크 북부 지방의 Barkaer 지역을 대상으로 채집과 수렵의 시대에서 농경 시대로 넘어가는 시기와 특성을 결정하였다(Iversen, 1941). 유럽과 북 아메리카의 다른 화분학자들은 화분 분석을 고고학 자료의 이해와 식생에 고대 인류의 영향에 대한 탐구 등에 이용을 하였다(Dimblely, 1963). 이러한 시기를 지난 후 화분학적 방법들은 계속 발전하였고 이를 통해 민족고식물학 연구에서 가장 강력한 도구로 자리매김하게 되었다.

3. 유럽지역의 민족전통식물학의 현재

1990년대가 시작되면서 민족전통식물학 분야에 대한 연구에는 괄목할만한 계기들이 연이어 발생하는데 특히, 1990년부터 1994년까지의 민족전통식물학 분야의 연구 발표는 이전 5년간보다 2배 정도 많은 논문들이 발표되는 등 괄목할 만한 성장을 거듭하였다. 이 시기에 UNESCO의

WWF(World Wide Fund for Nature)와 영국의 큐 왕립식물원(Royal Botanical Gardens, Kew)이 인류와 식물과의 조화를 위한 시스템을 구축하였고(Hamilton, 1994), 민족전통생물학을 위한 옥스포드 재단(Oxford-based foundation for Ethnobiology)이 발기 되었다(FEB, 1993)

이외에도 1990년에는 민족전통식물학의 한 분야로써 제1차 국제 민족전통약학 회의(the First International Congress on Ethnopharmacology, Strasbourg in France)가 프랑스의 스트라스부르에서 열렸고, 1992년에는 콜럼부스가 미대륙을 발견한 500주년 기념으로 스페인의 콜르도바에서 민족전통식물학 92'(Ethno-botanica 92', Cordoba in Spain)가 개최 되는 등 국제적인 학술대회도 활발하게 이루어졌다(Schultes and Reis, 1995).

그리고 Martin(1995)은 영국 KEW식물원과 UNESCO의 야외조사 조정자(Field Coordinator)로서 "민족전통식물학(Ethnobotany: A methods manual)" 이라는 연구 방법론에 대한 개론서를 출판하였고, 영국 런던의 Roehampton 연구소에 있는 Cotton(1996)이 "민족전통식물학(Ethnobotany: Principles and Applications)"에서 민속 지식에 대한 정의와 연구 방법론에 대한 개념을 정리하여 민족전통식물학의 원리를 확립하고 응용에 대한 자신의 견해를 서술한 바 있다. 이어 2000년대 들어서면서는 WWF(World Wide Fund for Nature)와 UNESCO를 중심으로 인간, 식물 그리고 보호라는 주제가 중심 연구 과제로 떠오르며 이에 대한 본격적인 조사와 접근이 시작되었고 이는 국제적인 다양한 회의들이 개최되는 토대가 마련되었다. 2006년 11월에는 페루의 Cusco에서 제10차 국제 민족전통생물학 회의(the tenth international congress of ethnobiology), 2006년 8월에는 중국의 Nanning에서 제9차 국제 민족전통약학 회의(ninth international congress of ethnopharmacology)가 열렸다. 특히, 주목할 만한 회의는 세계 각처의 토속 원주민과 지역민들이 이용하는 그 지역이나 특정 인류 집단들에 의해서 개발된 다양한 생물이용원리들이 발표되는 세계 민족요법 회의(world conference ethnotherapies in university of Munich of Germany)가 2002년 10월부터 매년 독일에서 개최되어 민족전통식물학의 한 분야로써 발돋움하게 되었다는 것이다.

제 2 장 아메리카지역의 민족전통식물학사

1. 아메리카 민족전통식물학의 역사적 배경

신세계의 원주민들은 대략 15,000년 전 경부터 북극 주변의 따뜻한 해안으로부터 옮겨와서 살기 시작하였고, 대략 4,000년 전 경에는 아메리카 대륙으로 이동을 마무리 하였고 그 후로는 급속하게 얼어붙은 북극해 지역에 소수의 에스키모인들 만이 남아 있게 되었다(그림 4.13). 이렇게 아시아 대륙으로부터 이동해 온 원주민들의 문화는 동아시아 지역의 문화와 상당한 정도의 문화적 동질성을 보여주고 있다. 따라서 민족전통식물학적인 전통 또한, 유사한 점이 상당한 것을 알 수 있다. 이는 유럽 지역과 비교할 때 극동아시아 지역과 아메리카 대륙의 신세계 지역의 농경문화는 주로 동물들을 길들여 사육하기 보다는 주로 야생식물들을 재배식물로 개발하는 부분이 발달되어 있는 것이 특징인 점에서도 확인된다. 신세계에서 최초로 개발된 작물들은 옥수수(corn), 호박(squash), 고추(chili pepper), 색비름(amranth), 아보카도(avocado), 표주박(gourd), 콩(bean), 감자(white potato), 고구마(sweet potato) 등이 있다(Kim, 1998).

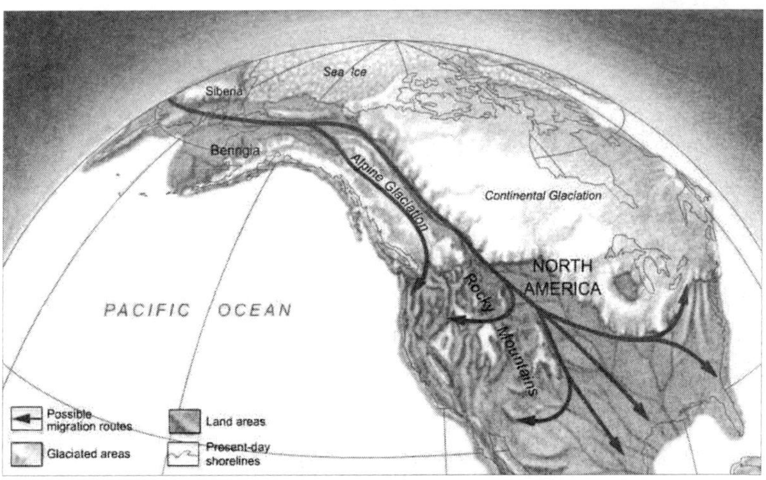

그림 4.13 아메리카 원주민의 이동 경로.

신세계 지역에서 발굴된 대부분의 고고학적 유적들 중에서 농업에 대한 자료들이 발견된 것은 대개 멕시코와 페루의 높은 고지대에 위치하고 있다. 이들 중에서 보존이 가장 잘된 지역은 멕시코 중부의 테후아칸 계곡(Tehuacan Valley)에 있는 동굴들이다. 이 지역에서 옥수수의 계통을 연구한 결과, 고고학자들은 이 지역에서 옥수수가 재배되기 시작한 것은 약 5,500년 전부터 일 것이라고 추정 하였다. 이러한 연구 결과들은 일반적으로 옥수수의 재배 역사가 7,500년 전으로 생각되는 데에 비해서 너무 짧은 시간이어서 최근에는 새로운 연대 측정 방법으로 확인하여 연대가 재조정되고 있다. 테후아칸 계곡의 자료들은 사람들이 식량을 구하는 과정의 변천사를 그대로 보여주고 있다. 즉, 수천 년전의 사람들은 계절에 따라서 채취한 식물들과 사냥한 동물들을 이용하였으나 호박과 아보카도가 재배되는 시점에는 사냥에서 식물을 채취하는 쪽으로 관심을 집중하게 되었다. 이후, 옥수수, 표주박, 두 종류의 호박, 색비름, 세 종류의 콩과 고추 등이 재배되기 시작하면서 대부분의 사람들은 그들의 식량을 식물의 채취에서 구하게 되었다. 수천 년이 지난 후에는 토마토, 땅콩, 구아바(guava) 등의 작물들이 추가되면서 농업은 더욱 중요하게 되었다(Levetin and McMahon, 1996)(그림 4.14).

그림 4.14 마야인의 옥수수 밀파모습과 현대의 마야인이 옛날과 똑같은 방식으로 옥수수씨를 뿌릴 구멍을 만드는 모습.

5,000여 년 전부터 멕시코 동남부와 유카탄 반도 지역에서 문명의 꽃을 피워 온 마야문명은 현대과학을 능가하는 자연과학을 지니고 있었고, 아울러서 민족전통식물학적인 지식도 당시 세계 어느 지역에도 뒤지지 않을 정도의 수준을 유지하고 있었다는 것이 오래 전에 밝혀졌다(안재세, 1991). 뿐만 아니라, 12세기부터 13세기경에 북아메리카대륙의 북방에서 이주하여 멕시코의 북부와 중부에 정착한 아즈텍인들이 일군 아즈텍(Aztecs) 문화의 유적을 보면 20여 작물을 포함한 식용식물과 관상용식물들은 물론 약용식물과 염료식물들까지도 재배하였던 식물원이 있었음이 확인되었고, 약 1,200여 식물들을 구분하였는데 이러한 사실은 1552년경에 출판된 아즈텍의 식물지라 할 수 있는 Badianus Manuscript (Emmart, 1940)에도 기록되어 있다(그림 4.15). 한편, 이미 8,000년 전부터 고구마와 감자를 널리 재배하면서 안데스의 산록에서 꽃을 피운 잉카문명의 민족전통식물학적인 지식은 마야문명이나 아즈텍 문명의 그것과 비교해도 손색이 없을 정도의 농경문화와 동·식물에 대한 지식이 있었다(Martin, 1995).

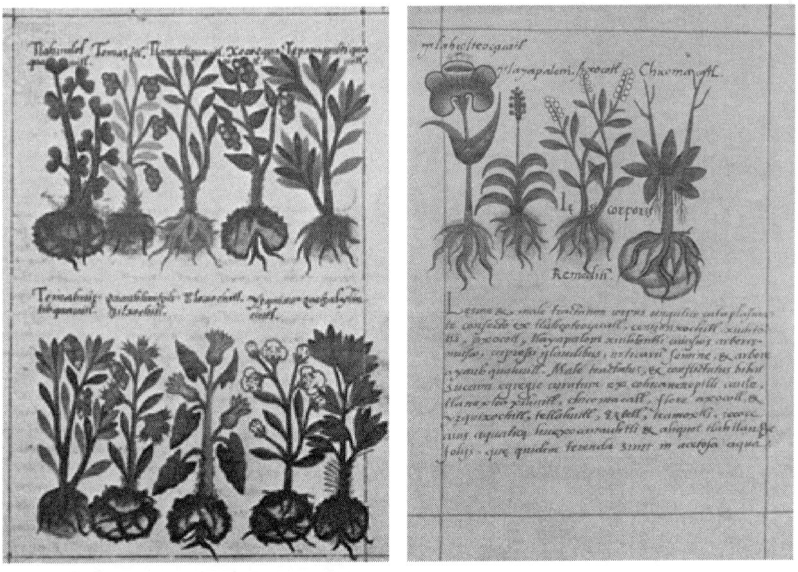

그림 4.15 Juan Badianus와 Martinus de la Cruz에 의해서 1552년 라틴어로 기록된 아즈텍(Aztec) 본초학 자료인 Badianus Manuscript(바티칸 도서관 소장).

2. 아메리카지역의 민족전통식물학의 발전

역사적으로 볼 때, 민족전통식물학 분야는 유럽의 탐험가나 개척자들이 그들의 여정에서 만나게 되는 지역 원주민들이 이용하는 식물들에 대한 기록에서 출발한다고 볼 수 있다. 예를 들면, Christoper Columbus(그림 4.16)는 그의 유명한 1492년 항해 중 쿠바에서 담배(*Nicotiana* spp.)를 발견했고 이후 거의 350년이 지난 다음 영국의 탐험가인 Richard Spruce는 향정신성 성질을 가지고 있는 남아메리카의 덩굴식물인 *Banisteriopsis caapi*를 발견하였다(그림 4.17). 이 두 가지 식물 모두 그 지역의 사람들에 의해서 이용되던 식물들을 관찰한 끝에 얻어진 것이다(Simpson & Conner-Ogorzaly, 1986; Schultes, 1983). 신대륙에서 이러한 식물학적인 발견들은 아메리카 대륙에서 꽃피우게 될 민족전통식물학적인 연구의 오랜 전통 즉, 민족전통식물학이 공식적인 학술 분야의 한 분야로써 시작되었다는 사실을 알리는 계기가 되었다.

그림 4.16 Christoper Columbus(1451~1506).

그림 4.17 *Banisteriopsis caapi*(Spruce ex Griseb.) C. V. Morton.

(1) Columbus로부터 청교도의 이주까지(1492년~1620년)

Christopher Columbus는 두 달 이상의 항해 끝에 1492년 10월 12일 마침내 그는 Bahaman 섬에 도착하고 그 섬의 이름을 San Salvador라 명명했다(Williamson, 1992). 그는 자신이 서쪽으로 향하는 새로운 항해로를 따라 아시아 대륙에 도달한 것으로 생각하였으며, 처음 그가 발견한 섬에 대한 경제적인 매력을 못 찾고, 다시 금을 찾아 Bahamas 제도의 여러 섬들을 조사한 끝에 쿠바에 도착하여 금 대신 담배를 발견하였다(그림 4.18). 사실, 당시 쿠바 원주민들이 피우던 담배는 유럽의 경우 이전에는 전혀 알려지지 않았던 미지의 식물이었다. 이후 Columbus는 계속된 항해를 통해 원주민들이 이용하는 식물들을 관찰한 후 옥수수(*Zea mays*), 올스파이스(*Pimenta dioica*) 그리고 목화(*Gossypium* spp.)와 같은 식물들을 유럽으로 가져왔다(Hobhouse, 1992; Simpson & Conner-Ogorzaly, 1986)(그림 4.19, 그림 4.20).

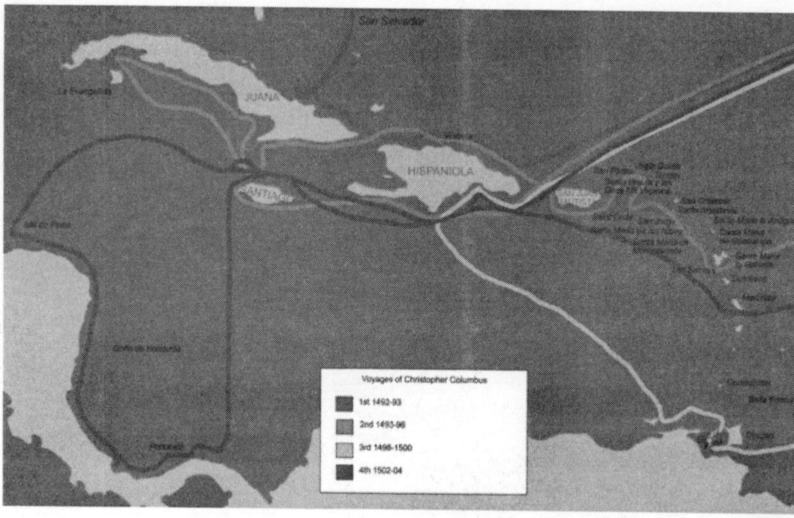

그림 4.18 Christopher Columbus의 항해 경로.

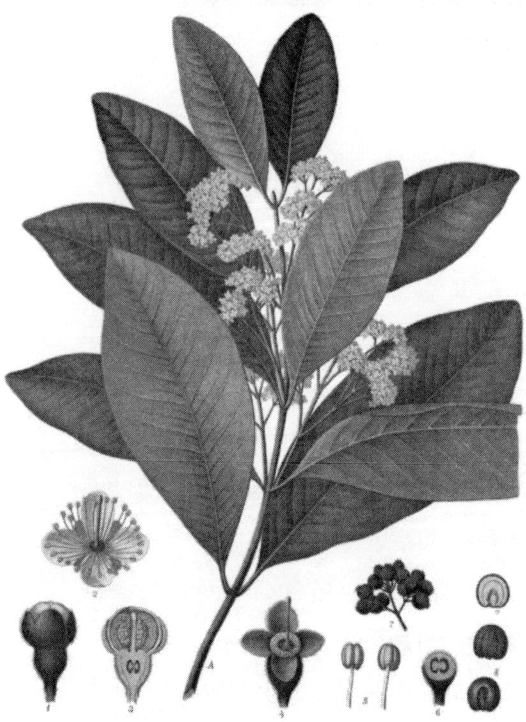

그림 4.19 *Pimenta dioica* (L.) Merr.

그림 4.20 옥수수의 여러 종류들.

이후 여러 세기 동안 유럽과 영국에서 신세계로 이주한 사람들에 의해서 원주민들이 이용하던 다른 많은 식물들이 기록되었다. 특히, 16세기 스페인의 Conquistador와 같은 초기 정복자들이나 선교사들은 아즈텍, 마야 그리고 잉카 사람들이 이용하던 음식이나 약으로 이용되던 식물들의 종류와 이용방법들에 대한 자세한 기록을 남겼다(Ortiz de Montellano, 1990). 남아메리카를 정복한 스페인 사람들은 원주민들이 이용하던 고무(*Hevea brasiliensis*)를 이용하여 방수모자와 방수외투를 만들었다(Simpson & Conner-Ogorzaly, 1986)(그림 4.21). 뿐만 아니라, 영국에서 그림을 그리거나 가게에서 장사를 하던 대부분의 청교도들은 농사를 짓거나 사냥을 하는 기술은 전혀 없었으므로, Wampanoag 인디언들로부터 옥수수를 재배하는 법부터 새로운 환경에 적응하여 생존하는 법을 배웠다(Bryson, 1994).

그림 4.21 *Hevea brasiliensis* Müll. Arg.

이외에도 정착민들은 감자(*Solanum tuberosum*), 담배 그리고 코코아(*Theobroma cacao*) 등을 포함한 음식과 약용으로 이용되던 다양한 식물들의 이용에 대한 기록들을 남겼으며 이들 중 다수 종류들은 유럽에 전해져서, 결국 세계에 널리 퍼지게 되었다(그림 4.22, 그림 4.23). 즉, 1556년에는 프랑스에서 담배 농사가 시작되었으며 고대 중앙아메리카와 안데스 문명의 대표적인 작물인 옥수수의 경우 이제는 세계에 널리 퍼져 가장 중요한 작물 중의 하나가 되었다. 이러한 민족전통식물학적인 발견들은 고무와 같은 다른 신세계의 유용식물들과 같이 16세기에 이미 유럽에 알려졌고, 이어 세계에 널리 보급되어져, 이제 전 세계에 일 년에 수십 조 달러에 이르는 시장을 형성하고 있다. 즉, 1990년대 초반 세계의 유용 식물시장을 보면, 담배는 22 billion(220억) 달러, 옥수수는 36.5 billion(365억) 달러, 고무는 1.7 billion(17억) 달러 그리고 코코아는 3.1 billion(31억) 달러의 연간 시장을 형성하고 있다(Cotton, 1996).

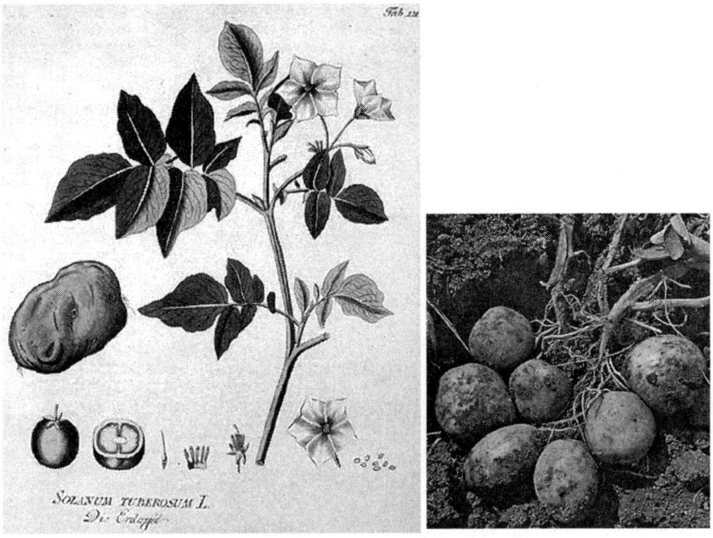

그림 4.22 *Solanum tuberosum* L.

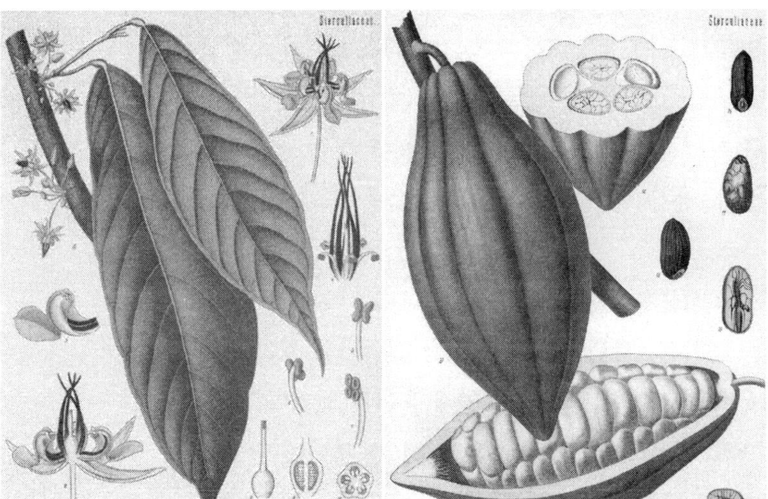

그림 4.23 *Theobroma cacao* L.

(2) 과학적인 탐험의 시기(1663년~1870년)

유럽인들이 신세계에 대한 경제적인 잠재력을 파악하지 못한 시기에 민족전통식물학에 대한 연구는 우연히 얻게 된 자료나 관찰의 기회에 의한 것이 대부분이었다. 그러나 이후 이러한 정보들은 유럽으로부터 온 박물학자들이나 조직화된 원정대에 의한 과학적인 수많은 보고들에 의해서 보완되게 된다. 예를 들면, 청교도들이 이주하고 난 후 반세기만에야 John Josselyn이 미국 동부의 뉴잉글랜드에 도착하여, 약 8년 동안 인디언들이 이용하던 허브들을 조사한 결과를 1672년 "뉴잉글랜드에서 발견된 보물(New England's Rarities Discovered)"이라는 저서로 발표하였다(Griggs, 1981).

1831년에 이르러서는 Charles Darwin과 같은 박물학자들이 그들이 채집한 희귀한 식물들과 동물 박제들을 영국 런던의 식물원과 박물관에 전시하기 시작하였다. 당시, Darwin 자신은 비록 "인간이 달에 대해 아는 만큼보다도 내가 채집한 식물들에 대해서 아는 것이 없다(Desmond and Moore, 1992)"라고 하기는 했지만, 19세기 박물학자들은 훌륭한 식물학자들이 많았다. 이들 중 한 사람인 Richard Spruce는 서북부 아마존 유역과 북부 안데스 지역의 탐험가인 동시에 과학자로서 당시에 유명한 박물학자로 남아있다(Schultes, 1983). 그는 1851년과 1854년 사이에 남미 칠레 남부 지방의 Rio Negro 강과 그 유역을 탐험하여 종교 의식에 사용하는 다양한 향정신성 식물들을 기록하였다. 이외에 다른 식물학자들은 뉴잉글랜드 지방의 유용식물들에 대한 기록들을 남겼다(Ford, 1978).

그러나 이러한 민족전통식물학 관련 정보들은 아쉽게도 수세기 동안, 스페인 선교사들의 선교 기록들, 유럽 개척자들의 탐험 일기들 그리고 아메리카 원주민들의 약용식물에 대한 많은 기록들에 흩어져 있었다. 하지만, 이러한 자료들은 1870년 Edward Palmer의 저서인 "북아메리카 인디언들의 음식 재료(Food Products of the North American Indians)"에 체계적으로 정리되었다. 이후, 미국이 독립 선언을 한 이후 일 세기 동안은 미국에 정착한 유럽인들에 의해서 자생식물들에 대한 많은 연구가 이루어졌으며, 이는 이들 연구들이 유럽 중심에서 아메리카로 옮겨진다는 것을 의미하는 것이다. 즉, 이제 곧 민족전통식물학으로 알려지게 되는 과학의 한 분야에 미국인들에 의한 새로운 전통이 시작되었음을 의미한다(표 4.3).

표 4.3 신세계 민족전통식물학의 연구사

연 도	기 록
1492	신세계의 발견은 원주민들이 이용하는 경제 가치가 높은 여러 식물들이 발견되기 시작하였음.
1663	John Josselyn이 뉴잉글랜드 지방의 자연사에 대한 연구를 시작하여 후일 자생 약용식물에 대한 그의 저서인 "뉴잉글랜드에서 발견된 보물(New England's Rarities Discovered)" 을 발표함.
1871-1978	식물학자들인 Palmer와 Powers의 25년간의 업적은 경제식물학자들이 높이 평가하는 뛰어난 것임.
1893	세계 박람회는 토속 식물학에 있어서 인류학적인 고려가 중요함을 인식하게 하는 계기가 되었고 이를 통해 식물에 있어서 문화적 중요성에 대한 관심이 보다 증대됨.
1895	Colville는 "원주민들이 이용하는 식물들에 대한 정보와 표본을 채집하는 방법(Directions for Collecting specimens and Information Illustrating Aboriginal Uses of Plants)" 이라는 저서를 발간하였고 Harshberger가 민족전통식물학(ethnobotany)이라는 용어를 소개함.
1896	Fewkes가 인류학 문헌에서 민족전통식물학을 사용함.
1898	미국 국립박물관(US National Museum)의 민족학 부서(Department of Ethnology)에서 북아메리카 인디언들이 이용하는 식물들에 대한 조사를 함.
1900	David Barrows가 민족전통식물학으로 최초의 박시학위를 받아 대학에서도 민족전통식물학 분야에 관심을 높이게 됨.
1919	Gilmore가 전통을 지키는 사람들에 의한 식물세계의 능동적인 변화를 강조함으로써 전통적인 방법에 의한 자원관리에 관심이 높아졌음.
1930-1970	민족전통식물학은 언어의 개념과 식물분류 체계에 중요한 영향을 미쳤다. 즉, Conklin은 민속 분류체계를 이해하는 것이 실제적으로 매우 중요하다고 강조하였고, 동시에 민족고식물학(Palaeoethnobotany)에 대한 관심은 고식물학 기술의 발전에 상당한 기여를 함.
1980	민족전통생물학회에서는 1981년 민족전통생물학회지 첫 호를 발간함.
1990-2000	민족전통식물학에 대한 학부 과정, 대학원과정 그리고 박사 후 과정 등이 많이 생겼으며, 식물에 대한 전통적 지식들에 대한 실질적 적용에 대한 많은 연구가 이루어졌고, 민족전통식물학에 대한 많은 저서들이 출판되고 다양한 학술 행사들이 개최됨.
2001-2006	민족전통식물학에 대한 연구 지역이 아메리카를 벗어나 아시아와 아프리카로 확산되고 있었으며, 다양한 국제학술 회의가 열렸음.

(3) 새로운 학풍의 도래(1873년~1980년대)

19세기 후반에 들어서면서, 아메리카 원주민들이 이용하던 식물들에 대한 연구는 이전에 비해 더욱 활발해졌으며, 식물상의 기록에는 보다 정확한 분류학적 기재도 이루어졌다. 민족전통식물학 분야에 이와 같은 과학적 정확성이 도입된 것은 Palmer와 또 다른 미국 식물학자인 Stephen Powers와 같은 학자들의 숨은 노력이 있었다(Ford, 1978). 이들의 주의 깊은 노력들은 이 분야의 많은 연구들이 체계적 정리되어 발표하게 하였으며, 특히, Palmer는 1873년 자생식물의 이용에 대한 식물학적 조사를 하는 분야를 "토속 식물학(aboriginal botany)"이라 불렀으며 이는 그 후 민족전통식물학이라는 단어가 나오기 전까지 약 25년 동안 학계에서 통용되었다.

19세기 말에 들어서면서 토속 식물학 분야는 그 범위가 더욱 넓어지게 되는 계기를 마련하였다. 즉, 1893년 전통적으로 이용되는 유용식물 자원에 대한 세계 박람회에 인류학자들과 고고학자들도 대거 참여하게 됨에 따라 토속 식물학의 범주가 결정적으로 넓어지게 되었다(Ford, 1978). 보다 중요한 사실은 이 박람회에 미국 콜로라도의 Mancos CaÑon에 살던 Pueblo 인디언들의 조상들이 이용하던 다양한 식물소재들로 구성된 Hazzard 채집물들이 전시된 것이다. 이 전시물들은 후일 더욱 정확한 조사를 위하여 펜실바니아 대학교(University of Pennsylvania)의 식물학자인 John Harshberger에게 보내졌다. 그는 Hazzard 채집물 중 식물을 이용한 농기구, 가제 도구, 옷, 음식 등을 조사한 결과를 1895년 그의 강의를 통해 공개를 하였으며, 그는 이 강의를 통하여 처음으로 "민족전통식물학(ethnobotany)"이라는 단어를 사용하였다(Harshberger, 1896). 이런 결정적인 계기를 맞이하여 다음 10년 동안 민족전통식물학 분야는 더욱 빨리 확대되고 변화된다. 즉, Harshberger의 역사적인 강의 일 년 후, 인류학자인 Walter Fewkes는 그가 연구하던 Hopi 인디언들이 이용하던 식물명과 그 어원에 대한 인류학 연구 문헌에 Harshberger의 단어 즉, 민족전통식물학을 소개하였으며, 1900년에는 시카고 대학교(University of Chicago)에서 David Barrows가 "남부 캘리포니아 Coahuilla 인디언들의 민족전통식물학(The Ethnoboatany of the

Coahuilla Indians of Southern California)" 이라는 논문으로 박사학위를 받는다. 1916년까지 민족전통식물학의 영역은 원주민들이 식물을 이용하는 방법뿐만 아니라 그들이 서로 다른 문화권 별로 식물을 어떻게 이해하고 인식하는지도 포함하게 되었다(Robbins *et al.*, 1916). 이러한 관점은 미국 민족학자인 Melvin Gilmore가 다른 문화적 배경을 이해하는데 민족전통식물학 자료가 필요하다는 사실과 민족전통식물학 연구에 언어학의 중요성을 강조함으로써 더욱 확장되게 되었다(Gilmore, 1932).

민족전통식물학에 대한 연구가 가속됨으로써 연구나 자료들이 빠른 속도로 축적되기 시작했다. 이 과정에서 민족학은 민족전통식물학에서 연구하는 식물들의 범위에 현재와 과거의 종족에서 일상생활 그리고 특별한 의식에 이용되는 식물들을 포함하는 전체 식물들을 조사하게 하는데 기여를 하였다(Densmore, 1974; Gilmore, 1991; Harshberger, 1896). 종족간의 이용되는 특별한 식물들의 이용에 대한 비교 연구도 활발하게 진행 되었으며, 전통 농법과 야생 식용식물들에 대한 조사도 활성화되었다(Barrows, 1931; Castetter and Bell, 1951; Conklin, 1954). 식물들에 대한 이러한 전통적인 지식에 대한 연구는 인류학 이론의 발전에 지대한 영향을 끼쳤다. 즉, 뉴기니(New Guinea)의 Tsembaga족의 원예 방법에 대한 연구는 문화 생태학(cultural ecology)을 정립하는데 기여를 하였으며, 식물들에 대한 민속적인 분류 체계와 식물 명칭의 분석은 인류의 인식 체계를 탐구하는데 탁월한 기반을 조성하게 했다(Berlin *et al.*, 1973; Conklin, 1974).

3. 아메리카지역의 민족전통식물학의 현재

1970년대에 들어서면서부터는 학계에서 민족전통식물학에 대한 연구가 더욱 활발해지고 있는데, 이는 미국의 뉴멕시코 주립 대학교(University of New Mexico)에 민족전통식물학 석사과정이 생기는 등 민족전통식물학에 대한 교육이 많이 이루어지고 있기 때문이었다(Ford, 1978). 더 나아가 미국과 영국의 여러 대학에서 대학원 과정이 생김으로 인하여 경제식물학과 민족전통식물학을 가르는 학부도 많이 생기게 되었다. 민족전통식물학에 대한 관심은 학술적인 부분에서뿐만 아니라 일반인들을 위한 과학 잡지에서부터 경제 잡지에까지 다양한 기사들로 그리고 일반인들을 대상으로는 하는 많은 저서들의 소재로도 다양하게 출판되었다(Begley, 1988; Cox & Balick, 1994).

1980년대에 이르러서는, 민족전통식물학은 학문하는 집단뿐만 아니라 Forbs(1985년 8월호)나 Southwest Airline's Flight Magazine(1985년 5월호)같은 일반 잡지에 민족전통식물학이나 이와 관련된 화분 분석 자료들이 실리는 등 미국의 일반인에게도 널리 알려지게 되었다(Bohrer, 1986). 이러한 흐름과 함께, 미국을 중심으로 민족전통생물학회가 결성되어 1981년 민족전통생물학회지 첫 호가 발간되었다. 이는 곧이어 개최되는 제1차 국제 민족전통생물학 회의와 1983년 미국 고고학회가 주간한 최초의 민족전통식물학 분과가 탄생되게 하는 밑거름이 되었다.

민족전통식물학에 대한 증가된 관심은 전통적인 문화를 소유한 원주민들에 대한 태도들 또한 변화시켰다. 20세기 중반만 하더라도 세계의 지역 원주민들이 점차 사라질 듯이 보였고, 단지 이들이 이루고 있던 전통적인 사회나 이들이 소유하고 있던 전통지식들만이 인류학적인 보호 차원에서 부분적으로 학자들의 관심을 끌뿐이었다(Burch & Ellanna, 1994). 그러나 이 후에는 많은 과학자들이 민족전통식물학적인 자료의 학술적 가치는 물론이고 경제적인 가치를 인식하기 시작하였으며, 이는 곧 전통적인 인류 집단들이 다양한 부분에서 서구 과학을 가르치기 시작하는 계기가 되었다.

20세기 말에 들어와서는 민족전통식물학의 제반 분야별 연구 현황(Schultes and Reis, 1995), 야외조사 방법론(Alexiades, 1996) 그리고 인간과 식물과의 관계 그리고 보존의 문제(Cunningham, 1993)를 다룬 저서들이 줄을 이어 출간됨으로써 민족전통식물학의 이론적인 틀이 형성되었다.

이어 2000년대에 들어서는 세계 각국의 학자들이 참가하는 민족전통식물학 관련 국제학술대회가 줄을 이어 개최되었으며, 특히, 2004년 9월에는 브라질의 포토 알레그레에서 열린 제3차 국제 민족전통식물학 심포지움(3rd international ethnobotany symposium in porto alegre)에서는 세계 각처를 대상으로 연구된 다양한 연구 결과들이 발표되었다. 특히, 이탈리아의 민족전통식물학자인 De Feo는 2002년 남미 페루령 안데스 산맥에 거주하는 원주민들의 종교의식에 이용되는 식물을 조사한 결과, 이들이 식용과 약용식물을 이용할 때에는 냉온의 개념을 적용하고 있다는 사실을 발표하는 등 지역 원주민들의 식물 이용 원리에 대한 부분까지도 연구가 되고 있다(De Feo, 2003).

제 3 장 아시아지역의 민족전통식물학사

1. 근동아시아지역의 민족전통식물학

이 지역의 민족전통식물학에 대한 역사적인 배경은 세계 농경문화의 역사가 시작되는 약 10,000년 전부터 시작된다. 근동아시아의 지역 중에서도 이란, 이라크, 터키, 시리아, 레바논 그리고 이스라엘을 연결하는 지방들에서 발굴된 유적들에서는 9,000년 전부터 14,000년 전까지로 추정되는 시기의 식물 유물들이 발굴되었다. 발굴된 재배 식물들에는 일립계(一粒系) 밀(einkorn wheat), 이립계(二粒系) 밀(emmer wheat), 보리(barley), 완두(pea), 편두(lentil) 등이 있었다. 특히, 이라크의 동북지역인 Jarmo지방에서는 9,000년 전 24채의 진흙집에서 약 150명의 사람들이 정착농업을 하고 있었던 유적이 발굴되었는데 여기서 발굴된 탄화된 밀과 보리는 이미 유전적으로 변화를 일으켜 야생형에서 재배형으로 순화되어 있었다. 이밖에도 Jarmo 유적의 원주민들은 도토리, 피스타치오 열매 등의 야생 식물들도 이용하였음을 보여주고 있다. 뿐만 아니라, 우리나라의 망태기와 가마니 같은 자루들이 발굴되는 것으로 보아서 이들은 벌써 섬유식물을 이용할 수 있었음을 보여주고 있다(Levetin and McMahon, 1996).

이 지역은 수메르 문화로 시작되는 메소포타미아 문명과 이집트 문명의 영향을 그대로 간직하였으면 상당한 자료들이 남아 있었을 것인데, 이 지역을 두고 역사적으로 많은 전란이 있었고 종교적인 갈등 또한 심하여 참고할만한 자료가 많이 유실되었고, 다만 유럽이나 다른 지역에 영향을 주어 남겨진 각종 자료들을 통해 그 흔적을 더듬어 볼 수 있을 뿐이다. 이들 자료들에 의하면 이 지역에는 의학과 약학이 매우 발달되어 있었음을 알 수 있다(Johns and Luchsinger, 1986). 특히, 3,500년 전 이집트 문화의 산물인 에벨스 파피루스(Ebers Papyrus)에는 아니스(anise), 캐러웨이(caraway), 겨자(mustard), 사프란(saffron) 등과 같은 향료식물과 독초 등의 많은 식물들에 대한 의학적 이용법들이 기록되어 있다.

♣ 람세스 2세의 치료용으로 쓰인 식물들

- 유향, 몰약, 테르펜틴(terpentin) 같은 방향성 식물수지
- 카모밀라 꽃이 든 방향성 연고
- 후추
- 사리풀, 만드라고라, 수면체리: 진통 완화용 물약(몰약)

♣ 파라오의 장례식 화환에 쓰인 식물들

- 미무소프스(*Mimuspos laurifolia*)와 올리브나무의 잎
- 미무소프스(*Mimuspos laurifolia*): 수액을 끓여서 화상을 치료
- 셀러리의 꽃잎과 잎(방향유: 이뇨와 자궁수축작용, 씨: 류머티즘과 관절염)
- 수면체리(*Withania somnifera*): 가벼운 마취제
- 쇠서나물(*Picris*)의 노란색 꽃
- 수레국화(*Centaurea cyanus*)의 파란색 꽃

♣ 부장품

- 팔레스티나 대추나무(*Zizyphus spina christi*): 그리스도의 가시관
- 발라니테스(*Balanites aegyptiaca*) 나무의 열매
- 아주까리기름: 하제, 피부 관리용
- 미무소프스나무의 열매
- 파란색과 흰색의 연꽃
- 석류의 꽃: 촌충을 없애는 특효약

♣ 팔레스타인에서 이집트로 들어간 치료제

- 유향: 쉽게 설사를 하게 만들고(하제) 상처를 낳게 해줌 (푼트(지금의 예멘)에서 수입)
- 침엽수 수지: 상처치료에 사용
- 석류: 촌충 퇴치용
- 노간주나무열매: 소변생산을 자극하고 "뱃속의 아이 지우기"에 사용

♣ 나일강변의 치료식물

- 아카시아, 위성류(Tamaricaceae), 수양버들 등의 나무들
- 팔레스티나산 대추나무, 무화과, 이집트무화과 등의 과실나무들의 잎과 열매와 수지
- 모링가나무, 발라니테스나무, 아주까리관목의 씨에서 짠 기름

♣ 이집트의 민간의학

- 아주까리: 기름(관장용), 씨와 뿌리(가정상비약), 잎(봉합제)
- 연꽃: 마취효과
- 발라니테스(사막대추야자): 달콤한 과실의 주공급원, 씨에서 기름을 얻음, 열매: 죽은 자들의 식료품으로 가장 많이 사용되는 부장품, 전체: 하제, 해충제거제, 뿌리: 차로 만들어 말라리아에 걸렸을 때도 사용, 전체: 달팽이를 퇴치하는 독을 함유, 주혈흡충병(물달팽이에 의해 전염)의 퇴치.
- 이집트의 종려나무: 고혈압
- 미무소프스
- 수면체리

♣ 사막

- 사목(蛇木): 뱀에 물린데에 사용
- 포도주: 치료음료의 기초
- 무화과: 배변촉진작용

♣ 황금미라의 계곡(오아시스 바하리자)

- 미무소프스
- 수면체리

아주까리/피마자
(*Ricinus communis* L.)

크고 손 모양으로 축 늘어진 잎을 가지고 3~5m까지 자라는 관목으로 운하의 물가와 강안, 그리고 들의 가장자리에서 자라며 씨에서 아주까리기름을 얻는다.

씨는 50%가 지방으로 강한 하제작용을 하며, 심장을 자극하는 유독성 알칼로이드인 리신이 함유되어 있다.

씨는 강력한 하제로 사용되었고, 그 기름은 피부질환 치료에, 뿌리는 두통에, 그리고 잎은 상처를 아물게 하는데 사용되었다.

나일강 아카시아
[*Acacia nilotica* (L.) Del.]

나일강 아카시아는 나일강변을 따라서, 그리고 물이 없는 하상(河床)에서 발견된다. 수피는 유피제로 사용되고, 고무수지는 농후제 및 접착제로 사용된다.

수피, 적은 규모로는 잎 또한 유피제를 함유하고 있으며 고무수지는 아라빅산의 염으로 이루어져 있다.

잎은 '뱃속'에 아픔이 있을 때 내복용으로, 그리고 모든 종류의 염증에 외용으로 사용되었다. 의사들은 고무수지를 약물의 기초로서 외용, 내복용으로 사용한다.

팔레스티나 대추나무
[*Zizyphus spina christi* (L.) willd.]

팔레스티나 대추나무는 이집트 식물군에 속하며, 체리 크기에 작은 사과처럼 보이는 그 열매는 약간 신맛이 난다.

팔레스티나 대추나무의 열매에는 점액물질과 설탕이 있고, 잎과 수피에는 유피제가 있다.

잎은 의학에서 염증이 생긴 상처와 골절상을 치료하는데 사용되었다.

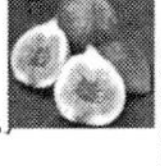

무화과
(*Ficus carica* L.)
이집트무화과
(*Ficus sycomorus* L.)

이 과실나무의 재배는 옛날에 널리 퍼져 있었고, 달콤한 그 열매가 중요하게 여겨졌었다. 오늘날 이집트 무화과는 가지가 돌출되어 있고, 잎이 커서 그늘을 만들어주는 나무로 사용된다. 열매는 거의 먹지 않는다.

무화과 2종의 열매에 당분이 많이 들어있어 약한 하제 효과를 보인다.

달콤한 무화과 열매와 이집트무화과 열매는 약물기초로서 선호되었는데, 좋지 않은 맛을 내는 다른 물질들과 혼합해서 사용되었다. 하제 작용 또한 있는 것으로 인정되었다.

몰약의 재료식물
(*Commiphora* sp.)

유향의 재료식물
(*Boswellia* sp.)

이집트 남쪽에 있는 지역들과 아라비아 반도 남부에서 몰약과 유향을 제공하는 관목과 나무들이 자란다. 오늘날까지도 그 각각의 수지는 높이 평가되는 방향제이다.

몰약과 유향에는 항박테리아 및 염증 억제의 특성이 있고, 유향은 관절염에도 좋다.

몰약과 유향은 가장 중요한 식물성 치료제였다. 값비싼 이유로 위약 효과도 지녔었지만, 모든 종류의 상처에 치료효능도 가지고 있었다. 이 밖에도 유향은 하제로도 사용되었다.

노간주나무
(*Juniperus oxicedrous* L.)

이집트인들은 노간주나무 열매를 이미 선사시대 때부터 팔레스타인으로부터 수입했다. 이것은 미이라를 묶을 때 들어가는 부장품으로 강한 냄새가 난다.

노간주나무 열매에는 수많은 방향유가 함유되어 있다. 이뇨작용을 하며, 임신시 사용할 경우 유산을 초래할 수 있다.

노간주나무의 열매가 지니는 배뇨 특성이 이용되었다. 어떤 처방에서는 '아이를 배에서 지우기 위해서' 노간주나무 열매를 음부 삽입제로 이용했다고 한다.

셀러리
(*Apium graveolens* L.)

이집트에서 야생으로 자라는 셀러리는 특히, 염분이 있는 지중해 연안지대에서 볼 수 있다. 파라오시대에 의학적인 목적 이외에 미이라 장식물을 만들기 위해 그 잎을 사용했다.

이 식물 전체에서 방향유, 특히 아피올이 풍부하게 들어있다. 이것은 이뇨작용과 복부내 가스를 몰아내는 작용을 한다.

많은 처방전에서 셀러리가 언급되고 있다. 복부내 문제가 있을 때와 배뇨 조절용으로 복용하고, 상처와 염증에 외용으로 사용되었다.

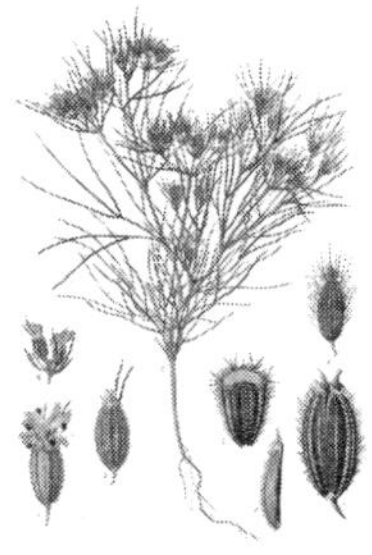

십자캐러웨이/커민
(*Cuminum cyminum* L.)

이집트인들은 커민 재배를 제18왕조시대에 동지중해 지역으로부터 받아들였다.

이 식물의 방향유는 위장부위 경련을 풀어주고, 소화를 촉진해준다. 외용으로 사용할 경우 피부를 자극하고 소독효과를 보인다.

커민은 다수 병증에 대해 수많은 내복용 처방에서 나타난다. 외용의 경우에는 어떤 치료에 중점을 두는지 명확하게 드러나지 않는다.

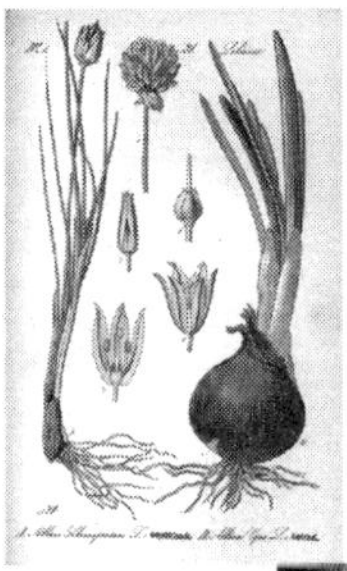

양파
(*Allium cepa* L.)

고대 이집트에서 가장 중요한 재배 야채 중 하나가 양파였다. 그 경작과 수확이 많은 묘에 그림으로 재현되어 있다.

양파는 가벼운 항생작용을 지니고 있고, 방향유와 알린 때문에 강한 냄새를 풍긴다.

양파는 여러 가지 종창과 특히, 뱀에 물린데 인기 있는 외용제로 사용되었다. 마력을 지니고 있어서 뱀을 쫓아냈다고 한다.

모링가나무
(*Moringa peregrina* Flori)

오늘날 모링가 나무는 이집트 사막지대에서 아주 드물게 볼 수 있다. 고대 이집트에서 그 씨는 중요한 기름 공급원이었다.

씨의 기름에는 높은 함량의 불포화지방산이 함유되어있고, 빨리 부패하지 않는다.

의사들은 모링가 기름을 다른 제품들과 섞을 수 있는 이상적인 정유로 보았었다. 이것은 관장을 위해서도 이용되었다.

소돔의 사과
(*Calotropis procera* Alt.)

3~5m까지 자라는 이 관목에는 크고 계란 모양의 열매가 쌍으로 열린다. 씨의 털은 베갯속으로 사용된다. 식물의 모든 부위에 유액이 들어있다.

이 식물의 유액 속에는 심장에 작용하는 배당체(Glycoside)와 알칼로이드(Alkaloid)가 있고, 그것은 화살독으로도 사용된다. 또한 구충효소도 함유되어 있다.

이 식물의 모든 부위가 약제로 사용되는데, 유액은 외용으로, 잎은 구충제로써 내복용으로, 그리고 잎의 추출물은 심장질환에 사용된다.

수면체리
(*Withania somnifera* L. Dunal)

고대 이집트인들 사이에서 반짝이는 빨간색 수면체리는 미이라 장식과 축제 때 치장용으로 사용되는 목걸이용 화환을 만드는데 이용되었다.

몇 가지 알칼로이드 이외에도 이 식물에서는 살균성 및 항암성을 지니는 스테로이드 락톤이 검출되었다.

수면체리는 특히 가벼운 마취제로 사용되고, 잎과 뿌리는 화상, 뱀에 물린데, 스코르피온에 쏘인 데를 치료하기 위해 사용된다.

만드라고라
(*Mandragora officinalis* L.)

수많은 무덤 그림들에 만드라고라가 그려져 있는데, 파라오시대의 이집트에서는 관상용 정원과 약초 정원에서만 자랐다.

뿌리에 알칼로이드 히오스키아민, 스코폴라민 그리고 아트로핀이 함유되어 있고, 이것들이 마취상태를 만든다.

고대로부터 뿌리는 마법에서 큰 역할을 하고, 마취제로도 사용되며, 열매는 일부에서 흥분제로 사용하기도 한다.

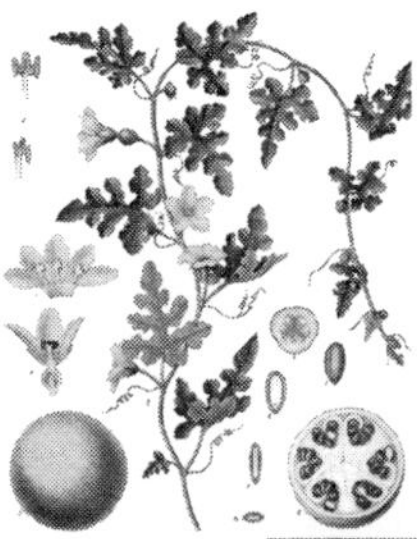

콜로신스
[*Citrullus colocynthis* (L.) Schrad.]

줄기가 땅 위로 기면서 자라는 이 식물에는 둥글고 사과 크기의 열매가 열린다. 해면질의 과육에는 납작하고 계란모양의 기름을 함유한 씨가 많다.

열매의 껍질에는 여러 가지 배당체, 알칼로이드, 수지가 들어있다. 껍질을 달인 물은 강력한 하제 작용을 한다.

콜로신스 껍질은 무엇보다도 하제로써 이용되며, 달인 물은 피부질환에 외용으로 이용되고, 뿌리 반죽은 뱀에 물렸을 때나 스코르피온에 쏘였을 때 사용된다.

세스바니아
[*Sesbania sesban* (L.) Merrill]

운하의 물가와 들의 가장자리에서 발견되는 세스바니아는 노란색 나비꽃과 20cm까지 이르는 콩깍지를 가지고 있다. 꽃은 미이라 장식물로 이용하였다.

세스바니아에는 가래를 녹이는 작용을 하는 사포닌이 함유되어 있다.

잎과 씨는 오늘날에도 기도질환과 천식에 널리 통용되는 치료제이다.

코리안더 (*Coriandrum sativum* L.)

이집트인들은 이 향료식물의 재배를 선사시대부터 지중해 동부지역부터 시작했던 것으로 추정된다.

코리안더 열매에는 많은 다양한 방향유가 들어있다.

코리안더 열매는 특히, 위장병과 고혈압에 처방된다.

사리풀
(*Hyoscyamus muticus* L. & H. *albus* L.)

두 종의 사리풀이 이집트의 도착식물에 속하며, 건조한 입지에서 자란다.

잎과 씨에 함유된 알칼로이드 히오스키아민은 복용 시 환각을 동반하는 마취상태를 만들어준다.

사리풀을 차 형태 혹은 그 잎을 피우는 형태로 사용하는 목적은 통증을 경감시키거나 마취 상태에 이르기 위함이다.

발라니테스/사막대추야자
(*Balanites aegyptiaca* Del.)

현재 오아시스와 사막 변두리 지역에서 산재하여 분포한다. 자두같이 노란 핵과는 달콤한 과육과 기름을 함유한 씨를 지니고 있다.

모든 식물 부위에 특히, 달팽이와 생선에 강한 독성을 나타내는 사포닌이 함유되어 있으며, 추출물은 살균성이 있다.

열매와 뿌리는 하제 및 구충제로 사용되고, 잎을 달인 물은 상처치료에 외용으로, 간과 비장 질환에는 내복용으로 사용된다.

향부자
(*Cyperus rotundus* L.)

향부자는 흔히 들에서 잡초로 발견된다. 타원형으로 근경덩이가 얇은 포복경으로 확산된다.

근경 덩이에는 수많은 방향 화합물이 함유되어 있는데, 그 중에서 몇 종류는 말라리아에 도움을 준다.

소화장애, 신장 결석 및 방광 결석, 열병에 주로 사용된다.

해총(나리과의 해초의 비늘줄기) [*Urgina maritima* (L.) Baker]

길고 가는 잎과 1.5m까지 자라는 화서를 가진 해총은 이집트의 지중해 해안에서 생장한다. 알뿌리의 직경은 10cm 이상에 이른다.

알뿌리에는 심장에 작용하고, 이뇨와 낙태 효과를 지니는 배당체(글리코사이드)가 함유되어 있다.

알뿌리의 껍질은 기침, 천식, 심장질환에 사용되고, 상처치료에도 사용되는데, 일부 지역에서는 쥐약으로도 사용된다.

근동아시아 지역의 고대 민족전통식물학적인 지식들은 그리스에 상당한 영향을 주기도 하였지만 그리스의 Dioscorides와 Galen(AD 131~201)의 저서들은 오히려 이 지역의 의학에 심대한 영향을 주었다. 바로 이러한 영향은 지금도 중동지방과 파키스탄 그리고 서남아시아까지도 이용되고 있는 아랍인 고유의 Greco-Arab 의학 즉, Unani tibb이 탄생하는 바탕이 되어 많은 약용식물들이 이용되었다(Ghazanfar, 1994).

그러나 현재에는 이러한 전통적인 약용식물들의 이용법과 같은 전통의학을 가르치는 기관이나 학교가 전혀 없는 상태에 있다. 이러한 실정에서도 일반인들 사이에서는 아직도 민족전통생물학적 지식들은 중요한 부분으로 인식되고 있고 또 이용되고 있다. 1994년에는 오만의 Sultan Qaboos 대학의 생물학과에 재직하고 있는 Ghazanfar, G. A. 박사의 "아라비아 약용식물의 길잡이(Handbook of Arabian Medical Plants)"라는 저서에 민족전통식물학적인 자료가 정리를 하였다. 이외에 Mursi(1966)의 "아랍 의무(醫務)에 관한 연구(Studies on Arab Medical Affairs)", Hitti(1952)의 "고대부터 현재까지의 아랍의 역사(History of the Arabs, From the Earliest Times to the Present)" 등이 있다.

2. 인도지역의 민족전통식물학

인도 지역의 민족전통식물학에 대한 역사적인 배경은 모헨조다로의 유적을 토대로 설명되어야 할 것이다. 이 유적은 매우 정선된 식물이용 문화를 가지고 있었음을 미루어 짐작할 수 있게 하는데, 이는 다양한 식물들이 이용되었음을 추측할 수 있게 한다(Kim, 1998). 그러나 문헌상의 직접적인 자료로써 지금으로부터 약 4,000년 전의 경전인 Atharva Veda에는 당시의 사람들이 많은 약용식물들을 이용하였었다고 기록하고 있는데, 이는 Parashara라는 식물학자에 의해서 기록된 것이다. 이 기록들에는 인도 지방의 토양에 관한 다양한 기록들을 비롯하여 식물의 잎에 관한 자세한 기록 심지어는 현미경이 없다면 관찰할 수도 없는 세포들에 관한 기록들도 있다(Woodland, 1991). 이러한 민족전통식물학적 전통들은 인도 고유의 의학 체계로서 힌두교 기원인 Ayurvedic 의학이 발전되는 기틀이 되기도 하였다. 또한, 인도에서는 BC 2,000년 전부터 농업이 발달하여 다양한 곡물들이 재배되었을 뿐만 아니라 서기 1세기에는 재배 기술들이 잘 개발되어 알려져 있었음을 알 수 있다(Johns and Luchsinger, 1986). 이러한 인도의 민족전통식물학적인 지식들은 고대 상인들을 통해서 서유럽으로 많이 알려져 서유럽의 민족전통식물학 분야에 영향을 꾸준히 주었음을 역사를 통해 알 수 있다.

그림 4.24 힌두교 3대신 중의 하나인 비슈누(Vishnu) 신.

19세기부터 20세기 초반까지는 영국의 식민지로써 영국인들에 의한 자원 조사 개념의 민족전통식물학적인 접근이 다양하게 이루어져 1920년에 이르러서는 민족전통식물학 자료들이 대거 발표되었다(Jain, 1989). 이후에는 인도인들에 의한 민족전통식물학적인 다양한 연구들이 시도되어, 인도의 민족전통식물학자 협회(the society of ethnobotanists)의 다양한 출판물들로 발표되었다(Jain, 1981, 1987, 1989). 현대에 들어와서는 Bhandary, *et al.*(1995), Samvatsar and Diwanji(2000), Singh, *et al.*(2002), Jain, *et al.*(2004), Katewa, *et al.*(2004), Mahishi, *et al.*(2005), Ayyanar and Ignacimuthu(2005), Jain, *et al.*(2005) 등 많은 논문들이 발표되고 있다.

이러한 인도 지역에는 비교적 커다란 전쟁이나 재앙이 없이 자신들만의 민족전통식물학적인 전통을 살려 오늘날에 이르고 있으며 세계적으로도 민족전통식물학에 대한 관심이 많은 지역이다.

3. 극동아시아지역의 민족전통식물학

극동지역은 다른 지역과 비교해시 볼 때, 민족전통식물학에 대한 역사적인 배경이 가장 길고 복잡하다. 가장 오래 전부터 재배되었던 식물들은 벼(rice), 조(foxtail millet), 수수(broomcorn millet), 유채(rape), 삼(hemp) 등이다. 최근에 중국의 유적에서는 농업이 대략 7,000년 전부터 8,000년 전 사이에 확립되었을 것으로 판단하게 하는 증거들이 발굴되었다. 황하지방의 거주민들은 최초의 곡물로 조를 가장 먼저 재배하였으며 이를 호료식물(糊料植物)로 이용하였다. 중국의 북부 지방에서 이러한 조의 이용은 역사시대까지도 존속되었다. 반면에 수수의 경우는 조처럼 널리 이용되지는 않았었던 것으로 판단된다. 고고학적 자료들에 따르면 벼의 경우 조보다 약 1,000년 정도 늦은 약 7,000년 전부터 장립계(長粒系)와 단립계(短粒系) 모두 양자강 지역에서 재배되기 시작했을 것으로 추정되고 있다(Levetin and McMahon, 1996). 이러한 고식물학적인 자료 이외에도 중국 지방의 고고학적 자료들은 지금으로부터 약 6,000년 전의 유적으로 생각되는 산동반도의 대문구문명(大汶口文明)과 최소한 5,000

년 전의 유적으로 밝혀진 만주 요령성 열하지방의 홍산문화(紅山文化)가 생각보다 훨씬 거대한 유적이고 민족전통식물학적으로 보아도 탁월한 문화를 가지고 있었음을 증명하고 있다(Kim, 1998). 이런 문화들이 밑거름이 되어, 중국에서는 극동아시아의 민족전통식물학의 원형을 형성하는 신농본초경(神農本草經)이 발간되게 되었으나, 지금은 전해 내려오지 않고 있다. 이러한 전통에 힘입어, 특히, 중세 유럽에서는 없는 집주본초(集註本草), 신수본초(新修本草), 개보본초(開寶本草), 가우본초(嘉祐本草), 대관본초(大觀本草), 정화본초(政和本草), 본초강목(本草綱目) 등 본초학에 대한 많은 책들이 출판되었다(강병수 등, 1991). 이러한 본초학 저서들은 다른 지역의 본초학 문헌들과는 달리 약용과 식용식물의 경우, 이용되는 거의 모든 식물들을 음양중과 육기론에 근거하여 분류하고 이용하였다(Kim, 1996; Kim, 1998; Kim과 Song, 1998). 이는 식물을 이용하는 데에 있어서 원리를 확립하였다는 것을 의미하는 것으로 세계의 다른 지역과는 다른 민족전통식물학적 배경을 가지고 있다는 것이다.

이 지역에 대한 민족전통식물학적인 연구는 20세기 중반까지 계속되어 일본 식물지(Ohwi, 1984; Iwatsuki, 1995), 중국 식물지(Shih, 1987), 대만 식물지(Li, 1978) 그리고 한국 식물지(Lee, 1996)등 각 지역의 식물상에 대한 연구들을 기반으로, 20세기 말까지는 식물화학, 생태학 그리고 분류학 등 다양한 각도에서 접근이 이루어졌다.

제 4장 다른 지역의 민족전통식물학사

1. 아프리카 지역의 민족전통식물학

아프리카 지역에서의 민족전통식물학은 야생 식물들과 재배식물들의 전통적인 이용법과 식생 관리법들이 여러 학자들에 의해서 학술적인 조사가 이루어졌다(Wickens *et al.*, 1985; Abbiw, 1990; Homewood & Rodgers, 1991; Smith, 1992). Paul Richards(1985)는 그의 저서인 "원주민들의 농업혁명(Indigenous agricultural Revolution)"에서 서부아프리카에서 전통적인 농부의 가치를 높이 평가했고, 더 나아가 서구 과학에 의한 녹색 혁명 이후 식량 생산에 있어서 가장 위대한 혁신들의 대부분은 원주민들의 지식들에서부터 얻어졌음을 강조하였다.

또한, 표 4.4와 같이 남아프리카의 이스턴 케이프주에서는 암 치료에 다양한 약용식물을 이용하였다.

표 4.4 남아프리카의 이스턴 케이프(Eastern Cape)주에서 암 치료에 이용된 약용식물

과 명	지역명	이용 부위	조 리
Hypoxidaceae(히포시스과)			
Hypoxis hemerocallidea L.	Inkomfe	구경	분말로 만듬, 물에 끓임, 고통의 경감이 분명할 때까지 구강으로 복용함.
Hypoxis argentea L.	Inongwe	구경	분쇄함, 물에 끓임, 환자가 회복될 때까지 구강으로 복용함
Hypoxis colchicifolia Bak	iLabatheka	구경	압착함, 물에 끓임, 여러 날 또는 주 동안 구강으로 복용함.
Hyacinthaceae(히아신스과)			
Merwilla plumbea (Lindl.) Speta	Inguduza	구근	서서히 데우면서 달임, 환자를 치료할 때까지 복용함.

Scilla natalensis Planch.	Blouslangkop	구근	서서히 데우면서 달임, 경감이 분명할 때까지 구강으로 복용함.
Eucomis autumnalis (Mill.) Chitt	Umathunga	구근	물 또는 우유로 데운 탕약은 여러 주 동안 구강으로 복용함.
Solanaceae(가지과)			
Solanum aculeastrum Dunal	Mtuma	열매, 잎, 수피, 뿌리	이 지역에서 가장 일반적으로 사용된, 열매는 조각으로 터질 때까지 끓인 다음 여과함. 환자가 회복될 때까지 하루에 한번씩 탕약을 복용함.
Alliaceae(부추과)			
Tulbaghia violacea Harv.	Wild garlic, wildeknoflok	구근	신선한 구근은 물에 끓이고 탕약은 여러 주 동안 구강으로 복용함.
		잎	분쇄한 잎은 물에 우린 다음 여러 날 동안 구강으로 복용함.
Gunneraceae			
Gunnera perpensa L.	River pumpkin, uGhobo	지하경	천천히 데우면서 우리고 달여서 3~4주 동안 구강으로 복용함.
Ranunculaceae(미나리아재비과)			
Knowltonia capensis (L.) Huth	Blistering leaves, brandblare	잎	분쇄한 잎은 외종양에 습포제로 직접적으로 이용함.
		뿌리	분쇄한 뿌리는 물에 끓여 구강으로 복용함.
Cannbaceae			
Cannabis sativa L.	Nsangu, Umya	잎	분쇄한 잎은 환자가 회복될 때까지 매일 구강으로 복용함.
Fabaceae(콩과)			
Sutherlandia frutescens L. R. BR.	Umnwele	가지, 잎,	식물의 모든 부위로부터 만들어진 탕약은 내종양

		꽃, 종자	에 구강으로 복용하고 원칙적으로 외종양에 이용됨.
Pittosporaceae(돈나무과)			
Pittosporum viridiflorum Sims	Umkhwenkwe, umVusamvu	수피, 뿌리	물로 우리고 달여서 여러 주 동안 구강으로 복용함.
		수피, 뿌리	건조된 수피와 뿌리는 분말로 분쇄하고 물를 이용하여 구강으로 복용함.
Cornaceae(층층나무과)			
Curtisia dentata (Burm. f.) C. A. Sm.	umLahleni	수피, 잎	다지고 물에 끓여서 탕약을 만듦, 고통의 경감이 분명할 때까지 구강으로 복용함.
Euphorbiaceae(대극과)			
Euphorbia ingens E. Mey. ex Boiss	Nkondze	유액	원칙적으로 종양이 나을 때까지 매일 외종양에 이용함.
Agapanthaceae			
Agapanthus africanus (L.) Hoffmanns	Mathunga, Agapanthus	뿌리	햇볕에 말려서 분말을 만들고 물에 우려서 환자가 치료될 때까지 구강으로 복용함.
Ulmaceae(느릅나무과)			
Celtis africana Burm. f.	umVumvu	수피, 뿌리	햇볕에 말려서 분말을 만들고 물이나 우유에 우려서 고통의 경감이 분명할 때까지 매일 구강으로 복용함.

그림 4.25 A: *Cannabis sativa* (Cannbaceae), B: *Gunnera perpensa* (Gunneraceae), C: *Hypoxis hemerocallidea* (Hypoxidaceae), D: *Merwilla plumbea* (Hyacinthaceae).

A B

C D

그림 4.26 A: *Solanum aculeastrum* (Solanaceae)의 열매, B: *Solanum aculeastrum* (Solanaceae)의 꽃, C: *Tulbaghia violacea* (Alliaceae), D: *Tulbaghia violacea* (Alliaceae)의 꽃.

2. 오세아니아 지역의 민족전통식물학

유럽과 아메리카 이외의 지역에서도 원주민들이 가지고 있는 식물지식에 대한 연구는 널리 되어져 왔다. 1879년 오스트레일리아의 Joseph Bancroft는 Queensland Philosophical Society에서 지역 토속민들이 이용하던 "pituri(*Duboisia* spp.)"라는 식물의 화학적 특성에 관한 민족전통식물학적인 논문을 발표하였다(Bancroft, 1878). 이외에도 오스트레일리아 지역의 민족전통식물학적 연구는 예술품이나 신화에 나타나는 식물들에 대한 것들부터 원주민들이 식생을 관리하는 법까지 확대되었으며, 특히, 오스트레일리아 남부 캔버라에 있는 "Australian institution of Aboriginal and Torres Strait Islander Studies"의 보고서들에 많이 발표되었다.

Paul Alan Cox(1981)는 태평양 사모아 섬에서 환각성 버섯인 *Copelandia cyanescens*의 이용에 대해서 연구를 하였다. 또한, 표 4.5와 같이 오세아니아 지역 사모아 사람들의 기근 음식으로 야생식물들을 이용하였다.

그림 4.27 환각성 버섯인 *Copelandia cyanescens*.

표 4.5 오세아니아 지역 사모아 사람들의 기근 음식으로 이용된 야생식물

종	과	사모아 명칭	이용부위	요리
단자엽식물				
Cordyline terminalis	Agavaceae (용설란과)	Ti vao	지하경	조리
Cyrtosperma hamissonis	Araceae (천남성과)	Pula'a	지하경	조리
Dioscorea alata	Dioscoreaceae (마과)	Ufi vao	뿌리	조리
Dioscorea esculenta	Dioscoreaceae (마과)	Ufi lei	뿌리	조리
Musa acuminata	Musaceae (파초과)	Tae manu	열매	조리
Metroxylon warburgii	Arecaceae (야자과)	Niu lotuma	줄기	녹말 추출
Cocos nucifera	Arecaceae (야자과)	Niu	분열조직	조리/생것
Tacca leontopetaloides	Taccaceae	Māsoā	뿌리	녹말 추출
쌍자엽식물				
Terminalia catappa	Combretaceae (사군자과)	Talie	종자	조리
Inocarpus fagifer	Fabaceae (콩과)	Ifi	종자	조리
Adenanthera pavonina	Minosaceae (미모사과)	Lōpā	종자	생것
Syzygium samarangense	Myrtaceae (도금양과)	Nonu fi'afi'a	열매	생것

A B C D

그림 4.28 A: 도금양과(Myrtaceae)의 *Syzygium samarangense*, B: 콩과(Fabaceae)의 *Inocarpus fagifer*, C: 용설란과(Agavaceae)의 *Cordyline erminalis*, D: 야자과(Arecaceae)의 *Cocos nucifera*.

참고문헌

Abbiw, D. K. 1990. Useful Plants of Ghana. Intermediate technology Publications Ltd. Kew, London.

Alexiades, M. N. 1996. Selected Guidelines for Ethnobotanical Research: A Field Manual. The New York Botanical Garden. Bronx, New York, USA.

Ayyanar, M. and Ignacimuthu, S. 2005. Traditional knowledge of Kani tribals in Kouthalai of Tirunelveli hills, Tamil Nadu, India. Journal of Ethnopharmacology, 102: 246-255.

Bancroft, J. 1878. Further Remarks on the Pituri Group of Plants. Govermant Press, Brisbane.

Barbera, G., Carimi, F., and Inglesse, P. 1992. Past and present role of the Indian-fig prickly pea (*Opuntia ficus-indica* (L.) Miller) Cactaceae, in the agriculture of Sicily. Economic Botany 46:10-20.

Barrows, D. 1931. Prehistoric Publo foods. Museum of Arizona Notes 4: 1-4.

Begley, S. 1988. Zombies and other mysteries; ethnobotanists seek magical, medicinal plants. Newsweek 111(8): 79.

Berlin, B, Breedlove, D. E. and Raven, P. H. 1973. General principles of classification and classification in folk biology. American Anthropology 75: 214-242.

Bhandary, M. J., Chandrashekar, K. R. and Kaveriappa, K. M. 1995. Medical ethnobotany of the Siddis of Uttara Kannada district, Karnataka, India. Journal of Ethnopharmacology, 47: 149-158.

Bohrer, 1986. Guideposts in Ethnobiology. Journal of Ethnobiology 6: 27-43.

Bryant, V. M. 1989. Pollen: nature' s fingerprints of plants. In: 1990 Yearbook of Science and the Future. Encyclopedia Britannica Inc., Chicago. pp. 92-111.

Bryant, V. M. and Holloway, R. G. 1983. The role of palynology in archaeology. In: Schiffer, M. S. (ed) Advances in Archaeological Method and Theory, Vol. 6. Academic Press, New York. pp. 191-223.

Bryson, W. 1994. Made in America. QPD, London.

Burch E. S. and Ellanna, L. J. 1994. Key issues in Hunter-Gatherer Research. Berg Publishers inc., Oxford.

Castetter, E. F. and Bell, W. H. 1951. Yuman Indians Agriculture. Univ. of New Mexico Press, Albuquerque.

Conklin, H. C. 1954. An ethnoecological approach to shifting agriculture. Transactions of the New York Academy of Science 17: 133-142.

Conklin, H. C. 1974. The Relation of Hanunŏo culture to the Plant World.

(Yale University Ph. D, 1955) University Microfilms Ltd, High Wycombe.

Cotton, C. M. 1996. Ethnobotany: Principles and Applications. John Wiley and Sons, Chichester.

Cox, P. A. and Balick, M. J. 1994. The ethnobotanical approach to drug discovery. Scientific American 270(6): 60-65.

Cunningham, A. B. 1993. Ethics, Ethnobiological research and Biodiversity. WWF, Gland, Switzerland.

De Feo, V. 2003. Ethnomedical field study in northern Peruvian Andes with particular reference to divination practices.

Densmore, F. 1974. How Indians use Plants for Food, Medicine and Crafts. Dover Publications Inc., New York.

Desmond, A. and Moore, J. 1992. Darwin. Penguin Books, London,

Dimbleby, G. W. 1963. Pollen analyses from two Cornish borrows. Journal of the Royal Institution of Cornwall (New Series) 4: 364-375.

Ellen, R. F. and Fukui, K. 1994. Beyond Nature and Culture: Cognition, Ecology and Domestication. Berg, London.

Emmart, E. W. 1940. The Badianus Manuscript (Codex Barberini Latin 241) : An Aztec Herbal of 1552. Baltimore: The John Hopkins Press.

FEB. 1993. The Foundation of Ethnobiology. Media Launch & symposium, 2 February.

Ford, R. I. 1978. Ethnobotany: historical diversity and synthesis. *In:* Ford, R. I. (ed) The Nature and Status of Ethnobotany (Anthropological papers, Meseum of Anthropology, University of Michigan No 67). Ann Arbor, Michigan, pp. 33-50.

Ghazanfar, S. A. 1994. Handbook of Arabian Medical Plants. CRC Press, Inc., Boca Raton. pp. 2-3.

Gilmore, M. R. 1932. Importance of ethnobotanical investigation. American Anthropologist 34: 320-327.

Gilmore, M. R. 1991. Uses of Plants by the Indians of the Missouri River Region. Univ. of Nebraska Press. London.

Griggs, B. 1981. Green Pharmacy. Healing Arts Press, Rochester.

Hamilton, M. B. 1994. Ex situ conservation of wild plant species: time to reassess the genetic assumptions and implications of seed banks. Conservation Biology 8: 39-49.

Harris S. R. and Hillman, G. C. 1989. Foraging and Farming: The Evolution of Plant Exploitation. Unwin Hyman, London.

Harshberger, J. W. 1896. The purposes of ethnobotany. *Botanical Gazett* 21: 146-154.

Hitti, P. 1952. History of the Arabs, From the Earliest Times to the Present. London: Macmillan & Co. pp. 311-312.

Hobhouse, H. 1992. Seeds of Charge: Five Plants that Transformed Mankind. Papermac, London.

Homewood, K. M. and Rogers, W. A. 1991. Maasailand Ecology: Pastoralist Development and Wildlife Conservation in Ngorongoro, Tanzania. Cambridge University Press, Cambridge.

Iversen, J. 1941. Land occupation in Denmark' s stoneage. Denmarks Geologiske Undersogelse 2(66): 1-67.

Iwatsuki, K., Yamazaki, T., Boufford, D. E. and Ohba, H. 1995. Flora of Japan. Kodansha, Tokyo.

Jain, A., Katewa, S. S., Galav, P. K. and Sharma, P. 2005. Medicinal plant diversity of Sitamata wildlife sanctuary, Rajasthan, India. Journal of Ethnopharmacology, 102: 143-157.

Jain, A.. Katewa, S. S., Chaudhary, B. L. and Galav, P. 2004. Folk herbal medicines used in birth control and sexual diseases by tribals of southern Rajasthan, India. Journal of Ethnopharmacology, 90: 171-177.

Jain, S. K. 1981. Glimpses of Indian Ethnobotany. Oxford & IBH, New Delhi, India.

Jain, S. K. 1987. A Manual of Ethnobotany. Scientific Publishers, Jodphur.

Jain, S. K. 1989. Methods and Approaches in Ethnobotany. Proceedings of the 2nd training course in ethnobotany, Locknow. Surya Publications, Dehradun.

Johns, S. B. and Luchsinger, A. E. 1986. Plant Systematics. McGraw-Hill Book Company. New York. p. 13.

Katewa, S. S., Chaudhary, B. L. and Jain, A. 2004. Folk herbal medicines from tribal area of Rajasthan, India. Journal of Ethnopharmacology, 92: 41-46.

Kim, H. 1998. Ethnobiology (Korean edition). Academic press. Seoul. Korea.

Kim, H. and M. J. Song, 1998. Consideration on the origin of the cosmic dual forces and five elements theory as a principle using organisms of Korean. J. of the Korean Jungshin Science Society. Vol. 2. No.1. pp.26-31.

Lee, Y. N. 1996. Flora of Korea. Kyo-Hak Publishing Co., Seoul (in Korean).

Levetin, E. and McMahon, K. 1996. Plants and Society. Wm. C. Brown Publisher. Dubuque, IA. p.171, p.287.

Li, H. L. 1978. Flora of Taiwan. Epoch Publishing Co., Ltd. Taipei.

MacNeish, R. S. 1992. The Origins of Agriculture and Settled Life. *In* Ethnobotany Evolution of a Discipline. Chapman & Hall. London. p.391.

Mahishi, P., Srinivasa, B. H. and Shivanna, M. B. 2005. Medicinal plant wealth of local communities in some villages in Shimoga District of Karnataka, India. Journal of Ethnopharmacology, 98: 307-312.

Mann, J. 1994. Murder, Magic and Medicine. Oxford University Press, Oxford.

Martin, G. J. 1995. Ethnobotany (A methods manual). Chapman & Ha Co, London. p.xx-xxiv. pp. 95-222.

Morris, B. 1976. Whither the savage mind? Notes on the natural taxonomies of a hunting and gathering peoples. Man 11: 542-557.

Mursi. 1966. 'Arab: Dirasat fi'l-Shi'un al-tibbiyah al-'arabiyah = Studies on Arab Medical Affairs. Al-Iskandariya: al-Ma'arif (Arabic). pp. 7-12.

Ortiz de Montellano, B. R. 1990. Aztec Medicine, Wealth and Nutrition. Rutgers University Press, London.

Richards, P. 1985. Indigenous Agricultural Revolution. Unwin Hyman, London.

Robbins, W. W., Harrington, J. P. and Freire-Marreco, B. 1916. The Ethnobotany of the Tewa Indians. Bureau of American Ethnology Bulletin no. 55. Washington, DC. pp. 1-124.

Samvatsar, S. and Diwanji, V. B. 2000. Plant sources for the treatment of jaundice in the tribals of Western Madhya radesh of India. Journal of

Ethnopharmacology, 73: 313-316.

Schultes R. E. 1983. Richard Spruce: an early ethnobotanist and explorer of the northwest Amazon and northern Andes. Journal of Ethnobiology 3: 139-147.

Schultes, R. E. and Reis, S. 1995. Ethnobotany (evolution of a discipline). Champman & Hall co, London. pp. 23-284, pp. 285-288.

Shih, C. 1987. Flora Reipublicae Popularis Sinicae. Science Press, Beijing (in Chinese).

Simpson S. S. and Conner-Ogorzaly, M. C. 1986. Ecomomic Botany. McGraw Hill, London.

Singh, A. K., Raghubanshi, A. S. and Singh, J. S. 2002. Medical ethnobotany of the tribals of Sonaghati of Sonbhadra district, Uttar Pradesh, India. Journal of Ethnopharmacology, 81: 31-41.

Smith, A. B. 1992. Pastoralism in Africa: Origins and Development Ecology. Hurst & Company, London.

Ucko, P. J. and Dimbleby, G. M. 1969. The Domescation and Exploitation of Plants and Animals. Duckworth, London.

Wickens G. E., Goodin J. R., and Field, D. V. 1985. Plants for Arid Lands Unwin Hyman, London.

Williamson, E. 1992. The Penguin History of Latin America. Penguin Books Ltd, London.

Woodland, D. W. 1991. Contemporary Plant Systematics. Prentice-Hall, Inc. Englewood Cliffs. pp. 372-374.

강병수, 고운채, 김선희, 노승현, 송호준, 신민교, 안덕균, 이상인, 이영종, 이태희, 주영승, 1991. 본초학. 도서출판 영림사. 서울. pp. 20-46.

김현, 1996. 21세기를 향한 생명과학의 새로운 조류: 민족생물학. 전주대학교 자연과학연구소 논문집. vol. 9. pp. 53-59.

손영수와 윤실, 1994. 교실에서 못 배우는 식물이야기(岩波洋造, 1986. 教室では教 えない植物の話. 講談社. 日本). 전파과학사. 서울. pp. 17-19.

안재세. 1991. 영광과 통한의 세계사. 터울림출판사. 서울. pp. 11-12, pp. 34-35, pp. 337-348.

제 V 부 | 한민족전통식물학 (Korean Ethnobotany)

5,000년 전 역사 이래 찬란하였던 한민족의 문화가 1,600년 전부터 사대문화의 그늘 속으로 서서히 사라지기 시작하여 이제 그 흔적조차 찾기가 힘들게 되었다. 그러나 20세기에 들어 우리 민족은 그 역량을 결집하여 경제적 부흥을 이룸으로써 다시 한 번 웅비할 수 있는 터전이 마련되었으나 생활문화와 학문 등 모든 분야에서 독창성과 독자성이 결여되어 그 기대가 무너져 내리고 있다. 이러한 시점에서 우리 한민족의 식물 이용법과 원리를 다루는 한민족전통식물학의 필요성은 더할 나위가 없다고 하겠다.

제 1 장 세계인을 위한 한민족전통식물학

우리 민족의 식물이용법과 원리를 세계화하기 위해서는 우선적으로 한민족전통식물학에 대한 정의와 역사 그리고 미래에 대한 통찰이 앞서야 할 것이다.

1. 한민족전통식물학

민족전통식물학적인 연구의 목적이 인류 집단의 식물 이용 방법과 이용 원리를 탐구하는 것이기 때문에 한민족에 대한 민족전통식물학적인 연구라 하면 한민족이 식물을 이용하는 방법과 원리를 파악하고 이를 활용하는 방안을 찾는 것이 주가 되어야 한다. 연구의 영역은 공간적으로 현대의 한민족과 그 주요 터전인 극동아시아를 대상으로 하여야 하겠지만 시간적으로는 한민족의 가장 오래된 조상으로부터 현재의 우리들까지로 생각할 수 있다.

2. 한민족전통식물학사

예로부터 특정 민족이 활용하였던 식물들의 다양성이나 이용의 정도는 다른 문화와 함께 바로 그 민족의 시대별 성쇠와 함께 하기 마련이다. 이러한 점은 과거의 시대로 향해 올라 갈수록 더욱 심화된다는 것이 역사적으로 증명되고 있다. 그러므로 우리 한민족의 식물 이용사를 이해하려면 우선적으로 우리 한민족의 기원에 대한 정리가 필요하며 다음으로는 우리 민족을 중심에 두는 한민족사를 객관적이면서도 합리적인 시각에서 이해하여야 할 것이다.

우리 한민족의 기원에 대해서는 많은 학자들이 여러 가지 설로 논의를 하고 있지만 여기서는 한반도를 포함한 만주 일대에 거주하였으며 오늘날 우리들의 실질적인 조상으로 간주할 수 있는 기원전 8,000여 년 전의 극동아시아 거주민을 우리의 실질적인 조상으로 간주하는 것이 타당할 것이다(윤내현, 1995; 사회과학원 역사연구소, 1979). 그러므로 여기서 다루고자 하는 한민족사의 실질적인 범주에는 최소한 기원전 3,000년 이전에 극동아시아의 거주민이 건국한 고조선을 출발점으로 보고 이후 지금까지 극동아시아에서 건국되었던 고구려, 신라, 백제, 발해, 고려, 그리고 조선 등을 포함하고 있다. 또한, 민족전통식물학적 접근은 고고학적 자료와 정사에 입각한 문헌적인 자료를 토대로 한다는 것을 원칙으로 하였다. 그러나 이 연구가 역사학적인 연구가 아니고 시대의 사회상과 자연현상이 반영되는 식물이용에 대한 연구이므로 각 시대의 생활상에 대한 문헌들로써 식물의 활용에 대한 내용이 기술된 문헌이라면 가능한 한 모든 것을 포함시키려 하였음을 밝혀둔다. 이러한 점에서 식물 이용에 대한 시대의 구분은 식물을 이용하는 데에 있어서 원칙이나 원리가 확립된 시기를 정점으로 크게 2부분으로 나누어 이전은 민속식물학(folk botany) 시대로써 야생식물 이용기를 두고, 이후는 민족전통식물학(ethnobotany) 시대로써 식물 이용 원리의 응용기, 축소기 그리고 상실기 등으로 나누어 정리하였다.

(1) 야생식물의 채집기(BC 8,000년 이전: 구석기 시대)

구석기 시대의 식물상은 당시 자연환경을 설명해 주는 중요한 단서가 될 뿐만 아니라 당시 사람들의 의식주에 대한 상황을 알 수 있다는 점에서 대단히 중요한 연구이지만 우리나라의 경우는 이에 대한 연구사가 짧은 편이다. 그러나 그림 5.1과 같이 구석기 시대의 유적 중에서 식물상이 조사된 4개 유적을 중심으로 방사선 동위원소를 이용하여 절대적인 연대를 측정함으로써 유적과 유물의 시기를 밝혔는데 식물상은 발굴된 토양시료와 나무 숯(木炭), 꽃가루를 이용하여 목록을 만들었다(박희현, 1984).

이 결과 우리나라 구석기 시대의 생물들은 표 5.1과 같이 식물의 경우 선태식물류 2종류, 양치식물류 4종류, 나자식물류 17종류, 피자식물 중 단자엽식물류 5종류, 쌍자엽식물류 38종류로 총 66종류가 파악되었다.

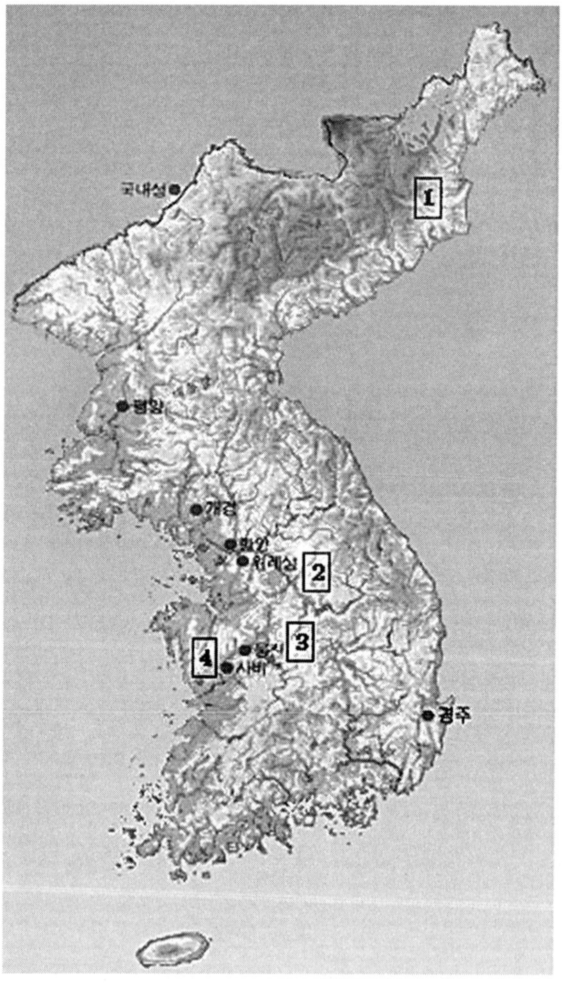

그림 5.1 구석기 시대의 식물이 발굴된 유적지(박희현, 1984).
● : 옛도읍지, [1] : 장덕리, [2] : 점말, [3] : 두루봉, [4] : 석정리.

표 5.1 우리나라의 구석기 시대 식물상(박희현, 1984)

식물명 \ 시대	전기 구석기	중 · 후기 구석기	식물명 \ 시대	전기 구석기	중 · 후기 구석기
녹색선태아강	○	○	자작나무속	○	○
물이끼속	○	○	오리나무속	×	○
석송과	×	○	서어나무속	×	○
속새속	○	○	너도밤나무속	○	○
고비속	×	○	밤나무속	○	○
고사리과	○	○	참나무속	○	○
은행과	×	○	느릅나무속	×	○
주목속	○	○	팽나무속	○	○
전나무속	○	○	쐐기풀속	×	○
더글라스전나무속	×	○	명아주속	×	○
솔송나무속	×	○	수련과	×	○
가문비나무속	×	○	미나리아재비과	×	○
가문비나무	×	○	목련과	×	○
이깔나무속	×	○	녹나무과	×	○
잣나무속	×	○	끈끈이주걱속	×	○
눈잣나무	×	○	범의귀속	×	○
소나무속	○	○	장미과	×	○
시베리아소나무	×	○	벚나무속	×	○
소나무	×	○	콩아과	×	○
낙우송과	○	○	두메자운속	×	○
측백나무과	×	○	털생강나무	○	×
눈측백나무속	×	○	감탕나무과	○	○
탄천향나무	×	○	단풍나무과	×	○
벼과	×	○	단풍나무속	×	○
방동사니과	×	○	피나무속	○	○
백합과	×	○	보리수나무과	×	○
좀청미래	×	○	두릅나무과	×	○
붓꽃과	×	○	진달래과	×	○
사시나무속	×	○	쥐똥나무속	×	○
버들속	○	○	현삼과	×	○
가래나무과	○	○	딱총나무속	×	○
호두나무과	○	×	국화과	×	○
자작나무과	○	×	쑥속	○	○

이외에 지금으로부터 1만 년 전에 한반도와 만주 지방에 거주하였던 사람들의 식물 이용은 단양의 금굴, 만주의 여대시(旅大市: 70~60만년 전), 연천의 전곡리, 웅기 굴포리, 평양의 대현동 그리고 만주의 객좌현 합자동(喀左縣 鴿子洞: 5만 년 전), 청원의 샘골, 그리고 만주의 능원현 서팔간방촌(凌源縣 西八間房村)과 하얼빈시(1만 년 전) 등의 많은 유적들에서 발굴된 유물들로 유추해 볼 때에도 생각보다 훨씬 다양하게 이루어졌음을 알 수 있다. 즉, 식물들의 이용은 주로 열매나 뿌리 등을 주로 하여 즙이 많이 나오는 줄기와 새싹, 전분이 많은 풀씨 등을 주로 식용으로 채집하였었던 것으로 추정된다.

그림 5.2 경기도 연천군 전곡리 유적지에서 발견된 구석기 유물.

이러한 점들로 볼 때 1만년 이전에 극동아시아 지방에서 살았던 사람들의 식물 이용은 이 시기의 세계 다른 지역에 거주하였던 사람들과 같이 채집 등의 방법을 이용한 식용 위주였던 것으로 정리할 수 있다.

(2) 야생식물의 경작기(BC 8,000년~BC 4,000년 전: 신석기 시대)

이 시기에 극동아시아 지방에 거주하던 사람들이야말로 우리 한민족의 원 조상으로 간주되며 고고학적 시기로는 신석기 시대에 해당된다(윤내현, 1995). 이시기는 야생 식물들을 있는 그대로 채집하여 이용하던 때를 지나 야생 식물들을 땅에 심고 거두는 경작이 시작되던 때이다. 사람들이 식물을 이용하는 방법에 있어서 이와 같은 변화를 시도하게 된 저변에는 기후의 변화가 크게 작용하였던 것으로 생각된다. 당시의 극동아시아 지방은 마지막 빙하기가 끝나 기온이 상승되면서 BC 6,000년경에는 현재와 같은 기온 분포를 가지게 되었고, BC 3,500년경에는 현재보다 2.5℃ 정도 높아졌으며 다시 내려가 BC 1,000년경에는 다시 현재와 같은 온도가 되었다(Laboratory of quaternary palynology and laboratory of radiocarbon-kweiyang institute of geo-chemistry academia sinica, 1978). 이러한 기온의 변화는 육지역에 산림 생태계의 변화 즉, 초원이 사라지고 산림이 형성되기 시작했다. 이러한 자연의 변화에 따라 식물 이용에 있어서도 커다란 변혁이 일어나게 되어 야생식물들은 재배하고 경작하게 되었다.

이러한 증거들은 이 시기의 중국 황하유적보다도 훨씬 빠른 만주와 한반도의 유적들 즉, 강원도 양양군 오산리, 함북 웅기군 굴포리 서포항, 남해안 조도, 서울 강동구 암사동, 내몽고 적봉시 흥륭와(內蒙古 赤峰市 興隆洼) 유적 그리고 요녕성 심양시 신락(遼寧省 沈陽市 新樂) 유적 등지에서 발굴되는 많은 유물들을 통해서 얻을 수 있다(김정기, 1987; 심양시 문물관리판공실, 1978). 식물의 재배와 경작은 돌보습, 곰배괭이, 돌괭이, 뿔괭이, 낫 그리고 돌반달칼 등을 통해서 알 수 있고 수확된 곡물의 가공은 갈돌판과 갈돌대를 통해서 알 수 있다.

그림 5.3 신석기 시대의 돌보습(충북 청원군 쌍천리 3호 주거지에서 출토); 길이: 14.7cm, 너비: 8.3cm, 두께: 2cm(국립청주박물관 소장).

그림 5.4 신석기 시대의 반달모양의 돌칼.

그림 5.5 경남 창녕 신석기시대 저습지 유적 도토리 저장 구덩이에서 출토된 도토리, 솔방울과 식물씨앗.

식물의 이용을 보면 서기전 6,000년전의 요녕성 심양시 신락(遼寧省 沈陽市 新樂) 유적에서는 조가 발견되었으며 그물, 바늘 그리고 가락바퀴 등으로 볼 때 섬유자원 식물의 이용이 활발했음을 알 수 있게 하고 도토리의 출토는 부식용 식물의 이용도 다양했었음을 알 수 있다. 뿐만 아니라, 요동성 장해현 소주산(遼東省 長海縣 小珠山) 유적에서 발굴된 질그릇은 물레의 사용을 짐작하게 하는데 이는 물레를 만들 정도의 상당한 목재 지식과 실의 재료로 이용되는 식물에 대한 상당한 지식이 있었을 것으로 생각된다. 특히, 웅기의 서포항 유적에서는 뼈로 만든 수저가 발견됨으로써 당시에 곡물 이용의 문화를 짐작하게 해준다(윤내현, 1990; Kwang-chih Chang, 1986).

이 시기는 채집에 의하여 야생의 식물을 그대로 이용하는 방법에서 경작하는 방법으로 변화하는 시기이다. 이렇게 식물을 경작하기 시작했다는 것은 곧 식물들에 대한 집중적인 관찰이 가능하게 되었다는 것이므로 이로써 식물을 이용하는 방법과 원리가 창출될 수 있는 토대가 마련되었음을 의미한다고 볼 수 있다.

(3) 식물 이용 원리의 확립기(BC 4,000년-AD 100년: 청동기 시대, 고조선 시대)

이 시기는 사회발전의 단계로 보아도 이전의 고을나라에서 국가사회로 바뀌어 고조선이 국가로 출범했을 때이었으므로 정치, 경제적으로나 사회, 문화적으로도 상당한 변혁이 이루어진 시기이었고, 이에 따라 식물의 이용에 있어서도 획기적인 변화가 있었으리라 짐작하는 것은 어려운 일이 아니다.

먼저, 고고학적인 자료로 식물의 이용을 고찰해 보면 상당한 이용이 있었음을 알 수 있다. 황해북도 봉산군 지탑리 유적, 청진시 무산군 범의 구석 유적, 함경북도 회령군 오동유적, 황해북도 송림시 석탄리 유적, 평양시 삼석구역 남경유적 그리고 강원도 양양군 오산리 유적 등에서 출토된 식물들은 벼, 보리, 조, 기장, 콩, 팥, 수수 그리고 피와 같은 곡물들의 낟알이 많았다(장명신, 1988). 이 중에서 벼는 경기도 일산과 김포에서 서기전 3,000~2,000년 전의 것들이 출토가 되어 우리나라의 벼농사 역사를 알려주고 있다(임효재, 1992). 벼와 관련된 이러한 고고학적인 발굴 성과들은 만주와 한반도 그리고 일본을 잇는 지역에서 재배되었던 종류가 동일한 종류이고 이들이 재배되는 시기도 만주로부터 한반도를 거쳐 일본으로 전해졌음을 증명하고 있어서 이들 지역에서 벼 재배의 역사에 대한 논란을 불식시키는 새로운 자료로써도 훌륭한 것이다.

그림 5.6 강원도 양양군 오산리 유적지와 유물.

표 5.2 3,000년 전부터 1,000년 전까지의 유적에서 발굴된 곡류(장명신, 1988)

발견된 유적 및 집자리	년대	곡물종류
황해북도 봉산군 지탑리유적 2호 집자리	신석기 시대 기원전 3000년기 전반기	피, 조
평양시 삼석구역 남경유적 31호 집자리	신석기 시대 기원전 3000년기 후반기	조
함경북도 무산군 범의구석유적 15호 집자리	청동기 시대 기원전 2000년기 후반기	기장, 수수
함경북도 회령군 오동유적	청동기 시대 기원전 2000년기 후반기	콩, 팥, 기장
함경북도 무산군 범의구석유적 31호 집자리	청동기 시대 기원전 2000년기 말 ~1000년기 초	기장, 조
평양시 삼석구역 남경유적 36호 집자리	청동기 시대 기원전 2000년기 말 ~1000년기 초	벼, 조, 콩, 기장, 수수
평양시 삼서구역 남경유적 11호 집자리	청동기 시대 기원전 1000년기 초	기장
황해북도 송림시 석탄리유적 39호 집자리	청동기 시대 기원전 7~8세기	조, 팥

섬유자원 생물의 이용을 보면, 평안남도 온천군 궁산리 유적과 함경북도 북청군 토성리 유적에서는 대마나 황마와 같은 섬유식물에서 뽑은 삼베실과 조각이 출토되었는데 이러한 유물들은 당시의 시대상을 기록한 중국의 자료와도 일치하는 것으로써 우리나라의 삼베옷 기원이 적어도 4,000년 전임을 알 수 있게 해 준다(김용간과 안영준, 1986). 길림성 후석산(吉林省 猴石山) 유적에서는 BC 400년 전의 마포 조각이 발견되었는데 이들은 모두 방직기를 사용해 짠 것으로 확인되었다(Kwang-chih Chang, 1986; 吉林地區考古短訓班, 1980). 명주의 경우는 유물로써 출토는 되지 않았지만 한서(漢書) 권28하 지리지(地理志)하(殷道衰, 箕子去之朝鮮, 教其民以禮義, 田蠶織作), 후한서(後漢書) 권85 동이열전 한전(東夷列傳 韓傳)(馬韓人知田蠶, 作綿布)과 후한서(後漢書) 권85 동이열전 예전(東夷列傳 濊傳)(知種麻, 養蠶, 作綿布)의 기록을 보면 "고조선(古朝鮮), 예(濊), 한(韓) 사람들은 양잠을 하여 비단옷을 입고 길쌈을 하여 베를 짠다"라는 기록이 있는 것으로 보아 명주도 많이 생산되었음을 알 수 있다. 이렇게 동·식물을 망라하여 현재와 같은 재료의 옷들을 지어 입을 정도로 의복 문화가 발달했었다는 것은 놀랄만한 일이다. 특히, "상투를 틀고 도포를 입었으며 짚신을 신었다(大率皆 魁頭露紒, 布袍草履)" 라는 후한서 권85 동이열전 한전의 기록과 "부여 사람들은 국내에 있을 때의 의복은 흰색을 숭상하며 흰 베로 만든 큰 소매 달린 도포와 바지를 입고 가죽신을 신는다(在國衣尙白, 白布大袂, 袍.袴, 履革革沓)" 라는 삼국지 오환선비동이전 부여전(三國志 烏丸鮮卑東夷傳 夫餘傳)의 기록 그리고 함경북도 선봉군 굴포리 서포항 유적의 청동문화층(고조선 시대)에서 출토된 흙으로 만든 남자 인형들이 아랫도리가 넓게 퍼진 옷을 입고 있었음(김용간과 서국태, 1972)을 볼 때 오늘날의 한복 원형은 바로 고조선 시대에 완성된 것으로 보아도 될 것이다. 세계적으로 여러 민족들의 이 시기의 발달단계를 보더라도 이렇게 동·식물을 망라하여 의복을 만들어 입었던 민족은 찾을 수 없다는 사실만해도 놀라울 일이지만 이들 의복을 만드는 데에 있어서 특별한 방법과 원리를 가지고 있었다는 사실은 우리들로 하여금 조상들의 탁월한 과학수준 앞에 더욱 고개를 숙일 수밖에 없게 한다. 즉, 한복의 바지(袴)가 음양오행론의 집약체인 천부경(天符經)과 삼일신고(三一神誥)에 입각한 원리에 의해서 만들어진다는 것이 밝혀짐에 따라 당시에 생활문화의 원리가 음양오행론적 사상이었다는 것을 알 수 있고 따라서 생물 이용의 원리 또한, 음양오행론적 사상이었음을 짐작하게 한다(김상일, 1983).

표 5.3 유적지에서 발굴된 벼 관련의 출토물

발굴지역		출토물
경기도	여주군 점동면 흔암리(占東面 欣岩里)	탄화미(炭化米): 탄쌀 /대맥(大麥): 큰 보리
경기도	수원시 서둔동(西屯洞)	도압흔(稻壓痕): 쌀이 눌린 흔적
충청남도	부여군 초촌면 송국리(扶餘郡 草村面 松菊里)	탄화미(炭化米): 탄쌀
충청남도	부여군 구룡면 논산리	탄화미(炭化米): 탄쌀
강원도	춘천시 중도(春川市 中島)	도압흔(稻壓痕): 쌀이 눌린 흔적
전라북도	부안군 주산면 소산리(扶安郡 舟山面 所山里)	도압흔(稻壓痕): 쌀이 눌린 흔적 / 고압흔(藁壓痕) : 짚이 눌린 흔적
전라북도	부안군 반곡리(扶安郡 盤谷里)	도압흔(稻壓痕): 쌀이 눌린 흔적
전라북도	고창군 신림면 송용리(高敞郡 新林面 松龍里)	도압흔(稻壓痕): 쌀이 눌린 흔적
경상북도	경주남산 장창지(慶州南山 長倉址)	탄화미(炭化米) : 탄쌀
경상남도	산청군 강누리(山淸郡 江樓里)	도압흔(稻壓痕): 쌀이 눌린 흔적
경상남도	진양군 대평리(晋陽郡 大坪里)	도압흔(稻壓痕): 쌀이 눌린 흔적
경상남도	고성동외동패총(固城東外洞貝塚)	탄화미(炭化米): 탄쌀 / 소맥(小麥): 작은 보리
부산시	조도패총(朝島貝塚)	도압흔(稻壓痕): 쌀이 눌린 흔적
평안남도	평양시 호남리 남경유적 (平壤市 湖南里 南京遺跡)	탄화미(炭化米): 탄쌀 / 속(粟): 조
전라남도	나주(羅州)	화분(花粉): 꽃가루

그림 5.7 충남 부여군 초촌면 송국리 주거지 발굴현장과 발굴된 탄화미.

각종 식물자원의 이용을 보면, 도료 자원식물의 이용의 경우 자강도 자성군 서해리 유적에서는 황칠나무 껍질로 명도전을 싼 유물이 발굴되었다(유정준, 1958). 황칠나무 껍질로 당시에 유통되던 엽전을 싼 것은 황칠나무에 함유된 황칠의 성분이 엽전에 녹스는 것을 막는 효과가 있다는 것을 알고 있었다는 것이다. 아울러서 당시의 유적에서 각종 칠기류가 발굴된다는 것은 옻나무의 이용도 두드러졌었다는 것을 의미하므로 당시에 도료식물을 이용하는 고도의 방법과 원리가 있었음을 짐작하게 한다. 괴수 자원식물로는 대추(棗: 漢書地理志 樂浪郡), 배와 밤(梨, 栗: 漢書地理志 樂浪郡, 魏志 東夷傳 韓傳)를 비롯하여 복숭아나 매실 등 다양한 과실들도 재배되었을 것으로 생각된다. 염료 자원식물로는 지금까지 전해오는 벽화나 각종 그림을 보면 당시에는 여뀌(蓼)를 비롯하여 연지, 곤지를 그릴 때 이용하였던 잇꽃 등 다양한 식물들이 이용되었을 것이다. 유지 자원식물로는 우선 다양한 콩(挾劒豆 혹은 東豆: 韓致奫, 海東繹史 卷二十六) 종류가 재배되었을 것이며 이수광의 지봉유설에 신라에서 중국에 잣을 많이 팔았다는 기록이 있는 것으로 보아 이 시기에도 잣이 재배되고 있었을 것으로 생각된다. 향신료 자원식물로는 단군사화에 나오는 마늘을 비롯하여 다양하게 이용되었을 것이다. 해조 식물로는 삼국지(三國志) 위지(魏志) 동이전(東夷傳) 동옥저건(東沃沮條)에 어람(魚鹽)과 함께 해중 식물이 언급된 것으로 보아 미역이나 다시마 등 다양한 해조류가 이용되었을 것으로 생각된다(강인희, 1990). 또한, 목재에 대한 전반적인 지식이 상당히 깊어 높은 강도가 요구되는 농사기구인 평후치와 수레바퀴 등과 같은 부분에는 참나무를 사용하고 있다(사회과학원 역사연구소, 1979). 약용 자원식물의 경우는 그 원저자가 동이족으로 추정되는 신농본초경(神農本草經)에 기록된 다양한 종류로 그 범위를 짐작할 수 있다. 이외에도 여러 문헌들에는 다양한 식물들이 기록되어 있다. 즉, 마편초과의 작살나무로 추정되는 식물(楛: 國語 卷5 魯語 下), 새삼(菟絲子: 陶 弘景, 各醫別錄 大觀本草 卷六 草部) 그리고 표주박(瓠: 삼국유사 박혁거세조) 등이 기록되어 있다.

이상과 같이 객관적이고도 자세한 기록을 바랄 수 없는 다른 민족의 역사서에 의존하여 당시에 우리 민족이 이용했던 식물들을 알아본다는 것 자체가 어쩌면 무의미한 일인 줄 모르나 이러한 조사만으로도 우리 조상들은 현재 우리가 이용하고 있는 거의 모든 종류의 자원식물을 이용했었다는 것을 알 수 있게 한다. 이렇게 다양한 식물들을 이용하였었다는 자체는 곧 정선된 식물 이용 방법과 원리가 없이는 불가능한 일이다.

그림 5.8 두릅나무과의 황칠나무(*Dendropanax morbiferus* H. Lev.).

그림 5.9 국화과의 잇꽃(*Carthamus tinctorius* L.).

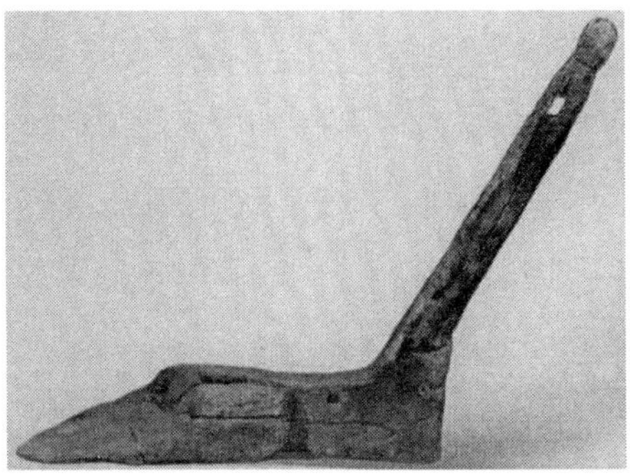

그림 5.10 평북 염주군 주의리 유적에서 발견된 평후치[나무후치(길이 140cm)].

생물들을 이용하는 도구로는 토기(土器)시루와 동(銅)시루나 뚜껑이 있는 토기가 발견되는 것으로 보아 이미 음식을 쪄서 먹었으며 술과 같은 발효식품이 있었다는 것을 알 수 있다(윤내현, 1995). 특히, 호형토기가 발굴되고 삼국지 위지 동이전 고구려조(三國志 魏志 東夷傳 高句麗條)에 고구려인들은 장양(藏釀)을 잘한다고 언급되어 있는 것으로 보아 이미 콩이 재배되었던 이때부터 장을 담가 먹었을 것으로 생각된다(강인희, 1990). 이외에도 이 시기의 유물로 출토된 질그릇들을 보면 술이 있었고 이를 이용한 식초, 끓여서 만든 소금 그리고 이를 이용한 젓갈류도 풍부하였을 것이며 또한, 초기 단계의 김치 등을 만들어 먹었을 것으로 판단된다(윤내현, 1995). 이러한 양념류의 이용은 음식에 있어서 六味 즉, 단맛(甘), 매운맛(辛), 짠맛(鹹), 신맛(酸), 쓴맛(苦) 그리고 떫은 맛(澁) 등 여섯 가지의 맛을 이용했으리라 생각된다. 이 시기에 이렇게 다양한 식물들을 이용하여 활용했었고 더욱이 각종 조미료와 향신료를 이용하였으며 식물을 이용하는 데에 있어서 원칙이나 원리가 없이는 도저히 만들 수 없는 음식들을 만들어 먹었다는 사실들이 바로 당시에 식물을 이용하는 원리가 있었음을 짐작하게 한다.

우리 민족에 있어서 식물이용의 원리는 따로 존재하는 것이 아니라 바로 생활문화의 원리와 함께 하고 있다는 것은 여러 자료들뿐만 아니라 생활 주변에서 얼마든지 찾을 수 있다. 역사적으로 면면히 내려오는 우리 민족의 생활문화의 원리는 음양오행론적 사상임을 세시기를 비롯한 많은 생활 자료들을 통해서 분명히 알 수 있다(강무학, 1981).

김과 송(1997)이 발표한 논문인 "한민족의 생물 이용 원리인 음양오행론의 기원에 대한 고찰"에서 음양오행론의 창안자는 지금까지 알려진 바와 다르게 중국의 지나족이 아니라 우리의 조상인 동이족임을 동양철학사적인 부분, 동양의학적인 부분, 역사적인 부분, 고고학적인 부분, 천문학적인 부분 그리고 기상학적인 부분들을 열거하며 입증하였다.

적어도 지금으로부터 5,000년 전의 우리 조상들이 창출해 낸 음양오행론적 사상은 동양의 사회, 문화, 정치, 경제 그리고 과학까지도 포함하는 극동아시아 문명의 핵심 사상이면서 한민족의 생활문화의 원리이자 식물이용의 원리이었다. 하지만 우리 민족에게서 음양오행론적 사상은 오랜 역사의 질곡 속에서 많은 부분이 흩어져 그 형태를 잃은 것처럼 보이지만 아직도 우리의 생활 전체에 끈끈하게 녹아 있고 그 정수는 원저자가 우리 조상들로서 이 시기에 중국의 지나족에게 전수되었다고 추정되는 신농본초경과 황제내경에 녹아 있다.

한편, 고고학적 유물이나 각종 자료에 의해서 중국에 우리의 생활문화가 전수되었던 시기는 대략 4,000년 전부터 서기전 100년 전까지이다. 이때의 중국은 은주시대를 거쳐 춘추전국시대로서 작은 도읍 성격의 국가들이 틀을 잡고 있거나 혹은 잦은 전쟁으로 인하여 사회가 불안하여 당시 중국의 문헌에 동이족으로 기록된 우리 한민족의 생활문화를 온전히 받아들일만한 여건이 성숙되지 못했던 것으로 생각된다. 당시 종교, 예술, 철학 그리고 과학 등을 모두 묶어 하나로 연결한 한민족의 생활 문화들은 중국의 지나족에게 전해질 때 대부분 매우 한정된 집단에게만 전해졌다. 즉, 지나족에게 커다란 자연재해가 발생했거나 도움이 필요할 때 필요한 부분만 전수되었다. 중국의 경우 춘추 시대에 당시 산동성에 자리잡고 있던 동이족인 내이(萊夷)와 회이(淮夷)가 중국의 제나라에 전수하였던 음양론과 오행론이 오랜 세월을 거쳐 한나라 이 후에 비로소 음양오행론으로 정리되고 있는 것을 보아도 이를 알 수 있다.

결국, 이 시기부터는 식물이용의 원리가 확립되어 이 원리에 따라 생물을 이용해 왔으므로 이전 시대의 민속식물학의 범주를 벗어나 비로소 한민족전통식물학이 시작되는 것으로 보아야 할 것이다.

(4) 식물 이용 원리의 응용기(AD 100년~AD 600년: 열국 시대~삼국 시대)

이 시기의 식물 이용에 대한 직접적인 자료들은 거의 전해오지 않아 중국의 문헌이나 유물 등을 토대로 정리할 수밖에 없다. 그러나 각종의 자료를 볼 때 이 시기는 전대에 시작된 식물 이용에 대한 방법과 원리들이 다른 국가나 민족의 영향을 거의 받지 않은 자주성을 가지고 있고 더욱 과학적이고 합리적으로 응용되었음을 알 수 있다.

고조선이 여러 나라로 나누어지기 시작한 후 전대에 중국에 전수하였던 훌륭한 생물 이용 원리들을 활용하는 양상은 두 가지로 구분지어 고찰할 수 있다. 한 가지 양상은 고조선 이래 한민족의 생활 문화의 원칙으로 자리 잡은 음양론적 사상과 오운육기론이 생물을 이용하는 데에 그대로 응용되었다는 것이다. 다른 하나의 양상은 고조선 시대에 중국으로 많은 부분과 함께 전수되었던 음양론과 오운육기론이 한의학의 테두리를 가지고 역수입되어 활용되었다는 것이다. 전자의 경우는 전대와 같이 일반인들이 실생활에서 특별한 지식이나 배움이 없이 전통에 따라 그대로 사용할 수 있었던데 비하여 후자의 경우는 중국화 되면서 전문가들만의 것으로 변질되어서 일반인들이 활용하기에 어려움이 싹트기 시작했다고 볼 수 있다.

문헌상 이 시기에 새롭게 등장하기 시작한 식물들을 보면 위지 마한전(魏志 馬韓傳)에 상치, 무 등이 기록되어 있고 석기시대부터 사용해 온 마(薯蕷), 오얏, 자두, 밀감, 콩과 식물로서 목초(苜蓿), 당서 동이전 신라조(唐書 東夷傳 新羅條)에 기록된 버드나무 그리고 진달래과의 식물(白山茶: 강인희, 1990) 등이 있다. 이외에 고구려 고분의 벽화에 나오는 영지와 두껍비(蟾蜍)도 있었으며 해산물로는 다시마가 있다(강인희, 1990).

본초학의 관점에서 보면 서기전 350년경인 중국의 춘추전국시대에 고조선의 문화인 선도(仙道)의 영향을 절대적으로 받은 연나라와 제나라의 문화를 본받아 양(梁)의 도홍경(陶弘景)이 저술한 신농본초경집주(神農本草經集註)에는 고구려와 백제산 약재가 인삼을 비롯하여 족도리풀 뿌리(細辛), 오미자나무의 열매(五味子), 국화 일종(款冬花), 다시마(昆布), 쑥 종류(藺茹), 돌피 종류(蕪稊), 마황(白附子) 그리고 지네 종류(蜈蚣) 등이 기록되어 있다(김두종, 1981).

이렇듯 중국의 본초학에 커다란 영향을 준 고조선 시대에 선도와 의약학이 중국에 전수되었다는 사실은 여러모로 확인되지만 고조선의 문물을 그대로 이은 고구려의 고분벽화로 평안남도 강서군 삼묘리 유적인 삼산도형(三山圖形)과 신선도상(神仙圖像) 그리고 왼손에 약기(藥器)를 들고 오른손에 영지(靈芝)를 채취하는 선녀채지도(仙女採芝圖)를 보아도 알 수 있다. 고구려인의 식물 이용에 대한 활발한 응용은 당시의 중국에서도 부러워했던 뛰어난 연금술을 보더라도 충분히 이해가 되는 것이다.

그림 5.11 쥐방울덩굴과의 족도리풀(*Asarum sieboldii* Miq.).

그림 5.12 오미자과의 오미자(*Schisandra chinensis* (Turcz.) Baill.).

그림 5.13 평안남도 강서군 강서면 삼묘리에 있는 삼국시대 고구려의 벽화고분인 강서삼묘(강서대묘, 강서중묘, 강서소묘).

그림 5.14 강서삼묘 중 가장 큰 벽화고분인 강서대묘의 정면 전경 (고분의 분구는 원형이며, 기저부의 지름은 약 51.6m, 높이는 8.86m).

그림 5.15 고구려 고분벽화 강서대묘의 널방 남측 천장 평행고임 제1층 벽화: 인동연화문.

그림 5.16 강서대묘 천장에 그려져 있는 인동당초와 연꽃 문양.

일본서기에 의하면 백제 성왕때 일본에 의박사(醫博士)와 채약사(採藥士)를 보냈다는 기록으로 보아 백제에는 국가적인 제도로서 채약사라는 제도가 있었는데 이는 당시 동아시아의 다른 나라에서는 전무한 제도로서 식물 이용의 정도를 알 수 있게 하고 또한, 백제신집방(百濟新集方)이라는 독자적인 의학서가 있었던 것도 백제인들이 얼마나 식물을 잘 이용하였는지를 보여준다.

표 5.4 백제의 음식물 재료로 이용된 식물들

종 류	식 물
곡물류	쌀, 보리, 밀, 기장, 조, 피, 메밀, 콩, 팥, 깨, 녹두, 마.
나물 · 채소류	아욱, 고사리, 미나리, 참나물, 기름나물, 근대, 백합, 쑥, 달래, 냉이, 무, 박, 가지, 토란, 칡, 오이, 마늘, 부추, 파, 상추, 연근.
과일류	감, 개암, 밤, 도토리, 호도, 대추, 복숭아, 살구, 가래, 참외, 배, 사과, 머루, 포도, 수박, 잣.

이렇듯 이 시대에는 고조선의 식물 이용법이 그대로 유지되어 오고 나아가서는 더욱 발전되고 있음을 알 수 있다.

(5) 식물 이용 원리의 쇠퇴기(AD 600년~AD 1900년: 통일신라시대~조선 시대)

신라가 당나라의 힘을 빌어서 통일한 이후 모든 분야에서 자주적이고 독창적이던 이전과는 달리 주로 국가 기관이나 제도 등의 분야에서 중국 한족(漢族)의 영향을 본격적으로 받기 시작하였다. 따라서 이때까지 온 민족 전체가 동일한 생활 문화를 유지해 왔지만 이때부터 기득권을 가지고 있던 귀족층의 생활 문화는 모화와 사대주의적인 성격을 띠어 가기 시작하고 이에 상응하여 우리 한민족(韓民族)의 전통적인 생활 문화는 일반 서민들만의 문화로 한정되기 시작하였다. 이러한 이원적인 생활문화도 고려 시대를 거치면서 우리 민족 본래의 전통적인 생활 문화는 거의 사라지게 되었다. 뿐만 아니라, 중국대륙을 통치하던 나라들의 지속적인 간섭과 민족 내부의 사대사상 확대로 우리 한민족의 생활 문화에 대한 수많은 자료와 유물들은 사라지게 되었다.

또한, 이 시기에는 지나족에게 부분적으로 전수되었던 생활 문화들이 다시 역수입되면서 많은 영향을 나타내게 되었는데 특히, 식물의 이용에 대한 방법과 원리에 있어서 나타난 변화는 여러 가지 양상으로 나타났다. 즉, 첫째, 식물을 이용하는데 있어서 세분화가 일어났다. 원래 우리 한민족의 식물 이용 방법과 원리에는 음식이 약이고 약이 음식인 식약일체(食藥一體)의 사상이 기본적으로 깔려 있다. 오늘날에도 이러한 사상은 그대로 계승되어 이용되고 있다. 예를 들면 우리 민족이 식용으로 먹는 나물은 종류로도 세계적으로 가장 많지만, 조리 방법도 다양해서 다른 나라들에서는 약용만으로 이용되고 있지만 우리 민족은 식용과 약용으로 같이 이용되고 있는 종류가 많다. 이러한 전통이 지나족의 문화를 접하면서 식용과 약용의 구분이 명확해져 역수입되었다. 이러한 양상은 앞서서도 지적되었지만 우리의 식물 이용 원리가 중국의 지나족에 전해질 때 주로 지나족의 지배층을 중심으로 부분적으로 전달되는 과정에서 지나족의 일반인들에게는 식용식물과 약용식물의 구분이 뚜렷한 식물 이용의 문화가 정착이 되었고 이러한 문화가 우리 민족에게 역수입되었다는 것을 보여주고 있다.

나물의 이용에 대한 문헌상의 최초의 기록은 삼국사기의 박과 마늘이라고 할 수 있다. 이 중에서 박은 삼국시대 이전부터 식용되어 왔는데 고려시대의 "이규보"가 쓴 동국이상국집에서도 "미숙한 박은 삶아 먹는다"라고 기록하고 있다.

고려시대와 조선시대에 상용된 채소 나물이 수록된 문헌을 보면 고려 고종때에 저술된 응용영양시인에는 쑥을 위시하여 당귀, 길경, 동아, 가지, 부추, 상치, 백지 등의 약리성 나물이 기록되어 있고 12세기 중엽의 고려충물 기행서인 해동역사에는 고려의 상치가 비싼 값으로 거래되었다는 기록으로 보아 삼국시대와 통일신라시대에 이미 상치재배가 번성했음도 알 수 있다. 목은집과 파한집에서도 순채와 배추를 소개하고 있는데 이 중 순채는 연못에서 자라는 다년생 수초로 고려시대에는 문헌에 자주 등장하는 것으로 보아 그 이용 빈도가 높았으나 오늘날에는 겨우 이름만 남아 있을 정도로 이용되지 않는 실정이다.

고려시대의 숭불사상에 기인된 육식의 금기로 나물의 이용발달이 이루어진 것이 조선시대에 까지 영향을 미쳤고, 조선시대 후기의 여러 재난에 기인된 만성 기근화된 사회경제적 상황을 살아남기 위한 방편으로서 식용 가능한 산과 들의 푸새들을 찾아서 식용하게 된 기회가 자연 많아지게 되어 구황식으로써의 나물 이용이 발달하였다. 조선 후기의 구황식품 415종류 중에서 322종류가 봄철의 춘궁기에 이용된 산야채의 어린잎이나 줄기, 뿌리를 이용한 산채류 나물이었으며, 농촌과 산촌의 살림에 관한 내용이 수록된 증보산림경제의 "치선" 편과 임원십육지의 "정조지" 편에서 조선시대에 이용되었던 산야채류의 거의 대부분이 수록되어 있는 점으로 보아 이러한 시대적 사회경제상황을 잘 대변하고 있는 것으로 보인다.

표 5.5 고문헌상의 기록된 식물들

문헌	식물
삼국사기 : 고려 인종 23년 (1145) 삼국유사 : 고려 충렬왕 7년 (1281)	복사나무, 자두나무, 회화나무, 대나무, 모란, 회양목, 느릅나무, 뽕나무, 오동나무, 버드나무, 차나무, 상수리나무, 밤나무, 소나무, 옻나무, 매화나무, 황철나무, 꾸지뽕나무, 사시나무, 잣나무, 단풍나무, 벚나무, 향나무, 진달래 (이상 24종류)
산림경제 : 조선 숙종 임원경제지 : 조선 순조	뽕나무, 닥나무, 옻나무, 소나무, 잣나무, 밤나무, 대추나무, 호두나무, 은행나무, 배나무, 복사나무, 살구나무, 측백나무, 느티나무, 버드나무, 두릅나무, 해당화, 앵두나무, 모과나무, 포도나무, 사과나무, 능금나무, 대나무, 매화나무, 치자나무, 서향, 석류나무, 철쭉, 배롱나무, 정향, 산수유, 모란, 산사나무, 복분자, 회화나무, 탱자나무, 오갈피, 자귀나무, 황벽나무, 개나리, 구기자나무, 으름, 인동, 고욤나무, 개암나무, 상수리나무, 산수유, 귤나무, 무화과나무, 오미자나무, 다래나무, 전나무, 향나무, 느릅나무, 사시나무, 오동나무, 벚나무, 가래나무, 회양목, 붉나무, 물푸레나무, 광나무, 멀구슬나무, 비자나무, 주엽나무 (이상 65종류)
방약합편 : 조선 고종 동의보감 : 조선 선조	뽕나무, 닥나무, 옻나무, 잣나무, 측백나무, 갯버들, 겨우살이, 밤나무, 대추나무, 호두나무, 은행나무, 살구나무, 자두나무, 매화나무, 음나무, 칡, 앵두나무, 모과나무, 포도나무, 대나무, 두릅나무, 치자나무, 감나무, 오미자, 산수유, 모란, 탱자나무, 산사나무, 정향, 회화나무, 오갈피, 초피나무, 자귀나무, 황벽나무, 으름, 인동, 상수리나무, 벚나무, 무화과, 석류, 붉나무, 물푸레나무, 주엽나무, 무궁화, 오동나무, 두충나무, 계수나무, 후박나무 (이상 48종류)

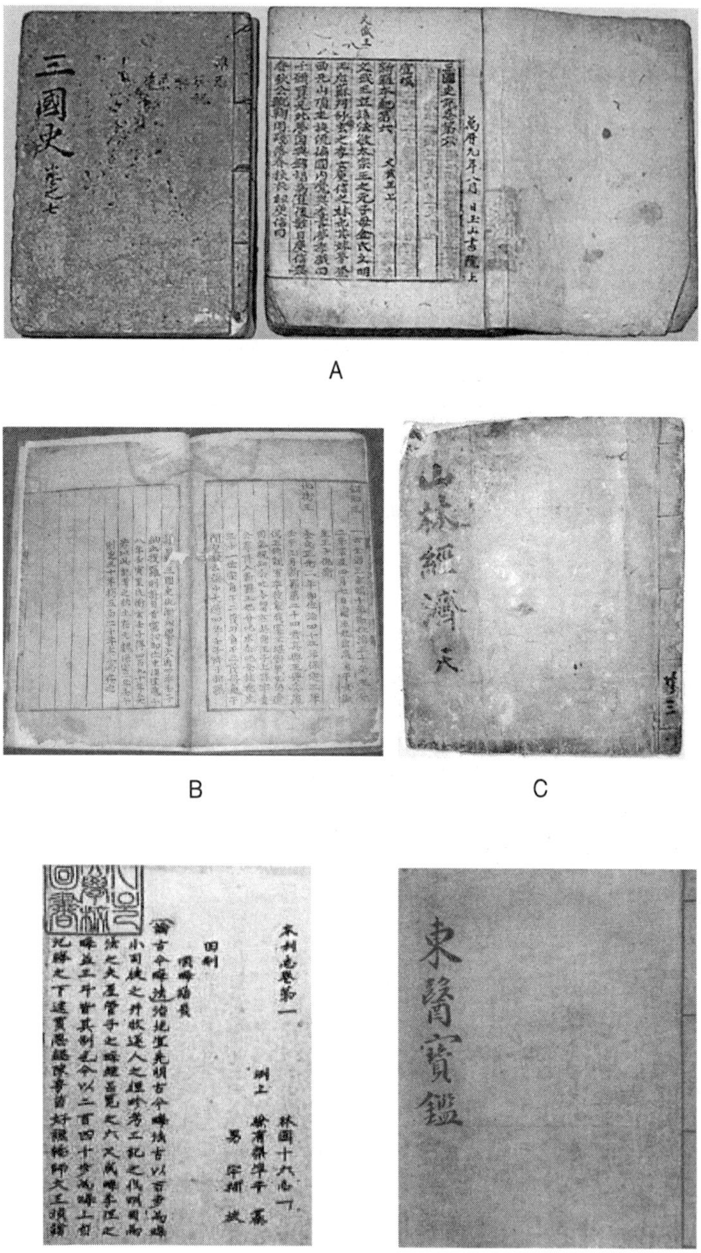

그림 5.17 식물이 기록된 고문헌들. A: 삼국사기, B: 삼국유사, C: 산림경제, D: 임원경제지, E: 동의보감.

"고려사"와 고려 문집에서도 여러 가지의 채소이름을 찾을 수 있다. 특히 고려중기 문인 이규보의 문집 "동국이상국집"에는 오이, 가지, 무, 파, 아욱, 박, 참외, 순채, 토란 등 여러 종류의 채소 이름이 보인다. 1064년(문종 18년)에 흉년이 들자 임진강변에 있던 보통원에 임시 급식소(진제장: 賑濟場)를 설치하고 5월 15일부터 7월 15일까지 죽과 채소를 준비하여 여행자들에게 나누어 주었다. 이러한 사실에서도 채소가 중요한 식품이었음을 알 수 있다. 또 채소가 선물로도 이용되었음은 고려중기의 관인 곽상은 다른 사람이 주는 선물은 과일이나 채소 같은 작은 물건도 받지 않았다는 사실에서도 확인할 수 있다. 한편 고려후기 편찬된 것으로 알려진 "향약구급방"에서도 연근, 도라지, 토란, 아욱, 상치, 무, 배추, 우엉 같은 채소를 찾을 수 있다. 또 국가 제사인 원구제 친사 때의 제사상에는 미나리, 죽순, 무(菁) 등이 올랐으며, 고려 말 공양왕 2년에 정해진 제사상에도 채소가 포함되어 있다. 여기서 당시 채소가 식품, 선물, 약재, 제수 등 다양한 용도로 널리 쓰였음을 알 수 있다. 특히, 생강은 강소(薑所)가 있었던 것에서 귀한 약재였다는 사실을 짐작할 수 있는데, 1018년(현종 9년)에는 전사한 장졸의 부모처자에게 생강을 내려준 일도 있었으니, 당시 생강이 매우 귀한 것으로 보인다.

조선후기에는 채소그림이 많은 것으로 보아 당시 사람들의 일상생활과 매우 밀접함을 알 수 있다.

둘째, 식물을 이용하는 데에 있어서 전문화가 일어났다. 우리 한민족이 식물을 이용하는 방법과 원리를 적용하고 사용하는 데에는 원래 일반인과 전문인의 차이가 거의 없었다. 이러한 전통은 지금도 계속되고 있다. 즉, 우리들이 이용하고 있는 식물들의 이름들을 보면 잘 알 수 있다. 예를 들면 상처가 났을 때 잎을 찧어 바르면 상처가 엉키듯이 잘 아문다고 해서 "엉겅퀴", 뿌리를 찧어 즙을 종이에 먹인 다음 파리를 잡는다고 해서 "파리풀", 진통효과가 뛰어나서 뿌리를 먹으면 정신을 잃는다고 해서 "미치광이풀" 그리고 지혈이 잘 된다고 해서 "선피막이풀" 등과 같이 일반인들이 쉽게 효능까지 알 수 있게 식물의 이름이 지어져 있다. 그러나 이러한 식물들의 이름들도 중국을 거쳐 다시

들어오면서는 전문인들만이 알 수 있는 이름들로 변질되어 일반인들은 주식과 부식의 일부 종류를 제외하고는 전문인들에 의존하여 이용할 수밖에 없었다. 이는 식물의 이용에 있어서 계층화를 유도하였고 결국 식물을 이용하는 데에 있어서 전문인들은 원래의 형태에서 보다 세분화되고 기교적인 면만 강조되어지면서 일반인들의 식물 이용과는 괴리되었고 이에 비하여 일반인들의 식물 이용은 너무 포괄적으로 변해감으로써 원래의 원리나 방법으로부터 멀어졌다.

그림 5.18 현재 심사정(1707-1769)의 '서설홍청(鼠齧紅菁: 쥐가 홍당무를 파먹다)'. 간송미술관 소장.

셋째, 식물을 이용하는 데에 있어서 계층화가 일어났다. 지금도 그러하지만 원래 우리 조상들은 식물을 이용하는 데에 있어서 상하의 구분이 없었다. 이는 고조선의 여러 유물들을 보아도 충분히 알 수 있지만 특히, 당시에는 사회 신분상 계층에 따라서 주식이나 부식을 따로 먹었던 것이 아니고 동일한 식생활을 영위했음을 여러 기록들은 전하고 있다. 그러나 중국의 지나족의 문화는 신분상 계층이 뚜렷하여 식물의 이용에 있어서도 뚜렷한 구분이 있었음을 보여주는 기록과 유물들이 많다. 이러한 점으로 보아 우리 한민족의 식물 이용법이 중국을 거쳐 들어오면서 계층화가 생겼고 이후 중국의 영향을 많이 받은 후대에는 이러한 경향이 더욱 심화되었음을 알 수 있다.

이렇게 이 시기는 중국의 지나족으로부터 정치적인 영향을 받은 것을 넘어서 식물을 이용하는 데에 있어서도 이전에는 통합적이고 단일화되어 있었으며 일반화되어 있었던 것이 세분화되고 전문화되었으며 계층화되어 그 원형을 잃어버리기 시작하였다.

(6) 식물 이용 원리의 상실기(AD 1900년 이후: 조선 후기 - 현대)

삼국시대 이후 중국 지나족의 영향을 받아 우리 한민족의 식물 이용에 대한 방법과 원리에 대한 원형이 크게 변질되어 어떤 것이 우리의 식물 이용의 문화인지 모를 지경에 이르렀다. 이러한 결과의 이면에는 중국으로부터 수입된 문화가 사회의 지도층뿐만 아니라 오랜 세월을 거치면서 일반인들에게 까지도 전파되었기 때문이다. 외형은 달라졌지만 우리가 전해준 식물 이용법이 역수입되어서인지 몰라도 정리된 식물 이용법이나 원리는 아니지만 흔적으로나마 원래 우리의 식물 이용 문화가 남아 있었다. 그러나 1900년부터 중국의 식물 이용 문화가 아닌 서양의 식물 이용 문화가 일본의 탈을 쓰고 간접적으로 들어오거나 혹은 직접적으로 들어오면서부터는 우리의 식물이용법과 원리를 충분한 검증없이 비과학적이고 비논리적이며 비합리적이라는 굴레를 씌워 무참히도 짓밟아 실종되는 상황에 이르렀다. 1950년대부터는 미국을 중심으로 한 서양의 식물 이용 문화가 그대로 수입되어져 이제 우리의 식물 이용의 문화는 그 흔적을 찾기가 어려울 지경에 이르렀다.

그림 5.19 효능을 식물명으로 사용한 식물들. A: 엉겅퀴, B: 파리풀, C: 미치광이풀, D: 선피막이풀.

Kim 등(2006)은 1997년부터 2002년까지 27개의 한국 불교 사찰에서 음식에 이용하는 식물들을 조사하고, 그 약성에 대하여 연구하였다. 사찰음식으로 이용되고 있는 식물들은 65과 135속 161종으로 나타났으며 21개의 식물 부위가 42개의 다른 방법으로 조리되어 음식으로 활용되고 있다. 이 식물들의 약 82%인 132종류가 총 126가지의 약효를 가지고 있으며 이 약용식물의 52%가 소화기, 순환기, 그리고 호흡기 질환에 이용되고 있었다. 이 결과들은 한국 사찰 음식의 대부분이 약성을 가지고 있으며 다양한 질병에 활용되고 있다는 것을 보여주고 있다.

표 5.6 사찰음식으로 이용된 식물들 중에서 약성이 있는 분류군

학 명	국 명	이용 부위	약 성
Porphyra tenera	김	엽상체	복통[1], 구토[1], 이질[1]
Laminaria japonica	다시마	엽상체	갑상선 기능항진[1,2], 고혈압[1,2], 변비[1], 혈액응고[2], 면역성[2]
Sargassum fulvellum	모자반	엽상체	콜레스테롤 저하[1], 고혈압[1]
Undaria pinnatifida	미역	엽상체	콜레스테롤 저하[1], 고혈압[1]
Umbilicaria esculenta	석이	전체	치루[2], 야맹증[2], 복통[2], 해열[2], 항암[2]
Pleurotus ostreatus	느타리	전체	항암[2], 콜레스테롤 저하[2], 면역성[2], 요추동통[2], 근육경련[2], 중풍[2]
Sarcodon asparatus	능이	전체	소화[2], 감기[2]
Ramaria botrytis	싸리버섯	전체	중풍[10], 항종양[10], 혈청 콜레스테롤과 단백증가[10]
Agaricus bisporus	양송이	전체	고혈압[2], 빈혈[2], 당뇨[2], 지방과다증[2]
Lentinula edodes	표고	전체	항암[1], 강장[2], 콜레스테롤 저하[2], 고혈압[2], 항바이러스[2]
Flammulina velutipes	팽나무버섯	전체	항종양[10], 콜레스테롤 지하[10], 간장병[10], 위궤양[10]
Tricholoma matsutake	송이	전체	항암[1,2], 변비[2]
Osmunda japonica	고비	어린순	해열[2], 기생충[2], 지혈[2]
Pteridium aquilinum var. *latiusculum*	고사리	어린순	기생충[1], 이뇨[1]
Ginkgo biloba	은행나무	종자	기관지염[12], 혈전증[2], 항균[2]
Pinus densiflora	소나무	잎	중풍[2], 타박상[2], 가려움[2], 감기[2], 뇌염[2], 기생충[2]
		화분	항염증[1], 지혈[2]
		내피	관절염[2], 중풍[2], 진통[2], 진정[2], 소염[2]
Pinus koraiensis	잣나무	종자	중풍[2], 마른기침[2], 변비[2]
Schizandra chinensis	오미자	열매	흥분작용[2], 고혈압[2], 가래[2], 강장[2], 면역성[2], 소화[2], 시력감퇴[2], 항균[2]

Cinnamomum cassia	계피	수피	해열[1], 이뇨[1], 진통[1]
Piper nigrum	후추나무	열매	소화[1], 진통[2]
Nelumbo nucifera	연	뿌리	진통[2], 지혈[2]
		잎	이질[2], 두통[2], 빈혈[2], 지혈[2]
Juglans sinensis	호두나무	종자	자양[1], 강장[1], 감기[1], 항균[1], 고혈압[1], 지방과다증[2], 혈청 콜레스테롤과 단백증가[2]
Castanea crenata	밤나무	견과	강장[1], 소화[1], 신장병[2]
Quercus acutissima	상수리나무	견과	수렴[1], 이질[1], 종기[2]
		잎	이질[3]
Quercus dentata	떡갈나무	견과	설사[1], 이질[1]
Quercus aliena	갈참나무	견과	설사[1], 이질[1]
Quercus mongolica	신갈나무	견과	설사[1], 이질[1]
Qercus serrata	졸참나무	견과	설사[1], 이질[1]
Beta vulgaris var. *cicla*	근대	잎	두풍[1]
Chenopodium album var. *centrorubrum*	명아주	잎	해열[2], 기생충[2]
Clematis patens	큰꽃으아리	뿌리	고혈압[2], 흥분작용[2], 이뇨[2],진통[2], 항균[2]
Amaranthus mangostanus	비름	어린순	해열[2],이뇨[2], 변비[2]
Celosia cristata	맨드라미	잎	설사[2], 치질[2], 토혈[2]
Spinacia oleracea	시금치	어린순	지혈[2], 갈증[2], 변비[2], 조혈[2], 혈액순환[2], 해독[2]
Fagaopyrum esculentum	메밀	종자	고혈압[2], 간염[2], 위장염[2], 설사[2], 종기[2]
Fagaopyrum esculentum	메밀	잎	해열[3]
Stellaria aquatica	쇠별꽃	어린순	폐렴[2], 고혈압[2], 치질[2], 종기[2], 해독[2], 종기[2]
Thea sinensis	차나무	어린순	혈액순환[1,2], 이뇨[1,2], 고혈압[1,2], 피로회복[2], 항균[2]

Actinidia polygama	개다래	열매	이뇨[1], 강장[1], 진통[2], 고혈압[2], 생식기 질환[2], 기관지염[2]
Malva verticillata	아욱	잎	폐렴[2], 이뇨[2], 변비[2], 설사[2], 황달[2]
Cuitrullus vulgaris	수박	열매	이뇨[1], 해열[1], 동맥경화[1], 대장염[1], 방광염[1], 해독[2], 갈증[2]
Cucurbita moschata	호박	열매	이뇨[2], 부종[2]
		종자	기생충[1,2]
Cucumis melo var. *makuwa*	참외	열매	해열[2], 갈증[2], 이뇨[2]
Cucumis sativus	오이	열매	해열[2], 이뇨[2], 해독[2]
Lagenaria leucantha	박	열매	이뇨[2], 부종[2], 종기[2]
Brassica campestris var. *parkinensis*	배추	잎	이뇨[6]
Brassica juncea var. *integrifolia*	갓	잎	담[6], 흉협통[6]
Brassica cernua	겨자	종자	소화[1], 국소발포제[1,2], 가래[2], 진통[2]
Brassica oleracca var. *acephala*	케이	줄기, 잎	위궤양[2], 노화[2], 복통[2], 간장병[2], 조혈[2], 피로회복[2], 통풍[2], 항암[2]
Brassica oleracea var. *capitata*	양배추	잎	불면증[1], 두통[1], 간질[1], 이뇨[1]
Brassica oleracea var. *nippo-oleifera*	유채	어린순	지혈[2], 해열[2], 종기[2], 유방염[2]
Capsella bursa-pastoris	냉이	어린순	설사[4], 종기[4], 임질[4], 지혈[4], 생리불순[4]
		뿌리	설사[11]
Cardamine flexuousa	황새냉이	뿌리	해열[2], 생리불순[2], 시력감퇴[2]
Raphanus sativus var. *hortensis* for. *acanthiformis*	무	뿌리	담석[1], 이뇨[1], 항균[2], 설사[2], 소화[2], 가래[2]
		잎	소화[2], 설사[2], 유방염[2]
Rhododendron mucronulatum	진달래	꽃	부종[2], 기관지염[2], 두통[2], 이뇨[2]

Diospyros kaki	감	열매	갈증[2], 감기[2], 토혈[2], 구내염[2]
	곶감	마른열매	천식[1], 가래[1], 토혈[2], 지혈[2], 설사[2]
		잎	고혈압[1], 중풍[1], 지혈[1], 감기[1], 혈소판 감소[2]
Sedum sarmentosum	돌나물	전체	해열[1], 해독[1], 이뇨[2], 종기[2], 화상[2]
Fragaria ananassa	딸기	열매	갈증[2]
Malus pumila var. *dulcissima*	사과	열매	빈혈[1], 소화[2], 해독[2], 갈증[2], 호흡기능의 활성[2]
Potentilla chinensis	딱지꽃	어린순	해열[2], 지혈[2], 설사[2]
Prunus mume	매실나무	열매	수렴[1], 이질[1,2], 해열[1,2], 감기[1,2], 천식[1,2]
Prunus salicina	자두나무	열매	폐결핵[5], 갈증[5]
Pyrus ussuriensis	배추	열매	해열[2], 갈증[2], 감기[2]
Sorbus commixta	마가목	열매	괴혈병[1,2], 감기[1], 천식[2], 갈증[2], 비타민 결핍증[1,2]
Arachis hypogaea	땅콩	종자	마른기침[2], 폐결핵[2], 위암[2], 변비[2]
		종자	고약[1]
Cassia tora	긴강남차	콩	소화[1]
Glycine max	콩	콩	중풍[1,2], 이뇨[2], 해독[2]
		콩나물	강장[1], 해독[1], 해열[1], 이뇨[1]
Phaselous angularis	팥	콩	항염증[1,2], 이뇨[1,2], 각기병[1,2], 종기[2]
Phaseolus radiatus	녹두	콩	이뇨[1,2], 갈증[1,2], 해열[1,2], 해독[1,2], 종기[2]
Pisum sativum	완두	콩	각기병[3], 종기[3]
Pueraria thunbergiana	칡	뿌리	고혈압[1,2], 해열[1,2], 진경[1], 감기[1]
Rhobinia pseudo-acasia	아카시나무	꽃	신장병[1], 지혈[2]
Vicia unijuga	나비나물	어린순	호흡기 질병[1], 신경장애[1], 부종[1], 빈혈[2], 림프절 결핵[2]
Vigna sinensis	동부	콩	소화[7], 이질[7], 갈증[7]
Santalum album	백단향	수피	임질[1], 유향료[1]

Zizyphus jujuba var. *inermis*	대추	마른 열매	완화[1,2], 이뇨[1], 강장[1,2]
Vitis vinifera	포도	열매	이뇨[1], 강장[1,2], 감기[2], 천식[2], 신경통[2], 복통[2]
Citrus unshiu	귤	열매	소화[2], 갈증[2]
Zanthoxylum piperitum	초피나무	열매	치통[2], 이질[2], 기생충[2], 구토[2], 피부염[2]
Zanthoxylum schinifolium	산초나무	열매	치통[2], 이질[2], 소화[1], 기생충[2], 구토[2], 피부염[2]
Aralia elata	두릅나무	소지	신경쇠약[2], 진통[2], 항염증[2], 당뇨[2]
Kalopanax pictus	음나무	어린순, 소지	진통[2], 기생충[2], 항염증[2]
Coriandrum sativum	고수	잎	발한[2], 소화[2]
Daucus carota var. *sativa*	당근	뿌리	소화[2], 종기[2], 설사[2], 감기[2], 복통[2]
Oenanthe javanica	미나리	잎, 줄기	간장병[1], 혈액응고[1], 지혈[1], 갈증[2], 이뇨[2], 해독[2]
Panax schinseng	인삼	뿌리	소화[1,2], 강장[1,2], 혈관계 질환[1], 당뇨[1,2], 정신병[1,2]
Swertia japonica	쓴풀	잎	소화[2]
Capsicum annuum	고추	열매	소화[1], 위장염[1], 각기병[2]
Lycopersicon esculentum	토마토	열매	염류 대사증[1], 지방과다증[1], 소화[2]
Solanum melongena	가지	열매	동맥경화[1], 간질[1], 통풍[1], 종기[2], 대장 출혈[2], 피부염[2], 유방염[2]
Solanum tuberoum	감자	뿌리	백혈구 감소증[1], 항염증[1], 변비[1], 소화[2], 화상[2]
Ipomoea batatas	고구마	잎	야맹증[5], 변비[5]
		뿌리	소화[2], 변비[2], 갈증[2]
Symphytum officinale	컴프리	잎	소화[2], 위궤양[2], 빈혈[2], 종기[2], 피부염[2]
Agastache rugosa	배초향	잎	소화[2], 구토[2], 이질[2], 설태[2], 해열[2], 두통[2], 가려움[2], 버짐[2]

Isodon japonica	방아풀	어린순	소화[2], 항암[2]
Perilla frutescens var. *japonica*	들깨	종자	고혈압[1], 감기[2], 갈증[2]
Plantago asiatica	질경이	어린순	이뇨[2]
Sesamum indicum	참깨	종자	지혈[1], 혈소판 감소[1,2], 해독[1,2], 종기[2], 변비[2], 환시[2]
Patrinia villosa	뚝갈	잎	화농성 편도선[7], 폐렴[7], 설사[7], 간염[7]
Codonopsis lanceolata	더덕	뿌리	감기[1], 가래[1,2], 해열[1], 종기[2], 해독[2], 기관지염[2], 림프절 결핵[2], 백혈구 감소증[2], 유즙 부족[2], 강장[2], 자양[2], 인후염[2]
Platycodon grandiflorum	도라지	뿌리	기관지염[1,2], 화농성 편도선[1,2], 폐결핵[2], 부종[2], 인후염[2]
Arctium lappa	우엉	뿌리	이뇨[1], 물질대사[1], 강장[1], 인후염[2], 종기[2], 버짐[2]
Artemisia princeps var. *orientalis*	쑥	잎	지혈[1,2], 진경[1,2], 강장[1], 생리불순[2], 생리통[2], 백혈구 감소증[2], 습진[2], 가려움[2]
Artemisia selengensis	물쑥	잎, 뿌리	생리불순[2], 간장병[2]
Aster scaber	참취	잎	타박상[2], 해독[2]
Aster yomena	쑥부쟁이	잎	가래[2], 천식[2], 항균[2], 항바이러스[2]
Chrysanthemum coronarium var. *spatiosum*	쑥갓	잎	소화[2], 이뇨[2], 변비[2], 가래[2]
Chrysanthemum morifolium	국화	꽃	오한[2], 두통[2], 고혈압[2], 발진[2], 복통[2]
Cirsium japonicum var. *ussuriense*	엉겅퀴	어린순	해열[1,2], 지혈[1,2], 종기[1,2], 고혈압[2], 황달[2]
Erigeron canadensis	망초	잎	지혈[1], 소화[1], 이질[1], 해독[2], 중풍[2], 항염증[2], 해열[2], 신경통[2], 가려움[2]
Eupatorium chinense var. *simplicifolium*	등골나물	어린순	이뇨[1], 통경[1], 뇌염[1], 황달[1], 소화[2], 복통[2], 갈증[2]
Hieracium umberatum	조밥나물	어린순	감기[1], 폐결핵[1], 해독[2], 종기[2], 설사[2],

			복통[2], 요로 감염증[2]
Ixeris dentata	씀바귀	잎	해열[2], 해독[2], 설사[2], 간장병[2], 기관지염[2], 유방염[2], 구내염[2]
Lactuca sativa	상치	잎	이뇨[8], 위궤양[8], 종기[8]
		줄기	진통[11], 최면[11]
Petasites japonicus	머위	줄기	편도선염[4], 해독[4]
Solidago virgaaurea var. *asiatica*	미역취	어린순	두통[2], 인후염[2], 편도선염[2], 황달[2], 타박상[2]
Syneilesis palmata	우산나물	잎	관절염[2], 요통[2], 타박상[2]
Synurus deltoides	수리취	어린순	지혈[2], 부종[2], 토혈[2]
Taraxacum platycarpum	민들레	잎	종기[2], 유방염[2], 간염[2], 황달[2]
Youngia sonchifolia	고들빼기	전체	종기[2], 소화[2]
Colocasia antiquorum var. *esculenta*	토란	뿌리	혈전증[1], 종기[2], 유방염[2], 림프절염[2], 해독[2]
Coix lachryma-jobi var. *mayuen*	율무	종자	항염증[1], 콜레스테롤 저하[1], 진통[1], 종기[2], 이뇨[2], 이질[2], 중풍[2]
Hordeum vulgare var. *hexastichon*	보리	종자	소화[1], 이뇨[9], 부종[9], 각기병[11]
Phyllostachys nigra var. *henonis*	솜대	어린순	중풍[9], 가래[9]
Secale cereale	호밀	종자	자궁출혈[2]
Sorghum bicolor	수수	종자	복통[2], 구토[2], 이질[2], 감기[2]
Zea mays	옥수수	종자	변비[12]
Zingiber officinale	생강	뿌리	소화[1,2], 천식[1,2], 설사[2], 해열[2], 해독[2]
Allium victorialis var. *platyphyllum*	산마늘	전체	감기[2]
		뿌리	소화[2], 변비[2], 갈증[2]
Polygonatum odoratum var. *pluriflorum*	둥굴레	뿌리	기관지염[1,2], 폐렴[1,2], 감기[1,2], 가래[1,2], 위장염[1], 통풍[1], 해열[2], 담석[2]
Scilla scilloides	무릇	뿌리	강장[1], 이뇨[1]

Dioscorea batatas	마가목	뿌리	강장[1], 자양[1], 이질[2], 감기[2], 천식[2], 갈증[2], 조루[2], 중풍[2], 해독[2], 항염증[2]
Cymbidium goeringii	보춘화	전체	백일해[4], 토혈[4], 신경쇠약[4]

[1]문관심. 1984. 약초의 성분과 이용. 과학백과사전 출판사. 평양.
[2]안덕균. 1998. 원색 한국본초도감. 교학사. 서울
[3]連文琰. 1988. 中國本草圖錄(卷二). The Commercial Press Ltd. Hong Kong.
[4]嚴仲鎧. 1989. 中國本草圖錄(卷三). The Commercial Press Ltd. Hong Kong.
[5]嚴仲鎧. 1989. 中國本草圖錄(卷四). The Commercial Press Ltd. Hong Kong.
[6]高士賢. 1989. 中國本草圖錄(卷五). The Commercial Press Ltd. Hong Kong.
[7]高士賢. 1989. 中國本草圖錄(卷六). The Commercial Press Ltd. Hong Kong.
[8]吳家林, 鄭漢臣. 1990. 中國本草圖錄(卷七). The Commercial Press Ltd. Hong Kong.
[9]黃燮才, 夏光成. 1990. 中國本草圖錄(卷十). The Commercial Press Ltd. Hong Kong.
[10]박완희, 이호덕. 1999. 한국약용버섯도감. 교학사. 서울
[11]송홍선. 1998. 한국 농작물 백과도감. 도서출판 풀꽃나무. 서울
[12]류경오, 이상수. 1998. 새로운 채소도감. 도서출판 허브월드. 서울.

김과 송(2007)은 지리산 내륙 지역을 2007년 6월부터 11월까지 17회에 걸쳐 26일간 탐사하여 식물자원을 확보하고 전통적으로 이용되어 오고 있는 식물들에 대한 조사를 하였다. 민족전통식물학적인 조사 결과에서 이용성을 보면, 식용, 약용, 관상용, 밀원용, 섬유용, 수지용, 염료용 등 7종류로 이용되고 있었으며 식용이 43.1%와 약용이 32%로 가장 많이 차지하고 있었다. 이용부위는 총 21종류로 이용되었는데, 어린 순이 24.3%, 잎 21.5% 순으로 많이 이용되었으며 이용법은 10종류로 추출액이 26.8%, 나물이 23.4%로 순으로 나타났다.

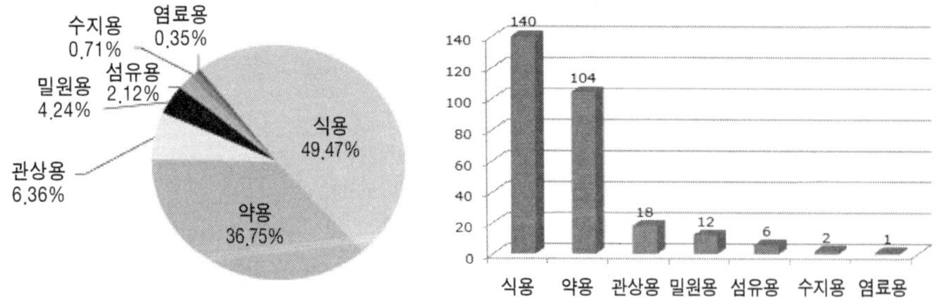

그림 5.20 조사된 민족전통식물의 용도.

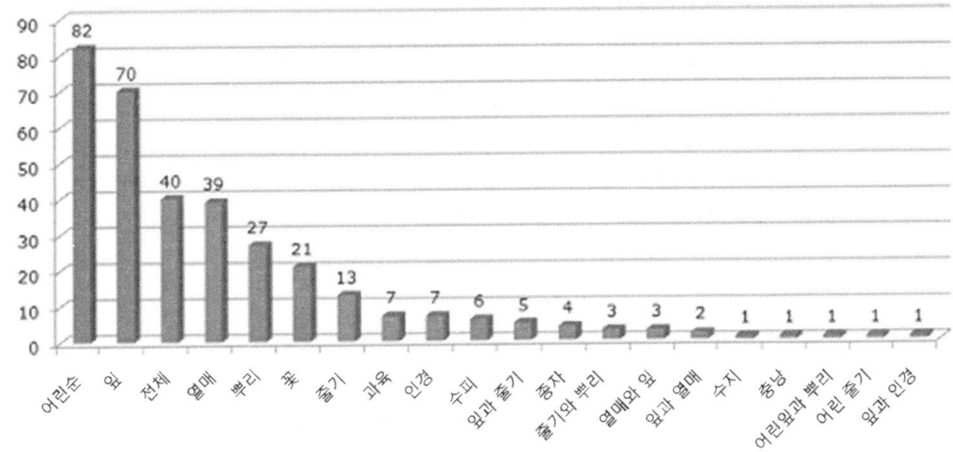

그림 5.21 조사된 민족전통식물의 이용부위.

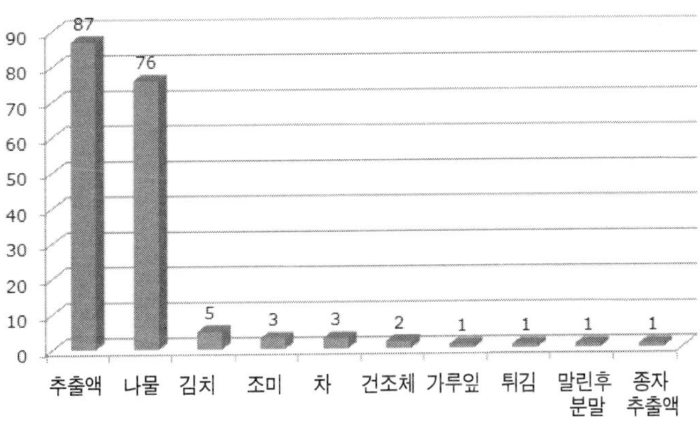

그림 5.22 조사된 민족전통식물의 이용법.

이러한 결과들은 한국 내 전통적인 식물 이용에 관한 포괄적인 지식으로써 다양한 분야에 기여할 것이지만, 특히 전통적인 식물유전자원의 확보는 물론이고 신물질을 탐색하고 고부가 가치의 천연의약품, 천연색소, 천연향료, 천연기능성식품 등을 개발하는데 아주 귀중한 정보로 활용될 것이다.

3. 한민족전통식물학의 미래

우선 세계적인 흐름이 민족전통식물학의 발전을 예고하고 있는 시점에서 한민족전통식물학에도 더욱 많은 관심이 쏟아질 것은 분명한 사실이다. 이는 한민족의 식물이용 원리가 세계사적으로도 그 유래를 찾을 수 없을 만큼 종합적이고 체계적이기 때문이다. 이는 지금까지의 민족전통식물학적인 연구들에서 볼 수 있듯이 여러 민족이나 지역의 식물이용 원리들은 너무 단편적이고 세부적이어서 그 이용의 한계를 가지고 있었다. 이에 비해서 우리 한민족의 식물 이용법과 원리는 매우 포괄적이고 합리적이라는 것이 장점이다. 따라서 우리는 이러한 자랑스러운 식물 이용의 문화를 오늘에 되살려 세계의 식물 이용문화를 이끌 수 있도록 해야 하겠다. 바로 이것이야말로 다른 문화를 능동적으로 흡수할 수 있으며 독창적이고 창의적인 문화만이 생존할 수 있다는 무한경쟁의 21세기에 가장 필요한 일일 것이다.

참고문헌

姜舞鶴, 1981. 韓國歲時風俗記. 동호서관. 서울. pp.15-36.

강인희, 1990. 한국식생활사. 도서출판 삼영사. p.75. p.84.

金斗鍾, 1981. 韓國醫學史. 탐구당. 서울. pp.25-26, pp.42-43.

김상일, 1983. 한철학. 전망사. 서울. pp.169-199.

김신규, 1970. 우리나라 원시 유적에서 나온 포유동물상. 고고민속론문집 (2):73-120. 사회과학출판사.

김용간과 서국태, 1972. 서포항 원시유적 발굴보고. 고고민속론문집 4. 사회과학출판사. p.117.

김용간과 안영준, 1986. 함경남도. 량강도 일대에서 새로 알려진 청동기 시대유물에 대한 고찰. 조선고고연구 1:24. 사회과학원 고고학연구소.

김원룡, 1980. 울주 반구대 암각화에 대하여. 한국고고학보 9:6-22.

金正基, 1987. 內蒙古 敖漢旗興隆洼遺址發掘簡報. 韓國史論 17, 民族文化社, pp.76-130.

金 玄과 宋美長, 1997. 韓民族의 生物 利用 原理인 陰陽五行論의 起源에 대한 考察. 한국정신과학회 97추계 학술대회논문집. pp.54-60.

박희현, 1984. 韓國의 考古學 I 上: 動物相과 植物相. 韓國史論 12 上, 民族文化社. 서울. pp.91-186.

사회과학원 역사연구소, 1979. 조선전사 I 원시편, 과학백과출판사, pp.59-64, pp.198-199.

손보기, 1984. 韓國의 考古學 I 上: 藝術과 信仰. 韓國史論 12 上, 民族文化社. 서울. pp.212-227.

유정준, 1958. 자강도 내 원시 유적 및 옛날 돈이 발견된 유적. 문화유산 5:50-57. 고고학 및 민속학 연구소.

윤내현, 1990. 윤내현 교수의 한국고대사. 삼광 출판사. pp.22-44.

尹乃鉉, 1993. 古朝鮮과 中國의 交涉. 배달문화 제10호. 민족사 바로 찾기 국민회의.

윤내현, 1995. 고조선 연구. 일지사. p.141, pp.664-667.

임효재, 1992. 한국 고대문화사의 흐름. 집문당. p.69.

장명신, 1988. 중세이전 우리나라의 민족음식과 식생활습관. 고고 민속론문집(11):220-264. p.568. 사회과학출판사.

吉林地區考古短訓班, 1980. 吉林猴石山遺址發掘簡報, 考古 第2期 p.141.

沈陽市文物管理辦公室, 1978. 沈陽新樂遺址試掘報告. 考古學報 pp. 449-450.

趙承澤, 1983. 星星硝石棺墓織物殘片的初步探討. 중국사회과학출 판사. 古考學集刊 3:126-127.

Kim, H., Song, M. J. and Potter, D. 2006. Medicinal efficacy of plants utilized as temple food in traditional Korean Buddhism. Journal of Ethnopharmacology 104: 32-46.

Kwang-chih Chang, 1986. The Archeaology of Ancient China, Fourth Edition, Yale University Press. p.120, p.176.

Laboratory of quaternary palynology and laboratory of radiocarbon-kweiyang institute of geochemistry academia sinica, 1978. development of natural environment in the southern part of Liaoning province during the last 10000 years. Scientia Sinica 21(4): 525-529.

제 Ⅵ 부 민족전통식물학의 연구경향 및 현황

BC 4000~BC 3000년경 큰 강 유역에서 발달한 최초의 인류문명 발생지 즉, 고대문명의 발상지로는 나일강 유역의 이집트문명, 인더스강 유역의 인도문명, 황하 유역의 중국문명, 티그리스 · 유프라테스강 유역의 메소포타이아 문명 등 4대 문명이 있다.

이들 문명 발상지는 날씨가 따뜻하고 울창한 숲과 큰 강이 있어 물이 풍부하고 토지가 기름져 사람들이 살기에 적합한 지역이었다(그림 6.1). 많은 인구가 한곳에 모이면서 큰 촌락이 형성되었고, 촌락들이 뭉쳐 도시가 형성되었는데 각 도시는 제각기 독립하여 국가의 모습을 갖추면서 마침내 문명의 단계에 들어서게 되었다. 이러한 도시 국가들은 풍부하고 윤택한 경제생활을 배경으로 다른 지역에 비해서 문화가 매우 발달하였다.

이집트문명은 미라가 썩지 않고 오랜 기간 보관될 수 있도록 방부작용이 두드러진 커민, 아니스, 시나몬, 마조람, 몰약 등과 같은 식물을 이용하여 부패를 최소화하고 향유, 수지, 정유 등을 활용하였다. 또한, 기원전 2,800년경의 유물인 파피루스에는 이와 같은 약용식물의 사용법이 기록되어 있다.

유프라테스강 유역은 향신료의 발상지로 고대인들은 향신료를 주방보다 신전에서 향신료를 불사르거나 뿌려 신비한 향을 만들어내 신에게 봉헌하는데 더 많이 사용하였다.

그림 6.1 고대 4대문명의 발상지.

중국의 유적에서는 농업이 대략 7,000년 전부터 8,000년 전 사이에 확립되었을 것으로 판단하게 하는 증거들이 발굴되었다. 특히, 황하지방의 거주민들은 최초의 곡물로 조를 가장 먼저 재배하였으며 이를 호료식물(糊料植物)로 이용하였다.

이와 같이 오랜 역사와 전통을 가지고 있는 이들 4대 문명지역을 중심으로 민족전통식물학적 지식들이 보다 많이 보유하고 있을 것으로 예상된다.

최근의 민족전통식물학적 연구 동향을 파악하기 위하여 2000년도부터 2006년도까지 약 7년 동안 Journal of Ethnopharmacology에 발표된 전체 논문들을 나라별, 대륙별, 학문영역별, 그리고 분류군별로 분석하였다.

그림 6.2 Journal of Ethnopharmacology의 표지.

제1장 각 나라별 연구경향

최근 7년간에 발표된 연구논문들을 각 나라별로 분석한 결과, 세계 113개국에서 1,802편의 논문을 발표하였다. 이 중에서 가장 많은 논문을 발표한 인도는 309편의 논문을 발표하여 고대 인더스 문명의 발상지로써의 면모를 보여주고 있다. 논문들의 소재를 살펴보면 고등식물 295편, 양치식물 4편, 동물 2편, 미생물 1편, 광물 2편, 기타 3편 등으로 고등식물이 전체의 95.5%를 차지하고 있는 것으로 보아 인도의 전통의학인 아유르베다가 약초를 이용하여 치료하는 것과 관계가 밀접함을 알 수 있다. 또한 논문들의 학문 분야를 분석하면 민족전통약학(ethnopharmacology)이 300편으로 전체의 97.1%를 차지하고 민족전통식물학(ethnobotany) 2편, 민족전통균학(ethnomycology) 2편, 민족전통독성학(ethnotoxicology) 4편, 민족전통동물학(ethnozoology) 1편 등으로 나타났다.

한국에서 발표한 논문은 172편으로 고등식물 144편, 양치식물 3편, 균류 14편, 동물 4편, 지의류 1편 조류 1편, 죽염 2편, 기타 3편, 사찰음식에 이용된 식물(조류, 균류, 양치류, 고등식물 포함) 1편 등으로 인도에 비하여 비교적 다양한 소재들이 이용되었다. 반면에 학문 분야에서는 민족전통약학 168편과 민족전통균학 4편으로 편중되어 있는데 이것은 사찰음식에 이용된 식물에 관한 논문을 제외하고는 대부분이 동의보감에 인용된 재료들을 추출하여 임상 실험한 결과들은 논문으로 발표하였기 때문이다.

브라질에서 발표한 논문은 총 129편으로 고등식물 116편, 동물 2편, 균류 1편, 기타 10편 등의 소재를 이용하였으며 기타의 10편은 모두 프로폴리스(propolis)에 관한 것으로 꿀벌들이 수많은 식물의 꽃이나 잎 그리고 수목들의 생장점을 보호하기 위해서 분비되는 물질과 나뭇가지 껍질 등이 벗겨져 상처 난 곳을 오염으로부터 예방하고 미생물을 막기 위하여 분비하는 보호물질들을 모아들인 것으로 다른 나라들에 비하여 비교적 많이 이용한 것을 알 수 있다. 학문 분야에서는 민족전통약학 122편, 민족전통독성학 5편, 민족전통수의학 1편, 민족전통동물학 1편 등으로 발표되었다.

중국은 총 128편으로 고등식물 117편, 양치식물 1편, 균류 4편, 동물 2편, 미생물 1편, 광물 1편, 기타 2편 등의 소재를 이용하였으며 학문 분야는 민족전통약학 122편, 민족전통독성학 2편, 민족전통식물학 1편, 민족전통균학 1편, 분류학 2편 등으로 다른 나라에 비하여 다양한 분야에서 발표되었다.

터어키는 총 66편으로 고등식물 60편, 지의류 2편, 기타 4편 등의 소재를 이용하였으며 학문 분야는 민족전통약학 66편으로 발표 논문 모두가 포함되었다.

특히, 고대 황하 문명의 지역인 한국은 172편, 중국은 129편, 그리고 아메리카 지역의 고대 문명인 아즈텍, 잉카, 마야 문명의 지역인 브라질은 129편으로 다른 나라들에 비하여 많은 논문을 발표하였다(표 6.1). 이러한 점으로 보아 오랜 역사와 전통을 가지고 있는 고대 4대 문명지역을 중심으로 민족전통식물학적 지식들이 보다 많이 보유하고 있고 연구도 활발하게 이루어지고 있는 것으로 나타났다.

표 6.1 Journal of Ethnopharmacology에 발표한 각 나라별 논문의 수

No	나라	논문수	No	나라	논문수
1	India	309	58	Algeria	3
2	Korea	172	59	Belgium	3
3	Brazil	129	60	Belize	3
4	China	128	61	Benin	3
5	Turkey	66	62	Indonesia	3
6	Nigeria	65	63	Panama	3
7	South Africa	62	64	Paraguay	3
8	Iran	52	65	Philippines	3
9	Mexico	52	66	Singapore	3
10	Thailand	49	67	Switzerland	3

11	Morocco	46	68	The Netherlands	3
12	Italy	42	69	Dominica	2
13	Japan	41	70	French Guiana	2
14	Argentina	39	71	Gabon	2
15	Taiwan	36	72	Georgia	2
16	Spain	26	73	Lebanon	2
17	USA	26	74	New Caledonia	2
18	Cameroon	25	75	Norway	2
19	Pakistan	20	76	Rwanda	2
20	Malaysia	16	77	Sudan	2
21	Mali	14	78	Sweden	2
22	Egypt	13	79	Togo	2
23	Jordan	13	80	Uruguay	2
24	Kenya	13	81	Uzbekistan	2
25	Peru	13	82	Vanuatu	2
26	Ethiopia	11	83	Austria	1
27	France	11	84	Cambodia	1
28	Sri Lanka	11	85	Central African Republic	1
29	Bolivia	10	86	Cyprus	1
30	Chile	10	87	Ecuador	1
31	Congo	10	88	Eritrea	1
32	Israel	10	89	Federated States of icronesia	1
33	Portugal	10	90	Guadeloupe	1
34	Burkina Faso	9	91	Guatemala	1
35	Canada	9	92	Honduras	1
36	Colombia	9	93	Iraq	1

37	Cuba	9	94	Kazakhstan	1
38	Poland	9	95	Kuwait	1
39	Saudi Arabia	9	96	Laos	1
40	Tanzania	9	97	Marianas Islands	1
41	Uganda	9	98	Montenegro	1
42	UK	8	99	Nicaragua	1
43	Venezuela	8	100	Oman	1
44	Bulgaria	7	101	Papua New Guinea	1
45	Australia	6	102	Russia	1
46	Bangladesh	6	103	Senegal	1
47	Greece	6	104	Serbia	1
48	United Arab Emirates	6	105	Slovakia	1
49	Yemen	6	106	Slovenia	1
50	Cote d'Ivoire	5	107	Somalia	1
51	Germany	5	108	Suriname	1
52	Nepal	5	109	Swaziland	1
53	Croatia	4	110	Syria	1
54	Ghana	4	111	Tonga	1
55	Hungary	4	112	Tunisia	1
56	Ivory Coast	4	113	Yugoslavia	1
57	Zimbabwe	4		Total	1,802

제 2 장 대륙별 연구경향

최근 7년간 발표한 논문들을 대륙별로 분석한 결과, 아시아대륙 913편으로 50%, 아메리카대륙 335편으로 19%, 아프리카대륙 323편으로 18%, 유럽대륙 219편으로 12%, 그리고 오세아니아대륙 12편으로 1% 총 1,802편이 발표되었다(그림 6.3과 그림 6.4).

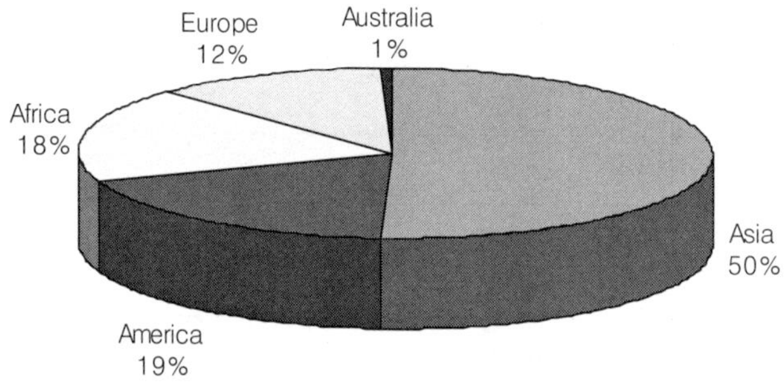

그림 6.3 각 대륙별로 발표한 논문의 비율.

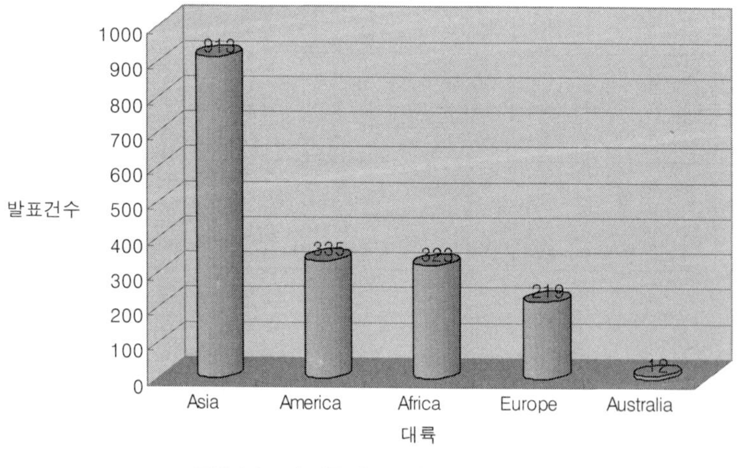

그림 6.4 각 대륙별로 발표한 논문의 수.

1. 아시아대륙

아시아대륙에서는 32개국에서 913편의 논문을 발표하였는데 인도 309편, 한국 172편, 그리고 중국 128편으로 이들 3개국에서 발표한 논문의 수가 609편으로써 전체의 66.7%를 차지하였다(그림 6.5).

아시아대륙에는 인더스 문명과 황화 문명의 고대문명 발상지를 포함하는 지역으로 많은 민족전통식물학적 지식을 가지고 있는 것으로 나타났다.

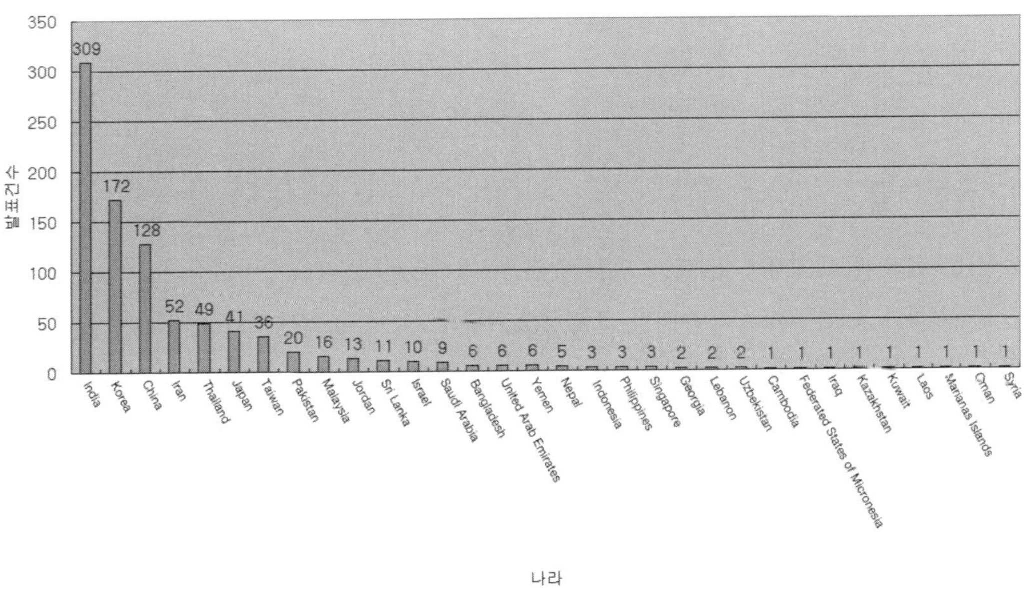

그림 6.5 아시아 대륙에서 발표한 논문의 수.

2. 아메리카대륙

아즈텍, 마야, 그리고 잉카 문명의 고대 문명 발상지역인 아메리카 대륙에서는 23개국에서 335편의 논문을 발표하였다. 브라질 129편, 멕시코 52편, 아르헨티나 39편, 미국 26편으로 발표한 논문의 수가 246편으로 전체의 73.4%를 차지하였다(그림 6.6)

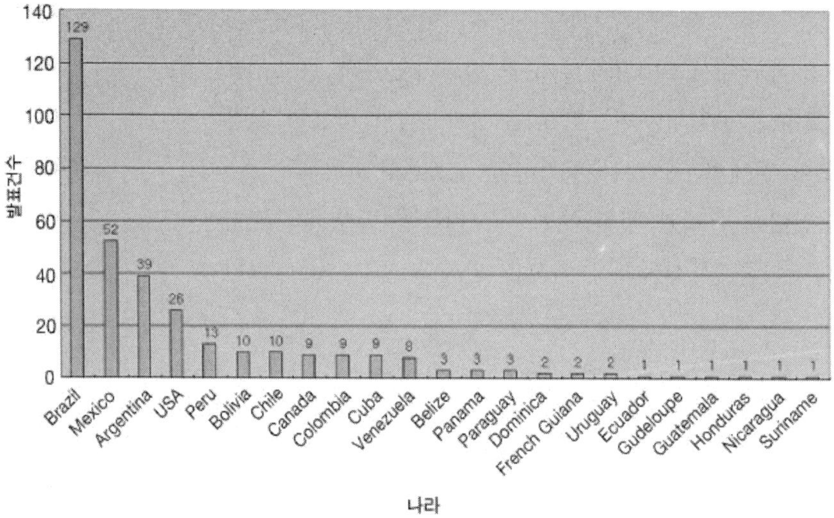

그림 6.6 아메리카 대륙에서 발표한 논문의 수.

3. 유럽대륙

유럽대륙에서는 25개국에서 219편의 논문을 발표하였는데 터어키 66편, 이탈리아 42편, 그리고 스페인 26편으로 발표한 논문의 수가 134편으로 전체의 61.2%를 차지하였다(그림 6.7).

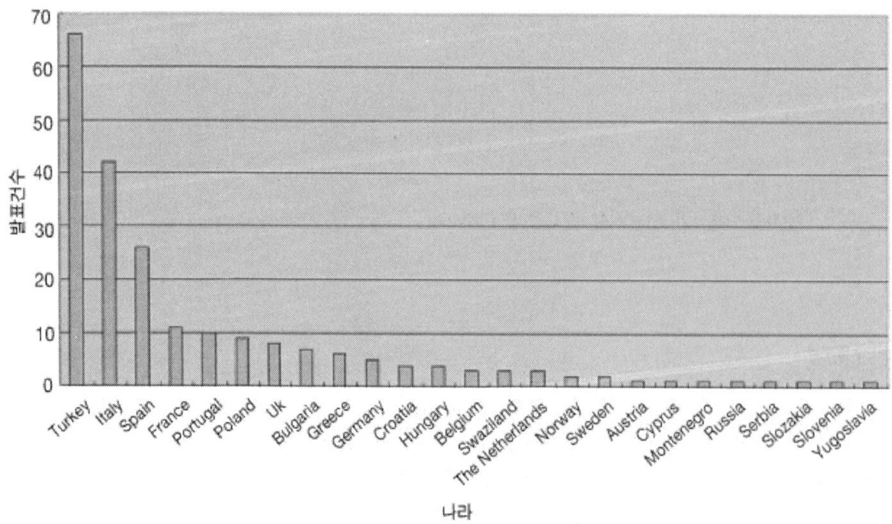

그림 6.7 유럽 대륙에서 발표한 논문의 수.

4. 아프리카대륙

아프리카대륙에서는 28개국에서 323편의 논문을 발표하였는데 나이지리아 65편, 남아프리카공화국 62편, 모로코 46편, 그리고 카메룬 25편으로 발표한 논문의 수가 198편으로써 전체의 61.3%를 차지하였다(그림 6.8).

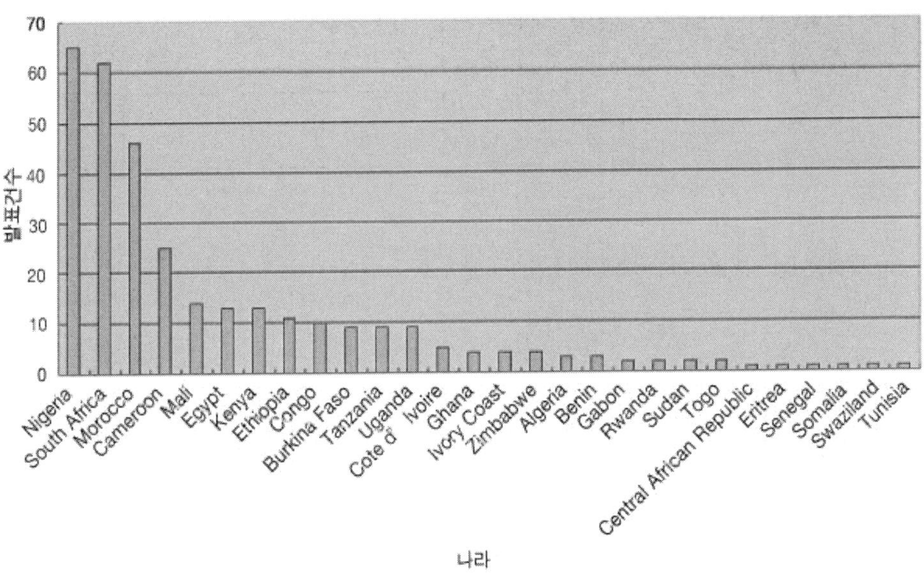

그림 6.8 아프리카 대륙에서 발표한 논문의 수.

5. 오세아니아대륙

오세아니아 대륙에서는 오스트레일리아 6편, 뉴칼레도니아 2편, 바누아투 2편, 파푸아뉴기니 1편, 통가 1편 등으로 5개국에서 12편의 논문을 발표하였다(그림 6.9)

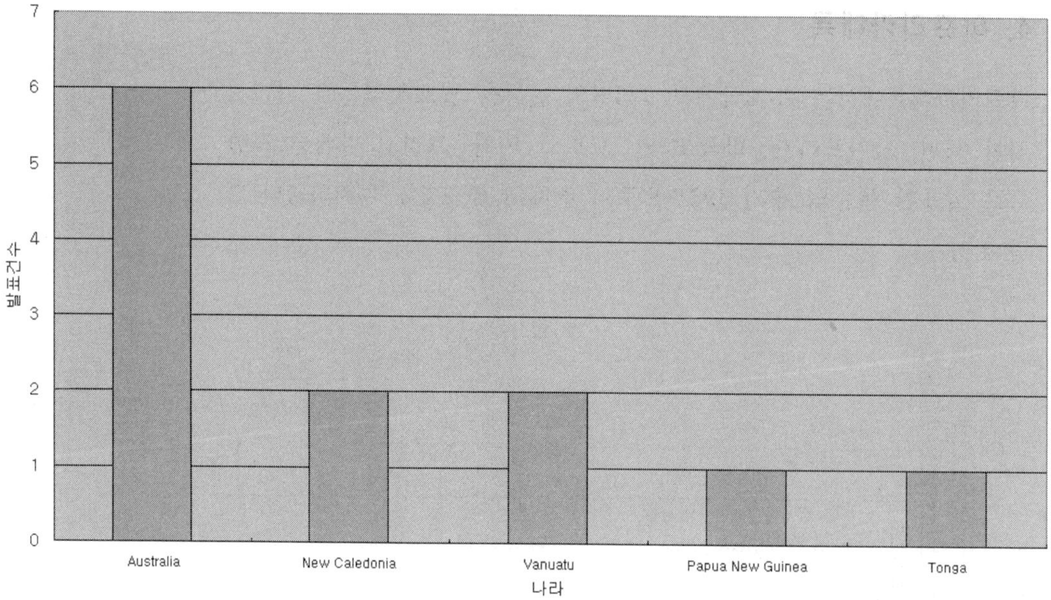

그림 6.9 오세아니아 대륙에서 발표한 논문의 수.

제 3 장 학문영역별 연구경향

최근 7년간 발표한 논문들을 학문영역별로 분석한 결과, 민족전통약학(ethnopharmacology)분야 1,708편으로 95%, 민족전통식물학(ethnobotany) 분야 33편으로 2%, 민족전통독성학(ethnotoxicology) 분야 25편으로 1%, 민족전통동물학(ethnozoology) 분야 17편으로 1%, 민족전통균학(ethnomycology) 분야 9편으로 1%, 그리고 기타 3편으로 총 1,795편이 발표되었다(표 6.2, 그림 6.10, 그림 6.11).

표 6.2 학문영역별로 발표한 논문의 수

	학문 영역	발표건수
1	민족전통약학(ethnopharmacology)	1,708
2	민족전통식물학(ethnobotany)	33
3	민족전통독성학(ethnotoxicology)	25
4	민족전통동물학(ethnozoology)	17
5	민족전통균학(ethnomycology)	9
6	기타	3
	전체	1,795

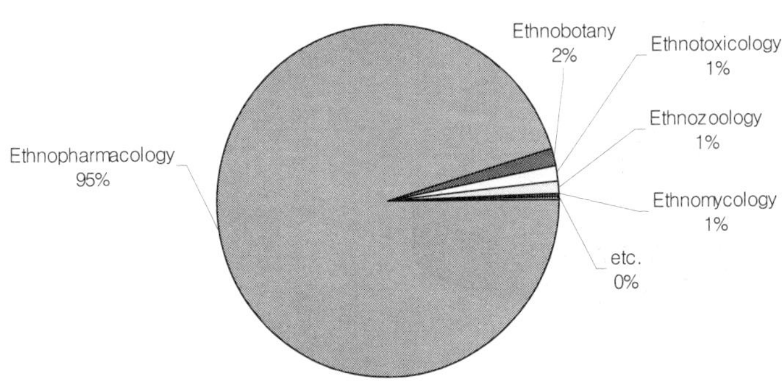

그림 6.10 학문영역별로 발표한 논문의 비율.

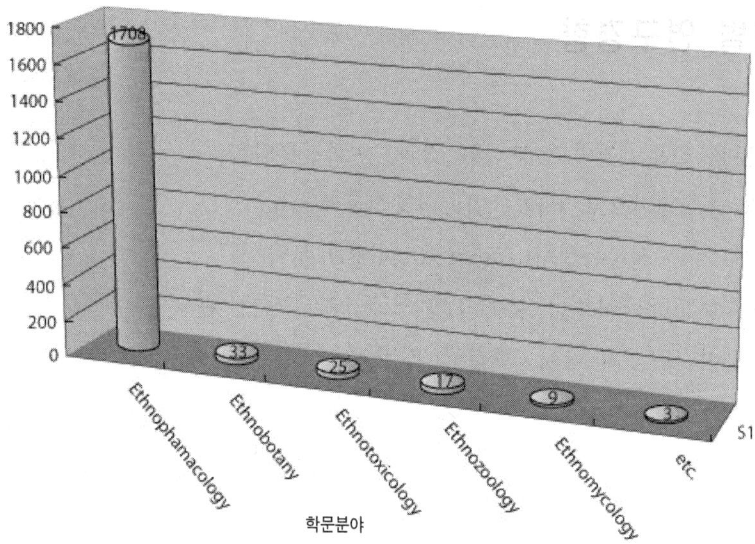

그림 6.11 학문영역별로 발표한 논문의 발표건 수.

1. 아시아대륙에서의 학문영역

아시아대륙에서는 민족전통약학(ethnopharmacology) 881편으로 96%, 민족전통독성학(ethnotoxicology) 9편으로 1%, 민족전통균학(ethnomycology) 8편으로 1%, 민족전통식물학(ethnobotany) 6편으로 1%, 민족전통동물학(ethnozoology) 6편으로 1%, 그리고 기타 2편으로 전체 912편의 논문이 발표되었다(그림 6.12).

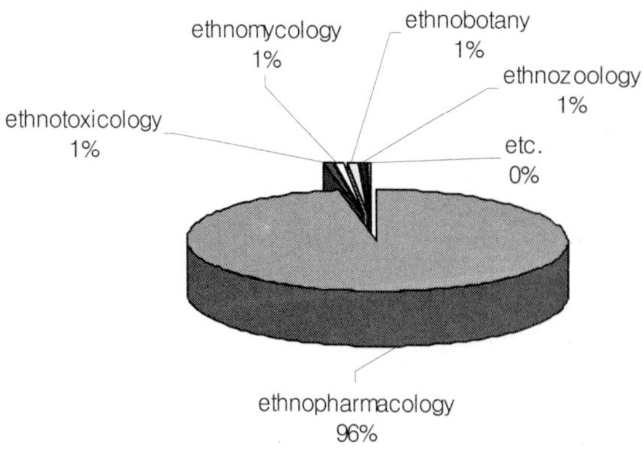

그림 6.12 아시아대륙에서의 학문영역별로 발표한 논문 수.

2. 아메리카대륙에서의 학문영역

아메리카대륙에서는 민족전통약학(ethnopharmacology) 312편으로 94%, 민족전통식물학(ethnobotany) 11편으로 3%, 민족전통독성학(ethnotoxicology) 8편으로 2%, 그리고 민족전통동물학(ethnozoology) 3편으로 1%로 전체 334편의 논문이 발표되었다(그림 6.13).

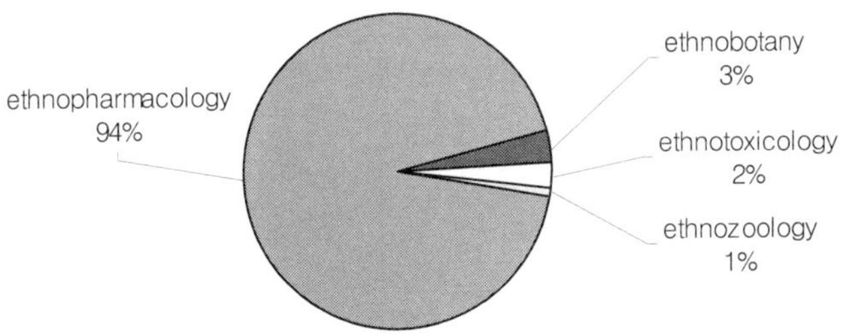

그림 6.13 아메리카대륙에서의 학문영역별로 발표한 논문 수.

3. 아프리카대륙에서의 학문영역

아프리카대륙에서는 민족전통약학(ethnopharmacology) 295편으로 92%, 민족전통식물학(ethnobotany) 12편으로 4%, 민족전통독성학(ethnotoxicology) 8편으로 2%, 민족전통동물학(ethnozoology) 6편으로 2%, 그리고 민족전통균학(ethnomycology) 1편으로 전체 334편의 논문이 발표되었다(그림 6.14).

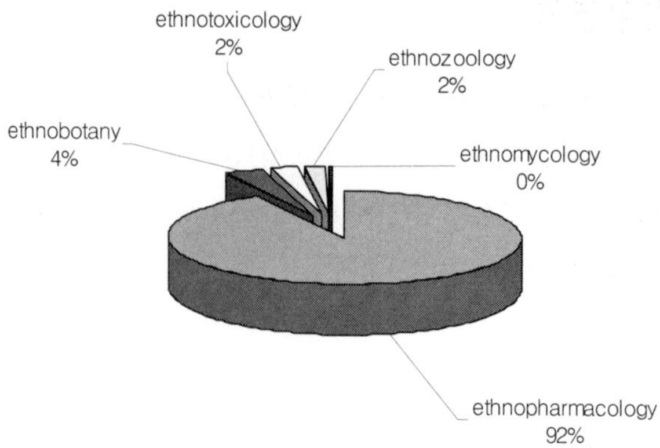

그림 6.14 아프리카대륙에서의 학문영역별로 발표한 논문 수.

4. 유럽대륙에서의 학문영역

유럽대륙에서는 민족전통약학(ethnopharmacology) 210편으로 97%, 민족전통식물학(ethnobotany) 4편으로 2%, 민족전통동물학(ethnozoology) 2편으로 1%, 그리고 기타 1편으로 전체 217편의 논문이 발표되었다(그림 6.15).

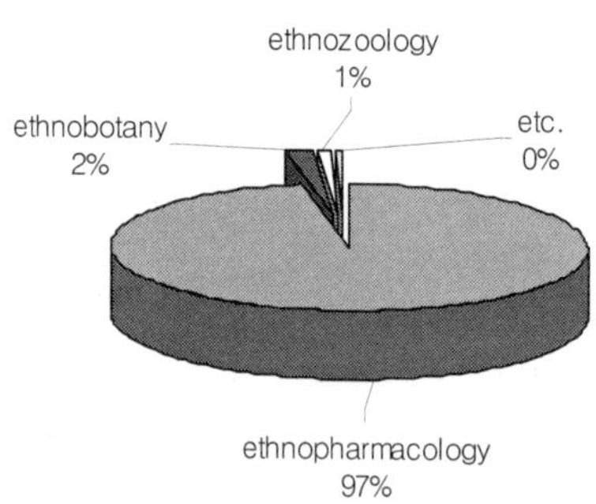

그림 6.15 유럽대륙에서의 학문영역별로 발표한 논문 수.

5. 오세아니아대륙에서의 학문영역

오세아니아대륙에서는 발표한 전체 10편의 논문 모두가 미나리아재비과와 석류나무과 등 고등식물을 이용한 민족전통약학(ethnopharmacology) 영역에 포함되었다.

제 4 장 분류군별 연구경향

최근 7년간 발표한 논문들을 분류군별로 분석한 결과, 식물 1,688편으로 93.67%, 균류 30편으로 1.66%, 동물 19편으로 1.05%, 양치류 14편으로 0.78%, 이끼류 4편으로 0.22%, 그리고 기타 47편으로 총 1,805편이 발표되었다(표 6.3, 그림 6.16).

표 6.3 분류군별로 발표한 논문의 수

No	분류군	논문 수
1	Plant	1,688
2	etc.	47
3	Fungi	30
4	Animal	19
5	Fern	14
6	Lichen	4
7	Algae	3
	Total	1,805

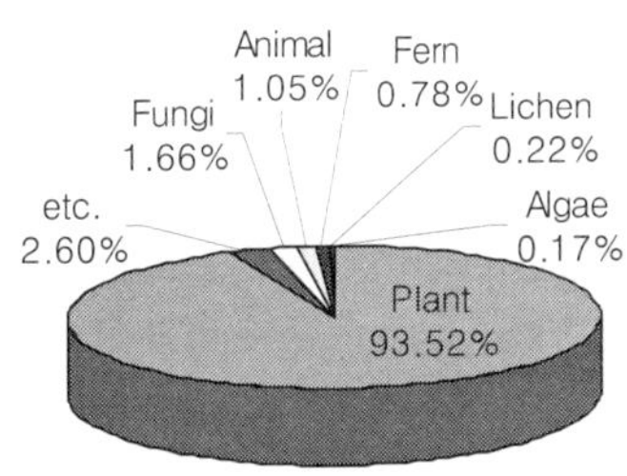

그림 6.16 분류군별로 발표한 논문의 비율.

1. 식물

식물을 소재로 발표한 논문은 1, 338편으로 152과를 이용하였다. 특히, 국화과 116편, 꿀풀과 99편, 콩과 95편, 대극과 59편, 미나리아재비과 37편, 산형과 35편, 백합과 34편, 두릅나무과 32편, 운향과 32편, 꼭두서니과 30편 등으로 42.5%를 차지하고 있다(표 6.4).

표 6.4 식물을 이용한 논문의 수

No	과 명	국 명	논문 수
1	Asteraceae	국화과	116
2	Lamiaceae	꿀풀과	99
3	Fabaceae	콩과	95
4	Euphorbiaceae	대극과	59
5	Ranunculaceae	미나리아재비과	37
6	Apiaceae	산형과	35
7	Liliaceae	백합과	34
8	Araliaceae	두릅나무과	32
9	Rutaceae	운향과	32
10	Rubiaceae	꼭두서니과	30
11	Solanaceae	가지과	27
12	Cucurbitaceae	박과	23
13	Anacardiaceae	옻나무과	23
14	Myrtaceae	도금양과	20
15	Verbenaceae	마편초과	20
16	Oleaceae	물푸레나무과	20
17	Apocynaceae	협죽도과	20
18	Meliaceae	멀구슬나무과	19
19	Clusiaceae	물레나물과	18
20	Zingaberaceae	생강과	18
21	Menispermaceae	방기과	17
22	Moraceae	뽕나무과	17
23	Celastraceae	노박덩굴과	16
24	Combretaceae		16
25	Polygonaceae	마디풀과	13
26	Malvaceae	아욱과	13

27	Rosaceae	장미과	13
28	Scrophulariaceae	현삼과	13
29	Piperaceae	후추과	13
30	Caesalpiniaceae	실거리나무과	12
31	Gentianaceae	용담과	11
32	Zygophyllaceae	남가새과	10
33	Crassulaceae	돌나물과	10
34	Convolvulaceae	메꽃과	10
35	Burseraceae	감람과	9
36	Loganiaceae	마전과	9
37	Poaceae	벼과	9
38	Amaranthaceae	비름과	9
39	Brassicaceae	십자화과	9
40	Loranthaceae	겨우살이과	8
41	Lauraceae	녹나무과	8
42	Chenopodiaceae	명아주과	8
43	Asclepiadaceae	박주가리과	8
44	Amaryllidaceae	수선화과	8
45	Boraginaceae	지치과	8
46	Bignoniaceae	능소화과	7
47	Sapindaceae	무환자나무과	7
48	Caryophyllaceae	석죽과	7
49	Acanthaceae	쥐꼬리망초과	7
50	Annonaceae		7
51	Rhamnaceae	갈매나무과	6
52	Ebenaceae	감나무과	6
53	Mimosaceae	미모사과	6
54	Cactaceae	선인장과	6

55	Urticaceae	쐐기풀과	6
56	Plantaginaceae	질경이과	6
57	Valerianaceae	마타리과	5
58	Sterculiaceae	벽오동과	5
59	Punicaceae	석류나무과	5
60	Portulacaceae	쇠비름과	5
61	Sapotaceae		5
62	Berberidaceae	매자나무과	4
63	Elaeagnaceae	보리수나무과	4
64	Lythraceae	부처꽃과	4
65	Cyperaceae	사초과	4
66	Pinaceae	소나무과	4
67	Passifloraceae	시계꽃과	4
68	Arecaceae	야자과	4
69	Papaveraceae	양귀비과	4
70	Polygalaceae	원지과	4
71	Theaceae	차나무과	4
72	Vitaceae	포도과	4
73	Hyacinthaceae	히아신스과	4
74	Cecropiaceae		4
75	Cistaceae		4
76	Aquifoliaceae	감탕나무과	3
77	Orchidaceae	난초과	3
78	Ulmaceae	느릅나무과	3
79	Saxifragaceae	범의귀과	3
80	Nyctaginaceae	분꽃과	3
81	Iridaceae	붓꽃과	3
82	Aizoaceae	석류풀과	3

83	Nymphaeaceae	수련과	3
84	Caprifoliaceae	인동과	3
85	Phytolaccaceae	자리공과	3
86	Aristolochiaceae	쥐방울덩굴과	3
87	Pedaliaceae	참깨과	3
88	Araceae	천남성과	3
89	Capparidaceae	풍접초과	3
90	Tiliaceae	피나무과	3
91	Bixaceae		3
92	Malpighiaceae		3
93	Oxalidaceae	괭이밥과	2
94	Eucommiaceae	두충나무과	2
95	Magnoliaceae	목련과	2
96	Dipsacaceae	산토끼꽃과	2
97	Cannabaceae	삼과	2
98	Saururaceae	삼백초과	2
99	Simaroubaceae	소태나무과	2
100	Melastomataceae	야목단과	2
101	Orobanchaceae	열당과	2
102	Ginkgoaceae	은행나무과	2
103	Flacourtiaceae	이나무과	2
104	Violaceae	제비꽃과	2
105	Taxaceae	주목과	2
106	Geraniaceae	쥐손이풀과	2
107	Fagaceae	참나무과	2
108	Cupressaceae	측백나무과	2
109	Caricaceae		2
110	Chrysobalanaceae		2

111	Moringaceae		2
112	Rhizophoraceae		2
113	Vochysiaceae		2
114	Plumbaginaceae	갯질경이과	1
115	Myrtaceae	고금양과	1
116	Fagaceae	너도밤나무과	1
117	Styracaceae	때죽나무과	1
118	Dioscoreaceae	마과	1
119	Onagraceae	바늘꽃과	1
120	Salicaceae	버드나무과	1
121	Typhaceae	부들과	1
122	Cycadaceae	소철과	1
123	Agavaceae	용설란과	1
124	Tamaricaceae	위성류과	1
125	Myrsinaceae	자금우과	1
126	Campanulaceae	초롱꽃과	1
127	Erythroxylaceae	코카나무과	1
128	Bromeliaceae	파인애플과	1
129	Musaceae	파초과	1
130	Thymelaeaceae	팥꽃나무과	1
131	Fumariaceae	현호색과	1
132	Chloranthaceae	홀아비꽃대과	1
133	Araucariaceae		1
134	Aytoniaceae		1
135	Balanophoraceae		1
136	Bombacaceae		1
137	Canellaceae		1
138	Connaraceae		1

139	Dilleniaceae		1
140	Gelsemiaceae		1
141	Globulariaceae		1
142	Globulariaceae		1
143	Heteropyxidaceae		1
144	Hippocrateaceae		1
145	Hypoxidaceae		1
146	Lecythidaceae		1
147	Ledocarpaceae		1
148	Pandaceae		1
149	Periplocaceae		1
150	Smilaceae		1
151	Spindaceae		1
152	Stemonaceae		1
		Total	1,338

약초 시장(herbal market)에서 민족전통식물학적 연구(Hanlidou *et al.*, 2004)가 이루어지고 있으며 우리나라에서도 현재까지 그 맥을 잇고 있는 민속 장날이 전국적으로 709개 지역으로 표 6.5와 같다.

표 6.5 한국의 민속장날 현황(2006년)

행정구역	장날의 수	행정구역	장날의 수
강원도	57	인천/경기	58
광주/전남	123	전북	56
대구/경북	172	제주도	16
대전/충남	65	충북	48
부산/경남	114	전체	709

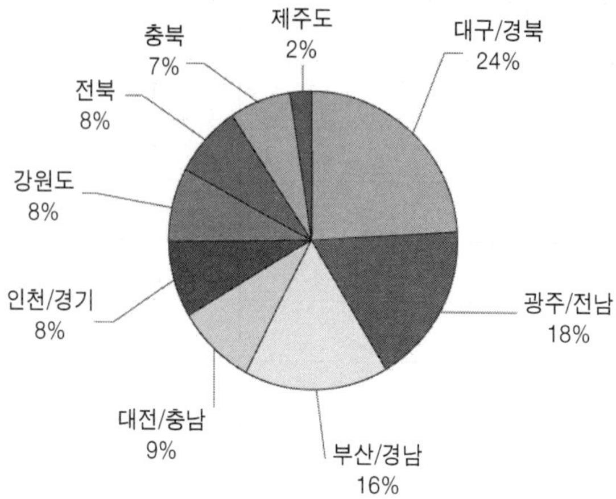

그림 6.17 한국 민속장날의 지역별 비율(2006년).

또한, 여성의 건강을 위한 민족전통식물학적 연구(Ososki *et al.*, 2002), 가정 약(home medicine)으로 사용되는 민족전통식물학적 연구(Hilgert, 2001), 약용의 민족전통식물학에 관한 연구(Guarrera *et al.*, 2005; Gupta *et al.*, 2005), 전통적인 약초로 만든 약제(herbal drugs)에 관한 연구(Hamill *et al.*, 2000), 민속 전통에서 약용식물(medicinal plants)과 음식 약(food medicines)에 관한 연구(Pieroni, 2000), 식용식물(식물 식품; plant foods)의 민속 약학적 이용에 관한 연구(Cavender, 2006) 등이 이루어지고 있다.

특히, 약용의 목욕제(medicinal baths)로 사용하는 허브에 관한 연구(Li *et al.*, 2006), 전통적인 한약재(Chinese herbal medicines)의 화장품 응용에 관한 연구(Wang *et al.*, 2006) 등 생활용품 및 미용용품으로 산업화할 수 있는 연구들이 이루어지고 있으며 피부병과 화장품으로 사용된 약용식물의 민족전통식물학적 연구(Saikia *et al.*, 2006), 치과와 구강 약의 개발을 위한 민족전통식물학적 연구(Colvard *et al.*, 2006), 구강 질병에 사용된 약용식물에 관한 연구(Tapsoba and Deschamps, 2006), 허브를 이용한 식물요법(phytotherapy)에 관한 연구(López-Muñoz *et al.*, 2006) 등이 수행되고 있다.

2. 동물 및 기타

동물을 소재로 한 19편의 논문에서는 검정풍뎅이과, 딱정벌레목, 산누에나방과, 풍뎅이과, 등에과 등의 곤충, 사슴, 양, 날여우 등의 동물, 꿩과의 조류, 가물치과, 기름종개과 등의 어류, 그리고 불가사리류 등을 이용하였다.

민족전통수의학(ethnoveterinary) 연구는 소, 말 등의 가축을 대상으로 수행되었으며 특히, 이탈리아는 말에 대한 연구가 많이 이루어져 있다(Adewunmi *et al.*, 2001; Ole-Miaron, 2003; Tabuti *et al.*, 2003; Viegi *et al.*, 2003; Muhammad *et al.*, 2005; Stein *et al.*, 2005).

자포동물부터 포유동물까지를 이용한 동물요법(zootherapy)에 관한 연구(Alves and Rosa, 2006), 동물요법(zootherapy)에 관한 연구(Lev, 2003), 동물 치료에 이용되는 식물에 관한 연구(Manganelli *et al.*, 2001), 살충제의 활성을 가진 식물에 관한 연구(Ciccia *et al.*, 2000), 뱀에 물린 상처에 이용하는 민족전통식물학적 연구(Otero *et al.*, 2000; Otero *et al.*, 2000; Otero *et al.*, 2000) 등이 이루어졌다.

또한, 계관석, 구리황, 금 등의 광물, 무기물질, cow's ghee(인도산 버터; 물소의 젖으로 만드는데 산양과 소젖으로도 만듦), 죽염(bamboo salt), 로얄 젤리(royal jelly), 봉독(침), 프로폴리스(propolis), 자하거(건강한 사람의 태반을 건조), 지적재산권을 통한 종교의식의 상품화, 학제간 연구(interdisciplinary study) 등을 이용하였다.

참고문헌

Adewunmi, C. O., Agbedahunsi, J. M., Adebajo, A. C., Aladesanmi, A. J., Murphy, N. and Wando, J. 2001. Ethnoveterinary medicine: screening of Nigerian medicinal plants for trypanocidal properties. Journal of Ethnopharmacology 77: 19-24.

Alves, R. R. N. and Rosa, I. L. 2006. From cnidarians to mammals: The use of animals as remedies in fishing communities in NE Brazil. Journal of Ethnopharmacology 107: 259-276.

Cavender, A. 2006. Folk medical uses of plant foods in southern Appalachia, United States. Journal of Ethnopharmacology 108: 74-84.

Ciccia, G., Coussio, J. and Mongelli, E. 2000. Insecticidal activity against *Aedes aegypti* larvae of some medicinal South American plants. Journal of Ethnopharmacology 72: 185-189.

Colvard, M. D., Cordell, G. A., Villalobos, R., Sancho, G., Soejarto, D. D., Pestle, W., Echeverri, T. L., Perkowitz, K. M. and Michel, J. 2006. Survey of medical ethnobotanicals for dental and oral medicine conditions and pathologies. Journal of Ethnopharmacology 107: 134-142.

Guarrera, P. M., Forti, G. and Marignoli, S. 2005. Ethnobotanical and ethnomedicinal uses of plants in the district of Acquapendente (Latium, Central Italy). Journal of Ethnopharmacology 96: 429-444.

Gupta, M. P., Solís, P. N., Calderón, A. I., Guinneau-Sinclair, F., Correa M., Galdames, C., Guerra, C., Espinosa, A., Alvenda, G. I., Robles, G. and Ocampo, R. 2005. Medicinal Ethnobotany of the Tribes of Bocas del Toro, Panama. Journal of Ethnopharmacology 96: 389-401.

Hamill, F. A., Apio, S., Mubiru, N. K., Mosango, M., Bukenya-Ziraba, R., Maganyi, O. W. and Soeiarto, D. D. 2000. Traditional herbal drugs of southern Uganda, I. Journal of Ethnopharmacology 70: 281-300.

Hanlidou, E., Karousou, R., Kleftoyanni, V. and Kokkini, S. 2004. The herbal market of Thessaloniki (N Greece) and its relation to the ethnobotanical tradition. Journal of Ethnopharmacology 91: 281-299.

Hilgert, N. I. 2001. Plants used in home medicine in the Zenta River basin, Northwest Argentina. Journal of Ethnopharmacology 76: 11-34.

Li, S., Long, C., Liu, F., Lee, S., Guo, Q., Li, R. and Liu, Y. 2006. Herbs for medicinal baths among the traditional Yao communities of China. Journal of Ethnopharmacology 108: 59-67.

Lev, E. 2003. Traditional healing with animals (zootherapy): medieval to present-day Levantine practice. Journal of Ethnopharmacology 85: 107-118.

López-Muñoz, F., Alamo, C. and García-García, P. 2006. "The herbs that have the property of healing" : The phytotherapy in Don Quixote. Journal of Ethnopharmacology 106: 429-441.

Manganelli, R. E. U., Camangi, F. and Tomei, P. E. 2001. Curing animals with plants: traditional usage in Tuscany (Italy). Journal of Ethnopharmacology 78: 171-191.

Muhammad, G., Khan, M. Z., Hussain, M. H., Iqbal, Z., Iqbal, M. and Athar M. 2005. Ethnoveterinary practices of owners of pneumatic-cart pulling camels in Faisalabad City (Pakistan). Journal of Ethnopharmacology 97: 241-246.

Ole-Miaron, J. O. 2003. The Maasai ethnodiagnostic skill of livestock diseases: a lead to traditional bioprospecting. Journal of Ethnopharmacology 84: 79-83.

Ososki, A. L., Lohr, P., Reiff, M., Balick, M. J., Kronenberg, F., Fugh-Berman, A. and O'Conner, B. 2002. Ethnobotanical literature survey of medicinal plants in the Dominican Republic used for women's health conditions. Journal of Ethnopharmacology 79: 285-298.

Otero, R., Fonnegra, R., Jiménez, S. L., Núñez, V., Evans, N., Alzate, S. P., García, M. E., Saldarriaga, M., Valle, G. D., Osorio, R. G., Díaz, A., Valderrama R., Duque, A. and Vélez, H. N. 2000. Snakebites and ethnobotany in the northwest region of Colombia Part I: traditional use of plants. Journal of Ethnopharmacology 71: 493-504.

Otero, R., Núñez, V., Jiménez, S. L., Fonnegra, R., Osorio, R. G., García, M. E. and Díaz, A. 2000. Snakebites and ethnobotany in the northwest region of Colombia Part II: Neutralization of lethal and enzymatic effects of *Bothrops atrox* venom. Journal of Ethnopharmacology 71: 505-511.

Otero, R., Núñez, V., Barona, J., Fonnegra, R., Jiménez, S. L., Osorio, R. G., Saldarriaga, M. and Díaz, A. 2000. Snakebites and ethnobotany in the northwest region of Colombia Part III: Neutralization of the haemorrhagic effect of *Bothrops atrox* venom. Journal of Ethnopharmacology 73: 233-241.

Pieroni, A. 2000. Medicinal plants and food medicines in the folk traditions of the upper Lucca Province, Italy. Journal of Ethnopharmacology 70:

235-273.

Saikia, A. P., Ryakala, V. K., Sharma, P., Goswami, P. and Bora, U. 2006. Ethnobotany of medicinal plants used by Assamese people for various skin ailments and cosmetis. Journal of Ethnopharmacology 106: 149-157.

Stein, A. C., Sortino, M., Avancini, C., Zacchino, S. and Poser, G. 2005. Ethnoveterinary medicine in the search for antimicrobial agents: Antifungal activity of some species of *Pterocaulon* (Asteraceae). Journal of Ethnopharmacology 99: 211-214.

Tabuti, J. R. S., Dhillion S. S. and Lye, K. A. 2003. Ethnoveterinary medicines for cattle (*Bos indicus*) in Bulamogi county, Uganda: plant species and mode of use. Journal of Ethnopharmacology 88: 279-286.

Tapsoba, H. and Deschamps, J. P. 2006. Use of medicinal plants for the treatment of oral diseases in Burkina Faso. Journal of Ethnopharmacology 104: 68-78.

Viegi, L., Pieroni, A., Guarrera, P. M. and Vangelisti, R. 2003. A review of plants used in folk veterinary medicine in Italy as basis for a databank. Journal of Ethnopharmacology 89: 221-244.

Wang, K. H., Lin, R. D., Hsu, F. L., Huang, Y. H., Chang, H. C., Huang, C. Y. and Lee, M. H. 2006. Cosmetic application of selected traditional Chinese herbal medicines. Journal of Ethnopharmacology 106: 353-359.

찾 아 보 기

저자 소개

김 현(金 玄)

서울대학교 이학박사

UC Davis 연구교수

(현)전주대학교 대체의학대학 대체건강관리학부 교수

〈학회〉 한국정신과학학회 창립회원, Society of Ethnobiology 회원, International Society for Ethnopharmacology 회원 등.

〈저서〉 민족생물학(1998), 체질에 따른 어린이 능력개발법(1997) 등.

〈논문〉 한민족 생물이용 원리인 음양오행론의 기원에 대한 고찰(1997), 한민족의 민족생물학적 생물이용원리: 삼태극 육기론(1999), 고대 韓民族의 생물 이용과 음양오행론: BC 8,000년부터 AD 100년경까지(2001), 고조선 이후 한민족의 생물 이용과 그 변화 양상: AD 100년경부터 현대까지(2001), Medicinal efficacy of plants utilized as temple food in traditional Korean Buddhism(2006), 인도 민족전통의학인 아유르베다(Ayurveda)의 기본 진단법과 처방에 대한 고찰(2007), 수지 경혈점(A1: 생식기, N18: 간)에 대한 침과 뜸 자극에 따른 생체 에너지의 변화 양상(2007), 생체에너지 인식에 대한 역사적 고찰(2008), 인체의 생체에너지 방사가 생물체에 미치는 영향(2008), 티베트 전통의학인 장의학(藏醫學)의 진단법과 처방에 대한 고찰(2008), 식물을 이용한 건강관리요법에 대한 고찰(2008), 휴대폰의 이용시간에 따른 생체 에너지의 변화 양상(2008), 조선왕조실록에서 의·약학으로 이용된 생물에 대한 조사(2008), 에너지의학의 골드스웨이트이론에 의한 신체 자세형에 대한 분석(2008), 장의학(藏醫學)의 요진법에 대한 연구(2008) 등.

〈블로그 및 카페〉 보완대체의학의 세계

(http://blog.daum.net/acmworld, http://cafe.daum.net/acmworld)

송미장(宋美長)

전주대학교 이학박사

고려대학교 생명과학부 Post-Doc.

(현)전주대학교 대체건강관리학부 객원교수

〈논문〉 한민족 생물이용 원리인 음양오행론의 기원에 대한 고찰(1997), 한민족의 민족생물학적 생물이용원리: 삼태극 육기론(1999), 고대 韓民族의 생물이용과 음양오행론: BC 8,000년부터 AD 100년경까지(2001), 고조선 이후 한민족의 생물 이용과 그 변화 양상: AD 100년경부터 현대까지(2001), Medicinal efficacy of plants utilized as temple food in traditional Korean Buddhism(2006), 인도 민족전통의학인 아유르베다(Ayurveda)의 기본 진단법과 처방에 대한 고찰(2007), 수지 경혈점(A1: 생식기, N18: 간)에 대한 침과 뜸 자극에 따른 생체 에너지의 변화 양상(2007), 생체에너지 인식에 대한 역사적 고찰(2008), 인체의 생체에너지 방사가 생물체에 미치는 영향(2008), 티베트 전통의학인 장의학(藏醫學)의 진단법과 처방에 대한 고찰(2008), 식물을 이용한 건강관리요법에 대한 고찰(2008), 휴대폰의 이용시간에 따른 생체 에너지의 변화 양상(2008), 조선왕조실록에서 의 · 약학으로 이용된 생물에 대한 조사(2008), 에너지의학의 골드스웨이트이론에 의한 신체 자세형에 대한 분석(2008), 장의학(藏醫學)의 요진법에 대한 연구(2008) 등.